U0031779

# 朝貢、海禁、互市

朝貢・海禁・互市：近世東アジアの貿易と秩序

## 近世東亞五百年的跨國貿易真相

岩井茂樹
廖怡錚——譯
鄭天恩——校訂

# ◆目次

# 推薦序

廖敏淑（國立政治大學歷史學系副教授）

## ◆一、緣起

接到出版社編輯邀請為岩井老師新書中譯本寫推薦序的郵件時，筆者第一時間回覆同意推薦，不僅因此書與筆者專業極為相關，更因岩井老師的研究是筆者認為少數試圖將中國歷史上的互市制度系統化論述的學者，因此覺得推薦此書是責無旁貸之事。

筆者在二〇〇四年十月因業師川島真教授安排，參加學會而認識岡本隆司老師，會後筆者報告岡本老師，打算以中國史書中處處可見的「互市」一詞作為探究固有通商制度的視角，岡本老師得知筆者想做「互市」研究，便特地來信告知要參考岩井老師於二〇〇四年發表的〈十六世紀中国における交易秩序の模索：互市の現実とその認識〉（探究十六世紀中國貿易秩序：互市的現實及其認識）一文。這是筆者第一次知道岩井老師及其研究。

後來筆者在博士論文序章處理清代以前中國通商制度，關於明代海舶互市的部分亦曾參考此篇論文。筆者二〇〇六年取得學位後，前往北京做博士後研究。岡本老師於二〇〇七年發表了〈「朝貢」と「互市」と海関〉（朝貢、互市與海關）一文，討論了當時日本學界出現關於互市研究及定義等內容，並重申了自己的見解。也應當是在岡本老師的關照下，筆者獲得岩井老師邀請，於二〇〇九年二月在京都大學人文科學研究所以〈「互市」から見る清朝の通商制度及び対外関係〉（從互市所見的清朝通商制度及對外關係）為題做了演講，實現了與岩井老師的交流學習。

## ◆二、對話

時隔多年，岩井老師終於將數篇論文整合，並新寫了序章、第二章和終章，而將之集結成書。筆者很榮幸能在中譯本出版之際，再次拜讀岩井老師大作，特別詳細閱讀了新寫的序章、終章；因為這兩章作為提綱和總結、擴展方向，應該是凝聚了岩井老師二十多年專研此課題的系統性思考。

不過，或許是新寫文章的關係，未及仔細琢磨，書中有些詞彙和概念的使用或定義過於絕對，可能造成誤解，因此筆者在此提出幾處提醒讀者注意。

第一，對於朝貢字義，本書認為「朝」與「貢」不可分割，來朝貢中國的國家都會被中國視為屬國式的朝貢國，遂苦於解釋清朝為何將與國俄羅斯來使也視為「來朝來貢」，而將之解釋為在朝廷中只能演出這樣的禮儀。

但筆者認為對字義的解釋都應該先回歸原意，「朝」即是上朝、朝見皇帝；「貢」即是向皇帝貢獻、貢納。因此，皇帝的臣民上朝所帶禮物皆可稱為貢物。清朝在與俄國締約、將之視為「與國」（出自「史記」，指平等交好的國家。在《清實錄》中乾隆皇帝曾對臣下說：「俄羅斯是我朝與國」）後，未對當時唯一的與國制定專屬禮制；康熙皇帝雖視沙皇如同兄弟一般對等，但認為來使是沙皇之臣，地位如同康熙之臣，因此入境隨俗行使中國國禮，理所當然。故僅看朝貢字詞或朝貢行為本身，未必能證明國家地位高低，必須通過兩國的實質往來關係才能確認彼此國家地位。

第二，以費正清、馬克．曼考爾為代表之「朝貢體系論」認為，明清兩代都是所謂「朝貢與貿易不可分割」的狀況。本書批判「朝貢體系論」忽視了明中葉到十八世紀中國對外貿易制度轉變，在第二章將十六世紀中葉前明朝的「通商外交」定義為朝貢與貿易一體、不可分割，且禁絕中外民間商人貿易的「朝貢一元體制」。

或許是為了作為對照，本書過於強調互市可以「不具備國家間關係」「僅以商人相互行為來完結」的說法，還認為清朝熱中於擴大互市，「是為了切離禮儀、作為純粹經濟行為的貿易中，獲取財政資源之故」；也因清朝的務實作法，使清朝經常在外交上採取消極態度，而有所謂「沉默外交」的行徑。

但是，明朝即便在十六世紀中葉以前厲行皇家壟斷對外貿易、海禁的時期，中國的民間商人其實依舊參與其中，而非完全禁絕了中外民間商人的貿易，比如宦官（作為皇帝的代表，而非本書認為的代表「朝廷」。朝廷是中央政府，皇帝除身為中央政府的公領域國家領袖外，還是皇家世襲權貴私領域的代表）掌控的市舶司，對貢船貨物抽分六成，剩下的四成由官設牙行收買轉售民間，而牙行商人是民間商人；在陸路馬市也有相同情況，兵部等單位在官市中以絹帛向羈縻衛來市之權貴人員收買完馬匹後，緊接著就是民市，畢竟漁獵的羈縻衛不是只需要絹帛，還需要交換更多明的日常生活用品。這些都是明朝官方認定的民間對外互市。

雖然明代的官方文書、士大夫、知識分子都稱本朝對外貿易為「互市」，只是明朝與其他朝代的互市制度不同，海禁時期明朝的海船互市是只有貢船才能合法互市，亦即「貢船即互市」。本書不使用明朝自稱的「互市」，而特意將之定義為禁絕中外民間商人貿易的「朝貢一元體制」，此定義是否完全適用明代實際上的互市制度，也有賴讀者判斷。

再者，清朝互市制度的參與者的確包含無須國交關係的互市諸國，但清朝的官方政書認為本朝的互市制度有三種型態，（一）「關市」：在固定的陸路邊境互市市場進行，參與的國家是有國交關係的與國和屬國，無論官方或民間交易都是免稅的；（二）「海舶」：在設置海關的港口互市，是需要課稅的商人交易，無論有國交與否，只要遵守清朝的通商秩序即可互市；（三）「在館交易」：有國交關係的國家派遣使節團在清朝陸路或海路入境地點的館舍或在京師的使節館舍互市，這是專屬使節團特權的免稅交易（接近朝貢體系論認為的「朝貢貿易」）。若按此官方定義，則清朝「互市」包含了使節團朝見皇帝後的「在館交易」，而不是本書試圖將「朝貢貿易」與「互市」兩者對立的架構。

筆者認為無論哪個時代的中國外政都是凌駕於通商之上的，清朝不會為了擴大互市就犧牲外政秩序。清朝的互市制度原來就在清朝外政通商秩序下運作的，官府雖然很少主動干涉商人交易，但商人不能脫離清朝的外政通商秩序。在清朝與英國締結《江寧條約》（又稱南京條約，一八四二年簽訂）之前，沒有國交的互市國——英國的商人活動要是違反外政秩序，也須受清朝官府審理的，不會是「無關禮儀與國權」。

本書將「沉默外交」用在應對長崎信牌制的清朝態度上，但筆者認為其主因並非本書所主張的清朝在外交上的消極態度，而在於清朝中國不干涉他國內政外交的原則，即便對於臣屬的屬國亦是如此。所以當屬國朝鮮要求清朝不要讓冊封使節團在漢城互市，順治皇帝立刻同意了；當安南內亂，要求清朝商人暫停入安南互市，乾隆皇帝也立刻同意了，而安南在內亂平定後，重新跟清朝訂立互市章程，要如何對中商課稅，清朝均聽之。因為上述互市市場都在他國，要按該國市場秩序。這跟康熙皇帝處理長崎信牌時的態度是一致的。

雖然筆者明白本書強調的「禮儀」指的是面見皇帝的朝貢儀禮，但書中多處強調互市是「不需要禮儀的貿易」，卻未明白定義，可能遭致誤解。因為商人互市雖然不用上朝見皇帝，不用施行朝廷禮儀，但互市場上也存在通商禮儀的，英國東印度公司來到廣東黃埔時總會鳴放禮炮，跟粵海關官員會見時的禮節，就和宋代市舶司官員與外商之間的禮儀類似；合作夥伴之間的中外商人，自然也存在各自的禮節。

故純屬商人之間的互市也並未脫離政治和禮儀。

第三，就清朝立場來看，在一八六三年《中荷條約》締結之前，荷蘭是完成封貢程序的屬國。在整個清代，荷蘭至少來朝貢七次，康熙開海設置海關後，荷蘭還來朝貢過兩次。並非書中所說海禁解除後，荷蘭再也不朝貢，貢期也不是一直都是「等同拒絕荷蘭互市」的八年。順治十二年（一六五五）荷蘭始貢、十三年（一六五六）再貢；康熙二年（一六六三）來貢，向清朝報效，願意幫助攻打臺灣鄭氏政權，獲准兩年一貢；康熙五年（一六六六）來貢時又改為八年一貢；康熙六年（一六六七）來貢，被提醒必須八年一貢；其在康熙開海後兩年（一六八六）又來貢，清朝改讓荷蘭五年一貢，並應荷蘭要求將貢道由廣東改為福建；荷蘭於乾隆五十九年（一七九四）最後來貢。

最後，本書序章提及：「外國向中國朝貢，這種國際關係的存續期間，從西元一世紀的東漢時期開始，至一八九五年的《馬關條約》，朝鮮成為獨立國家，在壓力下斷絕對清朝的朝貢關係為止。」

但朝貢的原始樣態至少在周朝已然存在，若以進入皇帝制度的中華帝國時期算起，也不是從東漢開始的。由於秦朝史料太少不容易確認，但西漢初期閩越王、南越武王、匈奴單于、西域諸國來朝以及被冊封等事例具見於史料。在朝鮮與清朝脫離宗屬關係後，清朝雖然失去了最重要的屬國，但屬國來朝並未廢止，最後來朝的是廓爾喀（今尼泊爾）於光緒三十四年（一九〇八）遣使來朝。

## ◆三、共識

雖然書中的某些細節，還有對話空間，但筆者同意書中多數主張。首先是序章揭示「明這種朝貢一元化的體制，在中國歷史上屬於特殊狀況」，的確如此。明朝無論對朝貢禮儀的擴大運用，或是在互市制度的運作上，都屬歷史異端，卻被「朝貢體制論」將之視為中國「典範」。因此筆者贊同書中所論述：「朝貢體系論是在講述明代的東亞之際，必備的歷史認知。但是，強調其作為清代中華世界秩序的特質，甚至是作為『傳統中國』共通的特質來論述，將會導致對關鍵歷史轉變的忽視。」

其次，本書使用「行商」來稱呼港口上與外商交易的中國商人，而不使用「公行」，並認為：「廣州的洋行和行外商人，並不是屢屢被評價為基爾特一般「公行」的壟斷，而是在自由競爭下活動」，這也是妥切的認識與用法。

還有書中認為十八世紀東亞的繁榮與和平，並非是基於禮制的階層秩序之贈禮，而是基於地區間的互惠關係之互市秩序所帶來的結果，因此可說，清代中國互市也是一種「自由貿易」；然而西洋諸國，則是透過侵害他國國權的方式，達成自身商業與資本自由領域的擴張，這就是條約體制的本質等等。這些思考朝貢體系論矛盾與缺陷的見解，都值得讀者仔細琢磨，重新認識西方秩序、話語權下形塑的中國，與史實上的中國之間形象的齟齬之處。

筆者欣見岩井老師挑戰「朝貢體系論」的大作之中譯本問市，期待能引起更多回響。謹此推薦。

## 凡例

一、引文內的標點符號，出於引用者。
二、引文中的（　　），為原文中的雙行注。
三、引文後（　　）之譯文，出於引用者。
四、譯文內之〔　　〕文字，為引用者的補充。

# 序章

# 對「朝貢體系論」的重新檢討

# 一、對天朝而言的朝貢與互市

在理解以中國為中心的東南亞貿易與外交發展時，作為本書標題的「朝貢、海禁、互市」，是相當關鍵的概念。

朝貢是中國皇帝與各國君長相互往來時的外交禮儀制度，海禁則是以海防為目的，所實施的航海及居住限制。至於互市在廣義上雖然算是一種交易活動，但就貿易制度而言，它其實是一種管理貿易，也就是在政府管理下，於有限的場所展開交易，並進行徵稅、人員及貨物臨檢等行動。

一三八四年（洪武十七年）以降，明朝在強化海防的同時，也禁止民間貿易，將政策轉向為朝貢和貿易一體化的形式。明朝的海禁，不單是與海防相關的航海限制，也意味著禁止民間貿易的特殊政策。

這三種制度雖各屬不同領域，卻又以密切關聯的形式，構成了通商與外交的基本軸線。這三者之間究竟存在何種連繫，相互引發了哪些作用？透過解答這些問題，應該也就能理解，自十四世紀下半葉至十九世紀上半葉這段時期，東亞的通商與外交發展及其歷史意義。本書的目的，便是希望透過理解其中的關係，來提出一套試論。

## ◆天朝與周邊

對於此時期的東亞國際秩序，識者往往會用相對於近代條約體系的「朝貢體系」及「華夷秩序」概念來詮釋。[1]簡單說，在十九世紀下半葉，條約體系已擁有全球規模的普遍性，但在此之前的東亞地區，存在著以中國為中心的「朝貢體系」這種通商外交架構；這種架構在之後隨著「西洋的衝擊」而土崩瓦解，因此東亞才被囊括進入條約體系當中。

這種單純的「體制轉移論」，容易把對「朝貢體系」、「華夷秩序」、「冊封體制」等架構的理解，保留在靜態性質當中；例如將中國作為中心，其外圍配置「藩部」，又在更外側圍上一圈「朝貢國」。這種圖示性的結構論相當清晰易懂，但其中存在一個陷阱，那就是忽視自十四世紀至十八世紀間，東亞所經歷通商和外交的結構轉換。近代以前的東亞通商外交體制，在十六世紀曾經歷過激烈的動盪，迫使實質結構產生了轉換；這難道不是值得思考的事情嗎？

外國向中國朝貢，這種國際關係的存續期間，從西元一世紀的東漢時期開始，至一八九五年的《馬關條約》，朝鮮成為獨立國家，在壓力下斷絕對清朝的朝貢關係為止。然而，根植於「中國乃是先進且強大國度」優越感的華夷觀，以及蕃夷諸國君長臣服於中華天子的天下觀，亦即所謂「天朝」理念，則擁有更古老的起源。

另一方面，近世強調「華夷之別」的朱子學（理學）盛行，強化了華夷意識和天朝的理念；不只影響了中國的知識界，就連接受義理與禮儀之學、以之作為國家根本教育理念的朝鮮，也受到了波及。隨著明清交替，朝鮮的「小中華」意識，也認為中華竟沉淪到受夷狄之流的「兀良哈」[2]支配，而變得益發鮮明。

至於將自身視為「神國」的日本，從大和王權確立時期開始，便拒絕向中華皇帝表現臣服的儀態，蘊含著與中華並駕齊驅的意識。[3]中國強加的冊封、朝貢和「華夷秩序」，反而讓日本孕育了一種自尊的觀念。雖然在足利義滿接受冊封（一四〇四年）後約一百五十年間，兩國朝貢關係得以恢復，但是日本經過戰國動亂時期（與中國的「北虜南倭」時代重疊）之後出現的織豐政權*以及德川幕府，都未臣服於中華的天下秩序。一六三〇年代以後的日本，更極度縮減與外國的接觸，嚴格管理對外貿易，曾被說是在創造以本國為中心的「日本型華夷秩序」，這也是中國華夷意識與天下觀的變形。

從十六世紀中葉起，中國將體現華夷意識與天朝理念的冊封、朝貢外交禮儀，強加在他國身上的政策，儘管歷經危機重重的百年，仍未輕易廢除，反而繼續針對特定的國家，選擇性的加以沿用。「朝貢體系」、「華夷秩序」以及其背後支撐的理念十分強韌，畢竟皇帝作為「天子」的正統性，以及相應而生的天朝理念，一直被中國認定成在與外國或「夷狄」的關係上，必須要被實踐的理想，因此要放棄這種理想，實在難上加難。一旦選擇放棄，不只會危害皇帝作為「天子」的正統性，也會造成「中國」、「中華」的自我否定。

## ◆不需要禮儀的貿易

在這種前提下，人們開始摸索對朝貢禮儀的迴避方式，也就是不經過國家或是君主間的關係，而是由民間商人自己展開的交易制度。一五〇八年（正德三年），廣州開始向非朝貢船的貿易船隻課徵稅金，並歷經一波三折，最後在十六世紀中葉，這種制度隨著「廣州事例」[4]而得以確立。另一方面，在福建的漳州，一五六七年（隆慶元年）中國船隻的出海貿易得到官方承認，眾所皆知，這象徵著海禁的部分解除。

這些事項都是依循名為「互市」的管理制度框架而設計出來；它在實現禮儀與貿易分離的同時，也帶有侵蝕明代朝貢一元體制、亦即基於君主之間政治性協約所形成的壟斷貿易之特質。[5]另一方面，清代的通商外交，則透過與特定國家維持朝貢制度，讓它和「天朝理念」不產生齟齬而能並存。

歷經明末的改朝換代之後，清朝實施嚴厲的海禁政策，稱為「遷海令」。這項政策的目的，本是為了鎮壓藉由海外貿易調度軍資的鄭氏反清活動，但是在「三藩之亂」與鄭氏歸降之後，已無實施海禁的必要，因此清朝政府於一六八四年（康熙二十三年）以降，在長江以南的港口設置海關，正式承認國內外民間商人之間的貿易活動。至此，加上明代的「廣州事例」與漳州正式承認

＊譯注：又稱安土桃山時代，為織田信長與豐臣秀吉稱霸日本的時期，故稱織豐政權。

出海貿易的決定，以互市為基軸的通商外交制度得以確立，並擴大至沿海四個省份。

互市制度一方面排除了朝貢等皇家禮儀，另一方面也洗刷海禁時期雙向的貿易壟斷體系，保障了參與貿易的自由。除此之外，清朝採取以「夷商」（外國商人）和「行商」（又稱「牙行」，為由中國的仲介商人所組成）為互市主體的結構；透過這種方式構築起不需要皇帝與各國王權之間的外交關係，只要透過互市行為就能夠貿易往來的「互市諸國」體制。在朝貢貿易的架構下，雖然明代以來的少數朝貢國仍作為貿易對象，但是考慮到互市與朝貢貿易在對外貿易上各自占有的比重，前者（互市）是遠勝於後者（朝貢貿易）。

## ◆朝貢體系

在十八世紀以降，中國實現了這種朝貢—互市體制下的貿易。因此相對於朝貢體系論認定「無論其形態為何，皆不脫朝貢貿易性質」，這種主張究竟有何根據、又是抱持著何種意圖來提出解釋呢？這樣的歷史認知，又是以何種邏輯思維為依據？互市與朝貢貿易並存，一方面依舊維持天朝理念，另一方面也讓互市架構與朝貢不相分離，這樣的主張，究竟是出於怎樣的歷史理解？會抱持上述的疑問，應該也是理所當然的吧！

十九世紀下半葉，在國際社會中，中國已經不足以被稱呼為「天朝」，反而淪為受列強壓迫的角色。乍看之下，此時期的清朝外交似乎仍拘執於維持和周邊國家的朝貢關係。但這並不是企圖維持傳統朝貢關係下的國家間秩序，而是有積極和消極兩種意義層面：在積極面的意義上，它是在列強基於殖民主義的擴張競爭中的預先籌劃*，打算將朝貢諸國納入中國的勢力範圍之內，從而嘗試建立起一種屬於中國的殖民主義。在消極面上，它則是將朝貢關係的存在當成盾牌，試圖抵抗列強對帝國周邊以及邊境地區的蠶食侵略。[6]近代世界的殖民主義式擴張，與建立在禮儀關係的「朝貢」、「冊封」是不同的性質。然而，一八八〇年代以後，清朝試圖讓朝貢關係無縫接軌成近代的「屬國」或「保護國」關係，重新建構中華帝國的傾向十分明顯。

在這個時點，儘管只屬禮儀關係的「朝貢」，已經是徒具形式的狀態，但「朝貢」這個用語及其實踐，仍然被維持了下來。「朝貢體系的永續性」、「中國並未脫離朝貢體系」、「即便到了現在，也還是在往朝貢的目標邁進」……之所以會產生這些解釋，確實是因為上述的情況所致。然而，這不是朝貢體系論誕生出來的主因。

依據筆者個人的看法，「屬國」的概念，是因為在秦漢帝國時期，因置有「典屬國」這一官職而被確立起來。在《漢書》卷七〈昭帝本紀〉中記載，曾擔任派遣至匈奴的使者、被拘禁長達十九年的蘇武，獲任命為「典屬國」。正如顏師古的注解：「典屬國原為秦代的官職，漢代沿襲

* 譯注：作者使用日文漢字「投企」之詞，是德國知名哲學家海德格所提出的概念「Entwurf」，兼具「籌劃」和「投擲」之意。所謂投擲，亦即拋擲到未來設想、籌劃的觀念。在此譯者參考劉育兆的博士論文《論海德格之「誰」的問題——兼以「誰」的問題為線索看其前後思想的轉變》，譯為「籌劃」。

該職。主掌歸順於中國德義的蠻夷之關係，其屬官有『九譯令』。其後遭裁撤，被併入『大鴻臚』（典屬國，本秦官，漢因之。掌歸義蠻夷，屬官有九譯令。後省并大鴻臚）」，「典屬國」是後代鴻臚寺（執掌外交禮儀）的前身之一。所謂的「歸義蠻夷」，指的就是進入朝貢關係的外國。包含藉由武力使之臣服的國家、藉由「和親」締結關係的國家、乃至於不過是派遣使節前來的國家等，應該都算在這個行列之內。中國與「屬國」的關係並非千篇一律，而是會根據與對方的距離或是往來的方式而各有不同。換言之，「屬國」的概念，與朝貢國是相同的。

即便是在後世，中國基於這項典故，也會將朝貢國稱呼為「屬國」。使用「屬國」這種表現方法，並不是要主張有別於一般朝貢關係的意思。因此，「屬國」要「自主」內政外交，並非不可思議之事。然而，在十九世紀下半葉對外的文件和交涉中，要是使用「屬國」兩字，其解釋型態便十分接近於「保護國」等近代國家間的關係；不只如此，隨著一八八〇年代以降的清朝，試圖將朝鮮作為實質上的屬國，圍繞著「屬國」解釋的齟齬和糾紛就變得更加複雜。關於近代中國圍繞「屬國」議題展開的外交，岡本隆司先生已有詳細論述。[7]

## ◆與禮儀不可分割的貿易

所謂朝貢體系論，並不是把「中國與外國之間的華夷秩序表現在朝貢制度上，並將自身作為『天朝』置於秩序的頂點」，當成立論的依據。中國將立於華夷秩序基礎上的「天朝」觀當成理想，展開冊封與朝貢的皇家禮儀，這在帝制中國是一種「歷時性」（diachronique）的事實。基於這種理念和禮儀的中國外交，完全不需任何複雜的概念操作，便能與朝貢體系加以結合。

費正清（John King Fairbank）和馬克・曼考爾（Mark Mancall）兩位研究者所建構的朝貢體系論，其骨幹是將在廣州與西洋各國、東南亞各國的貿易，以及基於條約，由俄國在北京進行的隊商貿易與恰克圖貿易（這些可以用「互市」的概念來概括），這些原理上與朝貢相異的貿易，全都和朝貢（tribute）禮儀綑綁在一起，從而以「朝貢貿易」概括之。所有的外國都應該臣服於天朝中國，這樣的理念不只持續存在，而且和中國的貿易，不論以何種型態呈現，都無法與進獻貢品的皇家禮儀切割分離；因此從這點來看，這些都是朝貢貿易。這就是朝貢體系論的本質。

國際秩序是圍繞著外交（包含戰爭在內）和通商的秩序。朝貢體系論將「朝貢制度得以維持」這個歷時性的事實當成前提，並且更進一步將在中國的各種國際貿易與朝貢禮儀[8]連結在一起，從而建立起一套立論，主張「這些都是朝貢貿易」。這也是卡爾・波蘭尼（Karl Polanyi）說法的擴張，在古代與外國地域的交易，往往會伴隨著上呈貢物的贈與行為。而這種在通商與外交的各個場面上，與朝貢禮儀難分難離的設計，即為「朝貢體系」。

這樣的朝貢體系論，不只在邏輯上仍存在值得檢討的餘地，在結構的理解上，也停留在靜態層面。此外，將在清代中國實際上與朝貢有明確區分的互市，用「朝貢貿易」這樣的概念加以囊括，這樣的邏輯操作，是將中華帝國對外關係的發展，硬套進單純且扁平的理解之中。本書重新檢討已成學界通論的朝貢體系論，就以對這種說法的疑義為開端；而從「朝貢體系」到「條約體系」的構圖，當然也非得重新檢視不可。

## ◆理念與現實

歷史上的中國，並非在所有局面上，都是基於「天朝」理念來實踐對外關係。相反地，他們不得不持續衡量各個對手的實力和地緣政治狀況，努力創造出平衡雙方利害關係的制度。在現實世界中，「天朝」理念的形成，以及直接實踐的不可能性，應當同時獲得了解才是。正因為不可能實踐，所以才把它當作一種理念來制定，這就是理念的成因。

費正清先生慧眼獨具之處，在於很早就指出這個問題的重要性。「中國對外關係中最重要的問題，就是理論與事實、意識形態上的訴求與現實的實踐，究竟該如何達到一致。……中華以本國為中心的世界秩序，其基礎上共通的根本性缺陷，就是它們與中華的文化圈並不一致。」[9] 對於在生活方式與語言、宗教、禮儀等精神文化上與中國並未共享的「外夷」而言，「天朝」與「天子」的理念乃是「風馬牛不相及」之事。即便中華皇帝透過修養「文德」，馴化蕃夷，讓他們自動自發來朝，歸順於天子；這也僅是中國方面的理想，「外夷」並未共享這樣的理念。[10]

這種「強大且先進」的中國優越感，便屢屢受到來自周邊地區的挑戰。中國的武威或文化上的道德優越，若是不足以誘導讓夷狄自發性的「事大（侍奉大國）」，中國便會在對外政策上搬出「懷柔遠人（懷柔域外之民）[11]」這句古語。侍奉偉大的中國——亦即透過「朝」與「貢」，步入對皇帝的臣屬關係，這件事在中國的天下觀中，乃是蕃夷諸國理所應當的作為；但是面對未將「事大」視為理所當然的外夷時，就只是空洞的呼籲，此時中國就只能運用各式各樣的手段「懷柔」外夷。「懷柔」意謂和緩、籠絡；換句話說，並非是以「威壓」，而是以睦鄰與和親方策作為手段，或是以利益作為誘導策略。中國只要修養「文德」，仰慕德化的「遠人」就會自發性的來朝[12]，這是理念；然而，現實的中國，則是不得不順應與對方間的權勢、強弱關係，在「懷柔」與「威壓」之間，摸索出臨機應變的適當手段。

因此，在保持天朝理念的同時，也有必要在現實的對外關係上，採取柔軟的對應手段。例如，隋唐帝國頻繁運用的「和親」政策，便是沿襲漢朝為了與匈奴維持和睦關係，而將公主下嫁匈奴的作法。所謂的「親」即為「結親」，也就是締結婚姻關係。此外，唐朝也與吐蕃（西藏）「會盟」；這是只有在兩國處於對等關係的基礎上，才能進行的外交盟誓。如同後文將敘述的，唐朝雖然實現了帝國規模的擴大，但是在對外關係上，與明朝相較，則是採取較為柔軟的姿態。附帶一提，一直到後代，公主下嫁在國內，完全不構成任何問題；然而明代的官僚，卻強硬地反對將俺答汗（Altan）之「封貢」和議，與「和親」連結在一起的作法。[13]就像是在豐臣秀吉的和議條件中，徹底隱蔽要求公主下嫁的狀況一樣[14]，明代官僚認為，天子與外夷締結「和親」關係，便是違背了「天朝」理念。

一〇〇五年的澶淵之盟，是宋與契丹（遼）在對等關係的前提下所締結的盟約。兩國並沒有公主下嫁等現實上的姻親關係；但是，在宋朝皇帝與遼的皇帝同為一家兄弟（堂表兄弟關係）的虛擬關係下，創造出一家分別統治天下的結構，從而締結對等的盟約。「南朝」＝宋，「北朝」＝契丹，透過這種兩者為一家，共同統治天下的虛擬結構，成功地與「天朝」的理念做出調和。同時，宋朝也決定以軍事援助的名目，送給遼二十萬匹絹、十萬兩銀的「歲幣」。極端來說，這個虛擬的兄弟結構，也可以看作是用金錢來支撐的結構。在現實上，就是身為經濟大國的宋朝，用金錢購買了和平。

## ◆解釋的不對稱

中國與外國之間的冊封和朝貢關係成立之際，雙方對這些禮儀的便產生了不同解釋。冊封與朝貢的關係，並不伴隨著實質上的統治和保護。關於使節的覲見、表文的上呈、貢品與回賜的授與、冊封詔敕的宣讀等，自唐以降的各王朝，都訂定了詳細的禮儀制度。然而，這只不過是在中國以及外國宮殿中禮儀的施行順序罷了。對中國方面而言，透過這些禮儀，確定了中國與其「屬國」的關係，「屬國」的君長臣屬於皇帝。然而，這只不過是適用於「天朝」邏輯的主觀解釋；至於派遣使節展開往來關係、從事貿易的一方，則對基於這些禮儀的關係，有著另一種解釋。[15]

一五七一年（隆慶五年），明朝與長期以來處於敵對關係的右翼蒙古俺答達成和睦關係，史家稱之為「隆慶和議」。俺答汗被皇帝冊封為「順義王」，實現了朝貢與互市。明朝方面將之稱為俺答「封貢」，不過在俺答方面，卻是將之視為與明朝站在對等的立場結成會盟，在雙方合意的條件下，締結通商與外交的協約。[16]若是雙方在這項關係上，沒有餘地可以採取非對稱的解釋，那麼立基在「封貢」＝「會盟」這層經過扭曲的關係上之和議，便無法成立。所謂朝貢與冊封之禮儀，並非是兩國之間實質上的統治與被統治的關係，只不過是在宮廷這個被隔絕的禮儀空間之內，所表演出來的關係。對於相同的禮儀關係，各自採取不同的解釋。從中國角度來看，透過這種機制，朝貢關係便能獲得實現。[17]

在實際上的君臣關係，以及國家之間統治／被統治的狀況下，被統治的一方將會置於外部權力麾下，實實在在地體驗到被統治的狀態。但是，在朝貢和冊封的狀況下，因為只是在宮廷這一個閉鎖空間中執行的禮儀，所以出現了「解釋不對稱」的餘地。上述俺答的「封貢」，很明顯地就是在這個機制之下獲得實現，明朝也特意利用了這項機制。因此，明朝之後企圖藉冊封豐臣秀吉來達成與日本的和議，就是看準有可能再次出現如俺答封貢的狀況。

## ◆朝貢與天子的正統性

說到底，朝貢與冊封的禮儀，就是為了宣示中國天子正統性的儀式。明太祖朱元璋以武力推翻元的統治，但元仍然在漠北維持住政權；不只如此，在明的周邊還圍繞著許多像是高麗等親元的國家和部族。在元朝統治中國的百年期間，除了參與叛亂的人士外，大多數知識分子都將蒙古的皇帝視為「天子」，以官吏的身分出仕。因此，曾是白蓮教（之後一直被當成「邪教」加以鎮壓）

叛亂者的朱元璋，要被公認作為正統的天子，並非易事。許多「易姓革命」的場合，事實上就是篡奪。究竟是順應天命移轉的正統皇帝，還是藉由武力盜取正統皇帝地位的篡奪者，只能從結果來決定。故此，作為證明天命的手段，在莊嚴的典禮上實現「萬國來朝」的盛況，因此受到重視。所以，明朝向各地派出了使者。

一三七一年（洪武四年），洪武帝派遣的使者經由爪哇抵達汶萊，在本書第一章將會詳述此事。當時，汶萊宮廷對朝貢有所猶豫，明朝使者在口頭武力恐嚇的同時，也試圖讓汶萊理解派遣使者朝貢的目的何在。明朝使者表示：「皇帝坐擁四海，怎麼會有可能有求於國王你呢！不過是想要國王你稱藩，單純想展現出「無外」的親密關係罷了（皇帝富有四海，豈有所求於王。但欲王之稱藩，一示無外爾）」。皇帝的權威廣及天下全體，宣示自己是承受天命的天子之事，就是希望展現出各國國王以「藩屏」的身分臣屬於皇帝，而皇帝的權威則是「無外」，亦即沒有內外區別、及於普世。蒙古大帝國實現了「無外」。取而代之的明朝皇帝，也不得不做到同樣的程度。即便洪武帝已經幾乎實現了「萬國來朝」的理想，但攻殺姪子建文帝、自即帝位的永樂帝，依舊基於相同的意圖，還是派出鄭和的艦隊，從南洋（南海、印度洋方面）帶回新朝貢的使節。

如此推論下來，大概就可以導出這樣的假設：一旦確立正統性之目的達成後，接受朝貢的必要性也就隨之降低。

一三七二年（洪武五年），洪武帝表示「高麗前來貢獻的使者，往來過於頻繁（高麗貢獻，使者往來煩數）」，因此派遣使者前往高麗，向高麗國王傳達，只要「三年一聘之禮」即可，或是一年一聘，但貢品只要當地產的棉布十匹便已足夠。由此可以得知，高麗在這之前，每年都會前來朝貢好幾次。因為從朝貢國家的角度來看，朝貢就是貿易的機會。洪武帝也將這種抑制朝貢的方針，下令給占城、安南、西洋瑣里、爪哇、渤尼、三佛齊、暹羅斛、真臘等國家。[18]

一三七四年（洪武七年）三月，太祖看穿了從暹羅來的使節其實是商人之事，下令中書省向各國傳達以下的詔諭：[19]要求各外國的朝貢，在意義上應當依循古代聖人定下的制度規範——具體來說，就是《周禮》的「小聘」、「大聘」、「世一見」制度；只要「按照禮制朝貢」這件事，有被記錄下來即可，即使是「世一見」，亦即國王在位期間也只需要一次的朝覲即可。對於以貿易為目的來朝的外國而言，「世一見」的頻率幾乎是沒有意義的。然而，站在中國朝廷的立場，若是天子統治的正統性已經由各國的朝貢獲得證明，便已足矣。頻繁地接受朝貢，也需要支出經費，反而讓人感到心煩——這是明太祖吐露的真心話。洪武三十年（一三九七年），經由海路的朝貢國，已經減少至安南、占城、真臘、暹羅、琉球等五國。[20]

永樂年間透過「南洋遠征」來朝的各國，據說約有六十個國家[21]，其國名大多記載於《大明會典》的朝貢國一覽之中。但是，到會典編纂的時候，只剩極少數的國家仍持續其朝貢活動。正統年間（一四三六～一四四九年），朝廷實行抑制朝貢的政策，也導致朝貢國數目的減少。英宗認為朝貢使節頻繁來朝，甚至派遣千人規模的使節團前來，造成經濟很大的負擔，因而採取限制來朝次數或是使節團人數等措施。正統年間的政策，與洪武七年（一三七四年）太祖的命令是如出一轍的。

朝貢是為了演出天子正統性的象徵性行為。既然如此，對中國而言，只要出於相互安全保障之理、應當透過朝貢表明臣服之意的國家，或是像琉球這樣忠實的朝貢國，派遣使節定期來朝即可。就算只有寥寥可數的幾個國家，在表演「萬國來朝」的盛況上，已經足夠。

接下來讓我們一瞥清朝的朝貢政策。清初對於琉球等接受明朝冊封、賞賜國王印的國家，要求他們必須繳還明朝賞賜的國王印，並透過重新賞賜國王印的程序，要求他們繼續朝貢。之所以如此，是因為這是攸關天命之移轉，也就是樹立新王朝正統性的重要問題。然而，與建國後隨即派遣使節要求各外國朝貢的明朝不同，清朝政府並未採取這一類型的外交行動。清朝並未跨越明末實際朝貢諸國的範圍，要求更多國家進行朝貢；對他們來說，原有各國就已足夠。日本、汶萊、爪哇、東南亞港市國家群中的大多數，並未收到清朝提出前來朝貢的要求，也幾乎沒有自發性的朝貢動作。

在清朝與鄭氏勢力的攻防中，荷蘭因為有意對抗作為走私貿易競爭對手的鄭氏，所以出手援助清朝，回報則是向清朝要求貿易許可。但是，在厲行海禁政策的狀況之下，想要展開貿易活動，只能借用朝貢的形式。此時，清朝政府允許荷蘭適用「八年一貢」這種例外的貢期，展現出清朝並不怎麼積極想要樹立朝貢關係。一六八四年（康熙二十三年）解除海禁後，透過新設海關進行的貿易獲得官方認可，荷蘭作為朝貢國的地位反而變得曖昧不明，他們跟其他西洋各國相同，進行無法適用免稅措施的貿易活動。

蘇祿到了十八世紀重新朝貢之事，可以推想，其動機是為了獲得朝貢所附加的附搭貨物免稅政策。不過，假如蘇祿在過去並未加入明朝朝貢國家的行列，其國名沒有被記錄在《大明會典》之內，應該會被清朝拒絕朝貢吧。因為增加新的朝貢國家，也就是擴大免稅的對象，只會帶來關稅減少的結果。

新井白石對於清的對日外交，提出饒富興味的觀察結果：歷代中國都要求日本朝貢，也就是表示臣屬。然而，「如今到了大清時代，已經過了七、八十年，一次都沒有發生過這樣的事。不只如此，當今的天子（康熙帝），據該國人民所言，是前所未見的英雄霸主。真是有所宏謀之事。這些都是為我國深思熟慮而設想的事啊！」。[22]

然而，認為清朝不要求日本朝貢是為了日本著想，這樣的想法是白石誤解了。康熙帝對於朝貢的認知，雖然一方面認為是「盛事」，卻也覺得恐怕會對中國帶來危害（詳細請參照本書第五章）。康熙帝並沒有道理為了日本「著想」；他所謀求的是清朝的安全與存續。應當從日本取得的銅塊等，可以透過長崎貿易的方式取得。清朝不需要日本的朝貢貿易，而國交斷絕的狀況，也符合雙方的利害關係。康熙帝透過對歷史的洞察以及本身的體驗，清楚認知到朝貢並不是普遍且必須的關係；相反地，一味追求朝貢，反而會帶來危險。

基於朝貢以及冊封儀禮的國際關係，雖是理念，但要按照字面上的說法加以實現，既是不可能之事，同時也沒有必要。特別是當王朝的統治安定平穩，就不需要為了證明天子的正統性，而去要求朝貢。在朝貢國家數目銳減後編纂的《大明會典》中，原封不動地記載下永樂年間的朝貢國家。幾乎所有國家都已失去了聯絡，但只要這份一覽表，可以華麗包裝這份相當於朝政總覽的會典，那就沒問題；至於會典內容與現實中朝貢國家數目的矛盾，則應該不會有人沒事去質疑。中國的君臣們也並沒有一愚至極地，去認真追求以朝貢和冊封等皇家禮儀為核心的國家間秩序，以及「冊封體制」的實踐。只要在會典等典籍、《職貢圖》與乾隆時期的《萬國來朝圖》等宮廷繪畫中，將這種理念加以具象化，藉由幾個國家的朝貢和冊封使節之罕見派遣，證明這項理念並非虛構，便已足夠。

## ◆體制論的有用性

理念具有普遍性，是理所當然之事；但我們不應因此認為，理念在現實世界中能夠被當成一種通商外交體系，獲得普遍性的實踐。僅拿幾個在兩國關係中實現過的事實，就要主張這種普遍性的秩序確實存在，實在是太過牽強。反之，這裡也並非是提出幾個並未立基在「朝貢—冊封」關係上的例子，就打算否定「朝貢體系論」和「冊封體制論」。從長期性的視野來看，中國的通商外交政策及其架構，究竟是朝著哪一個方向發展？透過釐清、掌握這項課題，必定可以判斷出這些體制論是否有用。本書便是為了這種嘗試，而試著跨出的一小步。

## 二、制度與概念

以下將重新解說幾個攸關中國對外政策的制度與概念：

### ◆朝貢

所謂的朝貢，是以天朝自居的中國，由皇帝與蕃夷各國君長之間締結禮儀上的君臣關係，並透過遣使和「表文」的上呈，進行定期關係確認的制度。使節在「朝覲」之際，會向皇帝獻上「貢獻」之物品；之所以合稱為「朝貢」，正是因為兩者不可分割的關係。

朝貢制度大約是草創於東漢時代，一直存續至十九世紀末葉。正如前文所述，朝貢是一種體現「中國的皇帝不分內外駕馭『天下』，蕃夷各國君長都臣服於皇帝」理念的外交禮儀。就理想上來說，蕃夷各國的君長應該要「世一見」，也就是在位期間，至少需要來朝謁見皇帝一次。[23]

實際上，外國君王親自來朝的情況非常罕見，但是因為《大唐開元禮》中設有「蕃主來朝」（卷七九，賓禮）的項目，因此在歷代王朝的禮書中，都以蕃夷諸國君長來朝之事為前提，記載其禮儀制度。至於使節來朝，在書中開頭則有「皇帝受使表及幣」的禮儀制度。接下使節上呈的「表文」，於宮殿中接受「幣」也就是貢物，此事被視為是朝貢禮儀中不可或缺的要素，古今皆同。

## ◆表文與國書

正如上述，朝貢是讓蕃夷諸國君王對中國皇帝表達臣服之意的政治性儀式。因此，證明臣屬關係的文件——「表文」之奉呈，就成了最重要的要素。「表文」雖是上奏文的一種，但通常不是作為外交上的提案或是要求，而是問候皇帝起居的禮儀性文件。

在表文的開頭，會像「日本國王臣源義政」這樣，寫上國王的稱號、「臣」字，以及國王的姓名。結尾則會使用中國年號的年日月（一般的通例中，日期為空白。這是中國公文中上呈文書的體例），並以「日本國王臣源義政上表」結束。[24]表文的意義，是讓國王親自表示自己是皇帝之「臣」。在接受冊封、由皇帝授予國王印的時候，也會在表文蓋上國王的印璽。

如果來朝使節攜帶的文件，不是表明自己身為皇帝臣子立場、而是將君主或國家置於和中國對等立場的「國書」，很有可能會成為拒絕往來的理由。在古時候的推古天皇時期，倭國讓遣隋使帶著國書，便招致了拒絕朝貢的結果。隋朝大業三年（六〇七年），倭國的使者帶來寫有「日出處天子致日沒處天子書。無恙？」的國書，惹惱了隋煬帝。煬帝向掌管外交的鴻臚卿命令道：

「蠻夷的文件如果有無禮的內容，今後就無需上奏（蠻夷書有無禮者，勿復以聞）」[25]，亦即拒絕朝貢的明白指示。翌年，隋朝派遣使者裴世清前往倭國。裴世清回國之際，同行的倭國使者雖曾「獻納方物」，但在《隋書》中記載道，倭國的遣使「其後便中斷了（此後遂絕）」。不過，根據日本方面的記錄，他們在此之後還曾經三度派出遣隋使。

這些在歷史紀錄上相互矛盾的現象，應該有其現實的根據。隋朝派遣裴世清至倭國，可以想見是要曉諭倭國，展示朝貢應有的程序、以及應當上呈給皇帝的表文格式及內容，從而避免「無禮」的行為。儘管循循善誘，但倭國朝廷還是拒絕上呈表文，毫無疑問不願與隋朝皇帝建立君臣關係。對於倭國不顧朝貢本質意義而派來的使節，即便讓他們入境、並給予相應的待遇；但把他們納入遣使朝貢的行列當中，並不適當。因此，中國方面的記錄才會將兩國間的外交往來記為「其後便中斷了」吧！

六三一年以降，倭國的遣唐使也沒有上呈表文的跡象。在中國方面的記錄中，倭國以及八世紀後的日本與唐朝之間的關係，經常是被表述成一種朝貢關係。不過，這是某種單方面修飾的說法。本來，外國未表明臣屬於皇帝，就不能稱其為朝貢；但是，把派遣使者來朝的事實硬套進某種義務關係當中，在文字上使用「遣使朝貢」的表現方式，這樣的做法屢屢發生。此外，中國方面也曾將外國君主的書信，即便那只不過是站在對等立場上的國書，一律稱之為「表」。[26]這與將欠缺朝貢要件的遣使，用「朝貢」一語概括的作法相同。

在倭國拒絕締結朝貢關係後，唐朝曾試圖讓倭國重新考慮之努力，可以從中國方面的資料獲得確認。在《舊唐書》卷一九九，東夷傳．倭國之條中，「太宗皇帝體恤使節迢迢千里之辛勞，命令主管機關不須要求對方每年朝貢（貞觀五年，遣使獻方物。太宗矜其道遠，勑所司無令歲貢）[27]」，與隋煬帝不同，太宗並未直截了當表示拒絕，而是打算委婉拒絕不願臣屬的倭國遣使。在這項記事之後，則有這樣一段記載：「唐朝派遣新州刺史高表仁持節前去撫慰倭國。表仁沒有撫慰遠夷的才能，與國王之子就禮儀產生了爭執，未能宣讀朝廷命令便歸還了。」高表仁原本應該是被派遣去誘導倭國行臣屬之禮，卻因為禮儀問題在倭國掀起糾紛，最後無法完成宣讀皇帝詔敕的任務。這是倭國方面拒絕透過表文明示臣屬於皇帝的佐證。高表仁要讓倭國大王以下的人們跪拜後，宣讀皇帝的詔敕；他所接獲的命令是，要引導倭國實踐皇帝與蕃夷君長之間應有的君臣之禮，亦即朝貢下的君臣禮儀——而如前所述，最關鍵的部分就是上呈表文。

《舊唐書》在記載完這些來龍去脈後，又於貞觀二十二年（六四八年）寫道：「倭國又請新羅使節代為附上表文，問候皇帝起居（又附新羅奉表，以通起居）。」但我們很難想像，這份文件會符合所謂表文的形式。倘若日本向唐朝皇帝奉表「稱臣」，那麼皇帝理應會以答書的形式下詔；然而，唐朝皇帝送去的，似乎只是書簡形式的國書。

《善鄰國寶記》卷上，在鳥羽院元永元年（一一一八年）的條目中，菅原在良針對宋朝送來的文件進行「勘文」，並記下結果。所謂「勘文」，指的是調查隋唐以來中國送來的文件，考察宋朝送來的文件是否與舊例相吻合。就過去的實例來說，天武天皇元年（六七二年），有唐朝商人帶來皇帝的書簡，其書簡標題為「大唐皇帝敬問倭王書」。「敬問」這種用法，並不會使用在送給已接受冊封的君王或是「臣子」的文件上。[28]由此可以推測，由於兩國之間的關係尚未確定，所以姑且先從對等立場出發，使用「敬問」這種客氣的說法，回信時也不使用詔敕，而是採用書簡形式的國書。正因倭國使節並未上呈表文，亦即並非以臣子的立場與唐朝進行外交往來，因此唐朝皇帝的答書才會使用「敬問」這種語彙。這在禮儀上是正確的選擇。與唐代這樣的外交相比，明朝突然向從未進行朝貢、也就是未曾締結君臣關係的周邊各國遞送詔敕之作法，明顯高壓許多。

## ◆朝貢貿易

在朝貢進行的時候，不只是交換蕃夷諸國要貢獻給皇帝的物品，以及皇帝要賜予這些君長的物品，使節也會帶來稱之為「附搭貨物」或是「附至貨物」的商品，並購買中國的產品後回國。上述狀況從中國的角度來看，不管是位於東、南方經由海路朝貢的各國，還是位於西、北方經由陸路朝貢的各國，都是相同的。因此，朝貢不僅是向中國皇帝表示臣屬的禮儀，同時也是一種貿易制度；正是基於這樣的事實，才孕育出所謂「朝貢貿易」的概念。除此之外，馬克・曼考爾和費正清也主張，貿易是以某種形式和貢品進獻連結在一起，在中國式的世界秩序中，朝貢與貿易是不可分割的事物（關於這點，將於後文詳述）。

進獻給皇帝的貢品，是表示臣屬的證明，而非以經濟交換為目的的物品。然而，進獻本身也伴隨著賜予或是回賜等反向的支付；故此，雙方在這方面也要進行價值評估與考量，好避免讓交換留下經濟上的不滿。

在《宋史》卷四八七，外國傳三．高麗條目上，有著令人深感興趣的記述：一〇七九年（元豐二年），高麗使者進獻日本製造的車（應該是自平安時代起在貴人間流行的牛車）之際，「先前有貢物送來時，都會命令有關單位評估價值，賜予一萬匹的白絹作為代價。這次皇帝下令，此後不再評估價格，就以一萬匹白絹作為定額賜予（前此貢物至，輒下有司估直，償以萬縑，至是命勿復估，以萬縑為定數）」。在宋朝，關於朝貢使節所帶來的貢物，相關機構會每次評估貢物的價格，再以相應的代價回賜絹布等物品。以一〇七九年高麗進獻日本製牛車為契機，不再估價，而將賜予的數量改為定額化；宋朝採取如此的措施，朝貢國方面也可以用定額的賜予作為前提，來決定貢物的品質和數量。禮儀上的貢物成為所謂「估價（估直）」這種商業行為的對象，即便並未明言，不管在哪個時代，應該都是相同的吧！

試圖將貢品與回賜的價值調整到接近等價狀態的行為，也就是意識到了這是經濟上的交換。只是，要誘導各國君主前來朝貢，在貢物和回賜的交換上，有必要展現出對外國有利的一面。從中國的角度來看，「厚往薄來」（中國賜予的物品優厚，收取的貢品微薄）這句話，就是用來解釋中國在外交上度量宏大的術語。然而，我們也不能忽視其中隱含、用以增進朝貢的政治算計。

「厚往薄來」也是在《禮記》中庸內可以看見的詞句，唐代孔穎達的注疏解釋說：「所謂的厚往，是指來朝的諸侯在歸國之際，王者送出厚重的贈禮作為回報。所謂的薄來，則是讓諸侯帶著微薄的貢獻來朝。如此一來，諸侯便會順服（於王者），而這正是籠絡諸侯的手段。（厚往，謂諸侯還國，王者以其財賄厚重往報之。薄來，謂諸侯貢獻，使輕薄而來。如此則諸侯歸服。故所以懷諸侯也）」。因此，早從唐代就已經意識到，「厚往薄來」是誘導各國朝貢的物質性手段。

然而，透過朝貢向中國表達臣服之意，未必就是要接受中國的保護和援助；相對地，朝貢國的內政和外交事務，中國也不見得就會積極關切或介入。因此，也就產生了這樣的現象：對於朝貢諸國而言，向皇帝表示臣服禮儀的「朝覲」、「貢獻」、「表文上呈」，是貿易所附加的形式上之義務，從事朝貢的目的，就單純是為了貿易。

受到明朝皇帝冊封為「日本國王」之室町將軍，在其進行朝貢時，發生了爭奪勘合紙與事實上的買賣，甚至還出現偽造皇帝所賜國王印的情況。雖然是按照明朝要求遵守朝貢的形式，但是從日本方面來看，十分明顯地，派遣貿易船隻才是對明關係的現實考量，這也是朝貢的明確動機。[29]至於暹羅等大部分東南亞國家，也是同樣的狀況；從俺答汗以下，右翼蒙古各部的朝貢，其目的也是單純為了要接受關口互市以及「撫賞」的供應。俺答汗被冊封為「順義王」，只不過是為了讓中國同意互市的一種交換條件。對右翼蒙古而言，則是將此看成是與明的會盟。

## ◆名為「朝貢」的安全保障

正如上述，各國之所以進入朝貢關係，其動機確實是透過交換貢品以獲取經濟上的利益。但是，並不是所有的國家都把這種動機放在第一優先。對於與中國國境鄰接、受到強大帝國軍事壓力的各國而言，他們只能選擇、或是被迫與中國締結朝貢關係，好作為一種保障安全的策略。比如朝鮮和越南的朝貢，我們不能無視於它作為安全保障策略的要素。即便是在內陸地區，對於位在明朝邊境外的朵顏三衛和赤斤蒙古、以及統稱為「西番」的藏裔各族群而言，敵我力量的懸殊差距，也是他們願意臣屬於明朝、建立朝貢關係的主因吧！就算從明的角度來看，把這些族群當成邊境外的「藩屏」，對他們採取「羈縻」政策，這樣的作法，也是一種安全保障策略。

因此，「朝貢體系」並非一成不變的制度架構，也未必是普遍的國際秩序。即便天朝理念是普遍性的，但在中國與各國之間，因應彼此的權力關係與地緣位置，朝貢的實質意義也會隨之變動，不管是適用的政策還是制度都不會完全相同。將普遍性的理念作為基礎，建構起彼此間的多種關係、並加以運用。因此，以朝貢關係為基礎的中國外交和通商關係，其實具備了各種明顯不同的型態。

## ◆海禁與邊禁

根據檀上寬先生的分析結果，「海禁」一詞在明朝前半葉並未被使用，是到十六世紀中葉以降才被廣泛地使用。明朝的律例與政書上出現「海禁」一詞，最早出現於一五八七年（萬曆十五年）重編刊行的《大明會典》。[30]開始使用這個語彙的契機是「嘉靖大倭寇」。十六世紀中葉，明朝窮於應付走私貿易的盛行以及海盜行為的猖獗。在當局嚴格取締自明初以來各項法令與敕令中，早已三令五申禁止的「違禁下海」行為同時，阻止「下海通番」的「海禁」之詞，也開始被廣泛使用。這裡列為應當禁絕行徑的「通番」，指的是走私。

海禁不單是指對民間貿易的壓抑政策，也包括了航海限制、貿易管制的相關政策和法令。不只如此，基於此種限制、管制而產生的外交體制，也可使用「海禁」一詞加以概括。荒野泰典先生便曾使用廣義上的「海禁」概念，來重新定義近世日本的對外體制（荒野泰典《近世日本と東アジア（近世日本與東亞）》東京大学出版会，一九八八年；同《「鎖国」を見直す（重新檢視「鎖國」）》岩波書店，二〇一九年）。因此，比較日本和朝鮮、中國海禁，便可以檢視近世東亞對外關係隱含的共通性質，並闡明其相互的關聯性。

即便在內陸，也有構築長城與關隘，以斷絕內外交通往來的法規；未經許可的越境，會成為處罰對象。[31]關於內陸邊界的規範，到了清代，在會典等政治文獻中出現了「邊禁」之語。[32]在今日，一般會將內陸關隘設置的種種規範，以邊禁的概念加以概括。

一三九七年（洪武三十年）的《大明律》，在兵律「關津」條目中，列舉了禁止私下運輸、販賣至境外及海外的物資；這些受限物資包括了「牛馬、軍需物資、鐵製品、銅錢、絹織品、絲線、生絲」[33]，也就是被當成戰略物資看待的事物。至於茶、棉製品、穀類、木器、陶瓷器等一般日用品，則不在禁止範圍之內。然而，因為私下交易乃至越界本身都是一種犯罪行為，因此其宗旨並非許可日用品的自由貿易。從此處也可以窺見在《律》中，所謂海禁和邊禁，都屬於安全保障政策的一部分。

然而，與明朝不同的是，在宋代由市舶司管理的民間貿易，則是被廣泛地許可。在廣州等貿易都市中，有相當於居留區的「蕃坊」，允許外國人居住；蕃坊透過「蕃長」，被置於間接的統治下。所以相較於明朝，宋朝一般不被認為是採行海禁政策。然而，即便是在如此開放的宋代，從山東半島沿岸至渤海灣方面，貿易船隻的航行還是被禁止的。[34]這是為了阻止民間商船與契丹（遼）及其屬國高麗之間的往來。因此，中國會出於安全保障的目的，對特定的區域實施海禁。

中國在面對海上武裝勢力以及走私販子時，也會為了斷絕「內地奸民」的「接濟」，亦即提供物資與買賣行為，而實施戰略性海禁政策。中國在對明代「倭寇」與清初海上勢力防衛成為沿岸重要課題的時期，嚴厲推行「海禁」，其目的就是出於軍事戰略。清代初期伴隨「遷海令」實施的海禁亦同，其動機和目的皆很明確，是為了阻止鄭氏勢力的滲透以及與內地的聯繫。

在乾隆《大清會典則例》卷二四、吏部・考功清吏司中，與「邊禁」並列的是「海防」項目。後者以一六七二年（康熙十一年）的「無論是官員、士兵或是一般民眾，私自出海貿易、移住至海島，建造家屋並居住、耕種田地的人，將全數逮捕並施予處罰（官員兵民，私自出海貿易及遷移海島，蓋房居住，耕種田地者，皆拏問治罪）」法令為首，記錄著有關於海禁的諸多事例。在清代，海禁政策被認定為專以「海防」為目的之措施。雖然民間的貿易也被禁止，但這是為了斷絕仰賴貿易的鄭氏勢力與內地的關係。

對中國而言，若是會發生安全保障問題的地區有限，那就只要在這個限定範圍內，採取阻止人員、物資和情報外流的政策即可。若是從試圖兼顧對外貿易、沿岸海上交通的便利性與利益，以及安全保障的觀點來看，限縮海禁和邊禁的範圍正是合理的選擇，如同上述所提的宋代政策。

然而，明代卻是不限定地區，一併禁止中國商人的出海貿易以及沿岸交易，甚至連外國商船的來航也一同禁止；不只如此，還限制民間建造兩隻桅桿以上的船隻。明代採取如此全面性的海禁政策，讓人感到非常奇怪。歷來研究者關注的重點，是原本無論在哪一個時代，都被當成安全保障政策採用的限定式海禁，為何到了明代，會轉變成全面性禁止民間貿易的海禁政策？

關於明代之所以會選擇全面性海禁的來龍去脈以及理由，檀上先生基於精細縝密的資料檢討，做出了分析。從攸關海禁的個別法令與措施，可以清楚看出它是為了因應某個時期、所產生的具體目的而制定的政策。因此，當原本圍繞海防安全保障而施行的海禁，與將海外往來、貿易限定在朝貢關係的政策結合後，便形成了「朝貢—海禁體制」。

檀上先生強調的是，明的朝貢體系是試圖在「天下」（世界）當中，實現將皇帝置於頂點的儒教式階級秩序；與此同時，作為徹底控制國內政策的一部分，海禁也隨之嚴格化。所謂的朝貢與海禁，是立基於儒教的專制國家秩序理想，不可分割的左膀與右臂。明朝的海禁與朝貢體系密不可分地相互連結，並且流露出專制且儒教式的意識形態，這就是檀上先生論述的根幹。[35]

誠如檀上先生所言，明朝是透過相當於儒教式階級秩序的「禮」與皇帝所定的「法」，試圖實現管控、並打造出專制體系。明朝的「朝貢—海禁體制」正是這樣與「天朝」意識形態整合在一起，此論點非常具有說服力。然而，明朝獨特的政策——貿易與朝貢的一元化，究竟具備何種機能，其具體的意圖又是為何？關於這個問題，我們並無法從上述的解釋之中得到答案。明的朝貢一元體制，在中國對外交易的歷史發展上，或許可以定位成透過君主間的政治協約、由雙方朝廷獨占貿易權利的關係。關於這些內容，將於本書第二章詳述。

## ◆互市

「互市」一詞，廣義的解釋是指所有型態的交易，多半拿來作為動詞使用；在宋代以降，才開始被用來指稱受管理的貿易制度。一一一三年（政和三年），兵部侍郎陳彌作的奏文中提到「祖宗設下互市之法，原是為了羈縻遠人，而非為了（進口）馬匹」。[36]宋代與西北相鄰的西夏展開茶馬貿易，陳彌作將這個制度稱為「互市之法」。[37]

元代馬端臨在《文獻通考》卷二十・市羅考中立下「市舶、互市」項目。其開頭引用了宋代《三朝國史》食貨志中的一段：[38]

互市的起源是漢代初期與南粵（自廣西至越南一帶的區域）之間的關市往來；在漢與匈奴和親後，雙方也開始互通市集。東漢與烏桓、北單于、鮮卑開通交易，北魏統治華北後，在南方邊境展開互市。隋唐之際，經常與戎夷締結關係，展開貿易。開元期間（七一三～七四一年）定下「令」，記載了互市的規定。五代的後唐也與北戎互市。其他像高麗、回鶻、黑水諸國，也會帶著當地特產與中國交易。

雖然《三朝國史》食貨志的說法，不過是將作為現行制度的互市往上追溯歷史，主張其實用性與正當性，不過我們也可以由此窺見，從宋代到元代這一段期間，互市這個詞彙，已經逐漸成為在官府管理下的對外貿易制度統稱。

為了貿易管理和徵稅，政府設置了機關，那就是位在邊界附近的「榷場」。[39]所謂「榷場」，指的是被設置在邊界附近的特定場所、負責國際貿易的市場。[40]官府進行榷場的設置與管理，並在大部份的交易中徵收「課利」。管理船隻海外貿易的是「市舶司」和「市舶務」，在該處會有名為「抽解」、「抽分」的徵稅，以及購買進口物資的「博買」。

在市舶司所管理的海外貿易擴大之後，經由海路的貿易制度被交給「市舶」，經由陸路的貿易制度則交給「互市」，兩者之間便產生了區別。前文提及《文獻通考》中項目名稱的「市舶、互市」，便是意識到其中的區別。即便是到了明代，也還是沿用了這種區分互市與市舶的概念[41]，梁廷枏《粵海關志》（一八三五年）也承襲了這樣的見解：「在陸路所進行的稱為互市，在海道展開的稱為市舶（在陸路者，曰互市，在海道者，即曰市舶）」。[42]

但另一方面，在海上貿易的領域中，使用「互市」一詞的現象也愈來愈普遍。在元世祖忽必烈時代的記錄中，就可以看見這樣的內容：「日本船隻來航四明（寧波），要求互市。船上備妥武器。在這一年的冬季，因為擔心日本心懷不軌，於是朝廷下詔設置都元帥府，讓哈剌帶統率，防衛海道（初日本舟至四明求互市。舟中甲仗皆具。是年冬，恐有異圖，詔立都元帥府，令哈剌帶將之，以防海道）[43]」。

互市用法的擴展，應當有其緣由。市舶與互市同為管理貿易的制度，有其共通之處。但是，市舶一詞，原來就是意指貿易船隻，與名為市舶司的官署有著緊密的連結。相對地，作為意指貿易行為的動詞與制度名稱，互市這個詞則頗有泛用性。正因如此，將在朝廷指揮之下展開，受官府管理，卻未與市舶司與榷場等特定機構連結在一起的貿易稱為「互市」，是相當貼切的概念。

就管理貿易場所設在陸地邊界的情況而言，自元代以降，將之稱呼為「榷場」的狀況日益減少。以歸順的羈縻衛為對象，在國境進行絹馬貿易和茶馬貿易的明代，使用的是「馬市」和「茶市」之語。誠如本書將在第三章所述的內容般，俺答汗在一五七一年（隆慶五年）的隆慶和議（封貢）交涉中，讓使者表示：「要求的不是馬市，而是互市」。明代的「馬市」、「茶市」一年只會開放數次；相對之下，俺答汗認知的「互市」，則是一種隨著邊境商業熱潮到來，每月召開數次，不只交換馬和絹、茶，也廣泛交易多種商品的制度。

就像這樣，自宋代以降，稱為互市與市舶的國際貿易制度日益整飭完備，其原因就在於它們對財政上的貢獻。儘管人們還是會提起「懷柔遠人」之類語彙的意義，但是比起「懷柔遠人」，更被重視的還是財政上的動機。南宋高宗的朝廷曾直率地評價貿易課稅的利益：「市舶的利益非常豐厚，若是採取適當的措施，將可以得到數以百萬計的收入，這不是遠勝從民眾身上取得的嗎！我之所以留意這些，是為了（減少稅收），從而減少民力的消耗。（市舶之利最厚。若措置合宜，所得動以萬計。豈不勝取之於民。朕所以留意於此，庶幾可以少寬民力耳）」[44]。

因此，積極設置市舶司和榷場、擴充互市的政策，對於近世中國的國家財政而言，是一項重要的課題。雖然朝貢作為皇帝禮儀的一部分而被繼續維持，但財政上的動機則是另一個領域。在這個領域中，和禮儀沒有關係的互市制度，其活動獲得了擴張。故此，就互市發展的歷史脈絡而言，我們有必要針對明的朝貢一元體制，也就是基於君主之間的協約而導向獨占貿易之意義，重新進行檢討。

# 三、朝貢體系的邏輯及其性質

## ◆朝貢體系

朝貢制度自中華帝國的形成期至衰亡期為止，約維持了兩千年之久。這是立基在中華的華夷觀、天下觀之上，將蕃夷各國君長臣屬於皇帝的關係，在禮儀性質的場合表現出來；如同前述，這樣的認知實屬常識。那麼，由費正清所編，於一九六八年出版的《中國的世界秩序：傳統中國的對外關係（*The Chinese World Order : Traditional China's Foreign Relations*）》一書成為關於朝貢體系（tribute system）的劃時代研究，其重要性又是什麼呢？這是因為該書提出了「在中國，所有的貿易皆與朝貢有關係」的論點，並將這樣的朝貢體系與立足於條約上權利的近代貿易體制相對照，從而主張「中國的通商和外交結構，是從朝貢體系轉移至條約體系」。

一八四二年（道光二二年）訂立《南京條約》後，清朝在國際關係上，喪失了將自身置於頂點的「天朝」地位，從而被拉進由對等主權國家關係所構成的國際社會之中。這項歷史過程也被定位為以中國為中心的傳統朝貢體系之瓦解。這裡所認定的朝貢體系，指的是基於華夷秩序中關於

「天下」（世界）的理念，以及奠基在這個理念上，蕃夷諸國的遣使朝貢、與由皇帝冊封國王等外交上皇家禮儀的架構。十九世紀下半葉的中國，已然無法繼續維持這個結構，而被納入立基在近代條約體系的國際關係之中，如此的認知業已成為常識，沒有必要展開複雜的議論和邏輯論證。然而，費正清和馬克．曼考爾所提出的朝貢體系論，並非是如此單純、不證自明的主張，而是認為關於中國近代以前的傳統對外貿易，無論其型態為何，皆與朝貢禮儀存在著某種關聯；因此，就這點而言，這些貿易都可以算是朝貢貿易（tributary trade）。

朝貢使節團帶來貢物以外的物產進行交易，並購買中國商品後歸國，這是對朝貢貿易的一般性理解。此外，貢品與賜予物品的交換，雖是表現出臣屬與恩惠的象徵性行為，但其中也存在著價值的評估，以及公平與否的考量，因此從這一層面來看，也具備了交易的性質。從附搭貨物及貢物與賜物交換的狀況來看，朝貢與貿易的關係十分明瞭。因此，附隨於朝貢往來的商業性貿易，稱之為朝貢貿易也是恰當的稱呼。

儘管如此，根據費正清和馬克．曼考爾兩位的主張，貿易與朝貢的關係並不僅止於此。他們的結論是，中國所有型態的貿易，都以各式各樣的形式與朝貢連結在一起。在這種邏輯下，與其說朝貢是臣服的儀式，不如說貢物的獻納，是種符合商業活動的儀式。

## ◆「中國的世界秩序」之三層結構

首先，費正清將「中國的世界秩序」區分為三層：

中華圈：距離近、文化上較為類似的朝貢諸國。朝鮮、越南、琉球，以及只維持了短期朝貢的日本。

內陸亞洲圈：中國文化圈之外，或是位於邊緣的朝貢各部族與國家。

外夷圈：除上述兩者外的東南亞、南亞與歐洲各國之外，最終也包含了日本。這些是被預想在貿易之際，會送來貢物的國家。[45]

在這三層結構中，對日本的處理雖然有些許令人困惑之處，不過這並非本質性的問題。值得注目的是，外夷（outer barbarians）諸國與中國貿易之際，「被預想」應當會前來朝貢之主張。

費正清本身對於這個「被預想」的觀點，並沒有具體性的論述，只停留在呈現出「天下」秩序的結構，以及關於貿易和朝貢的關係之類的基本發想。馬克·曼考爾則是基於這項見解，參照歷史上的狀況，從詮釋學的角度論述貿易與朝貢之間密不可分的關係。

## ◆朝貢貿易的型態與原理

馬克．曼考爾將朝貢貿易區分為三種型態：一是在向皇帝獻納貢品之後，隨即在京師展開的貿易。[46]在這種類型中，也有被認可進行邊境交易的情況。二是，沒有獻納貢品，而在北京進行貿易。例如一六九五～一七五五年，俄羅斯前往北京的隊商貿易。在這段期間中，俄羅斯的使節只有一七二八年（雍正六年）被記錄過一次。三是，沒有獻納貢品，直接在邊境展開的貿易。英國等西洋各國以及東南亞港市國家在廣州的貿易，即為此類。[47]

如此一來，基於《尼布楚條約》決議而進行的俄羅斯隊商貿易，以及從清朝角度來看，不施行朝貢只採取互市的「互市諸國」之貿易，都被馬克．曼考爾概括進朝貢貿易的範疇之內。而這種概念擴張後的朝貢貿易，基於被納入其中的原理，又可以分為三種類型：

貢物貿易（gift trade）：在北京交換貢物，以及在邊境的撫賞。撫賞交換的目的，在於使夷狄平穩不來侵擾。

市集貿易（market trade）：將需求、供給、價格機制作為考量要素的貿易。例如，廣州貿易是與歐洲經濟連結在一起的市場成長之結果。

協約貿易（administered trade）：基於當事者之間協約關係的貿易。例如，基於與俄羅斯條約的貿易，以及一八三九年之前，英國在「廣州體系」（Canton system）下從事貿易。是一種默許的、勉強達成的合意。[48]

這並不是型態上的分類，而是基於促使交易成立原理的分類。因此，與西洋各國等的廣州貿易，既是市集貿易，也是協約貿易。

現實的清代貿易，是透過各式各樣的路徑與型態來展開。從中分析出三種型態與三項原理後會發現，無論透過何種型態和原理展開貿易，所有的貿易都和朝貢——具體的象徵是貢物獻納——脫不了關係。卡爾．波蘭尼在一九六三年發表的〈早期社會的港口貿易〉（*Ports of Trade in Early Societies*）這篇論述，深切影響了馬克．曼考爾的論證邏輯。[49]雖然卡爾．波蘭尼所說的「港埠貿易」（ports of trade）概念並不只是特指貿易港口，而是廣義上的交易場所，但馬克．曼考爾則是認為，就算是在中國，也適用於「港埠貿易」的概念，而中國傳統商業行為的規範——如市場應該位於外部的觀念、以及依照法令和習慣，制定市場開放期間等——也適用其對外通商的作法。不只如此，在交易之前先採取贈予的習慣，也可在向皇帝獻納貢物的朝貢禮儀中窺見其影子。卡爾．波蘭尼的發現——在近代以前的社會，外來商人在交易之際，會伴隨著贈予行為，支撐著馬克．曼考爾的見解：在中國，所有的貿易都以朝貢為必要條件，貢物的獻納對商業行為而言，是相應的禮儀。

## ◆象徵認可貿易的朝貢禮儀

儘管馬克．曼考爾的論述是複雜且抽象，不過在貿易及朝貢的關係，還是得以歸納出以下的結論：朝貢與貿易「以複雜卻非直接的方式，存在著連結關係」、「朝貢與貿易的關係，可以稱為一種『適用天下所有商業行為的禮儀』。在這一層意義上，朝貢是對商業活動的『認可』（sanction）。然而，這並非是對特定行為的特定認可，也不是表達許可的承諾。毋寧說，它是一種必要條件（a sine qua non）。換句話說，在中國世界的貿易活動中，某人必須在某個時點，對皇帝獻納貢物。獻納的行為，雖說並不必然如此，但是一般傾向於由擁有對中貿易權力君長的代理人來進行」。[50]

就如上文所示，馬克．曼考爾首先將清代所有型態的貿易，概括入朝貢貿易的概念之中；並以此結論作為前提，為了導向此結論而展開邏輯上的推演。所謂朝貢行為，本質上是向皇帝表明臣屬的政治性禮儀，與貿易並沒有直接的關係。前面已經提過，獻納與相當於反向給付的賜予，具備了經濟上的交換機能，且有伴隨著朝貢的貿易活動。但是，貢獻的儀式，是指對商業行為給予許諾或認可，並且與之相對應的禮儀。然而，這樣的概念，果真存在於中國人的腦海當中嗎？這種對朝貢制度的解釋，可以說根本不存在。

## ◆君主的臣屬與貿易

在明的朝貢一元體制中，朝貢這種對皇帝臣屬的禮儀，以及保有由皇帝授與官職的敕書兩者，是貿易活動的前提條件。但是，貢物的獻納未必直接與貿易的允諾連結在一起。貢物的獻納是向皇帝表明臣屬的禮儀，貿易則是對臣屬國家使節的允諾。

在明的朝貢一元體制之中，連結在一起的是蕃夷君長的臣屬與貿易。若非國王、君主等一國之長，而是臣民自行來朝，那麼就算攜帶有貢品，依照慣例，中國朝廷還是會將對方當成「偽使」加以拒絕。

《明太祖實錄》卷九十，洪武七年（一三七四年）六月乙未之條中，可以看見日本國派遣僧人宣聞溪、淨業、喜春等人來朝，打算進貢馬匹、土產，卻被下詔回絕之事。回絕的理由是「宣聞溪等人打算將日本國之臣（應該是將軍足利義滿）的書信送達中書省，卻沒有附上表文（宣聞溪等齎其國臣之書達中書省，而無表文）」。雖有馬匹和其他貢物，但是沒有展現日本國王臣屬意志的表文，所以未能獲准朝貢。這項記錄之後，也記載島津氏久派僧人道幸等人「進表」，除了馬之外，試圖貢納茶、布、刀、扇等，亦遭到回絕之事。島津的使節除了貢物之外，雖然帶著表文，但因為這份表文並非出自國王，而遭到拒絕，而這並不是明太祖才特別會出現的反應。

宋代天聖四年（一〇二六年）的記錄是這樣的：「市舶司報告。日本國大宰府進奉使周良史遞狀表示，『奉本府都督（太宰府長官）之命，想將本地特產進奉（給皇帝）』。明州官府看了之後，因為沒有這個國家的表文，不敢貿然報奏上京。我們命令明州向周良史傳達，因為沒有國家的表文，難以上奏朝廷（市舶司牒。日本國大宰府進奉使周良史狀，「奉本府都督之命，將土產物色進奉」。本州看詳，即無本國章表，未敢發遣上京。欲令明州只作本州意度諭周良史，緣無本國表章，難以申奏朝廷）[51]」。若是沒有國君的表文，便無法允許貢物的獻納，這可認定為歷代王朝的一般性通則。假若周良史沒有偽裝成朝貢，就算不獻納貢物，市舶司應該也會認可他進行貿易才是。[52]

## ◆邁向不需要禮儀的互市

光是從上述的事實來看，可以清楚地得知，與伴隨朝貢之交易活動相互連結的，並非是貢物的獻納，而是該國國君透過表文，向皇帝表達臣屬之意的事實。而且，宋代的市舶司貿易，不需要任何貢納物品以及禮儀，便可允許外國商人進行貿易。中國商人出海貿易，也只要取得市舶司認可，並在回國時接受抽解（課稅）和博買（收購），就可以獲得承認。

相對之下，明代的市舶司則只接受朝貢使節的船隻，並進行收購附搭貨物等行為；不過明這種朝貢一元化的體制，在中國歷史上屬於特殊狀況。十六世紀以降，中國開始逐漸脫離這項體制；在清朝的對外貿易中，不需要禮儀的互市，成為了壓倒朝貢的大勢所趨。

清與俄羅斯締結了條約。他們將沙皇（Tsar）的國書依照「表文」的體裁翻譯，把俄羅斯列舉為「外藩」之一，在條約的漢語譯文中嵌入了和朝貢相關的用語，試圖在文章上表現該外交使節是來「朝貢」，但是俄羅斯與清是對等的條約國，這件事還是不可動搖。清無法以朝貢關係的本質——臣屬於皇帝的關係，與俄羅斯產生連結。在北京與恰克圖進行貿易的依據，並不是貢物的獻納或皇帝的恩惠，而是國際條約的條文。十八世紀中國便是以這種型態以及法律根據，實現了互市制度。

在廣州進行貿易活動的各個國家，幾乎都沒有派遣出朝貢使節。說到底，他們和清朝之間，也沒有君主間或國家間的關係。這是因為清朝選擇了不需要國家間條約、也不需要遣使進行貿易許可交涉，就可以自由參與貿易的政策。在偏遠的廣州，只不過是中國商人與外國商人在進行交易活動罷了。畢竟商人說到底，本就沒有朝貢的資格與義務。

所謂朝貢的禮儀，只展現在中國皇帝和外國國王所建立的君臣關係之間。貿易對象國家的國王，只要沒有以交涉為目的派遣使節，要求建立國與國的外交關係，那皇帝與該國君主就不需要刻意建立關係——說得更精確一點，對清朝而言，沒有關係反而是他們樂見的狀態；因此，與明朝不同的是，清朝並不追求朝貢關係的擴大。其結果就是從十八世紀至十九世紀期間，透過互市架構與中國貿易的各國比重，遠遠勝過朝貢貿易的比重。

尚未進一步評估這種歷史遞嬗，就將所有型態的對中貿易與朝貢連結在一起，概括為朝貢貿易，這難道不是一種對歷史面貌的扭曲嗎？

至十九世紀中葉為止，中國確實是處於一種與近代條約體系迥異的國際關係中。不只是中國，與中國相鄰或是接近的東亞、東南亞、內亞各國的國際關係，也同樣與條約體系大不相同。

毋庸贅言，中國駕馭天下全體的「天朝」世界觀，與近代國際社會秩序是相互扞格的。基於這個世界觀的傳統朝貢制度，在朝鮮、琉球、越南、蘇祿、暹羅、緬甸等各個國家之間施行。

然而，清朝在與其他國家的關係上，放棄了明朝所追求的朝貢一元體制。他們選擇與俄羅斯締結條約，與日本和許多西洋國家、以及東南亞的港市國家等，不維繫國家間的關係，只展開商人間的交易活動。中國人的出海貿易，在一六八四年（康熙二十三年）以後，全面性地開放。

未能看出這項歷史進程的意義，只是透過「清朝仍然停滯在朝貢體系中」的邏輯不斷進行推演，確實能夠給出「近代東亞由朝貢體系的瓦解往條約體系邁進」這樣一個單向且單純的解釋。可是，這是不是某種東方主義（Orientalism）式的思維呢？這樣的疑慮，始終讓人揮之不去。

## ◆呈現東方主義色彩的朝貢體系論

倘若馬克．曼考爾的邏輯論證為真，那與中國貿易這個行為本身，無論其型態或是原理為何，也無論在哪一個時代，其實都具備作為朝貢貿易的特性。不管是否有遣使朝貢之行為，也不論從事貿易的各國國王與皇帝之間是否有君臣關係，只要有貿易，就是與獻納貢物連結在一起的朝貢貿易。繼續深入推演的話，只要中國自認為天朝並施行朝貢制度，外國與中國的貿易就會是朝貢貿易。然而，這其實只是一種套套邏輯，毋庸贅言，也是一種缺乏歷史性、靜態式的理解。

在馬克．曼考爾的中國貿易論中，還有另一項論點：他主張在中國內部，由國家管理商業行為的同時，對外貿易也會被納入朝貢貿易體系的框架，置於國家的管理下。讓我們來聽聽他的說法：「這項中國國內的傳統（意指由國家管理商業之事），可以表示明朝、清朝想要中國與外國之間的貿易在特定的交易場所（ports of trade）展開，不允許中國商人為了貿易而往國外發展。所謂的國外，就是無法在政府定義下，遵照其規範或是期待樣式行動的場所。」[53]照他的解釋，明朝和清朝將不分國內外地限制商業人士活動，並試圖加以管制，因此不允許中國商人到國外去從事貿易活動。

清朝解除海禁後，在一六八四年（康熙二十三年）後設置了海關，准許中國商船的出海貿易。馬克・曼考爾忽略了這項事實，誤以為中國商人的出海貿易受到禁止；此外，關於如何理解商人的行為受到政府管制，並且接受政府的「規範化」，也存在著疑問。這種論點或許是受到將「行會」看成一種基爾特（guild）組織的影響吧！今日，幾乎沒有學者會將中國的「行會」視為基爾特。確實，「牙行」、「牙人」、「埠頭」等仲介商和海運批發商是採取許可制。但是，與其說是為了管制，不如說其目的是在確保市場的公正性，以及避免壟斷行為。我們不該把這種制度，想成是政府為了規範自由參與商業、數量日益增長的商人行為而採取的政策；而應該把它看作一種對自由市場中，對競爭淘汰的商業行為加以管制的作法。

馬克・曼考爾的朝貢體系論，將中國的對外貿易與貢物的獻納這一禮儀視為密不可分的關係；同時，他也塑造出一個「即使是國內商業，也在政府管制下盡可能規範化」的中國商業形象，並強調它與近代貿易商業的異質性。這種特殊的亞洲通商論、特殊的中國經濟觀，不正是一種「東方主義」的偏見嗎？

## ◆朝貢的虛像

馬克．曼考爾的這種朝貢貿易邏輯，也對坂野正高和濱下武志先生的研究帶來了影響。坂野先生的理解是，即便是在廣州與非朝貢國所進行的貿易，「也必須在貢使前往北京的虛像下才能進行」。[54]清朝將基於條約與俄羅斯建立的關係，沿用朝貢的文脈加以表現，這就是「在虛像下進行貿易」的例子吧！之所以如此，因為俄羅斯沙皇實施了交換國書，派遣外交使節至清朝朝廷的行動。這和把進行貿易的各國，一律放進這種虛構框架當中的做法，顯得格格不入。國家、君主彼此是對等關係的概念，對以「天朝」自居的中國而言難以接受。因此，若是對方派來使節、送來國書的話，也只能採取用皇家禮儀對待，並把它放進遣使朝貢脈絡之中的手段了。

相對地，在廣州從事貿易的只不過是各國、各地區的商人，既不用派遣使節到皇帝所在之處，也不用直接向皇帝上奏。正如前文所述，他們是沒有資格這樣做的人。清朝方面根本就沒有必要在他們的貿易行為外頭包裝出這種虛像。只有英國遣送使節前來，奉呈國書，要求謁見。嘉慶《大清會典》將英國分類在「朝貢國」的範疇中（請參照本書第五章以及終章），然而，清朝對廣州的英國東印度公司以及其商人的待遇，卻沒有任何的調整。

換言之，坂野先生所指出的虛像，只有在代表外國君主的使節與皇帝接觸之時才會出現。不過，不管是哪一個國家的商人，在指定的場所從事貿易活動，並不會毀損到天子的尊嚴和「天朝」的理念。對於貿易行為本身來說，坂野先生所預想的虛像，可以說是不需要的。虛像，只有在君主之間、國家之間的關係上才會成為必要。

儘管如此，坂野先生對費正清、馬克．曼考爾流派的朝貢體系論，似乎也抱持著保留的態度。坂野先生在論及以中國為中心的世界秩序時，並不使用朝貢體系的概念，而是一律以「朝貢關係」的用語來表達。其論述如下：

> 朝貢關係屢屢被人以英文的「朝貢體系」（tribute system）來表示，但這是研究者創造出的操作性概念；至於在歷史上，是否可以認定實際存在著一種體系完整的朝貢關係，則是另外一個問題。[55]

作為「操作性概念」（operational concept）的朝貢體系，就是基於歷史解釋需要理論性的概念加以支持，進而創造出來的產物；因此，將「朝貢體系」看做實質的國際秩序體系，其實必須謹慎看待：「『朝貢關係』並非是作為全體、一個完整成型的體系；它不過是一個國家——例如中國，與其他幾個國家之間關係的集合罷了。」[56]

然而在另一方面，正如前述，關於廣州貿易「是在貢使前往北京之虛像」之下展開的歷史解釋，坂野先生則是沿襲了馬克．曼考爾的朝貢貿易論。另外，「朝貢體系與近代國際體系

（modern state system）的衝突問題」[57]，也就是將兩種體系的衝突與相剋，在中國外交史中占有敘述主軸的地位，也是事實。當然，「衝突」是作為個別事件而發生；究明各事件的來龍去脈、其要因與結果，是坂野先生在外交史研究上所採取的方法。但是，將「朝貢體系」與「近代國際體系」之間的衝突作為問題來看的話，就是以作為「歷史的實在」的體制相互衝突之假設來解釋歷史。於是，要完整地理解坂野先生的論述，實在是有些困難，但是筆者還是想特別一提，關於他將「朝貢體系」視為是「操作性概念」的論點，是本書開展議論的起點。

## ◆作為歷史體系的朝貢貿易關係

濱下武志在朝貢國的分類中，有著「被視為朝貢國的對象，實際上也可以分類為互市國（如俄羅斯、歐洲諸國）」這樣一個乍看之下不可思議的記述。[58]這種分類的操作邏輯，如果不去看馬克．曼考爾的論點的話，應該是無法確切理解的吧！濱下先生在費正清、馬克．曼考爾兩位的朝貢體系論基礎上，提出了新的問題。以下從濱下先生的著述中，摘錄他對朝貢與互市關係所提出的問題：

A. 究竟東亞為何必須透過朝貢的方式來形成國際秩序，並加以維持呢？我們必須思考這個基本的問題。[59]

B. 十五、十六世紀以降，以對中國朝貢貿易以及互市貿易等官營貿易為契機，私人貿易擴大，華僑、印僑的戎克船貿易在亞洲境內形成多角化的貿易網。[60]

C. 亞洲史內在的紐帶，可以從以下的視角來仔細玩味並加以推出：以中國為軸心，涵蓋亞洲全境的朝貢關係或朝貢貿易關係，是讓亞洲成其為「亞洲」的一種歷史體系。[61]

D. 日本在明代中葉以降，儘管從朝貢國被改歸納為互市國（對等的貿易對象國）……。[62]

E.（關於俄羅斯、西洋諸國、日本被規定為互市國）與朝貢原理相異的互市原理範疇，包含於此。[63]

面對這些宏觀問題的提出，後進們應該負起發展或是批評的責任吧！本書雖然無法全數回應這些問題，但希望能透過論述，針對這些問題中的某些部分，提供更為深入的理解。

# 第一章

# 明朝擴大朝貢策略與禮制霸權主義

# 緒論

所謂華夷思想或是中華主義（Sinocentrism），展現了中國傳統世界觀的特質。周邊諸國表明臣屬於掌握中華的天子，透過這樣的方式保住天下應有的秩序。這種中華主義的政治理念，主張的是天底下不存在足以和中華保持對等關係的國家，中華天子的支配，具備了名符其實的「普世性質」。天下以天子為頂點，有著禮制秩序，這種秩序也會普及到中國之外的外夷。[1]中國在文化和物質上的優越，是禮制秩序的根據，同時也是禮制秩序的擔保。若將超越直接軍事控制和行政機構統治所及的範圍，而能強而有力地左右外部集團行動的統治結構，稱之為「霸權」的話，那中華主義的確可以指稱為一種「霸權主義」。

不藉由軍事力量的優越「武威」，而是基於聖君的「文德」來實現秩序的話，周邊的蠻夷將會仰慕中華的風俗與教誨，受到馴化。抱持這種理念的同時，從明朝洪武帝發送給外國的詔敕中，也可以看到不惜使用武力恫嚇的方式。到了永樂皇帝，則不只是停留在恫嚇，而是以越南停止朝貢不願臣服為藉口，動用武力併吞越南北部。歷史上的中華帝國，透過各式各樣的手段和制度，試圖將這個霸權的理念加以現實化。他們一邊整飭象徵天子統治的朝貢和冊封制度，一邊也期待「慕華」的蕃國能夠接受漢字和儒學，向中華文明的標準靠攏。

安部健夫先生曾廣泛檢討古代以來中國所謂「天下」的說法；他認為，這種說法可以用下列兩種廣義與狹義的意義來理解：

天下＝世界

天下＝中國

安部先生主張，後者「宛若與生俱來的面容一般」，是「他們生命的所在，滲透至生存和生活之中」；相對之下，前者則「不過是他們的化妝品罷了」。[2]確實，以生活感受層面來當成議題的話，安部先生的「天下＝中國」這種意念占有優勢之說法，擁有豐富的資料根據作為支撐，同時也是容易理解的概念。另一方面，「天下＝世界」這種說法，也約略帶有觀念式傾向的內涵。

儘管如此，這種雙重意義代表的是，天下對中國人而言，是包含「內」與「外」的概念；天下在指稱作為核心的中國同時，也包含著外部，囊括全體的部分，除此之外再無他者。「無外」，也就是不區分內外，天下的全體，與活生生的「天子＝皇帝」為頂點之秩序，兩者之間存在著不可分割的關係，而這正是包含在中國天下觀中，獨特的政治主張。

在世界各地琳琅滿目的創世神話中，可以廣泛見到將自己的始祖置於歷史中心的世界觀。另外，主張自己所屬集團的優越性，亦即「我族中心主義」的教義與說法，也散見於所有的地區和時代之中。

然而，作為世界中心的中國，與在地理上位於外部，在政治空間上卻被統合進「無外」秩序中的蕃夷諸國，認為兩方應該同時服從於現存天子支配下；提出這種政治主張，並試圖在具體的對外關係制度中加以實現，則可說是中華主義特有的性質吧！在這一點上，費正清等人所提出對中華主義的理解，確實命中了要害。

費正清的研究計畫孕育出論文集《中國的世界秩序——傳統中國的對外關係》。[3]參與這項計畫的馬克．曼考爾、王賡武、魏思韓（John E. Wills）等人，在這部論文集刊行之後，各自針對中國的對外關係，展開卓越的研究工作。對中華主義的內容與明清時代朝貢制度的理解，基本上都是延續本書總論中費正清的主張。[4]此外，中國、日本、韓國也對朝貢以及朝貢貿易抱持關注，透過眾多研究成果的積累，讓有關這項制度以及其實際狀態的認知與理解變得更有深度。[5]

本章以這些研究成果為基礎，試圖論述以下的問題：明朝初期的朝貢以及相關的對外制度，是在何種整體性的構想之下再次整編？為了深化對明代朝貢體系的議論，筆者認為若是不能釐清其原有的樣貌，便無法理解制度的歷史性變化所隱含的深意。因此，在本章第一節、第二節，將論述基於這種禮制的霸權之架構，以及這項禮制的特質。接著在第三節，我們可以看見，明朝雖然以禮制來收斂與各國的對外關係，但是由於禮制乃是徹頭徹尾的形式化事物，因此參與其中的主客雙方，都可以透過禮制，各自得出有利於自己的解釋（解釋的不對稱）；另一方面，對於禮制的共通理解，也形成東亞各國間交流的一大基礎。

# 一、霸權的結構

世界觀與價值觀的共享與經濟及軍事上的優越條件，都是國家得以維持霸權的有力手段，直至今日亦同。中國認為，比起一味仰賴軍事上的鎮壓，擴張「德行」與「教化」所及的範圍，以長遠的眼光來看，是較為明智且有效的手段。興起於古代中原的華夏，一面擴張霸權的範圍，一面也將實現同化的地區納入直接統治的結構中，不斷擴大勢力，最後形成帝國。想當然爾，在圍繞權力的鬥爭場域上，軍事力量是決定性的條件。但是，超越各個國家與王朝的興替——包含由異民族支配的狀況在內，在中國這個政治文化統合體一面擴張一面維持發展的過程中，文化上的秩序形塑力以及向心力，無疑是在背後支撐著統合體的重要內涵。儒家所提倡，「王道」對「霸道」的優越感，作為一種理想的同時，也是在歷史經驗中獲得驗證的信念。

## ◆成吉思汗的文德？

洪武二年（一三六九年）九月，在制定關於對外關係的禮制之時，禮官們的上奏，其書面內容

的開頭如下：6

先王修養文德，遠方之人因此前來朝覲。夷狄之朝覲，可以上溯遠古。殷湯之時（中略，以下舉出自周朝至宋朝為止的實例）元太祖五年（一二一〇年），回鶻的國王（亦都護）來朝，世祖至元元年（一二六四年），向高麗國王（王）禃頒下要行世見之禮的敕諭，六月（王）禃前來上都朝覲。其後，每當蕃國來朝，會安排在正旦、聖節的大朝會之日行禮。今日訂定其儀制。

確立中華傳統的先王，能讓遠近的夷狄順服的原因，是「文德」而非「武威」。依歷史上根據被列舉出來的，是聖人之一的殷朝湯王，以下還有太戊、周武王、漢、唐黃金時代諸帝，一直到元太祖成吉思汗、世祖忽必烈。

無論是誰應該都會感受到，將蒙古的統治與中華的「文德」結合在一起的顛倒錯亂，或者說是歷史的扭曲。但是，在兩位皇帝的時代，「回鶻的國王來朝」、「高麗國王行世見之禮」是作為「蕃王」親自來朝的事例，而應該被特別記錄下來的事情；與此同時，這個事實也被放在中華的主人——天子——因為「文德」而確立了霸權這個脈絡之下，加以重新解釋。不管過去實際的狀況究竟為何，「蕃王來朝」這一事實的根據，除了「文德」以外，別無其他。從結果來判斷，原因不證自明。

要將這種論述嘲笑為儒家的教條主義，當然是個人的自由，但是明朝初期的朝廷，就是立足於如此的世界觀之上，著手進行朝貢等對外制度的再次建構，因此理解這點，是非常重要之事。他們向上古以來歷史尋求的並不只是單純的先例，還有試圖打造、應當成為「天朝」的中華帝國設計圖。倘若從這個理念式的世界觀來看，將成吉思汗事蹟放在中華傳統之內的定位方式，便不會是所謂的顛倒錯亂。[7]

## ◆中華的極限與柔遠

在現實上，華夏的「德行」與「教化」所能影響的範圍有其限度。若是無法共享文化，「文德」便無法發揮作用。倘若要將在這個範圍外的蕃夷諸國，不以「武威」的方式拉入霸權之內，那就只能在物質或是政治利害關係的狀況下，贏取他們對中國的順服。再者，即便是接受了漢字與中國學問的各國，也會有宣揚自己獨有的文化價值、主張「中華的體現者不是中國，而是自己」的情況存在。在這種情況下，當垂直式的價值體系出現動搖，以此為基礎的中華霸權也會陷入不安定的狀態。[8]想要補強，最後還是只能依賴在物質以及政治場域中，維持利益提供者和享受者的關係才行。在中國對外關係中頻繁使用的「柔遠」（懷柔遠夷）之用語，即為此意。

所謂的「柔」，就是以物質、政治利益為餌誘導對方，較為高尚的說法。

這樣的霸權主義，是將體現支配理念的禮制，以及調整物質、政治利害關係的通商外交制度兩者巧妙地結合在一起，藉以獲得維持。對於透過「革命」樹立政權的明朝而言，確立對外霸權的目的是，讓以天子為頂點的支配秩序，在內外都能安定。若是想要證明天子的權威和權力「無遠弗屆」，就有必要演出各國接二連三「稱臣入貢」的場面。這個場面，是依照經典和傳統中有憑有據的禮制而設定。蕃夷諸國的君長、使節遵從中華禮制之事，就是身為天子的皇帝，其「文德」廣及內外的證明。皇帝和外國君長的關係，被置入禮制的典範之內，在行使禮儀的場合上加以具象化。對建國初期的明朝而言，整飭對外的禮制，誘導外國君臣進入禮制之內，當然是關切的首要之務。在朝貢的場合中，貢品的獻納以及賞賜的給付，雖然是作為臣服和天恩的象徵而被持續重視，然而，對朝廷而言，貢品的獲得，只不過是次要的。在明代，因為朝貢制度與海禁政策的結合，出現了朝廷壟斷外國貿易的狀態。[9]然而，明朝未必是打從一開始，就以貿易壟斷為目的（請參考下一章）。

洪武七年（一三七四年）三月，太祖識破了來自暹羅的使節其實是商人之事，命令中書省向各國傳達詔諭如下：[10]

古者，中國諸侯于天子，比年一小聘，三年一大聘，九州之外番邦遠國，則每世一朝，其所貢方物不過表誠敬而已。高麗稍近中國，頗有文物、禮樂、與他番異，是以命依三年一聘之禮，彼若欲每世一見，亦從其意。其他遠國如占城、安南、西洋瑣里、爪哇、浡尼、三佛齊、暹羅斛、真臘等處新附國土，入貢既頻，勞費太甚，朕不欲也。令遵古典而行，不必頻煩，其移文，使諸國知之。

（譯：古代中國的諸侯向天子行每年一「小聘」，三年一「大聘」，九州之外的蕃邦遠國，在位期間只需朝見一次。至於貢納的方物，只不過是要表達誠意與敬意。〔中略〕其他、占城、越南、瑣里[11]、爪哇、汶萊、三佛齊[12]、暹羅、柬埔寨等新歸附的遠邦，入貢次數頻繁，要耗費大量的勞力與經費。這並不是朕所希望的結果。遵循古典，不需讓他們頻繁來朝。）

附隨著朝貢的貿易，對外國而言當然是不需多說，對中國而言應該也帶來了利益。但是，貿易帶給彼此的利益，並不是當時洪武帝顧慮的重點。有意義的是，外國的朝貢是遵循著古典，也就是聖人所設立的制度——具體而言便是《周禮》的「小聘」、「大聘」、「世一見」的制度——這個面向。只要能夠留下遵循禮制來朝貢的這一項事實記錄，即便是「世一見」，也就是該君王在位期間只有一次前來朝覲，這種形式上的朝貢也無妨。對於以貿易為目的來朝的各外國而言，「世一見」這種朝覲頻率，幾乎可說是毫無意義；但是對中國朝廷而言，其內心真正的心聲是，只要能夠將天子支配的普遍性這一項理念，透過朝聘禮制加以具象化即可，頻繁的朝貢不僅逸脫了禮儀制度的常軌，也會造成財政上的重擔，並非是中國朝廷所樂見的狀況。

## ◆朝貢的動機

誠如後文將敘述的一般，明太祖在建國之初，便派遣使節到各國，要求朝貢。像這樣由中國方面主動出擊成立的明代朝貢制度，被賦予的意義是作為禮制之重要部分。另一方面，外國對明朝「稱臣入貢」的動機則是各有不同。對於與超級大國——中國接壤，並且經常受到威脅的高麗和安南而言，臣服於皇帝是有力的安全保障政策，但對其他海外各國來說，貿易才是真正的目的，應允「稱臣入貢」的要求，不過是披上一層外衣而已。透過接受中國冊封，加強在國內的權威，又或者是期待共通的「上國」中國，來調停與他國的紛爭，也有基於這些政治上意圖而走入朝貢關係的君長；不過當狀況出現變化，其必要性降低之後，停止朝貢的國家也不在少數。朝貢與冊封制度，雖是天朝禮制的一部分，但是對於在中華之外的外國而言，禮制本身未必有價值。正如上述，在主客之間，於制度的意義賦予以及目的上，都形成了不對稱的結構。

前文提及洪武二年九月的上奏，是廣及對外交涉禮儀全面性的長篇文件，其最後總結的文句非常饒富深意。[13]

若附至蕃貨欲與中國貿易者，官抽六分，給價以償之，仍除其稅。

（譯：若是附帶蕃貨想與中國貿易者，官方抽取六分，支付對價作為補償，並免除稅金。）

運載朝貢品以外的物產進行貿易之時，六成商品將由市舶司的官員收取，並支付對應的價格。雖說是「抽分」，實際上是由官方收購。殘餘的四成允許自由貿易，並予以免稅。[14]宋元時代，市舶司對來航的貿易船隻，以「抽解」、「抽分」的方式實行課稅。雖然沒有固定稅率，但大約是在兩成以下。[15]洪武二年的規定，是關於朝貢船的附搭貨物在實質上的免稅宣言。換句話說，與前代為止的市舶司貿易相較，採取大幅度的優待措施。

想必正是因為這項措施，從而導致了洪武年間初期，各國朝貢船隻源源不絕前來，景象繁盛的原因之一。以絲織品為中心的回賜，加上附搭貨物的收購保證與免稅。假若這項措施果真如實施行，與宋元時代以來由市舶司管理的貿易（除了需要負擔進口貨物稅，還需要承擔商業交易的風險）相較，遠遠更具魅力。為了表現出蕃國朝貢這個禮儀上的事實，而不惜採取放棄向海外貿易課稅的財政利益政策；透過這種方式，圍繞上述賦予朝貢與冊封意義所產生的主客不對稱，獲得修正，從而達成雙方在利益上的均衡。禮制的理想，透過賦予對方在經濟上利益的作法，成為了具體的行為。

十六世紀中葉，嚴從簡基於明朝初期以來有關對外關係的記錄和傳聞，編纂了《使職文獻通編》。嚴從簡曾經在行人司（負責對國內外諸王〔親王、外國國王〕派出使節、執行冊封的機構）任職，因此得以利用廣泛的資料。在他逝世後，由兒子等人增補再編出版的《殊域周咨錄》中之按語，對朝貢的現實以及明朝對朝貢的應對方式，揭露出如下的事實：[16]

按，四夷使臣多非本國之人，皆我華無恥之士易名竄身，竊其祿位者。蓋因去中國路遠，無從稽考，朝廷又憚失遠人之心，故凡貢使至，必厚待其人。私貨來，皆倍償其價，不暇問其真偽。射利奸氓叛從外國益眾。如日本之宋素卿，暹羅之謝文彬，佛郎機之火者亞三，凡此不知其幾也。

（譯：四夷的使臣，大多不是該國家的人，皆是我中華無恥士人冒名頂替、竊取祿位之流。因為距離中國遙遠，無從查考真偽，朝廷又深怕失去遠人之心，只要有朝貢使節前來，必定從厚禮遇，攜帶私人貨物前來，便支付對應的價格，不去深究使節的真偽。於是，看準這種利益、追隨外國的奸民叛徒，愈來愈多。日本的宋素卿、暹羅的謝文彬、佛郎機的火者亞三等類型的人物，恐怕不知道還有多少？）

眾所周知，琉球王國的對明關係，自初期以來，就是由居住在久米村的華人負責實際事務。對於這些華人，太祖朱元璋為了朝貢的航海和翻譯，賜予琉球「閩人三十六姓」；以此為理由，他們得以在接受冊封的蕃王中山王的管轄下來朝，也正因此，可以免除在偽裝為蕃國使節的「無恥士人」這種責難之外。然而，琉球的事例在實際上，也是這則按語中所譴責的現象之一。

## ◆垂直式的二元關係

對明代朝廷而言，遵循古代典章之禮儀的演出，是最主要的意義；但對來朝的各國而言，追求實利才是目的。即便是華人所頂替的虛偽貢使，只要帶著表文、貢品、勘合等，遵循「表達誠心敬意」的儀制行動，就是真正的朝貢使節。明朝並沒有實力可以藉由軍事力量，給予各國政治上的保護，或是抑止各國之間的紛爭，那麼，為了要避免「失去遠人之心」，提供經濟上的利益，幾乎可以說是剩下的唯一手段了。這就是所謂不仰賴「武威」，「以文德讓遠人來朝」的實際面貌。

換言之，明朝霸權的結構仰賴於中國的經濟力量，透過巨大的市場與提供多種充滿吸引力的商品，從而讓以天子為頂點、屬於禮制上的天下秩序，具體展現在檯面上。[17]對朝廷來說，要達成展現出禮制上的天下秩序層面這個目的，就只能夠藉由中國的經濟力加以誘導。對外國來說，真正的目的是通貢的利益，只能夠採取遵從禮制的手段。就在這種目的和手段各取所需的狀況下，中國的霸權透過禮制而獲得實現。

當中國國內生產和消費高漲的同時，東亞各國的華人也在通商範疇內提高了實力。我們不可忽視的是，正是透過巧妙利用這種情勢，所謂朝貢的霸權體制才得以成立。相較於過往穆斯林商人與印度商人的優勢，透過擴大成形的「散置網」（分散網絡）的華人[18]，自十世紀左右開始，明顯掌握了從印度洋經由東南亞，遠及東海的貿易活動。這項趨勢，也成為支撐明朝禮制霸權——天朝秩序和經濟上的實際利益相互交錯——的背景。

這個霸權體制，因為是基於中華禮制設計出來的，因此具有某項特質；那就是，在中華帝國霸權下實現的秩序，只不過是巨大的中國與周邊各國之間二元關係的集合。

換句話說，目的是確立由皇帝所體現、朝向上天的縱向垂直性秩序，但對於在各國間的橫向秩序，即便有所關注，卻不具有強制安定秩序的類似機制。相較於此，擁有軍事能力保證的廣域性霸權結構——例如羅馬和平（Pax Romana），與立基在儒教世界觀上的禮制霸權結構，兩者呈現了巨大的歧異。

# 二、對外關係的重新建構

明初的朝廷是順從儒臣的世界觀，試圖重新建構對外關係。在前一節的內容中，大致描繪出立基於這種世界觀的對外關係結構，但若要認可其具有禮制霸權主義的特質，就有必要順著歷史過程進行分析，以下為筆者的嘗試。

## ◆稱臣入貢

太祖朱元璋在洪武二年（一三六九年）以降，接二連三派遣使者至周邊各國，宣告明朝的建立。太祖讓使者們送達的詔書上，並未明確地表達出成為新中國主人的王朝，要與各國締結怎樣的關係。不過，其中寫道：「中國尊榮安泰，四方各國各得其所，並沒有意圖要促使臣服（故中國尊安，四方得所，非有意於臣服之也）[19]」，然而這絕非是內心真意。毋寧說，在這些文句的背後是希冀各國君王屈從而「稱臣入貢」，並且為了實現目的而勤於擬策。明朝不只是嘴上說說，甚至還以武力恫嚇施加壓力。為了讓各國順從其意志，明朝軟硬兼施，最後許多國家也予以回應而派遣使者。要求各國前來朝貢之意圖，大致上可以說是成功地達成。

洪武二年六月，掃蕩元勢力的作戰仍持續進行；這時明朝派遣使節至安南，送達將陳日煃「封為國王」之詔諭，以及安南國王之印、大統曆、絲織品。詔諭寫道：「汝之祖父及父親，自古以來鎮守中國南方邊境，並傳與子孫，經常自稱為中國的藩屏。克盡臣子之職守，永世冊封（乃祖父，昔守境於南陲，傳之子孫，常稱藩於中國。克恭臣職，以永世封）」，教諭對中國克盡「臣職」之事，是安南理所當然的義務。[20]同年八月，明朝派遣使節至高麗，詔諭「斯克勤修於臣職」，並封王顓為國王。[21]兩國不只是與中國接壤，高麗還曾與蒙古帝室締結過通婚關係，因此基於安全保障的需要，有必要使兩國臣服於中國。至於海外的其他國家，在戰略上沒有比朝鮮、安南這兩國還重要者。儘管如此，明朝還是將這些國家置於與朝鮮、安南相同的「稱臣入貢」地位，試圖重新打造中華帝國。

在宋濂的筆下詳細記錄了洪武三年（一三七〇年）派遣到汶萊的使節，與穆斯林的國王，和應該是華人的相臣王宗恕之間的交涉狀況。[22]明朝使者抵達之初，國王「倨傲無禮」。使者喝斥：「汶萊這塊彈丸之地，想要違抗天威嗎？」，國王才方然醒悟，直說「皇帝是天下之主」。但是，（汶萊）藉口與蘇祿的紛爭造成國內疲弊不堪，對朝貢表現出消極的態度。於是，明朝使節正氣凜然地宣讀皇帝詔書，一邊說服，一邊用口頭上的武力恐嚇：「早上使節回到朝廷，到了傍晚大軍就會來襲。」最後成功在返回朝廷之際，帶著汶萊的朝貢使節同行。

雖然帶有故事的氣息，但是在這裡所記錄明朝使節的言行，無疑地是朝廷所期待的結果。

向蕃夷君王講述利害關係，時而用恫嚇的方式，誘導對方往「稱臣入貢」的方向前進。如此的作法，在派遣至其他國家的使節，也是一樣的。[23]洪武初年的使節派遣，廣及元代幾乎沒有交涉關係的地區——汶萊和琉球。洪武皇帝與朝臣的對外政策是，透過盡可能取得各國的「稱臣入貢」，傾全力擴大中華帝國霸權的範圍。天朝之尊君臨四夷，這對於從蒙古帝國繼承天命的明朝而言，是理所當然之事，甚至可以說是不得不完成的義務。

## ◆儀制的制定

就在對外活動日趨積極的洪武二年（一三六九年）九月，在南京按照禮官的上奏，洪武帝制定了「蕃王來朝儀」、「蕃國遣使進表朝貢儀」、「蕃國慶祝儀」、「聖節正旦冬至望闕慶祝儀」等一連串詳細的禮儀制度。[24]並非在具體來往的過程中擬定對外關係的方針和態勢，而是在往來以前便事先訂好嚴謹的禮儀制度。制定如此細密禮儀制度的目的，是「對中華天子承諾臣服」這種唯一關係的具體呈現。[25]

雖然這是為了公式化接待蕃王和使節的參考手冊，不過制定儀制的目的，並不只是為了順利無恙地執行迎接的工作。無關現實上的執行與否，將以皇帝為頂點的天下統治秩序具體展演，呈現出主客雙方各自都應置身其中的禮制世界，才是這套對外關係儀制的企圖。

## ◆闕庭與皇帝儀禮

元旦和冬至，以及慶賀皇帝誕辰的神聖節日，除了位於禁宮內的大型朝會之外，地方官府也會舉辦祝賀儀式。洪武二年制定的儀制中，規定在這些節日，海外蕃王要在自己的王宮中設置「闕庭」，蕃王以及百官要在「闕庭」朝北禮拜；[26]另外還制定了向皇帝送上賀表之外，應該要在蕃王王宮內執行的儀式內容。[27]

「闕庭」的方位，也是十分饒富興味。它並非是朝向遙遠的帝都南京遙拜，而是不管哪個方位的國家，設置在王宮中的「闕庭」位置都向南，國王與百官則是朝北方禮拜。換言之，蕃王及其家臣，是被假想和位於紫禁城中參列大型朝會的文武百官，一同拜謁天子的狀況。要讓中華皇帝未能直接統治的蕃夷諸王，全體一致在王宮中對「闕庭」禮拜、發送祝賀的表文，這樣的禮儀在現實事件中幾乎不可能實現。儘管如此，建國不久的明朝還是十分重視制定儀制的事實。將對中華皇帝的臣服，在「九州」之外蕃夷諸國王宮之中加以具體展演的，就是這套「聖節正旦冬至望闕慶祝儀」和「蕃國進賀表箋儀」。

明朝禮官所制定的儀制，是參考元朝時代的禮制而訂定。地方官在送出進賀表文之際，舉辦誇張儀式的作法——也就是向假想皇帝所在的「闕庭」加以禮拜，是在元朝時代對地方官府的規定。[28]也就是說，明朝的禮官將至前代為止地方官府所實施的皇家禮儀，原封不動地帶到蕃王的王宮。之所以如此，是因為想要將身為天子的中華皇帝權威越過帝國邊境，遠及四夷的理念，透過中華朝廷與蕃王都共同遵守的禮制發揮出來。[29]

## ◆世一見

這種在禮儀方面以理念優先的性質，也可以在蕃王來朝的相關事項上觀察到。在《周禮》秋官的「大行人」中記錄著「九州之外，謂之蕃國，世一見」，也就是蕃王在位期間只需要朝覲一次的制度。[30]復興中華的明朝，應當讓「世見」的制度從典籍和古代歷史之中復活過來，無論這樣的理念實現可能性有多少，都有必要制定「蕃王來朝儀」。[31]洪武二年（一三六九年）向高麗命令「國王則世一見[32]」、洪武八年（一三七五年）也向安南及占城規定「王立則世見[33]」，可見「世見」制度的復活正逐漸獲得實行。儘管如此，這些國家的國王也絕非順從著「世一見」的制度，親自來朝。

後來，汶萊（浡泥）的國王在永樂六年（一四〇八年）、麻六甲國王在永樂九年（一四一一年）、蘇祿的東國王、西國王、別洞王在永樂十五年（一四一七年），各自帶著妻子來朝。作為「世一見」制度復活的象徵，這些小國的君主才得以成為招徠的對象吧。[34]雖然有上述例外存在，但是蕃王的來朝，幾乎只是一種停留在想像上的制度。儘管如此，可以想見「蕃王來朝儀」被放置在一連串儀制的首位，象徵著復活《周禮》中「世一見」制度的意圖，其意義有多重大。

在期待朝貢使節到來的過程中，事先制定了一連串的儀制，並且將之作為典範，展現給來朝各國，這也是對外戰略的一部分，以實踐在天子的統治下，對周邊各國的垂直性統合。在這裡，我們可以清楚看見，由禮官主導的制度，容易以理念優先而輕視現實，說白了就是空中樓閣；然而，透過他們重新建構的理念上天朝制度，無疑在作為規範現實中國與周邊各國關係上的典範上，發揮了作用。

立基於中華帝國的優越感，規範對外關係的制度，兼有多種機能，且被賦予了多種層面的意義；但是在目光所及的禮儀場合上，定期性再次確認天子權威的普世性，這種政治上的機制，若是使用當時的用語，亦即中國皇帝權威、權力的「無外」（不分內外）；展現「無外」之事，即為制度的核心。將明朝與蕃夷諸國的關係，鉅細靡遺地加以公式化，並意圖擬定制度之事，是透過禮制來實現中華主義下皇帝的理念，同時也是為了將其所影響的範圍，擴大至「天下」的重要手段。

## ◆外國山川的祭祀

更有趣的是，將外國的山川與國內各地的山川等同並列，由皇帝在南京親自祭祀，這是由洪武帝發明並施行的獨特禮制。[35]對蕃國臣民的統治權歸屬於各國君王。但是，由皇帝親自祭祀外國山川的邏輯是，蒼天覆蓋下的土地，是連續一體的存在，因此身為天地祭祀主宰者的天子，應該不分國內與蕃國之山川，在京師親自主持祭祀。洪武三年（一三七〇年）正月，在慶賀正月典禮的場合上，洪武帝宣示，因為「其國（外國）境內之山川已歸職方（版圖）」，應由天子祭祀。[36]此處表現出一種假想式的帝國主義志向，想將天子普遍的支配，透過禮制滲透至蕃國的內部。「無外」的理念，在這個時代達到了巔峰。

關於這項在過去傳統中未曾出現的特別祭祀，當然也湧現了異議之聲：洪武八年（一三七五年）二月，在中書省和禮部的提案之下，越南、占城、柬埔寨、暹羅、瑣里的山川交由廣西省，三佛齊、爪哇的山川交由廣東省，日本、琉球、汶萊的山川交由福建省，高麗的山川交由遼東，甘肅、西藏的山川交由陝西省，與各自在國內的山川合併，改由各省的地方官員舉行祭祀。[37]就像這樣，雖然從皇帝親自祭祀的對象中移除，但是將代表外國國土的山川，交由地理位置上較為接近的各省官僚祭祀，還是打算透過這種方式，維繫禮制上的帝國。

帝國主義在現實上，是以擴張領土為目標。相對於此，將代表外國領土全體的特定山川之祭祀儀式，當成皇帝祭祀的對象，則是僅止於象徵性的行為。不過，將中國國內作為皇帝所支配、祭祀的山川，等同並適用於外國的山川，是一種將「外國國內化」、直接了當地表白出「無外」理念的作為。值得注意的是，禮制上的霸權主義，其實也展示出帝國主義的對外傾向。儘管只是屬於象徵性意味濃厚的禮制，但要跨越這一條界線可是易如反掌；毋寧說，這毫無疑問是有意承襲天子理念下的產物。[38]

## ◆敕封（冊封）

承認各國國王地位的冊封制度，毋庸贅言，如同朝貢一般，是將中華主義的皇帝理念，透過禮制加以實現的產物。[39]在明代，適用於皇后、皇太子、各親王的冊封，以及用詔敕和誥命來賜封外國君王的制度，原本是有所區分的；在適用於朝鮮和琉球等後者的制度中，從未使用過「冊封」這個用語。一般而言，對這些外國君長只是單純使用「封王」兩字，也有因為意識到是透過詔敕封王，而使用「敕封」的情況存在。[40]在對外國君長封王的儀式上，不使用玉製和金製的「冊」；從重視形式和名分的禮官觀點來看，應該是要避免將封王與原本的「冊封」等同視之吧！「冊封」這個用語，開始被使用在對外國封王的制度上，根據文獻資料的爬梳，約是在明代中期，也就是十五世紀末至十六世紀初的時候。[41]

在明代，封賜皇后、皇太子以及諸位親王時，會使用金製的冊子；[42]封賜外國的君王以及世子之際，則是用詔諭或詔命。當然，使用金冊與否，反映出從皇帝角度出發的親疏關係。但是，親王（諸子）的冊封，在宋代、元代也是有不使用冊札，而是使用制書的前例存在；只要是透過皇帝命令進行「封」，不管其形式是使用冊，還是使用制書（誥命便是其中的一種），都是同樣的性質。自明代下半葉起，開始將「冊封」這個用語使用在外國君王和世子之上，是因為已經認同了「封」之行為的同質性；不過，即便在對外國君長不使用「冊封」用語的明代前半期，應該也已有所認知。

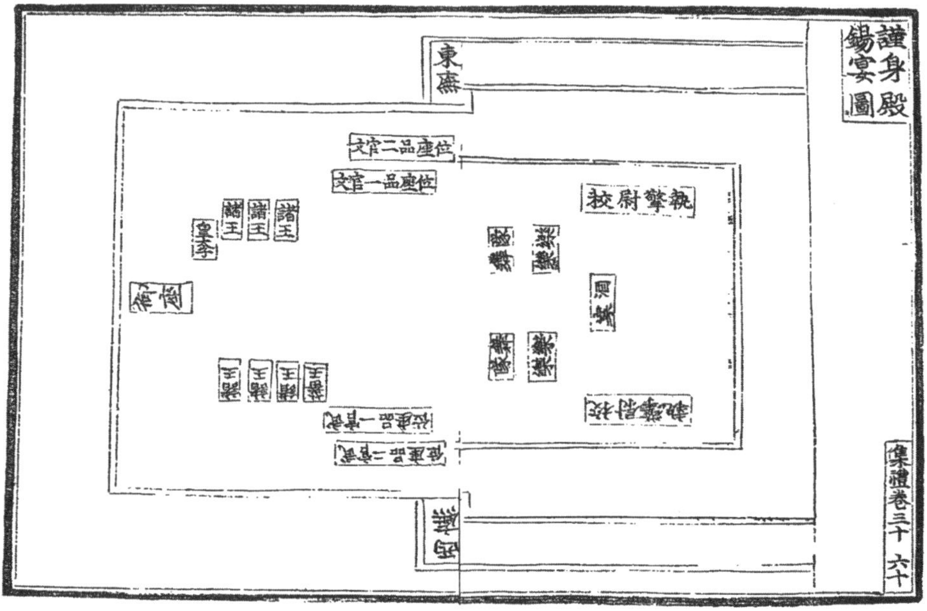


謹身殿錫宴圖（《大明集禮》卷三十，賓禮一）

## ◆諸王與藩王

關於明代蕃夷諸國的冊封，應該注意的是，明朝將國內分封親王的冊封，與適用於外國國王的冊封加以統合，試圖將受到冊封的蕃夷諸國，定位在帝國內部「封建」的延長線上。從地位來看，「蕃國」被定位在與親王的「王國」同級但較低的位置上；從政治性的空間配置上來看，「蕃國」是在各「王國」的外側受封。[43]在太祖洪武皇帝時代編纂的《大明集禮》卷三十，賓禮一中，記有設想賜宴前來朝見蕃王的「謹身殿錫宴圖」。坐在面向南方皇帝寶座附近的是皇太子以及「諸王」（親王）與「蕃王」。蕃王的座位，位於諸王的最後列。如此座位的排列，對應出蕃王在天下秩序中所占有的政治位置。

## ◆冊封的現實

明朝自建國後不久，便十分積極賜予周邊君王王印與誥命，作為臣服的象徵；這也可以說是一種致力於擴大、充實「冊封體制」的作為。舉日本作為例子來說，永樂二年（一四〇四年），明朝使節前往日本，藉由執行冊封儀式，實現了五世紀「倭五王」以來的冊封─朝貢關係。[44]原本應該是每當國王更替就要舉行冊封儀式，但是，日本儘管持續朝貢，在義滿之後的足利將軍中，接受冊封的只有足利義持（永樂六年，一四〇八年。後與明斷交）與足利義教（宣德八年，一四三三年）。[45]原本，不管是用金冊還是誥敕，封王這個行為就是只限於一代，其地位並不會被自動被繼承下去。然而，在現實上接受一次冊封後，就沒有繼續保持這類關係的世襲傳承，還是相當之多。

派遣冊封使節到海外，伴隨著渡海的危險，因此也有讓朝貢使節帶著誥敕和賞賜品回國便完成手續的作法。雖然有如此簡略儀式的作法，但對朝鮮、琉球等國，還是以遵循儀制的作法繼續冊封。這是因為即便是少數，實現對蕃國冊封還是件必須重視的事情；相較於此，在教化無法遠及的地區，則是允許在朝貢之際帶著蓋有賜印的表文，作為冊封的象徵。在日本的例子上，儘管足利將軍透過刻意不要求冊封，來展現出一種抵抗的態度，但是從明朝朝廷的角度來看，只要以日本國王為名義的朝貢仍在持續，那就可以解釋成日本國王還是被皇帝所「封」的狀態。在禮儀定位上應當是首要且根本的關係，就這樣透過雙方默許的自由解釋，讓現實的緊張關係得以緩和。

## ◆致祭

在國王更替之際，明朝皇帝按照慣例，會對接受其冊封的朝鮮和琉球等國家賜予祭儀，讓他們在各自的家廟（宗廟）祭祀前任國王。冊封的使節，除了會帶來冊封的詔敕和皮弁冠服之外，還會奉上「諭祭文」。[46]在蕃國的王都，首先會在前任國王的宗廟舉行諭祭的儀式，冊封的儀式則是會在約二十天至三十天後舉辦。這項慣例，清代也繼承了下來。

諭祭並非是單純的弔問。而是嘉勉前任國王「敬天事上，誠恪不渝，宜永壽年，朕藩屏」，克盡職守，並在最後「特示殊恩」。[47]

在洪武帝所構想的諸王分封體制中，被分封到國內戰略要地的各王家（王府），擔負著「藩屏」的角色。持續朝貢和冊封、臣屬於「上國」中國的蕃國，也相當於朝廷的「藩屏」，與各王家處於相同的定位。在諭祭之際使用的牲品為牛、羊、豬各一頭，是諸王（親王）與蕃國國王的共通標準。[48]

## ◆不征諸夷

洪武六年（一三七三年），太祖公布後代皇帝及諸王應當遵守的家法《祖訓錄》，其後擴充為《皇明祖訓》，流傳至今日。[49]

《皇明祖訓》的「祖訓首章」，也就是最應該要遵守的幾條項目中，有一項是切記不可犯：「吾恐後世子孫，倚中國富強，貪一時戰功，無故興兵，致傷人命」。[50]在同項中還列舉出「不征諸夷國名」，其中日本國的注釋是「雖朝實詐，暗通姦臣胡惟庸，謀為不軌，故絕之」，因而廣為人知。[51]作為「不征諸夷」的十五個國家位在從東北到西南的方向，包含了元朝時代曾成為征服對象的朝鮮、日本、安南與爪哇等。雖然太祖沒有明確指出，但這應該是意識到前車之鑑——元朝的海外遠征，整體而言是以失敗告終——所產生的結果。[52]

將「不征諸夷」列為皇帝的家法，並不代表從馬上取天下的太祖朱元璋，變成了一位和平主義者。他表示：「胡戎——此處專指蒙古——與西北邊境鄰近，歷代以來戰爭不斷。必定要慎選將領，辛勤練兵，時時謹慎備戰。（胡戎與西北邊境，互相密邇，累世戰爭，必選將練兵，時謹備之）」在他眼裡，蒙古應該明確劃分在「不征諸夷」家法的界線之外，實際上也不斷出擊蒙古。但是，包含蒙古高原與中亞方面在內，將不追求帝國領土擴張之主張以家法方式加以明文化，其意義十分重大。

成祖永樂帝翻轉太祖「不征諸夷」的祖訓，採取積極的對外政策；他不只屢次派遣大型艦隊前往海外，更出兵越南，於一四〇七年廢黜安南國王，將其領土納入直接統治範圍之內。但是，他在越南受到頑強的抵抗，深感苦惱，因此只維持二十年左右，就放棄了直接統治。永樂帝在西北方面也積極地擴張領土，展開軍事作戰，但是無法讓蒙古（北元）和瓦剌的勢力屈服於明朝的統治，就連些許擴張的領土也被奪回，最後明朝的統治領域，還是退後到接近現在的長城一線。

明朝確實是統治廣大中國的大帝國；然而，其軍事力並沒有強大到足以壓倒周邊各國。特別是如同忽必烈時代的屢次失敗所顯示的，藉由海外派兵，來進行帝國的武力示威和領土擴張，幾乎是不可能之事。洪武帝「不征諸夷」的背景，就是對這點的清楚認知。因此，配合軍事實力，採取較為現實的對外政策原則，就是「不征諸夷」這項條目背後的意涵。

既然應當普及天下的天朝統治，想要藉由軍事力量來實現是不可能之事，那麼這個目標，就只能在禮制的世界中獲得落實了。象徵「稱臣入貢」各國國土的山川，在京師由皇帝親自祭祀，這套由洪武帝所創始的特殊禮制，與作為現實政策的「不征諸夷」，展現出完美的對應。如同在本節中細細描述的，明初朝廷整飭對外禮制的條件要素，費盡心思建構一套堪稱是禮制霸權主義的體制；在明白天朝體制不可能透過軍事力來實現的同時，也展現出禮制霸權主義。此點就中國而言，是最為強力的安全保障政策支柱。

# 三、禮制的反射與折射

一三六八年建國之後不久，明朝展開了禮制上「天朝」的重新建構；儘管在永樂時期有些微的脫軌，不過明朝的對外政策，依舊是沿著太祖洪武皇帝時代所訂定的基調繼續推行。藉由朝貢、敕封（冊封）、賜祭等禮儀的持續執行，他們將禮制的形式與理念傳播至周邊諸國。然而，正如方才所強調的一般，對「稱臣入貢」的各國而言，它們的目的是為了藉由與中國建立關係，取得經濟上的實際利益；至於從中國引進「德行」與「教化」，這樣的動機大致上來說相當薄弱。儒教—漢字文化圈，並未超越八世紀所達成的廣大範圍。[53]受到明朝對外禮制的形式與理念影響所及的地區，也僅限於這個文化圈之內。

## ◆東亞的外交基礎

不過，值得注意的是，這套禮制的影響不只是在周邊各國與中國的外交關係上，在周邊各國相互關係形成的場域上，也多少會發揮作用。例如新興國家琉球，作為對明朝貢貿易的跳板，開始與暹羅和朝鮮往來，而這項通商外交關係，都是以明朝賦予的「琉球國中山王」名義來展開。琉球與暹羅、爪哇、朝鮮等各國所交換的外交文件，也是使用與明往來之際學習到的漢文書寫，以中國官方文件的形式（咨文）為準則。[54]

「咨文」是中國國內同級平行機構之間文書往來的形式，而朝貢國被視為與明朝六部等正二品衙門同等級，因此國王與禮部等機構之間的往來文件，便是依循「咨文」的形式；同時因為各朝貢國屬於同樣層級，所以國與國往來也是使用「咨文」。如此關於文件形式上的共通性理解，在形式層面上支撐了各國之間的關係。這是各國被包納在明朝對外禮儀的體系內，所學習到的東西。[55]

再者，雙方在外交上語言和文件形式、往來的禮儀和習慣上抱持著共通的了解，不只是在外交，在通商場合上也成為有利的條件。明朝所追求的禮制霸權主義，可以說是為東亞在通商外交上建構起一道基礎。

為了解決外交上的糾紛，可以參照禮制提供的規範和標準，彼此摸索妥協之道。在此就讓我們看看，在江戶時代日本與朝鮮王朝確立「善鄰外交」的時期，歷經了爭執及妥協的幾個案例。

## ◆國王號與年號

在十七世紀初，善鄰外交初步確立期間，最有可能引爆日本與朝鮮之間緊張關係的議題之一，就是德川將軍對外稱號的問題。一六三六年，接受幕府邀請前往日本的朝鮮通信使，在江戶坐上了重要的交涉座位。在「柳川一件」*的處理過程中，暴露出來的問題是，負責中轉外交文件的對馬藩，不只偽造了文件的內容，甚至偽造了兩國的印璽。[56]兩國在外交上發生糾紛，會威脅到仰賴日朝貿易的對馬藩生存基礎。因此，對馬藩將應允要求的偽造江戶幕府國書送至朝鮮，同時也偽造了朝鮮方面彷彿有意願配合日本要求的國書，送至幕府。

「柳川一件」最後是以藩主宗義成的勝訴塵埃落定；之後，幕府創設了以酊庵輪番僧的派遣制度，同時也展現出作為外交主體，更積極參與的態度。一六三六年的通信使，就是在這種狀況下，置身於擬定善鄰外交框架的重要局面之中。

中村榮孝、田中健夫、三宅英利等人，針對此時期的兩國關係以及交涉的爭議點，進行了相關的研究與分析。[57]在此，筆者想指出日本與朝鮮雙方的當事者，對於明朝的對外禮制有著正確的理解，而這項共通的理解，也成為找出主張正當性、以及利害關係均衡點的基礎。一六三六年日朝交涉的爭議點，就是德川將軍的名號以及年號的使用。

由對馬藩所偽造的幕府國書，使用的是「日本國王」名義。[58]日本自十五世紀的足利義滿以來，便使用日本國王的名義對明朝進行朝貢。[59]但是，日本最後的朝貢是在一五四七年（嘉靖二十六年）。一五九六年，明朝雖然希望透過冊封豐臣秀吉為「日本國王」來結束戰爭，但是被豐臣秀吉回絕。[60]德川幕府雖然強烈希望與明朝建立正式的通商關係，但是似乎並未考慮重新回到朝貢國的行列，因此當然會避免使用「日本國王」的稱號。

另一方面，對於朝鮮而言，在不得不與惡鄰日本往來的狀況下，對方如果是「日本國王」的角色，那就代表雙方同樣站在對明朝「稱臣入貢」的立場上（儘管就現實來說，不論如何還是會繞著「國王」兩個字的含義打轉），也代表彼此都是擁護天朝的臣僚，因此可說是樂見的狀況。對馬的偽造，便是順著朝鮮的期望方向來進行。再說，日本與朝鮮若是站在如此的立場上展開外交，在交換文件之際，應該就會使用明朝的年號，而沒有餘地接受「寬永」這個天皇年號。畢竟在天朝的秩序下，寬永只是一個「僭號」而已。

第三代將軍德川家光主張，寫給朝鮮國王的國書，只需使用「日本國源家光」的名號。雖說只是文件形式上的問題，但是對幕府而言，這是攸關自身國際定位與政策根本的重大問題，對朝鮮而言，則是可以從中窺探日本是否已經放棄對明以及朝鮮的侵略政策。因此，要用什麼年號，以及將軍要使用何種名稱，即便是形式上的問題，在交涉的場合上，卻還是不得不爭論的內容。

關於德川將軍未使用日本國王的名稱，也不自稱「大君」之事，朝鮮方面並沒有強烈爭論。一方是「朝鮮國王李某」，另一方是「日本國源某」，雖然有失去平衡的不悅感，但是，位於中華天朝體制下的國王，與在某種意義上處於暫時被放逐之列，無名無位的日本君主，對朝鮮來

＊ 譯注：「柳川一件」是負責對朝鮮進行外交的對馬島藩主宗氏，與其家老柳川氏之間的權力鬥爭。柳川氏意圖脫離藩主獨立，於是指責宗氏在對朝外交時，擅自竄改國書中將軍的稱呼，以取得更有利的貿易條件；結果這場鬥爭以宗氏獲勝做收，柳川氏被流放到東北地區。

說，這樣的組合，或許反而可以滿足他們的自尊心。無論如何，關於將軍名號的問題，最後並引起沒有太大的糾紛。

可是，關於年號的問題，據說朝鮮通信使展現出強烈的執著態度，表示「不可不力爭」，要求修正並且與幕府的老中展開激烈的辯論。[61]朝鮮的立場是，姑且不論日本不使用明的年號，僭稱別的年號是絕對無法認可之事；畢竟除中華皇帝之外，立年號是不被允許的行為。[62]不過，在幕府方面，則是提出以下的邏輯論述：若是朝鮮國希望我國不要將「寛永」年號記載於國書上，那就等同於要我國與大明通貢。要是成為大明臣屬的話，我們自然會將「寛永」二字刪除。然而，我國並未向明朝通貢，因此若是我國刪除年號，那朝鮮方面也應該要同意，刪去明朝的年號才對。[63]

朝貢之際，要向明朝皇帝奉上表文。接受敕封（冊封）成為奉正朔之國，固然不在話下，但即使是未接受敕封、只是朝貢的國家，倘若在表文中書寫上自己的年號，也會被拒絕朝貢。因此，要與明朝往來，便不得不刪除會被認定為「僭號」的天皇年號。然而，朝鮮國並未要求日本必須向明朝朝貢，而日本也無朝貢的打算。在如此的狀況下，朝鮮方面要求日本必須從國書中刪除「寛永」年號，這樣的做法並不合理——這就是幕府方面的主張。朝鮮通信使認為，雖然無法對這種論調照單全收，但是日本已非明的朝貢國，今後沒有再次朝貢的計畫也是事實，加上德川將軍有著「自己是服從日本天皇權威」這個特殊結構作為保護傘，要想駁倒這套說詞，實為難事。熟知天朝禮制的朝鮮方面不可能沒有意識到所謂「奉正朔」代表的意義，以及反過來說，要一個不願意「稱臣入貢」的島夷之國奉天朝正朔，實在是毫無道理。

三宅英利先生認為，與通信使交涉的過程中，直攖其鋒的老中土井利勝背後「有著以（林）道春為首的日本儒學者們的存在」，我們應該可以同意他的推斷。[64]對熟知以古典為本之明朝禮制的日本儒者而言，採用以其人之道還治其人之身，用禮制來與朝鮮方面辯論的戰術，也是理所當然。在天朝禮制這個共通的擂台上，針對兩國的主張反覆修正琢磨；儘管就個別事態而言，要找出完全一致的交集相當困難，但是卻可以避免沒有交集的議論一直延伸下去，甚或走到完全決裂的局面。實際上，最後是以朝鮮方面認同幕府主張的形式，讓整起事件落幕。

## ◆參拜東照宮引發的糾紛

然而，一六三六年通信使面臨的最大難關，是幕府強迫他們參拜建造於日光的家康廟（東照宮）一事。三宅先生認為國書形式的改正問題，是比日光東照宮參拜事件更「激烈的爭論」，因此並未描述參拜問題所帶來的緊張氣氛。[65]另外，提及日光參拜問題的各項研究，對德川家光要求朝鮮使節參拜的意圖，以及日本國內的看法等都有詳細的論述，但是並沒有觸及朝鮮使節應允這項不合理要求的來龍去脈，與朝鮮方面處理問題的過程。[66]在當時所有的交涉中，對馬藩主宗義成與其臣下，特別在對朝鮮交涉的重要局面中，扛下「裁判」重任的有田杢兵衛等人，夾在朝鮮和幕府兩方之間，費盡了苦心。若是觀看這些對馬藩當事人所遺留下來的記錄，會發現其實日光參拜問題，才是交涉上所面臨的最大危機。[67]

朝鮮使節參拜祭祀日本君主的靈廟是前所未有的例子，不僅如此，在邀請通信使前來的階段，也並未通知朝鮮方面參拜一事。對朝鮮使節而言，這完全是晴天霹靂的消息；況且要是未經朝廷許可就去參拜德川家康的靈廟，可以預想到回國後將會受到嚴厲的譴責。另一方面，對馬藩方面似乎意識到，這件事是過去在「柳川一件」之際，支持柳川調興的土井利勝等重臣所出的難題，試圖將藩主宗義成逼至苦境。讓朝鮮使節參拜德川家康的靈廟，對幕府而言可以增加威勢，對朝鮮國而言卻是一種屈辱。夾在堅定拒絕的使節與強迫目標實現的老中之間，藩主宗義成陷入了困境。此時出面解救困境的人物，是擔任「裁判」[68]的有田杢兵衛以及協助他的朝鮮翻譯洪喜男。洪喜男認為，在此拒絕參拜的話，自己一行人或許會被殺害，但是若應允了參拜的要求，即便是能活著回國，也可能會因為讓國家受到侮辱的行為而被處死；既然同樣都會失去性命，比起在異國被殺，不如死在母國吧！洪喜男臨機應變，用這種恫嚇的方式，說服了上司的三位使節。[69]

年後當使節們歸國，漢陽的朝廷在清軍的閃電攻擊之前屈服，不得不締結城下之盟，世子以下的許多人質被抓到瀋陽（清朝的盛京），淒慘落魄。在如此混亂的情勢下，使節們逃過了一劫，免於被追究在日光參拜的問題。[70]然而，這次一六三六年使節至日光參拜的事情成為先例，其後的通信使也同樣被要求要去參拜。另一方面在德川幕府，藉由將使節前往日光參拜以文字描寫為「肅拜」，而享受到了主觀性的優越感。[71]

日光參拜之事，對朝鮮朝廷來說，與其說不願意，不如說是一種屈辱的事態，因此致力於將之中止。根據《增正交鄰志》卷五的記載，在一六八二年的通信使以後，這樣的參拜便告廢止。有趣的是，《增正交鄰志》將日光參拜表現為「致祭」。[72]在上一節分析明朝對外禮儀時，筆者曾提及「致祭」這項儀式。在冊封關係上，皇帝賜祭逝世的前任國王之廟，稱為「遣官致祭」。[73]「諭祭」之詞不只是針對外國的國王，也會在恤典上皇帝賜予祭文之時，用在成為皇帝祭祀對象的眾神、因功績而殉職的軍人或官僚身上，簡單來說，作為恩典由君主施予，就是「致祭」。

幕府方面將日光參拜表現為「肅拜」，利用這個形容作為自我威勢的象徵；對此，朝鮮方面也藉由將同樣的事態表現為「致祭」，試圖將之翻轉為一種「精神上的勝利」。畢竟，將參拜德川家康靈廟這項強迫執行的禮儀，解讀為與上國明朝每逢敕封新國王之際所舉行的「致祭」相同的儀式，是種比較能讓人勉強接受的作法。

# 小結

所謂的禮儀，是表現關係的形式；在這種形式背後發揮作用的，是權力與地位這些實際上的支配力量。在禮儀的現場，明確表現出一方對於另一方的優越或對等之關係。明朝試圖重新建構的對外關係，是以古代經典為根基，且徹頭徹尾追求蕃國因朝廷文德而自主前來服從的形象。在這裡，不存在「稱臣入貢」以外的關係；又，只要不是中國的仇敵，不「稱臣入貢」的國家便會被歸類在化外之地的範疇內，這可以說是太祖《祖訓》中所寫到「不征諸國」的含意。因此，以中國為頂點的禮儀式國際關係，是向天子展現形式上臣服或不臣服之關係的集合。[74]

近代萬國公法，在形式上是以認同「對等主權國家彼此之地位」為原則。這是使「國際社會」（family of nations）此種國際關係成立的機制。相對於此，在以中國為中心的天朝體制——朝著「天」垂直式的二元關係，呈現放射狀擴散的型態——之下，則缺乏形成水平方向國際關係的契機，這也是事實。

儘管如此，在中國所建構的禮制之中，也有所謂「一視同仁」的原則，也就是與天的垂直距離皆為平等。琉球就在作為禮制一部分的文件形式中，習得了這種等距離性質，並藉由國王的

「咨文」，展開多角化的通商外交關係；從他們的事例中，我們可以察知，在以天朝體制為理想的禮儀秩序中，只要共享基礎和知識，也可以順利展開水平式的關係。因此可說在禮制霸權中，並沒有妨礙如此關係形成的要素。另外，雖然有些許的扭曲，但對禮制霸權不服從的自由和自主，也會產生出受禮制架構理解與認可的狀況。日本與朝鮮之間爭議的君王名號與年號使用問題，便是很好的例子。

除此之外，禮制所帶有的形式性特質，也為國權相關行為和關係的實質，留下了基於雙方自己的尺度和價值，做出自由解釋的餘地。禮儀雖然是作為地位高低和權力關係的表徵而舉行，但終究只是在禮儀場合上的演出。因此，對於行為本身，即使雙方在主觀上的理解有所不同，也能夠被容許。這與總是被行為所束縛的實質上支配，是截然不同的層次。此外，只要離開禮儀演出的場域，甚至會出現對行為賦予完全相反解釋的狀況。[75]

舉例而言，雖然蕃夷日本要求的是「肅拜」，但是接受天朝冊封及諭祭的朝鮮，則是將自己置於上位，解釋為「致祭」。又，一五七二年，關於明朝與右翼蒙古之間達成的和議，歷史家們取其實質，將之稱呼為「隆慶和議」，但是對當時的明朝而言，只不過是「俺答汗的封貢」；另一方面，歌頌俺答汗事蹟的英雄敘事詩《俺答汗傳》則是表現為：「在這場會盟上……取得了莫大的賞賜和想要的交易品」。[76]

從明朝的角度來看，他們將俺答汗冊封為順義王，並讓他臣服；但是實際上在邊外晾馬臺所舉行的冊封儀式，卻完全是不同的光景。在明朝方面的通譯、俺答汗以及其他右翼萬戶集團君長

出席的狀況下，展開蒙古與明朝的會盟儀式：[77]

對天叫誓說，中國人馬八十萬，北虜夷人四十萬，你們都聽著聽我傳說法度。我虜地新生孩子長成大漢，馬駒長成大馬，永不犯中國。若有那家台吉進邊作歹者，將他兵馬革去，不著他管事。散夷作歹者，將老婆、孩子、牛羊、馬匹，儘數給賞別夷。叫誓畢，焚紙拋天。

（譯：「中國的人馬有八十萬，北虜的夷人有四十萬，你們都聽著，聽我說法度。直到我們虜地的新生兒成為大人，小馬成長為大馬為止，永不侵犯中國。不管是哪一位台吉，要是進入邊境內為非作歹的話，便拿走他的兵馬，不讓他管理事情。如果是不服統率的夷人為非作歹，就把他的妻子和家畜全部分給其他夷人」向天發誓，宣誓結束後，焚燒紙拋向天際。）

這份誓詞不只是被宣讀，還訂定總共為十八條的盟約，在往後每當順義王要接受冊封之際，這份盟約便會經過改訂。除此之外，還決定了另一份「市法」五條，以及規定交易馬匹的固定數量及價格。現實上，這是兩國訂定各自權利義務的友好貿易條約，但是明朝卻在解釋上，將盟約放入「封王」俺答汗、使之朝貢的朝貢制度結構之中。[78]如此一來，正是因為兩國各自進行不對稱的解釋，這份關係才得以成立。

萬國公法所預設的民族國家之對等原則，是政治道德上的幻想，真正的狀況可以說是，不只限於中華與許多的小中華，不管是哪一個民族或國家，只要認定「我族中心主義」（ethnocentrism）

之神話才是所謂的真實，那麼基於禮制的霸權——也就是天朝體制，這套透過禮制，容許解釋上不對稱的現象發生，並讓主客能在這套機制下，讓各自的目的與手段順利產生交集，從而達成相互和平與調停的機制，就可以稱得上是合理的制度。

# 第二章

# 貿易壟斷與明朝的海禁政策

# 緒論

明代的通商外交，在將貿易與朝貢一體化的同時，不分中國人或外國人、一律禁絕民間商人的貿易，這一點是非常特殊的。在明代以前，幾乎沒有人使用過「海禁」一詞。正如檀上寬所指出的一樣，明朝在十六世紀中葉被「嘉靖大倭寇」侵擾的狀況下，將禁止貿易和嚴格取締海上船隻當成阻擋海盜接近的政策，並且開始頻繁地討論「海禁」議題。[1]不過，此政策從明初時期起，就已經被當作治安維持政策的一環而施行，而不是在十六世紀中葉倭寇時期才開始的政策。今日的「海禁」，則是被用來指稱始於明代初期的航海限制，之後逐漸朝向貿易與朝貢一體化發展的明代海防與通商政策。

關於明代海禁的制定過程及其目的，至今已有許多議論。其中檀上先生的研究成果，在視野的廣度與議論的深度上，可說是出類拔萃。自元末的動亂時期開始，經過確立起「朝貢—海禁體制」的洪武中期、約從一三六八年至一三八三年前後的海禁成形期，以及其後強化海禁，至永樂帝初年重設市舶司、完成體制為止，檀上先生針對這些時期的政策，縝密地分析了相關資料，並於這個基礎上，在企圖透過「儒教式階級秩序」徹底控制國內外的專制體制樹立之文脈中，對

「朝貢—海禁體制」的成立加以定位。這就是檀上先生所提出「朝貢—海禁體制」的理論骨幹。

## ◆朝貢—海禁體制的三階段

根據檀上先生的觀點，「朱元璋的目的是以明朝為中心，向周邊各國鋪設起禮教的秩序，從而在東亞確立一套國際秩序」。[2]這是針對「朝貢—海禁體制」所提出的結論。然而，朱元璋未必在一開始就設定好目標，才來實施海禁。在檀上先生的說法中，洪武時期的海禁政策，歷經了下述各階段的發展：

第一階段：洪武初年的海禁，目的是要取締在沿海地帶囂張跋扈的危險分子。不過，由市舶司管理的貿易是被許可的。[3]當十六世紀中葉以降開始討論海禁時，論者也都清楚認識到，若是向上追溯，其實從明朝建國初期就已經有這樣的政策。但是，當初的海禁是專門用來維持沿岸地區的治安，特別是元末「群雄」的殘存黨羽，在海外仍結成有勢力的集團，海禁就是為了要斬斷這些集團與內地的聯繫，與禁止民間貿易的海禁有所不同。

第二階段：洪武七年（一三七四年）九月，廢止了浙江、福建、廣東的三個市舶司，「禁止民間的海外貿易，轉換為朝貢制度、朝貢貿易、海禁政策三位一體式的朝貢體系」。但是，「如此強硬的措施仍舊無法斷絕走私貿易與倭寇的活動，停留在不徹底的階段」。[4]

第三階段：洪武十四年（一三八一年）十月，認為應當盡力遏止走私貿易者的活動，因此再次發布海禁令，「禁止沿海居民私自與海外各國交通」，並在洪武十六年以降，實施強化海防體制的政策。在與朝貢國之間的文件往來上，更導入了「勘合制度」。這項制度的目的雖然是為了防止雙方的偽使，但也同時成為阻止外國商人偽裝成朝貢使節，或是佯裝朝貢而試圖參加中國貿易的手段。經過這三個過程，確立了朝貢—海禁體制的方向性。[5]

到了永樂元年（一四〇三年），雖然浙江、福建與廣東三省的市舶司得以恢復，但是已與宋元時代市舶司的機能不同，成為接受朝貢使節、收購或「抽分」朝貢船隻上所運載、貢品以外附搭貨物的機構。

明在內陸地區是使毗鄰的異族集團臣屬服從，在這些異族居住地設置相當於軍事組織「衛所」的羈縻單位，讓大、小頭目世襲都督、指揮使、指揮僉事以下的武官職位。這種擬似性的衛所，稱為「羈縻衛」，明朝並未將之置於直接統治的範圍之內，而是讓授職的頭目朝貢，作為邊外的「藩屏」。若是蒙古的後裔（孛兒只斤的皇族血統）和瓦剌，還有天山南麓的綠洲國家君主願意臣服，也會冊封授與王爵。如此一來，便能達到內陸地區的安全保障。對於不願意臣服的勢力，則是在長城、邊牆地帶組織東西合計九個「邊鎮」，拉起深厚的防衛線，施加軍事上的壓力。他們也在內陸地區的關門實施國境管理，限制人口和物資的出入，並且與海禁並行，實行嚴格的邊禁政策。

清朝的邊境及海上對外政策的共通點，是設法讓各國、各集團「稱臣入貢」。以這種對外政策為基調，加上禁止國內外民間商人的貿易活動，試圖實現朝貢一元體制。與海外各國相關的「朝貢—海禁體制」，就是以「下位詞」*的概念被加以定位。

在論述明代朝貢—海禁體制的性質以及歷史狀態之際，究明其形成的過程中，所採用的各個措施之目的與效果，乃是不可或缺之事。除此之外，因為海禁是對國內外進行強化控制政策的一環，因此也有必要論述孕育出這項政策的政治理念，以及與後來實踐的「朝貢—海禁體制」間之關係。檀上先生的研究，已經為上述兩項問題提出了明確的答案。對於檀上先生的議論，本章將試著從另一個角度來討論，將朝貢與貿易一元化的明朝，其對外關係的歷史脈絡及特質。

## ◆儒教秩序敵視貿易嗎？

試圖樹立徹底控制國內外的專制國家體制，這樣的動機成為了海禁政策的背景；這種說法當

* 譯注：在語言學的概念中，指被包攝在內之意。

然是無從否定的。然而，要理解明朝通商外交的歷史特質，光是點出這個背景，想必不夠充分吧！「天朝」與「華夷秩序」的理念，不管在哪一個王朝的時代，都是共通的要素。以承接天命的皇帝為頂點，行使一元性權力的專制理念，也是不分時代皆同。在保持著如此天下觀和統治理念的王朝中，追求實現「朝貢—海禁體制」的明朝，可以稱之為「堅硬的」體制；[6]相對地，清朝則可以稱得上是「柔軟的」體制。但是，像這樣在共通的評價基準上，評估其相對的差異，會不會反而妨礙了對事物本質的理解呢？確實，明朝的對外政策，以及其中使用的皇帝敕諭等，是將儒家的禮制秩序推到檯面上的「堅硬」體制。在對外政策上，明朝高壓的態度和強硬的姿勢十分顯眼突出。然而，用這種關於禮制秩序和天子權力、權威的「堅硬」立場，導出完全禁止內外民間貿易的政策轉換，筆者認為這種邏輯當中存在著疑問。

正如檀上先生所闡明的一樣，明朝海禁的起始，是為了維持治安的海防政策之一環。在洪武帝統治期間，這種政策逐漸「轉換為朝貢制度、朝貢貿易、海禁政策的三位一體式朝貢體系」。另一方面，綜觀中國通商外交的歷史，在基於法與禮的天下秩序、以及由上至下的控制，這種貫通時代性且普遍的理念下，可以發現像是在貿易方面，可選擇的方式其實是多樣的。說到底，民間商人的交易，無論是國內的交易，或是越過國境的交易，對立基在儒教式專制、法、禮的天下秩序理念而言，真的是對立的行為嗎？在儒教式的法、禮專制體制下，否定貿易這類經濟行為以及民間商人活動的政策，必然如影隨形存在；這樣的邏輯推論，應該很難成立吧！

無論外國人或中國人，非附隨朝貢的民間海外貿易都被明朝嚴厲禁止；但在此同時，在透過陸路的東西交易上，明朝接受成立於天山北麓庭州（Bechbaliq，又稱別失八里）的東察合台汗國（蒙兀兒斯坦汗國），以及撒馬爾罕的帖木兒帝國商隊，認可他們在國內進行貿易。在《明太祖實錄》洪武三十年（一三九七年）正月丁丑之條目中，可以看見下列的敘述：[7]

> 遣使諭別失八里王黑的兒火者。先是，遣主事寬徹等使哈梅里，別失八里及撒麻兒罕地，寬徹至別失八里，而黑的兒火者拘留之，副使二人得還。至是，復遣使持書往諭之曰，「朕即位三十年，西方諸國商人入我中國互市，邊吏未嘗阻絕。朕復敕吾吏民不得持強，欺謾番商，由是爾諸國商獲厚利強場無擾，是我中國有大惠與爾諸國也。向者，撒馬兒罕商人有漠北者，吾將征北邊，執歸京師，朕令居中國互市，後知為撒麻兒罕人，遂俱遣還本國，其君長知朝廷恩意，遣使入貢。吾朝廷亦以知其事上之禮，故遣使寬徹等使爾諸國，通好往來，撫以恩信。豈意拘吾使者不遣，吾于諸國未嘗拘留使者一人，而爾拘留吾使，豈禮也哉。是以近年回回入邊地者且留中國互市，待寬徹歸，然後遣還。及回回久不得還，稱有父母妻子，朕以人思父母妻子，乃其至情，逆人至情，仁者不為，遂不待寬徹歸而遣之。是用復遣使齎往諭，使知朝廷恩意，毋使道路閉塞而啓兵端也」。

（譯：先前，派遣主事寬徹等人至哈梅里、別失八里及撒麻兒罕，寬徹抵達別失八里後，被黑的兒火者拘留，只讓副使兩人返回。這時，我方再次讓使者帶著皇帝的文書，曉諭對方說：「朕即位三十年間，西方各國商人進入我中國互市，邊疆的官吏從未拒絕。朕還發下敕令，要我國官吏與人民不可強迫、欺騙外國商人。因此，你們各國商人獲得豐厚利益，不再侵擾邊境。是我們中國給予你們各國的莫大恩惠。過往，有撒麻兒罕商人在漠北經商，我國將軍征討北邊之際，捉捕他帶回京師，朕讓他住在中國並互市。後來知道他是撒麻兒罕的人，就讓他回到本國，其君長〔帖木兒〕明白朝廷的恩德，派遣使者前來朝貢，我國朝廷也以上國家大禮待之，因此派遣寬徹等使者到你們諸國去，通好往來，以恩德信義對待；沒想到你們居然會拘留我國使者，不讓他回國。我面對你們各國，從來就沒有拘留過任何一位使者。而你卻拘留我的使者，這難道是你的禮數嗎？近年在回回進入邊境的人，會使之留在中國並互市，原本等寬徹回國後，便要讓〔這些回回商人〕回國。回回商人許久未能回國，表示故鄉有父母妻子。朕認為思念父母妻子乃人之常情，違背人之常情之事，不是仁者會有的作為，因此未等寬徹歸來，就讓他們回國。再次派遣使者，使之攜帶文書前往宣諭，告知朝廷的恩惠，勿閉鎖道路引起衝突」）

哈梅里（哈密）和別失八里是經由天山北麓的東西貿易據點。這兩個都市國家是在蒙古裔遊牧民的統治之下，與明朝並沒有維持朝貢關係。撒馬爾罕的帖木兒自詡為蒙古的繼承者，當時正計畫要征討明朝；說他派遣使者前來朝貢，實為明朝方面一廂情願的想法。事實上，正因為雙方處於敵對關係，才會發生別失八里拘留明朝使者寬徹、明朝拘留穆斯林（回回）隊商的情況。

洪武帝即位以來的三十年間，並未妨礙「西方各國商人進入我中國互市」，而是允許貿易活動。洪武皇帝樹立朝貢—海禁體制的意圖，是要歸結到「以明朝為中心，在周邊各國建立起禮法的秩序」，若其結果是演變成要禁止與朝貢使節無關係的民間商人貿易，那對西方各國的商人，應該也會適用同樣的措施才對。

然而，太祖洪武帝主張，自他即位以來，從西方前來造訪明朝的隊商貿易，是由民間商人所展開；儘管不是附隨朝貢而來，但他向來給予對方優厚的待遇。雖然參與貿易的商隊未必全是民間商人，但是並沒有限制一定要朝貢。這應該不是虛構的謊言，而是反映現實的狀況。即便是要保持以儒教專制與禮法為基礎的天下秩序理念，要將這樣的理念直接連結到對國內乃至國際商業貿易的壓制，這種邏輯仍有必要重新檢討。

無論是沿海的民眾，還是鋌而走險從事走私的商人，或是追求貿易利益而進行朝貢的海外各國，自認為天朝的明廷，都試圖將其納入全面管制之下，置於以禮法為基礎的天下秩序中。如此理解皇帝統治的理念是正確無誤的。但是，希冀達成這種想望中的秩序，也不見得就會孕育出全面禁止民間貿易、將與外國的通商外交都放入朝貢關係內的一元化體制。東亞的國際貿易，無論是海上或是陸上交易，在唐代以後都確實在擴展，主要的推手便是貿易商人。

從中國的國際貿易中完全排除中外的商人，只將貿易機會限於朝貢之內，如此的轉換，只能徹底從貿易政策以及制度遞嬗的進程中，來對其加以定位。

十六世紀初期，首先出現脫離朝貢一元體制動向的是廣州，接著在福建南部的漳州，於一五六七年正式允許中國民間商人出海貿易（請參照本書第四章）。最後，一六八四年，以東北邊境軍事—商業集團之姿興起的滿清，在結束與連結中國東南沿岸、日本和東南亞方面的軍事—商業集團鄭氏東寧國爭鬥之後，終於放棄朝貢一元的體制，轉換到以互市制度為核心的通商外交結構。這僅是基於同一體制下，「柔軟」與「堅硬」之間的態度差異嗎？還是相反地，我們可以認為在這段期間中，中國與各國的通商外交歷史，歷經了一種結構上的轉換？十六世紀以降，世界以溫和的方式趨向一體化；在這種情勢下，作為對應方策而被選擇的，是與皇家禮儀切割，以互市制度為核心的通商外交結構。從這個觀點再來重新審視明朝朝貢一元體制的性格，並且試圖尋找其歷史定位，這就是本章的課題。

首先要檢討的是，至明朝建國（一三六八年）的時期為止，由市舶司所管理的貿易制度，究竟是如何展開的？

# 一、宋元時代的市舶司與貿易壟斷

海禁政策的核心，是以安全保障為目的，施以作為管理國境手段的航海限制。在這層意義上，海禁雖是海防政策之一環，不過禁止民間商人的貿易，或是阻礙貿易商品自由買賣的措施，也可以被囊括進廣義的海禁概念之內。例如元朝時期並未在政策議論的場合上使用過「海禁」一詞，但卻實施過「禁商下海」與「下番市舶之禁」。如此的措施，在禁止民間貿易的意義上與明朝的海禁存在著共通性，因此也有研究者認為，元代也實施過海禁。儘管如此，海禁的概念本身就存在著多種意義，且「禁商下海」與「下番市舶之禁」的政策，也不是出於相同的目的。在將海禁的概念作為一般用語來套用之際，有必要留意到這些內涵。

## ◆一二八四年的貿易壟斷

元代繼承了宋代市舶司的機構與法制，當他們在至元十四年（一二七六年），不流血地進入南宋首都臨安（杭州）後，便在泉州、慶元（寧波）、上海、澉浦（現在的嘉興府海鹽縣。面杭州灣）設置了市舶司。「每年召集船商，在各國購入珍珠、翡翠、香料等物資，等到隔年歸帆後，依照法例進行抽解，其後允許買賣（每歲召集船商，於蕃邦博易珠翠香貨等物。及次年迴帆，依例抽解，然後聽其貨賣）[8]」。當時，元朝沿襲舊宋有關貿易的法例和機構，對市舶司管理的進口商品採取「抽解」，也就是課徵現物作為稅金。至元二十年（一二八三年），重新訂定「抽分之法」[9]，將宋代的「抽解」改稱為「抽分」，同時也重訂抽分的稅率。

繼承宋代市舶司制度的元朝貿易政策，在翌年，也就是至元二十一年（一二八四年）出現了巨大變化。這年九月，市舶司合併至鹽運司，於福建等地設立鹽課市舶都轉運司。[10]由於福建行省在軍費調度上存在困難，因此有必要將揚州的食鹽專賣收入送至福建。於是中書省提案，將江淮行省與福建行省一體化，由大都的中書省管轄作為南洋貿易據點的泉州。這麼做的目的，是為了能夠確實且準時地讓財政資金實施跨行省的移動。世祖忽必烈批准提案，命中書右丞忙古臺（忙兀台）擔任江淮等處行中書省平章政事，並且將在福建擔任行省左丞要職的蒲壽庚等人安排到泉州。[11]這項措施有些許複雜，簡單來說，就是將揚州的食鹽專賣收入與泉州市舶司的收入整合在一起，交由忙古臺管理，蒲壽庚則是作為忙古臺的代理人，負責統籌泉州的市舶。接著，在鹽課市舶都轉運司開始官營貿易的同時，元朝也禁止民間的「權勢之家」，也就是有錢財有權勢的人出資從事海外貿易。在《元史》卷九十四，食貨志二·市舶項目內有記錄如下：[12]

> 二十一年，設市舶都轉運司於杭、泉二州，官自具船給本，選人入蕃，貿易諸貨。其所獲之

息，以十分為率，官取其七，所易人得其三。凡權勢之家，皆不得用己錢入蕃為賈，犯者罪之，仍藉其家產之半。其諸蕃客旅就官船賣買者，依例抽之。

（譯：至元二十一年，在杭州和泉州設置市舶都轉運司。由官方親自準備船隻和資本，選人到海外去，讓他們從事貿易，買賣各種商品。其所獲得的利益，官方抽取十分之七，與官方合作從事貿易者取得十分之三。所有權勢之家，禁止用自己的資本前往海外從事貿易，違反規定的人將受到處罰，沒收一半的家產。各國商人搭乘〔市舶都轉運司準備的〕官船前來買賣，需依規定抽分課稅。）

「權勢之家」一詞，帶有否定性的意涵。將過去從事海外貿易，或是投資海外貿易，擁有財力的民間商人定義為「權勢之家」，將之排除在外，藉以正當化官方的壟斷貿易。就這樣，由江淮行省平章政事忙古臺與福建行省蒲壽庚所控制的杭州和泉州市舶都轉運使，準備船隻與資本，遴選出搭乘貿易船的商務人員和水手，展開官營貿易。民間的商人，只要不是被選定為官營貿易船的實務負責人員，皆被排除在貿易之外。倘若違反禁令，用自己的資本在海外從事貿易行為，一旦被發現，將會面臨沒收二分之一家產的嚴重罰則。

這項禁止民間貿易的政策，是以江浙行省和福建行省為對象，廣州貿易則是在對象之外。原本，廣州在宋代就是海外貿易的中心地；[13]但是在元與南宋的爭奪戰之際，廣州一帶遭到破壞[14]，海外貿易也逐漸衰退。至元二十五年（一二八八年）訂定：「又，無論廣州官或民，禁止運米至占城和各蕃國販賣（又禁廣州官民，毋得運米至占城諸蕃出糶）[15]」。這雖然被認為是伴隨著元朝遠征占城失敗而實行的措施，不過可以從中窺見，廣州的海外貿易在這個時候總算朝著復興的方向發展。

## ◆一二八六年重啟市舶

至元二十三年（一二八六年），繼阿合馬之後擔任財政官僚的盧世榮遭到彈劾下臺，在江浙行省與福建行省實施的官營貿易也隨之撤廢，再次允許民間商人從事海外貿易。按《元典章》記載，同年，御史臺接獲中書省的劄付（命令文書），其中記錄了相關的來龍去脈：[16]

至元二十三年三月，御史臺承奉中書省劄付，為盧右丞建言市舶等事。移准上都中書省咨，六月二十九日，本省官奏過內一件，這課程的勾當裏，兩件兒勾當有。一件勾當，盧市舶司的勾當，係官錢裏一十萬定要了，他著海船裏交做買賣行，別箇民戶做買賣的每，休交行。麼道，奏來。去近眾官人每、老的每等官司做買賣的，罷了。百姓做買賣的每，市舶的勾當做者，依著在先體例裏，要課程抽分者。市舶司根底，轉運司裏合併。道來，麼道，奏呵，那般者。麼道，聖旨了也。欽此。

（譯：至元二十三年三月，御史臺承接中書省的劄付，事由為「中書省盧右丞所建言關於市舶等事」。對於〔大都的中書省〕送往上都行在的中書省之咨文，其回答的咨文中，提及六月二十九日，〔上都行在〕中書省上奏過的一件事：「這項課稅流程的勾當裡，包含兩件勾當。一件勾當是盧市舶司的勾當，從官府的資金中拿出交鈔十萬，因為他要乘渡海船進行貿易，於是對其他從事貿易的民間百姓，一併告訴他們，不准〔貿易〕。最近，就連許多官人和長老們要進行官府貿易，都遭到了阻止。在人民方面，讓從事貿易的人們去做市舶的勾當〔意指貿易〕，根據舊有的規定課程抽分。至於市舶司，〔大都的中書省〕說，應當合併到轉運司內。」〔上都行在的中書省〕上奏之後，下了「就這樣做吧」的聖旨。）

這篇記錄是原始文件內容的大幅節略，雖然有些難懂，不過來龍去脈如下所述：上奏表示，盧世榮從官府的公費中支出交鈔十萬，展開官營貿易的同時，也禁止民間商人的貿易。盧世榮下臺後，大都的中書省透過上都行在的中書省上奏表示：應當中止這種官營貿易，若是商人們要從事貿易〔市舶的勾當〕，就依照過去的法令慣例，課稅抽分。忽必烈看了之後，下達聖旨說：「就這樣做吧！」表示認可。

## ◆一二九三年的市舶則法

就如上述，雖然民間貿易的禁令被撤回，但是被合併入轉運司的市舶司貿易管理，無法完全實現這項命令，不久便產生了其他問題。至元三十年（一二九三年）世祖忽必烈基於中書省的提案，制定了「市舶則法二十三條」。

將此事通知福建行省的中書省咨文中，記錄著此法的制定經過，其內容大致如下：[17]

> 宋代市舶司的工作，對朝廷而言發揮了作用，但是最近，忙兀臺、沙不丁等負責市舶司的官僚，「追求自己的利益，當貿易船隻來到，讓軍隊監視，（不讓卸貨），扣押貨物，選取上等的財物。因此，海外的船隻不再來，從我們這裡（中國）出航的船隻也變少了；結果，市舶司的工作就廢弛了。」話說，舊宋時期負責管理市舶司的人員應該還有留著的，讓這些人來整飭市舶司工作的話，應該會很有用吧！也有這樣的意見。將這件事情上奏皇帝後，皇帝下旨說：「正確。就這樣做吧。跟那些人說，如果正確的話就施行。」就這樣，提出宋代的「抽分市舶則例」，將各地行省的官僚、行泉府司的官僚、精通宋代市舶司工作的人們召集到中書省一同商議，為整飭市舶司工作，制定了合計二十三條的「市舶則法」。

從這份資料可以窺見，即使至元二十三年（一二八六年），排除民間商人實施官營貿易的制度遭到廢除，管理市舶司（合併轉運司）的有權勢官僚，還是為圖私利妨礙自由買賣，導致貿易本身趨向衰退。這種衰退的原因，恐怕不是貿易船隻來航減少，而是為避免市舶司的壓榨，而轉向走私的船隻增加。

海外貿易的利潤豐厚。在世祖忽必烈統治時代的末期，以下的現象屢見不鮮：官府或是有權勢的官僚為了增加自己的利益，排除民間商人實行官營貿易；管理市舶司的官僚，則是強制收購有厚利可圖的商品。[18]一二九三年的「市舶則法二十三條」打破了上述狀況，基於南宋時代精通市舶司業務人士的意見，以及宋代的法令，制定出一套讓市舶司底下貿易管理與課稅制度，回歸原有軌道的法則。翌年，成宗鐵穆耳即位後，採取「詔諭有司，不要妨礙貿易船隻，任他們自由行動（詔有司勿拘海舶，聽其自便）」的措施。[19]

## ◆壟斷與開放

就這樣，由控制市舶司的權勢官僚所實行的貿易壟斷、也就是禁止民間貿易的措施，遭到撤回。儘管如此，在那之後，元的貿易制度還是持續在壟斷與開放之間搖擺不定。以下便透過《元史》食貨志中有關市舶的記錄，呈現其演變脈絡：[20]

A. 元貞元年（一二九五年）縱使貿易船隻來航，隱匿貨物，少報數量的情況還是很多，因此下令派（當局的）船隻到洋上迎接，並當場檢查貨物。

B. 元貞二年（一二九六年）禁止貿易商從馬八兒、唄喃、梵答剌亦納（皆在印度西南岸）三個蕃國交易貴重商品，特別撥出鈔五萬錠，讓沙不丁[21]提議運用之方法。

C. 大德二年（一二九八年）將澉浦（位於杭州灣北岸）與上海的市舶司合併至慶元（寧波）的市舶提舉司，直隸於中書省。

D. 大德七年（一三〇三年）禁止商人出海。

E. 至大元年（一三〇八年）再次設置泉府院[22]，負責統籌市舶司業務。

F. 至大二年（一三〇九年）廢止行泉府院，將市舶提舉司置於行省之下。

G. 至大四年（一三一一年）再次廢止（市舶提舉司）。

H. 延祐元年（一三一四年）雖然恢復了市舶提舉司，但仍禁止人民前往國外，而由官員出船貿易。在歸帆之日，貴重品抽分十分之二，低級品抽分十五分之二。[23]

I. 延祐七年（一三二〇年）因為前往外國的人將絹、銀等貴重物品賣到國外，所以廢止（市舶）提舉司並禁止此類行為。

J. 至治二年（一三二二年）再次於泉州、慶元、廣東三處設置（市舶）提舉司，但仍嚴格聲明禁止貿易。

K. 至治三年（一三二三年）允許出海商人貿易，歸帆時徵稅。

L. 泰定元年（一三二五年）若各貿易船來航，只有行省實施抽分。

從B的記錄來看，禁止從印度進口「細貨」（應為寶石類物品）的民間貿易商活動，可以看出是政府想要透過自己出資的官營貿易，奪取這方面的利益。一三〇三年的D以及一三一四年的H措施，目的也應該相同。延祐元年（一三一四年），改訂世祖忽必烈時代的「市舶則法二十三條」，制定二十二條的「市舶法則」。制定法條的目的，是廢止官方的貿易壟斷，恢復由市舶司管理的貿易制度。提案的中書省上奏中指出：「近來聽聞，因為禁止（民間商人的貿易），香料與藥材的供給逐漸減少，價格急速高騰。請求解除禁令。（比聞禁止以來，香貨、藥物銷用漸少，價直陡增，民用闕乏，乞開禁事）[24]」是希望藉由「解禁」貿易壟斷、將海外貿易開放給民間商人，來達成貿易量的增長。然而，如同H的記錄一般，最後還是禁止民間商人為了貿易而前往海外（仍禁人下蕃）。恢復後的市舶司，向來航外國船隻上所乘載的進口貨物等實施抽分和博買，但也如同I的記錄所示，市舶司在六年之後又被再度廢止，也就是說，延祐元年的貿易開放政策宣告失敗。雖然無法獲得顯現失敗原因和經過的資料，但是仍可推測其中的緣由。

首先要注意的是，此時儘管中書省上奏貿易開放並獲得許可，卻未能實現一事。向前追溯，所謂官營貿易的開始，是世祖忽必烈統治時代，重用阿合馬、盧世榮、桑哥等財政官僚，企圖透過官府直接、間接介入商業與金融，以擴大收入的政策一環。忽必烈統治末期，隨著這些人受到問罪，出現了試圖復活南宋時期貿易制度的動向。這種動向直接連結到至元三十年「市舶則法二十三條」的制定；在忽必烈逝世後的至元三十一年（一二九四年），先前曾述及的成宗鐵穆耳下詔：「詔諭有司，不要妨礙貿易船隻，任他們自由行動」，屢次命令將貿易開放給民間商人。不過，就在短短的兩年後，因為嘗試經由官營貿易而獲得利潤的經驗（B的記錄），一三〇三年終於禁止中國船隻出海貿易（D的記錄）。最後的結果，基於至元三十年的「市舶則法二十三條」，元朝朝廷和中書省打算在市舶司的管理下展開民間貿易的政策，經過十年的時間，以失敗告終。讓我們試著來思考看看其中的內涵。

## ◆圍繞著貿易巨大利益的爭奪

福建的泉州和廣東的廣州，是東南亞、印度洋方面貿易的中心；浙江的慶元（寧波），則是通往高麗、日本的貿易中心。這些港口城市由於距離大都遙遠，是由行省進行統治，而市舶司原本就是隸屬於行省底下的機構。因此，行省丞相以下的高官，自然會想要把帶來莫大收入的市舶司業務，以及其所管理的貿易，和自己的利益擴張相連結。另一方面，對大都的朝廷和中書省而言，如果開放民間擴大貿易活動的話，正規的抽分和博買（收購）也可以豐潤財政。隨著市舶司的收入愈來愈多，朝廷與行省的權勢官僚，基於爭奪貿易收入的動機上，便形成了互相競爭的關係。

如同C記錄所示一般，將市舶司從行省分割出來、由大都的中書省直接統轄之措施，放在中央與地方圍繞市舶司的利害對立這一脈絡下，就能理解其中的意義。不過，企圖恢復市舶司舊有業務的嘗試，卻還是無法顛覆那些盤踞在市舶司所在行省的有力官僚，想要藉由貿易壟斷手段來攫取利益的狀況。

其次應該注意的是，泉府院或是泉府司參與市舶司業務之事。泉府院、司是借貸給稱呼為「斡脫」的突厥裔穆斯林商人，或是與他們進行商業交易，藉以獲得利益的機構，使用的是官府和朝廷的資金。[25]根據愛宕松男的研究，可以得知斡脫運用這些資本，投入連結中國與西方的東西陸上貿易。[26]從泉府院、司與市舶司相關之事，可以窺見關於海上貿易，也是藉由同樣的結構來運用官方資本。[27]

在B記錄中，雖然看不見泉府院、司和斡脫等語彙，但是因為有提到要將「鈔五萬錠」的資金投入與印度方面的貿易並獲取利益，所以應該就是將朝廷準備的資金，委託斡脫運用。這篇記錄的原文中有「令沙不丁等議規運之法」。「規運」是元代特有的用語，意指運用資本獲取利潤之事。「規運」的主體，可以認為為斡脫。E記錄的原文有「復立泉府院，整治市舶司事」。關於泉府院的存廢雖然還有不明之處，不過從一二八三年被廢止的泉府院，在一三〇九年時再次設置之事，加上使之整飭市舶司業務的作法看來，元朝對貿易是採取強化官方資本投入、以及讓斡脫加以運用的措施。然而，就在翌年，行泉府院被廢止，將市舶司歸回行省的下屬機構（F的記錄）。從這件事情，可以窺見在官營貿易和市舶司的業務上，究竟要讓斡脫參與到何種程度的議題，呈現出一種拉鋸狀態。

根據上述的分析，大都的朝廷、中書省與江浙行省（包含福建在內）[28]、江西行省（包含廣東在內）之間，存在著關於市舶司管轄的利害衝突。除此之外，關於讓斡脫從事海外貿易之事，在出資的朝廷和地方官府之間，也有齟齬。在這場貿易巨大利益的爭奪戰中，有著如下的趨勢：民間貿易商人遭到壓抑，商人自己準備貿易船隻，由市舶司發出「公據」、「公憑」出海貿易的狀況受到限制。光看《元史》等的資料，從至元三十年（一二九三年）制定「市舶則法二十三條」起，到大德七年（一三〇三年）明文禁止商人前往海外為止，約十年的期間，在法令上，除了允許民間商人出海貿易的狀況之外，朝廷與官方資金託付資金的斡脫，以及支配行省與市舶司的有權勢官僚，在這些人的指示下準備貿易船隻，特許—壟斷的貿易活動持續展開。此外，圍繞著龐大的貿易利潤以及伴隨的私有利益，朝廷、中書省、行省、斡脫等利害關係者呈現彼此拉鋸的狀態，壟斷的主體和結構也因此不斷產生變化。

最後，到了至治三年（一三二三年），總算正式認可了出海商人的貿易行為（K記錄），在兩年後，規定來航的船隻由行省執行抽分（L記錄）。「諸海船至者，止令行省抽分」；只有行省抽分這項決定，目的是否要排除市舶司的參與，還是來航的外國貿易船隻由行省負責抽分，而持有市舶司的「公據」、「公憑」等許可出海貿易船隻的進口貨物，是由市舶司負責抽分，亦即各自分別負責抽分制度的狀況，因為無法獲得其他資料佐證，不得而知。不過，在此之後的狀況，至元廷被驅逐至漠北地區為止，似乎沒有太大的變動。

如同上述，元代市舶司管理的海外貿易，與宋代呈現出不同的樣貌。世祖忽必烈統治末年，雖然嘗試過要恢復南宋時期市舶司的結構，卻以失敗告終；約在二十年後，仁宗愛育黎拔力八達的朝廷屢次訂定市舶關係的法令，也幾乎沒有任何實質效果。朝廷與中書省、行省中有權勢的官僚、斡脫這三者之間，圍繞著市舶司與貿易的利權較勁；在這種狀況下，由官營貿易的壟斷與禁止民間貿易船隻出海成為政策的基調，貿易與市舶的制度反覆地出現變化。以一二七六年臨安（杭州）陷落、接收南宋領地為起點，壟斷與禁止民間貿易成為元朝前半近五十年間的基調，後半約四十八年的期間，則是恢復了宋代的貿易制度，將貿易開放給民間，透過市舶司與行省抽分、博買的手段來提高財政收入。

兩浙（長江下游流域以及浙江）與福建，在元朝末年受到叛亂勢力的支配。雖然不清楚張士誠與陳友諒政權究竟是實施何種貿易政策，但是在太祖朱元璋將這些地區收歸統治、建立明朝的時候，考慮到圍繞著海外貿易的利權，在各式權力與勢力之間的利害平衡之下，最後總算採用由市舶司管理課稅貿易的結構，應該也是出於沿用舊制的保守考量吧。北宋與南宋將近兩世紀間，以市舶司管理的課稅貿易為主要支柱之「市舶」制度，平穩安定；而在元朝統治的前半，出現大幅度的傾斜，轉變為朝廷和官方主導的壟斷貿易。其中不能忽視的是，蒙古政權中複雜的權力結構，以及穆斯林商人團體斡脫的活躍等特殊背景。然而，在十世紀以後，持續擴大的中國國際貿易帶來了資本獲利機會的增大，結果招致了一場爭奪貿易利權的紛爭，不只是在元朝統治下握有政治權力與財力的權勢階級，就連朝廷和中書省也被捲入其中。

朱元璋政權繼承市舶司管理的貿易，雖然幾乎是恢復宋代舊有的作法，但那是在利害關係均衡之上，好不容易在最終形成的結果。我們應該要看見的是，海外貿易的擴大，所帶來利權的肥大化，以及官民資本的利害衝突，是經常且潛在的狀況。

## 二、自然經濟與禮法秩序

檀上先生與晁中辰強調，朝向「自給自足式自然經濟」的回歸，是決定明代「朝貢—海禁體制」方向的一項要因。即便是暫時性的，明朝採用的經濟政策，還是近世中國市場經濟發展中的一道逆流。[29]誠如後文即將敘述的一般，洪武七年（一三七四年）九月，浙江、福建、廣東三個市舶司遭到廢止。檀上先生指出，採取這項措施的可能因素之一，是「允許全面海禁的這個社會，出現了朝自然經濟方向逆行的現象」。[30]當時的社會正朝自然經濟倒退的這項事實認知，導出了上述的解釋。另外，檀上先生也指出，「對於立基於自然經濟的明初統治機構來說，基於交易的商品經濟發展，恐怕會動搖其統治；從這個觀點來看，不如說是抑制海外交易的政治力學發揮了作用」。[31]市舶司的撤廢，不只是因為當時的經濟水準無法容許，同時也是試圖抑制商品經濟發展、維持自然經濟的政策一環。

強調「自然經濟」、「自給自足」的性格，在明朝的經濟政策中找出否定市場經濟，「重農抑商」的特質，並將之連結到海禁上；對這種議論方式感到危險的，並不是只有筆者一人。首先應該檢討的是，將元明交替時期定位在對市場經濟發展的反動、以及追求「自然經濟」、「自給自足」的脈絡中，這樣的論述是否妥當。

## ◆明初的自然經濟說是否成立？

若是將廣大的中國分割為各個地區的話，每個地區的社會經濟樣貌其實相當多元。有商業活動繁盛的都市，也有停留在僅能維生農業水準的地區；此外，也有因為動亂而導致市場機能不健全，從而強化農民自給自足性質的狀況。對中國經濟基調的這種理解，可以從人們經常提及的「民以食為天」（《漢書》酈食其傳）這句古老諺語中窺見一斑。歷時性自給自足式的自然經濟，這種政治性的認知與論述——同時也是主張，保證農民生活應成為政策性目標——與由都市發展和商業繁盛所支撐起的市場經濟發展這一實態，是可以並存的現象。從上述的認知與論述來看，明朝將民間商人排除在國際貿易之外的特殊政策，其背景應該不能說是企圖回歸自給自足—自然經濟的國家意志所主導的結果吧！

在明初的經濟政策和市場管制政策中，難以找出試圖阻止商業擴大的積極意向。在明王朝創建時期開始編纂、至洪武三十年歷經多次修改的《大明律》中，承認仲介商業交易的「牙人」以及承包船舶輸送商品的「埠頭」等，規定交易活動需記載於官府所發的「印信文簿」，並接受每個月官府的檢查（戶律七，市民廛．「私充牙行埠頭」）。[32]另外，《大明律》有「市司評價物」、「把持行市」和「錢債」等，為了讓市場管理和交易能夠圓滑進行而制定的條文，也有關於在流通過程中作為課稅制度的「課程」條文。如果明初經濟政策的目標，真的是要維持「自給自足式的自然經濟」，那應該會禁止在市場負責仲介交易、獲取利益的「牙人」之流；而商稅系統的課稅，也不可能是為了抑制商業才引進的。

明代的國家權力以市場上的民間商業活動為課稅對象，從市場經濟獲得財政資源，這樣的政策和宋元以來的機制，看起來並沒有太大的變化。在全國州縣設置稅課司和河泊所等，也是徵收商稅和魚課制度的承襲。洪武九年（一三七六年）十月，採取以下的措施：[33]

> 罷四川成都府稅課局一十八所，令各縣兼領之，以其地僻，不通商旅故也。
> （譯：因為地處偏僻，外地商人不會前來，所以將四川成都府稅課局的十八個所，交由當地的知縣兼領。）

即便是在偏離商業路徑，不足以設置稅課局、商品不甚流通的偏僻之地，州、縣官府也是採取徵收商稅的方針。

洪武十年（一三七七年），又採取了這樣的措施：「天下的稅課司、局中，對商人的徵收未滿定額之處有一百七十八所；是故，應從宦官、國子監學生以及戶部委任的官員之中，各派遣一人至各所進行實地調查，並設立定額（天下稅課司局征商不如額者一百七十八處，宜遣中官、國子生及部委官各一人，往覈其實，立為定額）[34]」。洪武十九年（一三八六年），全國合計一二一〇個州縣中，稅課司、局與河泊所合計有一二〇七處，可見全國各處幾乎都已經建立好了徵收商稅和魚課的機制。[35]

## ◆寶鈔是否抑制商品經濟？

洪武八年（一三七五年）以後，明朝政府發行「大明寶鈔」。與元代發行「中統交鈔」、「至元寶鈔」相同，這是一種由王朝壟斷發行通貨權利、提高通貨流通性，利用比銅錢更加輕便的通貨，來促進商品流通的政策。關於寶鈔發行的目的，實錄敘述如下：[36]

> 又商賈轉易，錢重道遠，不能多致，頗不便。上以宋有交會法而元時亦嘗造交鈔及中統，至元寶鈔，其法省便，易于流轉，可以去鼓鑄之害，遂詔中書省造之。
>
> （譯：商人交易的時候，銅錢既重，路途又遠，無法帶著大量銅錢，很不方便。上〔皇上〕表示，宋代有交子和會子的法例，元代也發行了交鈔、中統寶鈔和至元寶鈔。這個方法省力又方便，便於流通，還可以去除鑄造銅錢的弊害，下詔中書省，令其發行。）

發行紙幣，是以市場進行商品交換為前提而採用的政策；之所以會以失敗告終，並不是因為回歸自然經濟、導致市場經濟縮小之類的原因，只不過是因為在市場上未能獲得信用的緣故。

上述內容，就算不是將洪武帝與朝廷中樞當時看法原封不動地記錄下來，實錄的編者也是認為，發行寶鈔的意圖是要提供輕便的交換手段，從而促進商業流通。在洪武二十四年（一三九一年）的一段記錄中，洪武帝將寶鈔的發行表示為「為了促進民間交易的便利性」。這段發言的背景如下：[37]

時民間凡鈔昏爛者，商賈貿易，率多高其直，以折抑之，比於新鈔加至倍。又諸處稅務、河泊所每收商稅課程，吏胥為奸利，皆收新鈔，及至輸庫，輒易以昏爛者。由是鈔法益滯不行，雖禁約屢申而弊害滋甚。上因謂戶部臣曰，「鈔法之行，本以便民交易，雖或昏亂，然均為一貫，何得至於抑折不行，使民損資失望」。

（譯：有時，在民間流通髒污糜爛的寶鈔，在商人交易之際，大多抬高〔販賣商品的〕價格，〔較寶鈔額面〕打折後收取；與新寶鈔相比，〔髒污糜爛的寶鈔〕只有數分之一的價格。加上各地稅課務和河泊所徵收商稅與課程時，胥吏們為了一己之私利，一律徵收新寶鈔，然後換成糜爛的寶鈔納入鈔庫。因此，鈔法便更加停滯不前，無法流通。就算屢次頒布禁約，弊害還是不斷地擴大。為此，上〔皇上〕向戶部大臣表示：「實施鈔法，原是為了民間交易的便利。即便髒污糜爛，還是按照額面顯示，一貫就是一貫。不能有所打折、不使之流通，讓人民蒙受損失並失望」。）

舊寶鈔被持續使用一事，是寶鈔不只作為稅課司和河泊所等公家所承認的課稅通貨，也是其在民間繁盛流通的佐證。稅課司和河泊所那些寸利必得的胥吏們，利用寶鈔好壞在市場上評價的落差，獲取私利。在市場上好壞參雜流通的寶鈔，基於各自實質的價值交換買賣，似乎成為兌換商人工作的一部分。胥吏們藉由新鈔與舊鈔的交換獲取利益，其前提就是兌換商人的存在。宋元以來市場經濟發展的趨勢，即便是在明初時期，並沒有太大的變化。

檀上先生將寶鈔的發行評價為「阻止民間主導的白銀經濟達成獨自發展、從而導致自然經濟崩壞的措施」。[38]不過，這也是單方面的見解。作為通貨，即使將流通在市場上的白銀置換為寶鈔，或是禁止白銀作為貨幣使用，也不會成為「阻止自然經濟崩壞」的措施。在一開始寶鈔發行之際，禁止白銀作為通貨使用的政策，是為了促進寶鈔的流通。光是將通貨從白銀置換為寶鈔的措施，不可能會阻止市場經濟的擴大，也無法藉由發行寶鈔的權力來管制經濟。十四世紀末，寶鈔發行政策遇到瓶頸，在浙江諸府的商業交易上，使用金、銀的交易逐漸普及。關於禁止使用金、銀交易的措施，實錄中的記載如下：[39]

> 禁民間無以金銀交易。時杭州諸郡商賈不論貨物貴賤，一以金銀定價，由是鈔法阻滯，公私病之，故有是命。

（譯：禁止在民間使用金、銀交易。有時，杭州等府的商人，無論商品價格高低，一律以金和銀定價，阻礙了寶鈔的流通，於公於私皆感到苦惱。因而有此命令。）

當寶鈔失去信任，面額與實質兌換率的背離與變動變得顯著時，使用寶鈔的單位——「貫」

（銅錢一千）和「文」來標示商品價格，將會提高交易的風險，因此商人們傾向於使用金和銀的單位來標價和商談。在此成為問題的是，商品價格是由金、銀的支付單位來表示；然而，要是到了這種狀態，失去信用的寶鈔，就必定無法再被當成商品交易的支付方式來使用，這就是所謂的「鈔法阻滯」。雖說是「公私病之」，但因為民間可以使用金銀、銅錢、布帛這類的實物貨幣來取代寶鈔，所以理應不會造成太大的困擾；最為苦惱的，應該還是在商稅系統的稅課方面，非得收受寶鈔不可的官府吧！

白銀經濟的擴大，並不是使自然經濟崩壞，而是被選擇用來彌補寶鈔發行政策瓶頸的手段；而主導這種發展的，也未必是民間的經濟組織。禁止使用白銀，並非是要抑制民間商業的發展，使之停留在自然經濟的水準，而是用來作為恢復寶鈔流通和公信力的手段。寶鈔的發行，是企圖藉由壟斷通貨發行權、對流通過程展開課稅，將民間商品經濟發展與國家收入增長連結在一起的政策。故此，禁止使用白銀作為支付單位，努力維持鈔法，這樣的立場應該不能稱為「反商品經濟」。

作為通貨，寶鈔的發行量超越了銀和銅錢的流通量，若是不被承認為支付官方課稅的手段，寶鈔在市場的評價就只會一落千丈，發生紙幣通貨膨脹的現象。假使發行數量可以配合實際經濟的動向加以適當調整，就可以透過它的便利性和公信力，達成穩定市場、促進交易的效果。但若寶鈔失去公信力，眾人便會偏好使用金銀和銅錢[40]，金屬貨幣不足的話，也會將棉布、絹和米等實物當成貨幣使用。

作為商品交換的媒介手段，當有多種通貨（含實物貨幣在內）可以選擇的情況下，要藉由發行紙幣來管制經濟，並「阻止自然經濟的崩壞」，是不可能之事；同樣地，就算寶鈔發行政策遇到瓶頸，市場也不可能因此崩壞。話說回來，在採取自給式生存農業的地區，根本無法期待政府的通貨政策會產生影響。即使明初因為戰亂等要素，造成自然經濟擴大，朝廷也不可能會抱持想要藉由發行寶鈔，來阻止商業擴大的意圖。

在「課程」中，以商稅、魚課以及票據和契約書為對象的契稅，在每年定額徵收的制度前提下，於洪武二十六年（一三九三年），規定將徵收來的「錢、鈔、金、銀、布、絹等物」封印上繳，分類納入京師內府各庫。除了法定通貨的銅錢和寶鈔之外，金、銀、棉布和絹帛也成為上納的對象。[41]

金和銀作為貴金屬商品，雖然也有可能在流通過程中，以「抽分」的形式徵收上來，但是很難想像當時的當局者會抱持著如此的認知。在寶鈔失去公信力的趨勢中，明朝不得不承認將貴金屬及布帛作為商稅系統「課程」的納稅手段。關於這點，從「稅糧、折收金銀錢鈔，併贓罰物件」應納入內府的規範中，也可以確認到同樣的手續正在獲得施行。所謂「折收」，是指將本來應該徵收的稅物換算為貨幣，或是改由其他等價的物品繳納之事。[42]不只是銅錢和寶鈔，換算為金、銀徵收，在當時也早已是公認的作法。

此外，包含偏遠地區在內，從全國州縣上繳商稅系統稅收的方針，並沒有任何的變化。關於徵稅，之所以會採用固定式的定額制，並非是要抑制商業的發展，只是單純為了確保必要的稅收，將每年的徵稅額委託相關官僚負責。很明顯地，這是試圖將商品經濟的擴大，與確保政府和朝廷的歲收連結在一起。因此，防止自然經濟的崩壞，怎麼想都不會是洪武帝時期的政策課題。

明初的經濟政策，並不是轉換了宋元以來的政策，而是它的延伸。更正確說，我們應當把它看作是以市場經濟發展為前提，繼續採取藉由紙幣的發行和流通過程，獲得財政資源的政策。

## ◆貿易政策的延續

關於海外貿易，在明朝建國初期也看不見試圖抑制海外貿易的態勢。在關於經由內陸的隊商貿易上，正如前文所述，並未採取壓制和禁止的措施。

根據實錄，明朝建國前夕的吳元年（一三六七年）十二月，採取「設置市舶提舉司，任命浙東按察使陳寧等人為提舉（置市舶提舉司，以浙東按察使陳寧等為提舉）」的措施。[43]這是伴隨著以叛軍領袖起家、支配浙江沿岸的元末群雄之一方國珍歸順，而採取的措施。

方國珍原是浙江南部的台州人，「販鹽浮海」，也就是以食鹽走私商人的身分橫行海上，從事海盜行為。他曾一度歸順元朝，被授與江浙行省參知政事的職位，率領五萬兵力的水軍，戰勝「群雄」之一的蘇州張士誠。方國珍以慶元（寧波）為據點，加上南方的台州、溫州，控制了浙江南部（浙東）沿岸地區。其黨羽藉由「買田土、造船、殖貨」累積財富。[44]之所以以慶元（寧波）為據點的原因，是因為該處是市舶司的所在地，也是宋代以來海外貿易的據點。「造船、殖貨」所指的，不單只是國內沿岸的交易，也應當包含海外貿易在內。方國珍投降朱元璋的時間是在吳元年十一月，朱元璋在翌月便任命市舶提舉，就是為了奪取方國珍所支配、以寧波為中心的浙東海外貿易。朱元璋也是想把海外貿易，當成創建王朝的主要資金來源。

朱元璋即位皇帝後，將國號由吳改為明，藉由各國的「稱臣入貢」，向天下宣告天命已由蒙古的皇統轉移到自己身上。洪武元年以後，他派遣使者帶著詔書到各國，要求朝貢。如此積極派遣使節，也是利用了蒙古統治時期發展的貿易路線，方能實現。洪武二年（一三六九年），太祖命令禮官制定關於蕃王及使節來朝之際的儀制。在《實錄》洪武二年九月壬子條目中，記載了詳細的儀制，同時在末尾處也記錄了實施優待朝貢付隨貿易的政策：[45]

若附至蕃貨，欲與中國貿易者，官抽六分，給價以償之。仍除其稅。以示懷柔之意。

（譯：若是有蕃貨附至，想與中國貿易者，官方抽分六分，支付對價作為抽分的補償。除此之外仍不予課稅，以展現懷柔之意。）

關於朝貢使節所帶來朝貢品以外的貿易品（附搭貨物、附至貨物），官方收購其中的六成，剩下的商品給予免稅的優惠措施。這雖然也是促使使節來朝的措施，不過在明朝建國當時，就延續宋代以來的貿易政策，由市舶司管理貿易，採取課徵實物稅的「抽解」（元明時期稱為「抽分」）和收購貨物的「博買」。因此，這項優待政策自有其意義。[46]因為優待的是朝貢使節團的貿易，所以關於其他一般的外國商船貿易，其大前提便是以抽分的方法課稅、以博買的方式選擇性收購，剩下的貨物再允許自由買賣。我們可以看見，明朝在這個時間點並未發出敕令，拒絕與朝貢無關的外國商人貿易船隻，而是採取認可在市舶司管理下，繼續民間貿易的方針。

優待附隨朝貢的貿易，這項政策不用說，是以朝貢使節團會順道從事商業貿易為前提，因此若有以貿易為目的、追求免稅利益而來朝貢的國家出現，也會給予包容和許可。在洪武二年的階段，制定關於遣使朝貢與蕃王來朝儀制的禮官，也就是那些講究儀禮的儒官，似乎並沒有對這些政策和現象提出異議。

透過商業上的利益而誘導蕃夷諸國臣服於皇帝的懷柔政策，與「修文德以來遠人」[47]的儒家理念有所扞格。但是，即便是信奉朱子學說的禮官，也不會將「重農抑商」與否定「功利」的理論，直接反映在政策的立案上。道學式的主義與主張，在明朝創建時期的國家政策中，未必就扮演了主導的地位。在王朝創建時期，因為迫切需要實現多國的「稱臣入貢」，即便是多一國也好，因而選擇了以貿易利益為誘餌的懷柔政策。

洪武三年（一三七〇年），廢止了長江下流南岸太倉的黃渡市舶司。廢止的目的，並不是為了停止京師附近的貿易[48]，而是因為「凡是抵達太倉的番船，必須令軍衛和地方官同行（至船艙）封印，送往京師（凡番舶至太倉者，令軍衛有司同封籍，其數送赴京師）[49]」。在這當中，並未感受到對國際貿易和商人的活動懷抱著敵意，也看不見對番舶（貿易船）會上溯長江等在安全保障上的警戒態度。毋寧說，廢止太倉市舶司，可以看成是企圖將貿易利益引往京師應天府（南京）的行動。[50]

此外，洪武四年（一三七一年），超越原本朝貢使節攜帶附搭貨物的免稅措施，命令福建行省對於從占城來航的商船，其貨物一律予以免稅。[51]暴露在安南進攻危險下的占城，向明朝表示恭順之意，謀求武器等的援助，讓太祖龍心大悅。這項措施，是對占城的特別優惠，也是經濟支援的一環。「占城海舶」所指的不是朝貢船，而是往來占城—中國之間的貿易船隻。這項記錄，明確證明了市舶司也接受占城以外的他國貿易船隻，並將之納入抽分課稅的對象之內。

在儒教式的階層秩序下，控制「天下」、「四海之內」，這並不是只有明廷才鎖定的方向。藉由將貿易限定於朝貢，才能盡量控制住應有的天下秩序；反過來說，允許民間商人的貿易，就會阻礙天下秩序的維持，明朝真是基於這種邏輯論述，才堅守「朝貢—海禁體制」的政策方向嗎？

無論是宋、元，還是清朝，每一個中國王朝皆自認為天朝，重視朝貢的制度。但是，他們並未維持一套排除民間貿易的政策。市舶司或海關管理的民間貿易本身，成為阻礙儒教式階層秩序的要因，或是與「天朝」理念的實現無法相容，如此的思維模式，會在明初政策決定過程以及那個時代的朝政議論上發揮作用，實在令人難以相信。

## ◆《大明律》與貿易

正如上述，明代初期頗為重視海外貿易的利益，不只是優待朝貢船隻的貿易，在招徠一般貿易船隻上也十分積極。海外貿易這種行為本身，會成為阻礙以儒教階層秩序為基礎、統治國內外的要因；因為存在這樣的思考邏輯，所以必然會導出抑止和禁止貿易的政策，這樣的思辨方式並不合理。

支撐這種假說的根據之一，是在《大明律》戶律中，留有關於「舶商匿貨」的罰則：[52]

> 凡泛海客商舶船到岸，即將物貨盡實報官抽分，若停塌沿港土商牙儈之家，不報者，杖一百。雖供報而不盡者，罪亦如之。物貨並入官。停藏之人同罪。告獲者，官給賞銀二十兩。
>
> （譯：凡是從事海上貿易的客商船舶靠岸後，應將所有商品誠實上報官方，接受抽分。若是宿泊在港灣當地商人或牙人（仲介商）的家中，未上報者處杖刑一百，上報卻部分隱匿者同罪。商品全數沒收至官方，保管（走私品）者也是同罪。告發（這些違法行為）或是捕獲（現行犯）者，由官府給予二十兩銀作為褒賞。）

關於這條律例，檀上寬表示，在元代的「市舶則法」中「並未設置在港岸關於『舶商匿貨』的規定」，而對明代設定「舶商匿貨」，他則解釋道：「雖然是為了彌補元代市舶則法的不完整，……禁止海外貿易後，『舶商匿貨』律例還留存下來的理由，應該也是可以理解的吧。換句話說，該律例原本的用意並不是適用於舶商，而是以保管、販賣番貨的國內商人為對象」。[53]

然而，「舶商匿貨」律例的主要內容，是對隱匿貿易商品、迴避抽分的「舶商」（貿易商人）之處罰。在這條律例中，成為杖刑一百的對象是「舶商」，「土商牙儈之家」雖然是因共犯而被處以同罪，但是無法將條文的全體解釋為「是以保管、販賣番貨的國內商人為對象」吧。在海禁受到強化、且從一開始就沒有針對貿易商人課稅制度的狀況下，這條律例竟原封不動地留存到洪武三十年的《大明律》中；這樣的解釋，實在是讓人難以認同。

檀上先生表示，「舶商匿貨」律例「是以保管、販賣番貨的國內商人為對象」，從而主張其實效性。然而，這條律例的前提是，關於舶商「上報官方，接受抽分」的進口商品，其流通是受到認可的。就算真如檀上先生所解釋的一般，這條律例的宗旨，是要處罰保管、販賣躲避抽分走私品的國內商人，也就是「以國內商人為對象」，但按條文來看，只要「上報官方，接受抽分」的話，舶商的進口行為便是正當的，這樣的含意並沒有改變。

此外，關於「番貨」也就是進口商品，在洪武二十七年（一三九四年）四月，發出了「凡是番香番貨，皆不許販賣，現已保有者，限三個月內使用（凡番香番貨皆不許販鬻，其見有者，限以三月銷盡）」[54]。番貨流通的禁令是以民間為對象，朝廷與官府從朝貢國取得的「番貨」則是在對象外，即便如此，「舶商匿貨」律例，還是與這條洪武二十七年的禁令相互矛盾。

像這樣，將這條與禁止民間貿易、以及禁止「番貨」流通相互矛盾的律例，特地留存在《大明律》內，我們可以透過以下的概念來思考：明朝對於「舶商」，也就是不分中外、從事貿易的商人之活動，本身並沒有抱持否定的態度。

確實，洪武帝採用了全面禁止民間海外貿易的海禁政策。但是，在嚴命後代子孫不准改變內容的一字一句的法典之中，留下允許海外貿易的條項一事，其實暗示了這樣的思路：禁止民間貿易的措施，不會永遠捆綁住未來王朝的政策，一旦狀況有變，也有可能恢復明初積極貿易的政策。[55]

順帶一提，這項條文是繼承自宋元時代的市舶關係法例。在北宋時期，早就已經有禁止迴避市舶司「抽解」和「博買」行為的法例。[56]在元代的「市舶則法」中，也有這樣的禁令：接受政府發放「公憑」、從事海外貿易的商人，應該在「公憑」的空白紙上寫下交易記錄，根據記錄於歸帆後，在市舶司「按照帳簿上的數量秤量抽分」；若是有商品的隱匿與秘密買賣、記帳缺漏等狀況，將依據「漏舶法」沒收船舶、貨物。[57]

承認民間商人從事海外貿易，從維持治安的觀點上來看，並非不具備危險性。因此，自宋代以來，便不斷強化市舶司的管理，以期預防危險。明朝自建國以來，屢次慎重檢討及改訂的《大明律》，並留下「透過管理與抽分來管理海外貿易」這樣一條大前提的條文，代表了就算是致力鞏固專制統治的明朝，儘管因厲行海禁而無法採用，但在理論上允許民間商人從事海外貿易。[58]此外，此條文也顯示民間商人從事海外貿易本身，對明朝在政治上的方向（「天朝」理念、以及用「儒教式的階層秩序」「試圖徹底控制國內外」）而言，並不被認為是阻礙的要因。另外，這項條文的存在，也是假定明朝政策乃是朝向回歸自然經濟以及「重農抑商」推進的反證。

在本書第四章，將會檢討丘濬關於抽分與貿易的議論。丘濬從經典所顯示的價值原理出發，書寫了《大學衍義補》，獻給剛即位不久的孝宗弘治皇帝；這是一本演繹政府理應推行政策的儒教政策論書籍。《大學衍義補》的「治國平天下之要——制國用」（卷二十五）一章專門論述海外貿易，其中丘濬針對洪武、永樂以來的海禁政策，批判其中的不合理與矛盾之處，並訴求恢復從漢代起始至元代的海外貿易政策。

站在基於禮法，追求階層秩序安定的朱子學立場上，若是南宋與元往禁止貿易的海禁政策傾斜的話，在當時的儒者之間，應該會沸沸揚揚地掀起否定市舶司貿易的議論吧！但在這裡卻反過來，以禮教正統為己任的丘濬，尖銳地正面批判現今王朝禁止民間貿易的政策。

將實現儒教式階層秩序這種意識形態的要因，直接連結到「朝貢—海禁體制」的形成，必須慎重小心探求才行；畢竟，將貿易與朝貢一元化的特殊政策，光是從「藉實現儒教式天下之名，行控制周邊國家之實」的政治動機來說明，不得不說是不夠充分的。雖說，明朝確有實踐「以朝貢和冊封禮儀為基礎的對外關係」之動機，但我們也沒辦法從這種動機，直接引導到完全斷絕朝貢以外的貿易、也就是「朝貢制度、朝貢貿易、海禁政策三位一體式的朝貢體系」上。之所以會採用這項政策的最大理由，應該是和日本的斷交以及經濟制裁；筆者將於次節明示這項說法的根據。

# 三、對日經濟制裁與海禁的強化

關於洪武帝時期各項海禁政策的來龍去脈，已有檀上寬的詳細研究在前，在此幾乎無需多加贅述。檀上先生將洪武七年（一三七四年）九月撤廢浙江、福建、廣東三處市舶司之事[59]，定位成原本一直以維持海防和沿岸秩序為目的之海禁，至此轉換為「朝貢制度、朝貢貿易、海禁政策三位一體式的朝貢體系」。[60]確實，廢止市舶司的措施，或許可以解釋為帶有禁止貿易之意圖；但是，實錄的記錄中只有傳達這項事實，並未提及任何相關的意圖和背景。因此，就讓我們來試著檢討，在市舶司廢止前後，明朝的對外關係以及內政上有何動向。

## ◆市舶司全廢前後的國際關係

洪武七年（一三七四年）三月，暹羅國的使節沙里拔來朝，他表示在前一年的八月，自己搭乘的朝貢船遇難漂流至海南島，在此想獻納從遇難朝貢船上回收而來的蘇木、降香、兜羅、生絲等物品。對此，洪武帝認為使節身上完全沒有攜帶表文或是其他任何文件，十分詭異，因此拒絕沙

里拔的朝貢，並且命令禮部，向各國傳達以下事項：[61]

古者，中國諸侯于天子，比年一小聘，三年一大聘，九州之外番邦遠國，則每世一朝，其所貢方物不過表誠敬而已。高麗稍近中國，頗有文物、禮樂，與他番異，是以命依三年一聘之禮，彼若欲每世一見，亦從其意。其他遠國如占城、安南、西洋、瑣里、爪哇、浡尼、三佛齊、暹羅斛、真臘等處新附國土，入貢既頻，勞費太甚，朕不欲也。令遵古典而行，不必頻煩，其移文，使諸國知之。

（譯：自古，中國諸侯向天子行每年一小聘，三年一大聘。九州（周的領域）以外的蕃夷諸國，君主在位中只要朝貢一次即可，貢獻的地方特產不過是為了誠敬之意。高麗與中國距離相近，具備文物禮樂，與其他蕃國相異。因此，雖然命令行三年一聘之禮，但若是希望僅在位期間覲見一次，也順從其意願。其他如占城、安南、西洋、瑣里、爪哇、浡尼、三佛齊、暹羅斛、真臘等遙遠的國家，新來臣從，入貢頻繁。耗費過度的經費，不是朕之所願。因此可以遵從古典，不需頻繁來朝）。

洪武帝懷疑，自稱暹羅使節的沙里拔是商人所扮演的偽使，來朝的目的是為了獲得貿易上的利益。在拒絕此人朝貢的同時，也下令通知各國，於君主在位期間，只需行一次來朝的「世一見」禮儀（依據《周禮》），也就是約三十年一次的朝貢頻率即可。

前來朝貢並從事享受免稅措施的貿易，成為使節頻繁來朝的目的。太祖洪武帝對此感到厭煩的背景，應該是擔心朝貢使節在國內的旅費以及居留期間的費用，會對明朝的財政造成壓迫。為了宣示新王朝的正統性，而要求各國前來朝貢，這項目的已然達成；是故，催促、強迫派遣朝貢使節的政策，一旦在朝貢獲得實現之後，便不再有必要性。

同年五月，在兩年前明朝派遣至日本的僧人仲猷祖闡和無逸克勤返回朝廷，帶回了日本的詳細情報。當時九州的大宰府*已陷入北朝控制；兩位僧人被懷疑是明朝聯繫南朝的使者，因此受到北朝的冷淡待遇。他們向朝廷報告：明朝所認可的日本國王良懷（南朝方面的懷良親王），實際上是僭稱日本君主，另外還有兩位天皇在山城（京都）和吉野並立，日本國內呈現紛亂的狀態。[62]

同年六月，日本國派僧人宣聞溪、淨業喜春來朝，打算貢獻馬匹等物，卻被洪武皇帝拒絕。其理由是，使節並不是用表文，而是要將「國臣之書」送交中書省。國臣為誰，雖然沒有明確的資料，但是從這位「國臣」把相當於宰相府的中書省與自己擺在同一階層來看的話，他很有可能是在天皇臣下之中地位最高的人物，也就是已經繼承將軍職位的足利義滿。若是南朝方面的使節，應該會帶著「日本國王良懷」名義的咨文和表文前來才是。又，若是地方領主以「國臣」身分要求往來的話，與以下提及的島津氏久遣使相同，不只是未接受國命的私人行為，且是「陪臣」不應有的行為，皇帝應該會譴責如此的作為。

此時，日本國——從上面的理由推測應為北朝——要求與明往來，卻不遞送給皇帝的表文，是因為害怕遞送表文，會成為日本國君主臣服於皇帝的表徵。面對日本方面的行為，洪武帝發布詔敕，命令中書省遞送嚴厲譴責日本的書簡。這封遞送給日本的中書省文件雖然沒有流傳下來，但肯定引用了詔敕的內容。洪武皇帝向中書省所下的詔敕如下：[63]

敕中書省曰，朕惟日本僻居海東，稽諸古典，立國亦有年矣。向者，國王良懷奉表來貢，朕以為日本正君所以遣使，往答其意，豈意使者至彼，拘留二載，今年五月，去舟才還，備言本國事體。以人事言，彼君臣之禍，有不可逃者。何以見之。幼君在位，臣擅國權，傲慢無禮，致使骨肉併吞，島民為盜，內損良善，外掠無辜，此招禍之由，天災難免。天地之間，帝王酋長，因地立國，不可悉數，雄山大川，天造地設，各不相犯。為主宰者果能保境恤民，順天之道，其國必昌，若怠政禍人，逆天之道，其國必亡。今日本蔑棄禮法，慢我使臣，亂自內作，其能久乎。爾中書其移書，諭以朕意，使其改過自新，轉禍為福，亦我中國撫外夷以禮，導人心以善之道也。

（譯：向中書省下敕：「朕念在日本偏處海東，考察古典，業已立國多年。過去，國王良懷奉呈表文前來朝貢，朕以為他是日本正統君主，派遣使節前來，認為應當覆答其意，因此（讓祖闡與克勤）前去。殊不知，使者居然被拘留在那個國家兩年，至今年五月才搭船返回，詳細報告日本的情報。如果從人事的角度來說，那個國家難以逃離君臣之禍。為何我會這樣斷定呢？幼年君主在位，臣子專擅國家權力，傲慢無禮，骨肉（在同樣血統的

* 譯注：又名太宰府，設立於七世紀，管理九州的行政機關及軍事指揮中心，遺址位於今天九州的太宰府市的筑紫野市。

皇室內部〕相殘，人民成為盜賊，對內損害良善，對外掠奪無辜，這就是招來禍害之理由，很難倖免於天災。天地之間，帝王和酋長占有領地而立國，其數量無可細數。雄偉的山川，是上天所造、地表所設〔的境界〕，各自不互相侵犯。身為主宰者，若能保境安民，順應上天之道，則國家必定繁榮昌盛。倘若怠慢政事，降禍於民，忤逆上天之道，則國家必定滅亡。今天，日本蔑棄禮法，怠慢我國使臣。紛亂由內部興起，國家便無法長治久安。爾等中書省遞送書簡，諭示他們朕的旨意；若是能讓這個國家改過自新、轉禍為福，也是我中國以禮撫遇外夷，引導人心向善之道。」）。

在此前後，島津氏久派遣僧人道幸等人，打算貢獻馬、茶、布、刀、扇等物。洪武帝認為這是未得到日本國准許的私下遣使，因而拒絕。不只如此，他還命令禮部遞送「符文」（命令文件）給島津氏久，加以譴責。[64]氏久的使節雖然攜帶著表文，但他並非日本國的君主，只是一介領主，沒有資格上呈表文，因此這份表文與貢物被一同退回。

在此之前，洪武帝曾經下贈袈裟給日本高宮山報恩禪寺的僧人靈樞。洪武七年六月，靈樞派遣徒弟靈照，為表謝恩之意，貢獻馬一匹。洪武帝接受靈樞的謝恩使，並回贈錢一萬、絹帛兩疋、僧衣一套。[65]又，同月中，日本國僧人宗岳等七十一人在遊歷之後抵達南京。洪武帝向中書省的大臣下令道：「海外之人因慕華而來訪，讓他們宿泊於天界寺，並賜予全員布一疋，使之製作袈裟」。[66]靈照與宗岳等眾多僧侶究竟是循何路徑來朝，雖然不得而知，但當時海禁並沒有太過嚴格，因此可以推測，或許是利用往來於日明之間的商船前來。

正如上述，偽使橫行、過於頻繁的朝貢耗費不貲，其中又多半是以商業為目的的朝貢；這些和諸國朝貢意義息息相關的事態，接二連三地發生在洪武七年（一三七四年）。市舶司在博買和抽分方面，對朝貢使節附搭貨物的優惠政策，原本就是帶有促進海外各國朝貢的意圖；然而，這項優待的措施，卻反而誘發了偽使、以及商業朝貢橫行等問題。洪武七年九月，完全廢止三省市舶司這項決策，或許就是與朝貢和通商方面所發生的狀況有所關聯。

當然，廢止市舶司的措施，也可以思考成是完全不接受朝貢以外的貿易，並且是為了禁止中國商人出海貿易所實行的措施。不過，如果將其前後狀況也放入視野當中的話，如此大幅度的方針轉換，未免過於唐突。市舶司即使被廢止，貿易的許可與抽分、博買等手續，也可由地方官府執行。另外，在市舶司廢止之後，朝貢使節仍會來朝，因此附搭貨物的收購（博買）等工作等，應該是轉由地方官府負責。如此一來，洪武七年廢止市舶司的措施，或許正如上所述，是為了對應與朝貢相關的問題，而進行的政策轉換；也就是改變一向優待使節貿易、積極招攬朝貢的政策，此種轉換當中的一環吧！而市舶司管理朝貢和貿易的體制之暫時解體，則可認為是朝廷有意指揮浙江、福建、廣東的行中書省，重新建構朝貢與貿易制度，從而下達的命令。這項解釋，只是藉由間接證據的積累來立證；至於撤廢市舶司的意圖何在，由於欠缺直接資料，因此我們只能以假說的方式提出解釋。

洪武七年這一年，是日本、特別是足利義滿執政的北朝政權，與明朝對立加深的起點。足利義滿以天皇是「日本國王」為由，試圖避免在外交上，展現出對明朝皇帝的臣服形式——就算只是禮儀上的表現，他也不願意。正如先前所述，他以天皇臣子的身分向中書省遞送書簡的目的，就是一面想避免被拉入朝貢關係中，另一方面又想打開與明朝通商外交的途徑。儘管如此，太祖洪武帝識破了這項企圖，命令中書省送出嚴正譴責日本態度的書簡。

島津氏久的遣使，與北朝方面的嘗試相互關聯的可能性很低。但是，偽日本國王懷良親王從大宰府撤退，讓日本與明朝的往來成為一片空白，確實給予了鹿兒島島津氏摸索與明朝樹立關係的機會。

再者，足利義滿沒有接見從博多風塵僕僕前往京都的僧人仲猷祖闡與無逸克勤，也阻止他們接受天皇召見。之所以如此，恐怕是因為他擔心明朝使節要求日本以真正的天皇（日本國王）名義進行朝貢，從而導致冊封之類的事態發生吧！

皇帝的使者仲猷祖闡、無逸克勤兩位僧人在日本受到冷落對待，並且日本還違反禮儀，不以君主、而是以「國臣」身分向中書省遞送書簡，凡此種種都加深了洪武帝對日本的惡劣印象。前面介紹洪武帝命令中書省遞送的文書，雖然稱不上是恫嚇，但卻展現出不滿的情緒。

## ◆與日本對立關係的激化

經過這樣的往來，日明關係暫時處於停滯的狀態；之所以如此，是因為需要某種程度的冷卻期間。六年後，發生了劇烈的變化。因為是已經廣為人知的事件，所以在此只簡單交代其後的來

龍去脈：[67]

洪武十三年九月，日本國派遣僧人明悟、法助等人前來貢獻方物，但既無表文，征夷將軍源義滿又對丞相遞交「辭意倨慢」的文件，結果遭到拒絕。[68]

同年十二月，洪武皇帝遣使「日本國王」。在使者所攜帶的詔諭中，質問了日本使者態度不遜的理由，當中有這樣的警告之語：「果然想要分出勝負（果然欲較勝負）」，若真如此，「傲慢不恭，放縱人民（倭寇）為非作歹的話，必會自取滅亡（傲慢不恭，縱民為非，將必自殃乎）。」

洪武十四年七月，日本派遣僧人如瑤等人。

同年同月，洪武皇帝下令拒絕該朝貢，由禮部遞送給「日本國王」譴責的文書。

同年同月，同樣是由禮部遞送給「日本征夷大將軍」，傳達洪武帝所說「用舳艫數千，可滅日本（若以舳艫數千，泊彼環海，使彼東西趨戰，四向弗繼，固可滅矣）」的長篇書簡。

同年十月，「禁止濱海住民私下與海外諸國往來（禁濱海民私通海外諸國）」。

洪武十五年（？）日本派遣使節歸廷用。[69]

＊護送使節的林賢，後來當丞相胡惟庸被判處謀逆之際，被誣賴是胡惟庸為了與日本私通而派遣的使節。（作者注）

洪武十七年，日本再次派遣使節如瑤，結果被認為與胡惟庸私下通交，而遭流配雲南。

由此可見，以洪武十三年（一三八〇年）將軍足利義滿給丞相的書簡為起點，日明之間的緊張關係逐漸升高。足利義滿並沒有因為六年前要求建交失敗而受到教訓，這次他仍然不是用天皇的表文，而是透過遞交給中書省丞相的文書，嘗試展開「私貢」，也就是貿易。洪武帝對於足利義滿及其使者不遜的態度感到憤怒，而在翌年對日本施以露骨的武力恫嚇。

促使日本與明朝之間關係惡化的要因，並非不過區區盜賊的「倭寇」騷擾，而是日本國政權方面桀驁不遜且帶有挑釁的態度。不像朝鮮、琉球、安南等周邊小國，日本國過去曾經兩度擊退蒙古精銳——其中還包括了高麗與舊南宋的水軍，其挑釁的態度，當然會讓洪武帝心中感到戒懼。洪武十四年（一三八一年）十月的禁令：「禁濱海民私通海外諸國」，只不過是在形式上重複下達舊有的禁令而已。但是，因為是在與海外國家日本關係惡化的狀況下所發出的禁令，因此這次禁令的主要目的，可以認為是防止與日本私底下往來，同時也警戒日本軍（不是「倭寇」）的來襲。

洪武十三年發生的「胡惟庸案」，其決定性的罪狀是胡惟庸在謀逆之際打算借用日本的援兵。其實這根本就是毫無根據的誣陷，只不過是要肅清胡惟庸黨羽，廢除相當於宰相府的中書省之藉口。[70]但是，為了誣陷與日本私通、企圖謀逆的罪名，這樣的材料就已足夠；由此可見，日明之間的緊張關係，是確實存在的狀況。

## ◆挑戰的表文

明廷擔心日軍的來襲，並非基於單純的推測，而是因為他們從日本方面收到一封態度極為傲慢不遜的文件，內容表示：「若是交手一仗，勝負尚未可知」。這篇文件如下：

臣聞，三王立極，＊五帝禪宗，惟中華而有主，豈夷狄而無君。乾坤浩蕩，非一主之獨權。宇宙寬洪，作諸邦以分守。蓋天下者乃天下之天下，非一人之天下也。臣居遠弱之倭，偏小之國，城池不滿六十，封疆不足三千，尚存知足之心，故知足者常足也。今陛下作中華之主，為萬乘之君，城池數千餘座，封疆百萬餘里，猶有不足之心，常起滅絕之意。天發殺機，移星換宿。地發殺機，龍蛇起路。人發殺機，天地反覆。堯舜有德，四海來賓。湯武施仁，八方奉貢。臣聞，陛下有與戰之策，小邦有禦敵之圖。論文有孔孟道德之文章，論武有孫吳韜略之兵法。又聞，陛下選股肱之將，起竭力之兵，來侵臣境，水澤之地、山海之洲。是以水來土掩，將至兵迎。豈肯跪塗而奉之乎。順之未必其生，逆之未必其死。相逢賀蘭山前，聊以博戲，有何懼哉。儻若君勝臣輸，且滿上國之意。設若臣勝君輸，反作小邦之恥。自古講和為上，罷戰為強。免生靈之塗炭，救黎庶之艱辛，年年進奉於上國，歲歲稱臣為弱倭。今遣使臣答黑麻，敬詣丹墀。臣誠惶誠恐稽首頓首。謹具表以聞。

（譯：臣聽聞，三皇〔伏羲、神農、女媧〕登極，五帝〔黃帝、顓頊、嚳、堯、舜〕禪讓，中華而有君主。

難道夷狄沒有君主？乾坤〔天地〕浩大，不是一人之主可以獨掌權力。宇宙浩瀚，作諸國使之分守。換言之，天下，是天下之天下，不是一人之天下。臣居於偏遠弱小的倭，國家偏小，城郭數目不滿六十，境域也未滿三千里，但是仍存知足之心。因此，知足之人總是感到滿足。今日，陛下作為中華之主，擁有萬乘的戰車。城郭多達數千，境域廣達百萬里，卻還是不滿足，經常考慮著要滅絕〔他國〕。天發殺機，移星換宿。地發殺機，龍蛇起陸。人發殺機，天地反覆。堯舜有德，賓客從四海前來。〔周〕湯王與武王廣施仁恩，貢物自八方而來。臣聽聞陛下似乎有開戰之計畫，不過我們小邦也有防衛的方策。論文章，有孔子與孟子道德的文章，論武略，有孫武、吳起、六韜與三略的兵法。又聽聞，陛下選股肱之將，起竭力之兵，打算入侵臣境域內的水澤之地、山海之洲〔指島國〕。如此一來，水來土掩，將至兵迎，怎麼可能會跪迎敵軍前來呢？即便是歸順也不一定可以活命，即便是違逆也不一定會死亡。就讓我們在賀蘭山前對陣，來一較勝負吧。沒有什麼好畏懼的。若是陛下勝利，臣敗北，陛下的國家滿意。若是臣勝利，陛下敗北，反而是我小邦感到恥辱。自古以來，講和為上策，停戰為強。為了免除生靈塗炭，拯救黎民百姓之艱辛，才年年進奉陛下的國家，歲歲稱臣成為弱倭。今日，派遣使者答黑麻，恭敬入宮。臣誠惶誠恐，稽首頓首。謹具表以聞。

＊「五帝禪宗」意義不明。推測原本應為「五帝禪推」，在抄寫的過程中出錯。「宗」為贅字，「惟中華而有主」的「惟」字，應為「推」，且應是前一句的最後一字。（作者注）

這份文件雖然載錄於明代的各種資料中，在日本同時代的資料中卻未曾得見。[71]另外，這篇文章的語氣跳盪劇烈[72]，也有些許難以閱讀之處。《實錄》並未收錄這篇文件，或許是忌憚文章內容極度不遜的緣故。因此，這篇文件的日期和前後經過，無法清楚地判斷。作為重要資料來源，在中國資料內提及這篇文件的，為以下各書籍。其他也有許多典籍採錄，不過幾乎都是轉載：

徐禎卿《翦勝野聞》：此書雖是隨筆，但因為徐禎卿為弘治十八年（一五〇五年）的進士，曾經擔任過翰林官，可以接觸到一般人所無法看見的資料。最早採錄這份文件的也是此書。徐禎卿說「我曾經看過倭國要求往來的表文（余嘗見倭國求通表文）」，其中雖然明記為「表文」，但是並未提及送件人以及前後的經過，也未紀年。

嚴從簡輯《使職文獻通編》外編卷二，東夷．日本國之條目：將這份文件以「表文」採錄。嚴從簡雖然沒有將這份文書標上明確的紀年，不過似乎認為是洪武十五年（一三八二年）的事情。關於嚴從簡的論點，將於後文詳述。另外，嚴從簡輯《殊域周咨錄》是嚴從簡逝世後，由兒子改編、增補該書內容，加上按語後發行的書籍，在日本關係的記述上，承襲《使職文獻通編》的內容。

佚名《四夷廣記》：將這份文件採錄於「日本國」的藝文之中，注記為「洪武二十年」。紀年的根據不明。

李言恭《日本考》卷五，文辭：雖採錄了這份文件，但未紀年。另外，薛俊《日本國考略》被認為是依據《日本考》而採錄。

武英殿版《明史》卷三百二十二，日本傳：將這份文書紀年為洪武十四、十五年，視為「良懷之上言」。作為該書先行版的萬斯同《明史》卷四百一十六，日本傳中，則並未採錄這份表文。又，萬斯同《明史》日本傳幾乎是承襲鄭曉《吾學編》所收錄〈皇明四夷考〉中日本之條目。武英殿版《明史》則大幅改定了日本傳的記錄，採錄了這份文件。

前面揭示的是嚴從簡輯《使職文獻通編》所收錄的本文。編者嚴從簡為嘉靖三十八年（一五五九年）的進士，在擔任行人司行人期間著作該書。所謂行人，是專門以皇帝使者的身分，被派遣到國內的親王府以及外國君王之處的官員。《使職文獻通編》是嚴從簡編纂的明代外交資料及，其基礎是行人司所保存的文件、執掌外交的兵部職方清吏司、禮部主客清吏司等機關的資料。

這份文書送抵明廷，無疑地是在日明關係最為惡化的巔峰時期。追溯兩國之間的使者以及書信往來的過程，這份文件的背景，可以推論應是以下兩種狀況之一：洪武十四年（一三七一年）七月，洪武皇帝命令禮部送給日本國王（北朝天皇）與征夷將軍足利義滿，兩封充滿強烈譴責與武力恫嚇語氣的書信之後，日方回覆的答書（武英殿版《明史》日本傳的說法）；又或者是，在送出兩封文書之後，再次「遣將責難其不遜，展現試圖征討之意志」；日本國對此做出回應，送來了這封文件（嚴從簡《使職文獻通編》的說法）。無論是哪一種狀況，都是約在洪武十四年冬季至翌年的這段期間，送達南京。雖然有些繁瑣，不過筆者想在此試論一下這件事。又，關於這份文書，佐久間重男已有詳細的分析。[73]在此，就讓我們避免重複佐久間先生所利用的資料，來重新加以考證。

## ◆嚴從簡對表文的定位

正如前述，這份出言不遜的文件，因為收錄於乾隆時期完成的武英殿版《明史》日本傳之中，而廣為人知。該書的日本傳，除了將這份文書誤以為是日本國王良懷（懷良親王）的「上言」[74]，還在收錄文件之後，寫上「皇帝得表後震怒（帝得表慍甚）」，並將文書的結尾處改為「特遣使臣，敬叩丹陛，惟上國圖之」，符合書簡結尾而非表文的文句。另一方面，《使職文獻通編》所揭示的本文結尾為「臣誠惶誠恐稽首頓首。謹具表以聞」，則與「上表」之事相符。無論是哪一本書籍所收錄的，雖然都不過是在原始文件上加工過的二手資料，但是文章最為工整且首尾一貫的，就是嚴從簡所收錄的本文。

就讓我們來思考看看，嚴從簡是如何定位這篇態度不遜的表文吧。以下將《使職文獻通編》的內容分段如下：[75]

> 其臣號征夷將軍者，亦私貢馬及茶、布、刀、扇等物。且奉書丞相，詞悖逆。上怒卻其貢，安置所遣沙門於川、陝僧寺。

（譯：日本國的臣子、號稱征夷將軍的人物，又私貢馬及茶、布、刀、扇等物品，且向丞相奉上書簡。因為言詞悖逆，皇上憤怒，拒絕其貢物，將派遣而來的沙門〔僧侶〕安置在四川與陝西的佛寺。）

＊這次足利義滿的「私貢」（意指非君主，沒有資格朝貢的人物進行朝貢，試圖展開貿易）與呈給丞相的書簡，嚴從簡雖未加以紀年，不過這些事在實錄中記錄為洪武十三年（一三七〇年）九月甲午。（作者注）

明年，又遣僧如瑤入貢，陳情飾非。上待之如前，命禮部移文責其君臣。（譯：翌年，再次派遣僧人如瑤，使之入貢，使之陳述理由並試圖掩蓋過錯。皇上對待的方法與上次相同，同時命令禮部送出文件，質問其君臣。）

＊這是洪武十四年七月的事情。禮部依循洪武皇帝的命令，送出兩份文件，一份是給日本國王，一份是給征夷將軍。其中，送給征夷將軍的文件中，充滿了恫嚇的語氣。（作者注）[76]

既又遣使使臣歸廷用入貢。有表文，宴賚之，遣還。

（譯：後來，日本再次派遣使臣歸廷用入貢。因為有表文，賜宴與回賜之後，令之歸還。）

＊嚴從簡並未表示這件事是發生於何時。在實錄中並未看見歸廷用的入貢，將這件事紀年為洪武十五年的是鄭曉《吾學編》皇明四夷考・日本的記錄。（作者注）

＊往前追溯，洪武九年（一三七六年）四月以日本國王良懷使者的身分被派遣而來的「沙門圭庭用」[77]，與這裡的歸廷用有可能是同一號人物。從事態的推移來看，剛被拒絕表文的上呈、並受到皇帝嚴厲譴責的北

朝，不太可能會在事隔不久後，就派歸廷用帶著表文前來朝貢。果然還是應該推論歸廷用是以南朝使節的身分，帶著日本國王良懷的表文前來朝貢較為妥當。明廷雖與征夷將軍足利義滿和北朝之間雖然關係緊張，但是當與此對立的南朝方面使節來朝，也是有可能會在明白良懷偽日本國王身分的狀況下，接受其朝貢、禮遇其使者並使之歸還的吧。若是如此，這就是外交上的戰略。換句話說，就是想要展示給北朝方面觀看，如同日本國王良懷一般，只要上呈表文，實施臣服於皇帝的禮儀，朝貢和貿易都能夠獲得允許。（作者注）

在這篇記錄之後，接下來敘述了與胡惟庸謀逆相關、身為寧波備倭衛指揮的林賢，以護送歸廷用之事為契機，參與陰謀的事情。

＊這項敘述是基於太祖洪武皇帝的《大誥三編》第九，〈指揮林賢胡黨〉的記錄。（作者注）

＊嚴從簡在關於林賢的判處上，加注了雙行標記：「洪武二十年林賢事黨。論謀反為從，滅其族」。嚴從簡特地指出「這件事經過五年後才被發覺」，應該也意識到林賢事件其實是虛構捏造的吧！（作者注）

上惡其國狡頑，遣將責不恭，示以欲征之意。倭王上表答，出不遜語。

（譯：皇上厭惡那個國家狡猾頑固，派遣將領責備不恭敬之態度，並展現出打算征討的意志。倭王上表回應，出言不遜。）

寫出「派遣將領」的記錄，在實錄等其他典籍上並未看見。這篇記錄是典出何處，不得而知。

至當時為止，明朝派遣到日本的使者，燈飾文官或僧人。倘若派遣軍人擔任使節，那就是近乎於宣戰——雖然只是口頭上——的行為。而日本國方面作為回應的「表答」，便是上面翻譯出來、那篇充滿挑戰意味的表文。

不惜與明朝一戰，不戰不會知道結果。日本方面送出如此帶有挑戰意味的表文，若是光從這些文字切入，很難否認會有唐突之感。但是，正如嚴從簡的敘述一般，對於征夷將軍足利義滿送出書簡給中書省丞相，試圖「私貢」之事，明廷將擔任使者的僧侶軟禁在內陸的四川、陝西，用如此特例的措施表明拒絕之意；日本方面雖然送來僧人如瑤，卻並未改變過往的態度，還有「試圖掩蓋過錯」的舉動。因此，洪武皇帝命令禮部譴責日本國王（北朝天皇）和征夷將軍足利義滿，送去恫嚇的文書，加上派遣武將加以譴責，結果便是從日本國收到如此不得了的「表文」回覆，如此一來一往的過程，躍然紙上。洪武十三年（一三八〇年）九月以後，作為日明關係——更正確說，是明朝與北朝、足利義滿的關係——日益惡化的結果，雙方從文字上的你來我往，到聲稱要行使武力的狀態，對立更加激烈。日本國送出極為無禮的「表文」，足以讓洪武帝下定決心要與日本斷絕往來。

## ◆足利義滿的真心

不過另一方面，在足利義滿陣營，即便是在如此的你來我往之下，仍舊期望能與明朝修復關係。「表文」是對皇帝的威嚇表達反抗，雖然文中說不惜一戰，但在最後也寫道：「自古講和為上，罷戰為強。免生靈之塗炭，救黎庶之艱辛，年年進奉於上國，歲歲稱臣為弱倭」。在宋元時期，皇帝與天皇之間並沒有互派使節與書信上的往來，正式的外交關係是處於斷絕狀態。即便接受和中國斷絕外交關係，但還是要盡可能避免貿易途徑被封鎖、人員之間往來被杜絕之狀態。為了確保貿易途徑和人員往來，不惜年年朝貢、歲歲稱臣，這才是「表文」中隱藏的真正心聲。

明廷若是認同日本方面在「表文」中隱約透露出的妥協和服從意志是出自衷心，那麼即便日本國王的臣服與朝貢是無法讓步的條件，或許仍可以透過懷柔的手段，試圖與日本修復關係。然而，中國卻沒有這麼做。其理由應該可以歸納為以下兩項：

第一項應該就是，在「表文」的前半段部分，充滿了否定中華皇帝的優越性與唯一性之思想。「非一主之獨權」、「蓋天下者乃天下之天下，非一人之天下也」等文字，要是在中國公開發表這些言論，就算被認為是叛亂者也不為過。更何況，這根本是不應寫在奉呈給皇帝表文中的內容。

這段文字與結尾的「進貢」、「稱臣」的意志，很明顯地相互矛盾。就日本方面來說，究竟哪一個是真正的想法呢？貢獻和朝覲的禮儀是形式上的行為，在與中國站在對等立場的意識之下，也可以展開朝貢或是類似朝貢的行為。日本會有這樣的想法，也並非不可思議，畢竟古代天皇朝廷派遣遣隋使、遣唐使之際亦是同樣的想法，倭國的態度也是相同的。

但是，站在要求朝貢的外國君主須「虔誠」的天子立上言，應當會否定這種光是表面的臣服。實際上，在懷柔蕃夷諸國的政策中，只有表面性的臣服是被允許的。但就算如此，在皇家禮儀的場域中，藉由「表文」的文字和使節的言行舉止，演出發自內心的臣服態度，還是必要的。然而，日本國的「表文」，很明顯是在蔑視天子的權威。面對這種對象，不得不暫時將之放逐出中華的天下，斷絕關係，待其悔過。

另一項理由，應該就是擔心日本的威脅吧。嚴從簡在記下這篇「表文」上呈的前後經過之後，又記敘如下：[78]

上欲討之，懲元軍覆溺之患，乃包容不較，姑絕其貢，著於《祖訓》。命信國公湯和，緣海相地築城，自山東登、萊至廣東雷、廉，三丁抽一，屯戍備之。尤嚴下海通蕃之禁

（譯：上〔皇帝〕想要征討日本，但是鑑於元代日本遠征軍全軍覆沒的經驗，引此包容對方不予以計較，只是暫時斷絕其朝貢，並將之記錄在《祖訓》〔後以《皇明祖訓》傳世〕之中。命令信國公湯和，在沿岸地區挑選地點築城，從山東的登州、萊州到廣東的雷州、廉州為止，三位男丁之中徵調一人作為軍戶，編成部隊，鞏固防備。特別是要嚴格執行下海通蕃的禁令。）

即使洪武皇帝對日本發出征討的通告，但終究只是口頭說說，遠征之事，原本就不在考慮的範圍之內。另一方面，在日本國的「表文」中，不只是表明了不惜一戰的意志，還說了決戰之地是「賀蘭山」。當然，這不過是修辭，就算不是寧夏的賀蘭山，不管哪一座名山都可以，總之，就是宣言要在中國的領域內決戰。

從中國出發的遠征有困難，那麼，究竟該如何是好呢？面對說不定會發生的日本國侵掠攻擊，有必要做好準備。因此，朱元璋啟用自己還是叛亂領袖時期、就一直跟隨身邊的戰友湯和，試圖強化海防。湯和所負責的區域只限於浙江沿岸，其他省份似乎是各自選任其他適合的人選。過往，明朝的海防是以防範在沿海地區跋扈橫行的不穩定分子、倭寇以及海賊。但是，在足利義滿挑釁的態度造成日明關係決裂後，洪武十七年（一三七四年）又或者是從前一年開始，明廷正式強化海防[79]，其主要目的就是要防範日本國的侵略攻擊。且海防的強化，無疑地是與「下海通蕃之禁」，也就是嚴格執行海禁政策的方針同時進行。

嚴從簡並非生於洪武時期的同時代見證者，只不過是在約一百五十年後，涉獵明朝建國以來的外交資料，將之彙編為私人著作《使職文獻通編》。但是，曾任職行人司的他，所使用的資料和傳聞理應相當豐富。清代明史館的學者固不用說，就算其他明代的史家或作者，要超越嚴從簡的作品，應該也相當困難吧！在《使職文獻通編》的敘述中，雖然包含了根據不明的事項，不過嚴從簡的行文簡潔流暢，緊扣重點，首尾一致。關於洪武時期日明關係走向決裂的前後經過，為我們導出最有力頭緒的，便是嚴從簡所提出的分析。

一般通說認為日明關係的惡化，原因是在於日本方面未能取締倭寇所致。雖然不能否定倭寇問題是原因之一，但這只能說是錯誤的歷史解釋。日本朝廷在足利義滿的主導之下，以「蓋天下者乃天下之天下，非一人之天下也」否定中華天子的優越性，不只是頑強地拒絕臣服，甚至還向皇帝下達不惜一戰的通告。這種出於日本國家意志的外交立場，將日明關係逼向決裂。身為天子的洪武帝，除了斷交與經濟制裁之外，已別無他選。

## ◆強化海防與對日制裁

嚴從簡將洪武十七年起實行的強化海防政策，與對日關係極度惡化和憂心日本入侵連結在一起，這樣的看法是正確的。實錄的編者，將洪武皇帝命令湯和強化海防這件事情，記錄在洪武十七年（一三八四年）正月壬戌之條：[80]

> 命信國公湯和巡視浙江、福建沿海城池，禁民入海捕魚。以防倭故也。
>
> （譯：命令信國公湯和前往巡視浙江、福建沿海的城池，禁止人民入海捕魚。這麼做是為了防倭的緣故。）

最後一句的「倭」並不是指倭寇，而是指持續擺出挑戰態度的日本國。正如眾所周知，洪武時期的倭寇，主要是活躍在朝鮮半島至山東半島一帶。但是，派遣湯和前往的是浙江至福建一帶的沿岸，目的是為了強化海禁。明朝的首都位於南京，從河口的崇明島上溯長江即可抵達，其咽喉地帶是蘇州府的太倉以及松江府的上海；明朝不是選擇這些江南的要地，反而首先強化浙江沿岸的海防，是有其原因的。

自宋代起，對日本來航中國的船舶，就已經有「乘著東北風而來（於中國賈舶乘東北風至）」的認知。[81]大型帆船從九州方面，乘著季風一口氣越過黑潮分流（對馬海流），就能夠抵達浙江杭州灣以南的島嶼，接著再從島嶼往寧波等港口前進，這樣的航路在當時成為主流。在浙江，有利於日本船到來的東北風季節是二月至五月，以及九月和十月，合計一年內長達六個月的時間。[82]在洪武十七年起的海防強化中，浙江處於戰略上的優先地位；這項措施有力且清楚地顯現出，是為了防備日本入侵，並且不論通商或外交，徹底斷絕與日本往來的戰略一環。

位於寧波洋面上舟山群島的普陀山，是渡海前往日本的貿易船隻等待風起的場所，也是觀音信仰的聖地；但就如同民間傳說認為「這間佛寺乃是在唐代由日本僧侶所建設」般，它與日本的關係匪淺。作為日本軍侵略的預想路徑，首先應該提高警戒的，便是連繫浙江與九州北部的航路；而要遏制中國出發的走私航線，首先應該注意的也是浙江沿岸。另外，在福建與浙江之間有許多島嶼，船舶往來十分便利，特別是福建沿岸因為海岸線複雜，要禁止盜賊和走私商人相當困難；故此，這裡也是對日海防的要地。

關於之後直至洪武二十年代的海防強化，佐久間先生以及檀上先生已有論述[83]，之後更有諸多詳盡的研究[84]，在此便不再贅述；不過筆者還是要強調，建國初期以來的海禁政策，因為此時期強化海防的措施而提高了實際效果，同時也逐漸轉換成針對日本進行斷交以及經濟制裁的一套體系。

嚴從簡解釋道，太祖洪武帝有鑑於忽必烈派往日本的遠征軍全軍覆滅的歷史經驗，因此包容對方不與之計較，只是採用暫時斷絕日本朝貢的政策，並且將這些事情記錄在《祖訓》之中。[85]過往中國的經驗，成為孕育出太祖洪武帝立下「不征之國」訓示的理由。元世祖忽必烈時代，經過周全準備、在精密作戰計畫下實行的兩次日本遠征與爪哇遠征，皆以失敗告終，從海路對越南的遠征，也沒有達到顯著的效果。在這種狀況下，若是透過武力使之屈服的選項已被排除在外，那要讓危險的鄰國日本屈服，自然只能歸結出一個結論，就是透過徹底斷交與經濟制裁來達成目的。是故，有必要藉由強化海防來阻止日本船隻的接近，並且將「下海通蕃之禁」徹底實踐，以斷絕民間商人與日本的貿易活動。

洪武十六年（一三八三年）四月，明廷採取了對經由海路前來朝貢的國家運用勘合制度、排除偽使的措施。[86]這項措施與上述的狀況，應該也脫不了關係。所謂的勘合，是為了防止公文書信往來上的偽造而使用的手段，最早是以國內官府為對象，於洪武十五年（一三八二年）正月引進。其手續的順序如下：[87]

準備公文用紙與簿冊，每一張用紙與簿冊的一頁重疊，在重疊之處寫上字與號碼的連續編號（用紙與簿冊上各留下一半的編號，稱為「半字」），接著由內府的關防印在同處蓋上印章（用紙與簿冊上各有半邊的印章，稱為「半印」）。這種簿冊會事先發送給地方的布政使司、都指揮使司、按察使司、府、州、縣、衛所；當中央的五軍都督府、六部、都察院等機構要發送公文給這些地方官府時，則會從內府領取留有半印和半字的用紙。在這張用紙書寫公文內容並送交地方官府之後，領取的官府會將勘合簿冊中相應頁數的半印、半字（右側），與送來文件上的半印、半字（左側）合起來對照，確認是真正的文件後才加以實行。實錄的記述表示，由京師送往地方官府的文件，都適用這種半印勘合的制度。不過，因為這樣的做法太過單向偏頗，所以朝廷會把有半印半字（左側）的用紙，事先送到層級較高的地方官署，咨文之類的內容會直接寫在上面送達，再與內府的簿冊及半印半字合起來對照。[88]

在國內公文往來方面適用勘合制度，是和排除丞相胡惟庸專權而展開的大肅清、以及廢止中書省相關的處置措施之一。這麼做的原因，很可能是明廷擔心隱藏的胡惟庸黨羽可能會遞送偽造文件前往地方，製造地方不安；所以他們才在大舉改革、廢止中書省的同時，引進這項措施，好作為由內府直接管理政務架構的一環。

在國內引進半印勘合制度的翌年四月，明廷要求海路朝貢國攜帶勘合文冊，將這項措施的運用範圍擴大到國外。[89]但是筆者認為，這與在國內使用勘合用紙的意圖有些許的不同。所以把勘合擴大到海外，是因為要杜絕一直以來屢屢成為問題的偽使，也就是要對那些為求在貿易之際享有抽分和博買的優惠措施而偽裝成朝貢的商人，加以嚴格的排除。

將勘合制度適用於朝貢國，是在與日本的外交關係極度惡化的時期所實施。在海防的強化上，海上巡守是必要的措施。[90]儘管關於走私等行為，勘合制度仍然鞭長莫及，但是在海上藉由臨檢勘合的有無，來阻止僭稱各國國王之名、謀求貿易利益的勢力，應該是容易的。將勘合制度適用於暹羅、占城、真臘等諸國君長，也是洪武帝推進海防強化政策中的一環。

## ◆徹底實施海禁

依據前面各種論述，明朝的海禁政策自洪武十七年（一三八四年）以降，實際的執行程度是愈來愈嚴密。檀上寬將洪武七年（一三七四年）廢止三省市舶司之措施，定位為朝向「朝貢制度、朝貢貿易、海禁政策三位一體式的朝貢體系」發展的轉捩點。然而，檀上先生對於事態為何唐突地發展成廢止市舶司、以及廢止的目的，並無法得到足夠闡明因果的資料，因此他在後面加上了這樣一句話：「如此強硬的措施也無法杜絕走私貿易和倭寇的活動，只停留在不徹底的狀態。」91 同理，這一年對市舶司的撤廢，是否就能斷言其在意義上，代表了「將貿易限定在朝貢船隻、禁止一切民間貿易」，也是很不明確的。就算沒有市舶司這個機構，也還是可以執行抽分與進口商品的收購；只要中國商人的出海貿易並未完全違反法律，那麼像是「公憑」、「公據」這類的貿易許可證，仍舊可以委由地方官府發行。因此光是考察直到洪武七年為止的資料，我們實在很難確定「下海通蕃」這項禁令，其宗旨究竟是嚴禁「下海」本身，還是嚴禁未接受許可的私自「下海」。

正如前述，洪武十四年（一三八一年）十月，「禁止沿海居民私自與海外諸國往來」一事，雖然形式上不過是重申過往「下海通蕃」的禁令，但在日明之間緊張關係持續升高的狀況下發出這項命令，並將三年後強化海防、提高海禁實際效力的處置一併列入考慮，那麼朝向「朝貢制度、朝貢貿易、海禁政策三位一體」轉換的實質態勢，應該是在洪武十四年至十七年這段期間逐漸鞏固，如此推論大概較為妥當吧！而且更重要的是，這種轉換其實是明廷企圖藉由斷交、經濟制裁，來軟化對皇帝持續懷抱挑戰態度的日本政權的手段。

為了達成這項目的，先不論其他國家的朝貢船隻，無論如何都要禁止貿易活動本身。但是，就算再怎麼加強沿岸的水師，也難以杜絕走私；於是，明廷採取了史無前例的政策——禁止舶來品在國內流通、並禁止購買者加以使用。即使走私了貨物，若是無法在國內作為商品流通，便無法獲得利益，這就是他們的著眼點。這是發生在洪武二十七年（一三九四年）正月的事情。[92]

> 禁民間用番香、番貨。先是，上以海外諸夷多詐，絕其往來，唯琉球、真臘、暹羅許入貢，而緣海之人往往私下諸番貿易香貨，因誘蠻夷為盜，命禮部嚴禁絕之。敢有私下諸番互市者，必寘之重法。凡番香、番貨，皆不許販鬻，其見有者限以三月銷盡。民間禱祀用松、柏、楓、桃諸香，違者罪之。其兩廣所產香木，聽土人自用，亦不許越嶺貨賣，蓋慮其雜市番香，故併及之。
>
> （譯：禁止民間使用海外香料與商品。先前，皇上因為海外蕃夷多所欺瞞，禁絕其往來，只允許琉球、真臘、暹羅的入貢。但是，沿海地區的居民往往私下渡航至國外，交易香料與商品，甚至引蠻夷入室、成為海盜，因此下令禮部必須嚴格禁止杜絕。在此禁令下達後，仍私下渡航各國互市者，必處以重刑，海外流入的香料與商

品，一律不許（在國內）販賣，現已擁有者，限在三個月內消費完畢。在民間舉辦祭祀與儀式之際，只能使用松、柏、楓、桃的香料，違反者將予以處罰。在廣東、廣西所生產的香木，限當地人士使用，不許越過（江西與廣東的省境）梅嶺（往北方）販賣。簡單說是擔心有人將海外香料混入其中販賣，因而一併禁止。）

因為難以完全取締沿岸的走私貿易，所以禁止舶來品的流通，不讓走私貿易者獲取利益；加上廣東、廣西生產的香木與東南亞產的難以區別，所以也禁止將這些地方的香木帶進華中與華北地區。雖然可以說是有些矯枉過正，不過也可以由此看出明廷不容許民間貿易，要將朝貢貿易一元化的意志十分堅定。不只限於東南亞方面，明廷禁止和海外諸國展開民間貿易的方針，可謂堅若磐石。洪武三十年（一三九七年）四月，明廷再次重申「禁止人民擅自出海與外國互市（申禁人民無得擅出海與外國互市）」的處置態度。[93]這雖然與過往的禁令沒有差別，但命令向來鬆懈遲緩的水師和沿海衛所加強取締，還是有效的吧！

## ◆強化海防的效力

洪武十七年（一三八四年）開始的海防強化，並非僅僅數年便已竟全功；事實上，整個洪武二十年代，這樣的強化都在持續進行。雖然我們沒有足夠的線索，可以檢驗其實際成效究竟到甚麼程度，但在當時的日本，確有認為明朝強化海防，會讓倭寇活動變得困難的見解存在。

《本朝通鑑提要》在日本嘉慶二年、明朝洪武二十一年（一三八八年）中，有這樣一則記錄：[94]

頃年諸國南軍勢弱，然不服武家，菊地漸為今川了俊，大內義弘及大友等被抑，而不能振兵威於九州。且大明亦海上防禦太嚴，故唯掠高麗耳。

（譯：近來，諸國南軍的勢力轉弱。但是並未屈服於武家（幕府）；（南朝方面的）菊地漸漸被今川了俊、大內義弘及大友等人抑制住，無法在九州振興兵威。且因為大明嚴厲執行海上防禦，所以只能去掠奪高麗。）

該書是在江戶時代十七世紀編纂的史籍，這篇記錄所依據的資料為何，不得而知。[95]如果這是基於十四世紀末同時代人的觀察，那麼這種見解——因為明朝嚴格實行海防，對以菊地氏為中心的九州南朝勢力而言，不只是與中國的貿易活動，就連海盜活動也變得困難，只能夠去掠奪高麗——，堪稱是看透了當時東海的局勢。太祖洪武帝透過強化海禁展開的對日經濟制裁，若是讓九州的南朝陣營感到苦惱，那麼對於造成制裁之因的北朝——足利幕府方面來說，應該也是同樣的處境。太祖逝世後，足利義滿作為「日本准三后」*，向新即位的建文帝要求恢復正式外交關

* 譯注：准三后，又稱准三宮，是古代日本授予皇族、貴族的一種榮銜。在明治維新以前，皇后、皇太后、太皇太后合稱「三宮」，准三宮即指人臣之待遇相當於三宮者。

係，其伏筆就是在此時埋下。

綜合來說，強化海防阻止日本船隻接近，加上為了推動經濟制裁而嚴格禁止民間海外貿易，這是從洪武十七年前後至太祖統治末年為止，所採取的一貫政策。面對持續挑戰皇帝權威、甚至寫出打算出兵中國表文的日本，倘若中國放棄藉由行使武力而使之屈服的方式，留下的就只有斷交與經濟制裁的選項。為了達成這些目的，明廷實行了前所未見的嚴厲海禁政策。這個時期，明朝的海禁是以制裁日本為目的，而轉換至嚴禁民間貿易，也就是朝貢一元的政策。

## ◆朝貢的萎靡不振

然而，隨著海禁的強化，朝貢也顯著減少了許多。洪武三十年（一三九七年）八月，禮部上奏：「各國的使臣與商人不再往來（諸蕃國使臣、客旅不通）[96]。」雖然無法得知禮部奏文的詳細內容，但是在民間貿易船隻絕跡的同時，朝貢使節的來朝與舶來品的供給也減少許多。之所以如此，很有可能是因為前述的禁止國內流通舶來品政策，讓貿易為目的的朝貢失去了其魅力。禮部的上奏，是想尋求使節與商人減少的解決方案。禮部是負責各式禮儀執行的機構之一，而舶來香料等是禮儀的必需品，其數量的缺乏，是不可等閒視之的問題。在這則上奏的背後，或許存在著謀求轉換長期貿易禁止政策的勢力。無論如何，面對禮部的上奏，洪武帝的回答令人深感玩味：

上曰：洪武初，海外諸番與中國往來，使臣不絕，商賈便之。近者，安南、占城、真臘、暹羅、爪哇、大琉球、三佛齊、渤尼、彭亨、百花、蘇門答剌、西洋邦哈剌等凡三十國，以胡惟庸謀亂，三佛齊乃生間諜，紿我使臣至彼，爪哇國王聞知其事，戒飭三佛齊，禮送還朝，是後使臣、商旅阻絕，諸國王之意遂爾不通。惟安南、占城、真臘、暹羅、大琉球自入貢以來，至今來庭，大琉球王與其宰臣，皆遣子弟入我中國受學，凡諸番國史臣來者，皆以禮待之。今欲遣使爪哇國，恐三佛齊中途阻之，聞三佛齊系爪哇統屬，爾禮部備述朕意，移文暹羅國王，令遣人轉達爪哇知之。

（譯：皇上曰：「洪武初期，海外諸國與中國通交，使節的往來絡繹不絕，商人也享有利便。近有安南、占城、真臘、暹羅、爪哇、大琉球、三佛齊、渤尼、彭亨、百花〔未詳〕、蘇門答剌、西洋邦哈剌〔孟加拉〕等總共約三十個國家。在胡惟庸叛亂之際，三佛齊擔任其間諜採取行動，意圖誘騙我國使節前往該地。爪哇國王聽聞這件事，告誡三佛齊，以禮相待〔明朝使節〕並送還歸朝。自這件事情之後，使節和商人受到阻絕，各國國王的厚意最後也無法通達。安南、占城、真臘、暹羅、大琉球自從入貢以來，至今依舊來朝。大琉球的國王與宰相，將子弟送到我中國學習學問，各國使節若是前來，我也全都以禮相待。我對待各國不薄，但是不知各國的心意又是如何呢？如今想要派遣使者前往爪哇諭示，卻怕會受到三佛齊從中阻礙。聽聞三佛齊是在爪哇的統治之下，你們禮部好好闡述朕的厚意，將文書送給暹羅國王，並〔從暹羅〕派人轉達爪哇告知。」）

接到指示的禮部，將寫有嚴厲譴責三佛齊內容的咨文送給暹羅國王，催促對方再次朝貢，同時對爪哇也採取了等齊的措施。在禮部的咨文中，包含了這種暗示要行使武力的威嚇性文句：「為何三佛齊諸國背棄大恩，失君臣之禮，要以如此寸土之封來與中國對抗呢？若是皇上震怒，讓一位副將率十萬兵力渡海，興師問罪，簡直就是易如反掌。為何連這樣的事情也想不到呢？」[97]

當時，三佛齊正值衰退，且因爪哇的滿者伯夷王國入侵而處於混亂狀況。但是，三佛齊說到底還是跨馬六甲海峽、在蘇門答臘島與馬來半島地區都有勢力的地區性強權，而且它還控制著印度洋連結南海、東海的交易路線。明朝正是因為知道三佛齊的重要性，所以才會採取藉有朝貢關係的暹羅為中介的迂迴手段，要求當時幾乎已經逐漸失去國家實體的三佛齊，以及勢力逐漸擴大的爪哇，再次前來朝貢。

禮部咨文引用洪武帝的話語中，可見「只有三佛齊在阻礙我中國的威令與教化（惟三佛齊梗我聲教）」如此譴責的文字；但是禮部官員應該也理解到，東南亞諸國屬於印度文化圈，是完全不認為中華禮教有何價值的「外夷」，而且，向未能共享天下觀與「天命」觀念地區的君長呼籲說，崇慕中國的威令與教化前來朝貢乃是應為之事，這樣的做法未免太過空洞迂腐了。

另外，如果不再朝貢之事是「阻礙中國的威令與教化」，那這樣的國家以爪哇為首，堪稱多不可數。因此，「阻礙威令與教化」，並非是三佛齊受到譴責的真正理由。在這句修辭的背後，隱藏的是希冀三佛齊與爪哇，能夠恢復以朝貢形式展開的商業往來，好讓朝廷得以透過貿易，重新獲得必要的物資。

正如前文所述，因為對海禁與朝貢的嚴格抑制策略，朝貢使節的往來日益減少，由海路而來的朝貢國只限於占城、真臘、暹羅、琉球。不只是三佛齊，已經脫離朝貢關係的各國所在多有；儘管如此，明廷卻只針對三佛齊和爪哇作出上述的舉動，是因為意識到兩國位於連結印度洋、南海與東海交易路線的中樞位置。禮部之所以發出咨文、試圖催促這兩國，其背景正是嚴格的海禁導致貿易衰退，並已帶來弊害所致。

總而言之，對明朝而言，縮小貿易也帶來了弊害。洪武十七年前後強化海防的同時，嚴格實施禁止民間貿易，其結果就是如同洪武三十年（一三九七年）禮部上奏所顯示的一般，陷入了「使節與商人不再往來」的狀態。然而，透過海防強化與禁止民間貿易，雙管齊下展開的海禁嚴格化，對明朝來說，是讓身為實質威脅的日本屈服的手段，因此是不可能放寬的。以朝貢關係為軸心的明朝通商外交，就是在如此自相矛盾的狀況下，呈現出窒礙難行的窘境。為此帶來轉機的，是太祖洪武帝的逝世。

# 四、貿易壟斷與朝貢一元體制

洪武三十一年（一三九八年）五月乙酉，洪武皇帝在七十一歲時崩殂。這項消息是何時傳達至日本，雖然不得而知，但是建文帝即位之事，給予了日本摸索與明朝恢復外交關係的機會。帝位交替帶來政策上的轉換，是屢見不鮮的事。正如前一節所清楚呈現的，為了對日斷交與經濟制裁進行的強化海防與嚴格海禁，招致了包含朝貢船附搭貨物在內的貿易縮減，以及舶來品供應的窘迫弊害。而在中國國內，因為貿易而獲利甚豐的勢力，應該也會採取行動，企圖捲土重來吧！

## ◆日本准三后的書簡

雖然已經讓出將軍之位，但還是握有左右朝政之力的足利義滿，在應永八年＝建文三年（一四〇一年）以「日本准三后」的稱號，遞送書簡給皇帝。這封書簡寫到，他「遵循古法」，派遣使者帶著金千兩、馬十匹、雁皮紙千張前來；其中，並沒有「上朝」或「貢獻」的文字，只是以日本開國以來便使用的「聘問」為主旨。[98]

所謂的「聘」，原本的意義是在周朝諸侯間所展開的遣使訪問；「聘問」的對象，基本上是處於對等的地位。足利義滿藉由這個用語，表明自己並非是在臣服於皇帝的立場上遣使。若是由國君也就是「天皇」，以「國王」的身分向皇帝要求往來的話，對中國而言，就是以朝貢關係為前提的事情，因為在天朝禮制上，「國王」是皇帝所賜予的封爵。但若是以「日本准三后」的稱號，因為不是官職名稱，就能夠避免陪臣向皇帝上書的無禮行徑，或許足利義滿內心便是如此算計的也說不定。不管怎麼說，這種做法一方面拒絕進入君臣關係，另一方面又貫徹了過往希望與明朝往來的立場。[99]

倘若是洪武帝，面對沒有表文、且還是用「日本准三后」這種意味不明稱號的人所遞送來的書簡，應該會在上呈以前就加以駁回了吧。不過，建文帝的對應卻不相同。他送出了作為答書的詔書（建文四年二月六日）。過去洪武帝是以中書省或是禮部的名義送出答書；下詔書，是將對方置於臣服皇帝的立場，也就是將日本放入朝貢關係為前提的行為。在建文帝的詔書之中，將對象指名為「日本國王」，並將「日本國王」要求往來的行為，解釋為「俾天下以日本為忠義之邦」。這應該是建文帝在與燕王（後來的永樂帝）勢力進行內戰的情況下，因為身處困境才採取的對應方式，但是站在日本立場來解讀，明朝的對應，因為皇帝交替而產生了變化。

明朝方面，當然不可能將「日本准三后」當成對象，允許其進行對等層級的外交活動。而日本方面，在今後也不再認可繼續「聘問」性質的遣使。在建文帝的詔書之中，有「四夷君長朝獻者以十百計……日本國王源道義，心存王室，懷愛君之誠，逾越波濤，遣使來朝」之文句，指示義滿應作為日本國王而朝貢；同時又賜予大統曆，暗示他應該奉明正朔。即使明朝的對應出現變化，但是在只認可國王作為皇帝臣子朝貢這項關係上，他們還是堅守原則，一步不讓。

## ◆日本國王源道義的表文

經過這些折衝，足利義滿終於接受建文帝的要求，派遣使者，帶著「日本國王」的「表文」，前往南京。關於其後的冊封等來龍去脈已眾所周知，在此省略不談；[100]但從日本放棄了持續二十年以上，樹立對等關係的執著，不只朝貢、而且還接受冊封，可以看出這是日本對中政策最大的變化。以倭國朝廷一邊拒絕上呈表文、一邊遣使的隋唐時期為起點，隨著義滿受封，日本的外交一下子達成了歷史性的轉換——雖然這個「一下子」，其實花費了整整一百五十年的時間才完成。

洪武帝在整個統治時期後半段不斷強化、作為對日斷交與經濟制裁手段的海禁，發揮了強大的效力。忽必烈遠征軍所無法完成的偉業，由長達十幾年經濟制裁的海禁政策取得成果。

從明的角度來看，不只是終於讓不願臣服的國家日本歸順，且帶著「日本國王臣源道義」表文的使者抵達南京，是在燕王剛從建文帝手中奪取帝位，坐上龍椅後不久的事。[101]曾經大放厥詞「相逢賀蘭山前，聊以博戲」的日本，奉呈表文表示臣服一事，正好成為證明永樂帝正統性的絕妙演出。

永樂帝對日本的朝貢，給予超乎尋常的優遇。洪武帝不喜歡各國頻繁且以貿易為目的之朝貢，在洪武七年（一三七四年）以降，他向朝貢國家通告只需「世一見」的頻率即可（請參照本書序章）。然而，永樂帝明知日本朝貢之目的，是要重新打開與中國貿易的途徑，卻不特不限制朝貢的頻率與使節團的規模，還允許日本刀等原本被歸類為禁止物品的武器進口至中國。[102]日本朝貢船團所搭載的貨物極為大量，甚至超過了市舶司收購的能力，但永樂帝以特別恩惠的方式，允許在收購範圍之外的商品，可以由日本使節團在市場上販賣。以寶鈔收購附搭貨物是明朝朝貢貿易的原則，只有經過皇帝裁可的少數朝貢國家，才能將收購範圍外的貨物在市場上交易販賣。[103]

## ◆朝宦官主持的官營貿易邁進

洪武十七年以來，嚴禁民間貿易、對日本實施經濟制裁的海禁，在此已達成目的。但是，海禁並未解除，在永樂帝時期，仍舊多次下詔禁止民間商人的貿易；之所以如此，原因應該是永樂一朝，開始經營由宦官主持的官營貿易之故。

關於鄭和的「南海遠征」，其實背後有意圖彰顯其偉業的官定歷史在大加吹捧，這件事感覺已經被說得很徹底了；因此，在這裡只就其目的，提出兩個重點：

一是這支船隊作為官營貿易船團的性質。堪稱皇帝手足的宦官，與水師武官一同率領這隻船隊。事實上，這項前例可以在宋太宗的時代看見。《宋會要輯稿》中記述，雍熙四年（九八七年），宋太宗派遣由「四綱」（四支船團）組成的貿易船，前往南洋各地。同年五月「派遣內侍宦官八人，帶著敕書、黃金與絹帛，分別乘上開往四個方向的船團，渡海前往南海的各蕃國，催促（向宋）來朝，並購買香藥、犀牙、真珠和龍腦。每個船團會攜帶三封空名的詔書，在抵達當地後賜予（當地的君長）（雍熙四年五月，遣內侍八人，齎敕書、金帛，分四綱，各往海南諸蕃國，勾招進奉，博買香藥、犀牙、真珠、龍腦。每綱齎空名詔書三道，於所至處賜之）[104]」。在此之前的雍熙二年（九八五年）九月，宋廷採取了「禁海賈（貿易商人）[105]」的措施，由此看來，應該是企圖讓宦官船團壟斷貿易。

這種作法，應該是繼承了南漢（九〇九～九七一）所採取的貿易策略。南漢的建國者劉隱，是將廣州的南海貿易利益收歸手中，進而成為割據勢力。[106]南漢末期重用宦官，宋朝讓南漢歸順後，除禁止民間貿易外，還展開由宦官主持的官營貿易，由此看來，這個方法或許是南漢劉氏所創始。

但是，宋代派遣官營貿易船只有一次便告結束，轉換至開放內外商人貿易，由市舶司對進口物品實施「抽解」、「博買」來獲取利益。這種方法因為耗費的成本小，船隻遇難以及遭遇海盜的風險也是由民間出資者和貿易商人來承擔，在將擴大貿易與朝廷、政府收入增長連結上，實為明智的方法。當然，一旦內外商人擴大貿易活動，官營貿易便無法處於優勢地位；因此，只要不採取具實效性的「禁海賈」手段，走私活動遠遠勝過官營壟斷貿易的狀況，是必然的趨勢。

## ◆作為貿易據點的官廠

永樂帝時期的官營貿易，在宦官作為負責人指揮船團這點上，雖然和宋太宗時期的前例有共通之處，但是在其規模、反覆推行次數，以及組織性這些特點上，可以說是空前絕後。[107]明廷在連結印度洋方面與南海的要衝——麻六甲與蘇門答臘島上，設置稱為「官廠」的工廠，作為當地的據點。自永樂十一年（一四一三年）第四次航海以降，曾三次與鄭和同行的馬歡，在《瀛涯勝覽》中記述麻六甲的「官廠」如下：[108]

此處亦有中國寶舡到彼，則立排柵、城垣，設四門、更鼓樓。夜則巡鈴巡警。內又立重柵小城，蓋造庫藏、倉厫，一應錢糧俱放在內。各國舡隻俱回到此處取齊，打整番貨，裝載停當，等候南風正順，於五月中旬開洋回還。

（譯：這裡也會有中國的寶船前來，因此會〔在周圍〕立起柵欄與城壁、設下四方城門與更鼓樓。夜晚會有警備人員巡邏。其內又用柵欄圍成小城，建築金庫與倉庫，將所有的錢糧放置在內。前往各國的船隻都會回到這裡一起集結，整理番貨，裝載妥當，等待南風轉為〔適合回航的〕順風，便於五月中旬出航大洋、踏上歸途。）

茅元儀《武備志》所刊載的鄭和航海圖上，除在麻六甲附近可以看見「官廠」外，在蘇門答臘島北方附近的島嶼上也可以看見「官廠」。[109]

中國王朝過往並未在遙遠的海外要地上設置據點，其後也不曾得見。關於鄭和等人的活動，宣德帝命令銷毀那些資料，因此無法得知詳情。但是，從將設施稱呼為「廠」來看，應該可以認為其中包含了用來保管與加工貿易品、實施打包等作業的場所，以及倉庫、住宿場所等設施。這座官廠的服務目的，並不是單趟的船團往返，而是以其為軸心，拓展通往東南亞各地，以及印度洋沿岸的貿易航路，並與蘇州的劉家港（太倉）連結，實行有組織的貿易。

## ◆「南海遠征」的目的

鄭和「南海遠征」的目的之一，是招徠諸國朝貢。儘管永樂帝高舉「靖難」，也就是肅清君王身邊奸臣、平定國難的口號，但從他攻殺侄兒建文皇帝，奪取帝位的行為來看，他毫無疑問就是一位篡位者。

南京陷落之後，不願屈服的建文朝廷忠臣遭到虐殺，其子女被送進教坊（官營妓院），在眾多書籍中，都記載了這些慘無人道的事蹟。[110]另外，建文帝逃出南京，流落雲南或是逃亡國外的傳說也流傳甚廣。這些事情，應該都是起因於對將永樂帝認定為天子這件事，從心理抱持著抵抗感所致吧！永樂帝即位之初，在朝野裡就潛伏著對其正統性的疑問與責難。在這樣的狀況下，讓萬國使節接二連三來到新天子的階下朝覲、奉呈表文，在南京的宮殿中演出一副臣服皇帝的景象，又重新恢復了必要性。[111]

正如前節所述，在洪武二十年代，持續經由海路前來朝貢的國家只剩琉球、暹羅、真臘（柬埔寨）、占城（占婆）；占城在永樂帝即位前後，正好瀕臨滅亡的危機，所以實際上只剩下三個國家。在西北邊境，明朝與蒙古（北元）的抗爭仍舊持續進行；在中亞，企圖征討明朝的帖木兒帝國勢力則是日益伸張。就連以貿易為目的的朝貢都已經淪為上述的狀況，雖然有日本屈服這樣的僥倖，但對於新皇即位後的朝廷而言，實現更多國家使節的來朝，實為燃眉之急的任務。鄭和的艦隊，就是被託付了如此重要的使命——從東南亞及印度洋交易路線沿途的諸國，帶著朝貢使節歸來。記錄在《大明會典》上多達六十國的朝貢國，大部分都是在永樂時期遣使的國家。

但是，以招徠朝貢為目的之船團派遣，一旦諸國「稱臣入貢」、證明了新天子的正統性，其任務也隨之大功告成。永樂帝的父親洪武帝在即位後，也是隨即派遣使節到海外諸國，用好話和恫嚇軟硬兼施，要求對方來朝。然而，經過數年之後，洪武帝的態度卻為之一變；他向各國通告，只要能展現出天子權威的「無外」，亦即普及中國內外，就算「世一見」（數十年一次）也無所謂，沒有必要定期派遣使節。鄭和等人指揮的船團，反覆實施大航海活動前後共七次，若其主要目的是招徠朝貢使節，那麼應該不需要重複七次吧！這七次航海既不是計畫擴張帝國，也不是彰顯天朝秩序的示威行動；應該說，它最初的目的是招徠朝貢使節，但之後逐漸變質為追求貿易利益的航海活動。

## 日本、琉球與官營貿易

這項推論的事實根據之一，是永樂帝的朝廷並不單只是將貿易船隻派往東南亞和印度洋方面，也有派往日本和琉球。以日本和琉球為對象的貿易船派遣，雖然規模較小、記錄也不多，但是以宦官作為指揮者之事，與鄭和艦隊是共通的。

永樂九年（一四一一年），派遣宦官王進等人前往日本，購買日本物產之事，在嚴從簡的《使職文獻通編》中可以得見：112

九年，上遣中官王進等往至其國收買物資。倭人欲阻使者不得歸。進覺之，潛登船從他路而返。

（譯：〔永樂〕九年，皇上派遣宦官王進等人前往該國，收購物資。倭人試圖阻礙使者，不讓使者回國。王進察覺此事，偷偷登船，從別的航路歸返。）

關於同一事件，鄭若曾輯《籌海圖編》卷二「王官使倭事畧」中，記載著如下的逸聞：113

遣三寶太監王進奉使日本，收買奇貨。至寧波，選壯軍顧通號大漢將軍同往。彼夷初御以禮，後起別議，轍下瀼江龍於港口。得支港潛出，彼夷婦密引而還。

（譯：明廷派遣三寶太監王進前往日本，購買稀有珍貴的商品。王進抵達寧波後，帶著通稱「大漢將軍」的勇壯軍士顧通一同前行。彼夷（日本）一開始以禮相待，後來起了異論，將名為「瀼江龍」的障礙物沉入港口的出口〔為了阻礙王進的船隻出港〕。王進從另一條分歧水路偷偷逃出，靠著夷婦私下引領，才得以歸還。）

在前一年的永樂八年，室町幕府派遣了朝貢船團前來。王進等人或許是與歸國的日本使節團同行，但並沒有搭乘日本船隻，而是另外準備了別的船前往日本。因此，王進的派遣即使附隨有外交上的任務，也應該不是派遣的主要目的。[114]「三寶太監」是對鄭和的俗稱，眾所周知。從敘事者將三寶太監這個頭銜也冠在王進身上來看，他應該是認為兩位宦官，同樣都負有「收買奇貨」的任務吧！

在日本，一四〇八年足利義滿逝世後，對中國「稱臣入貢」外交的不滿瞬間爆發，在幕府內興起與明朝斷交的議論。在王進停留日本的期間，斷交的頭號措施，似乎就是阻止其貿易活動之舉。對於在宦官指揮下派遣貿易船前往日本一事，雖然只有一四〇九年的這次王進事件留有記錄，但是在這之前，也有可能派遣宦官率船前去。[115]

對宦官王進貿易活動的妨礙，發生在一四一一年，從此開始到宣德七年（一四三二年）為止，長達二十年的時間，日本不再朝貢。其間，永樂帝曾兩度派遣行人呂淵，以使節的身分前往日本，催促足利義持恢復朝貢。[116]在呂淵第二次來到日本的時候，以兩名千戶（中級武官）與通事周肇的名義，將告知其來意的書函送交日本。其中寫著饒富興味的內容：

使臣呂淵去歲奉國命齎敕書，就帶倭人來日本國公幹，令人通報。國王命古幢長老到海濱，未曾審詳來意，長老旋車後，一向信息不聞，以此齎捧敕書回京師。續有本國日向州人駕船一隻，裝硫黃，馬疋進貢。因無國主文書，不領。今復蒙遣齎捧敕書，就帶進貢番人一十六名，同先來八名重來。今有忠信之言，將為賢大夫告。恐重譯弗詳，故筆諸書付賢大夫王左右。幸詳說之萬一。

（譯：使臣呂淵去年奉國命，攜帶敕書以及倭人（捕獲的倭寇），前往日本國「公幹」，並令人通報。國王（足利義持）命令古幢長老到海邊，但是因為沒有詳細傳達來意，因此長老回去之後完全沒有消息。只好將敕書帶回京師。其後，日本國日向地區有人駕著一艘船，裝載硫磺與馬疋前來進貢。但是，因為沒有國主的文書，所以有關單位不受領。如今呂淵再度奉命派遣，攜帶敕書，帶著朝貢的番人十六名與上次的八名（倭寇）前來。現在想要告訴賢大夫忠信之言，唯恐無法詳細翻譯，因此寫成此文遞送給賢大夫與王的左右，望能詳細傳達（給王）。）

在這封永樂十七年七月十三日、通告來意的書函中，可以看見「公幹」一詞。在前兩年派遣呂淵之際，呂淵接獲的任務是：奉永樂帝的敕書在日本國王面前宣讀、歸還捕獲的倭寇，以及在日本國進行「公幹」。「公幹」為口語用的詞彙，意指「執行公務」。呂淵的前兩件任務既已言明是開封宣讀敕書與返還倭寇，既然如此，那就意味著他在這兩件事外，還為了「公幹」而前往日本。這項除兩件正題外的「公幹」，似乎是以委婉方式，表現「買賣」的說法。這個口語式的「公幹」，雖然不適合使用在外交文件上，但是在後文將敘述的《歷代寶案》中所收錄、幾乎是同一時期的文件中，也可以看見「公幹」一詞。《歷代寶案》中記載的「公幹」，是支付銅錢給琉球國王，使之購買日本生漆及磨刀石的工作。因為足利義持斷絕朝貢，與日本的貿易宣告中斷，無法取得必要的物資；於是，明廷再送出催促朝貢敕諭的同時，也打算讓使節呂淵等人「公幹」，購買日本生產的物資。但是日本只派了古幢長老前來，拒絕使節一行人上京，最後不得不在什麼任務都沒有達成的狀況下，空手而歸。[117]

## ◆命令琉球購買日本商品

在日本對明斷交的高峰期，明廷試圖經由琉球購買日本產品。宣德二年（一四二七年）六月，奉皇帝命令被派遣至琉球的宦官柴山，傳下敕諭，對琉球「須賜皮弁冠服，并銅錢收買生漆及各色磨刀石」。關於各種磨刀石，柴山出示了樣品，並詳細列出應當購買的物品。翌年二月，琉球國王做了這樣的上奏：[118]

宣德二年六月初六日，蒙欽差內官柴山齎捧敕諭，頒賜皮弁冠服。并銅錢收買生漆及各色磨刀石。欽此。除欽遵，切緣坐買第六樣磨刀石，本國採辦自進外，其各色磨刀石并生漆別無所產。曷敢有違。隨即差令的當頭目管領入船，前至隣國產有地方收買。遇彼國爭戰，客路不通。若候完日，誠恐有悞應用。今依時價買到生漆貳百柒拾觔，共五樣磨刀石，計參千捌百伍拾伍觔，先付欽差內官柴山來船裝載，赴京進收。續後再買，至日另行進用。及備細移咨禮部外，謹具奏聞。

（譯：除第六樣磨刀石是在本國購入上呈外，其他各種磨刀石以及生漆，雖然是本地不生產的樣式，但因為不敢違抗皇帝命令，所以立刻派適當人選作為頭目，帶領人與船隻前往鄰國有生產（那些東西）的地方去購買。但該國因為戰亂而商路不通，待（在日本的購買）結束後，恐怕會趕不上使用的日程。如今，根據時價購買生漆二七〇斤、五個種類的磨刀石合計三八五五斤，先交到欽差宦官柴山的船上，由他帶往京師納庫。接下來還會繼續購買，等買到之後另行納庫。）

琉球方面也向禮部送出咨文，與這篇奏文在報告內容上幾乎如出一致。[119]

宣德三年（一四二八年）十月，再次發下敕諭，指示琉球方面在購買所使用的銅錢兩百萬文中，扣除購買上供物品所使用的錢，剩餘的一七一萬文，拿來買「屏風、生漆、各種磨刀石等」。[120]宣德帝的敕諭與琉球國王的奏文、咨文，簡直就像是商務文件往來一般。

宣德五年（一四三〇年）十二月二十二日，奉命購買物品的琉球船隻，在返回途中遇難，船上人員七十多人溺死，貨物也幾乎全失。[121]在這起事件前後，宦官柴山等人，在同年八月奉皇帝所下達，催促用剩餘的一七一萬文銅錢，購買物品納庫的敕諭，再次前往那霸。琉球方面的對應如

下：[122]

> 本國採辦土產各樣磨刀石并自備屏風等物，附搭欽差內官柴山、內使阮漸等來船三隻裝載，赴京進貢。
>
> （譯：將在本國所購買土產（琉球產）的各種磨刀石以及自己準備的屏風等物，裝載於欽差宦官柴山、阮漸等人的三艘座船，前往京師納庫。）

在日本購買的商品，因為船隻遇難而未能抵達那霸。因此，只能把在國內買齊的磨刀石，以及琉球王國朝廷本身所保有的日本製屏風等，勉勉強強裝載到宦官柴山等人的船上，然後上繳納庫。宦官柴山等人原本預期會有命令琉球前去購買的大量日本商品，所以帶了三艘船來到琉球；說到底，他們根本就是官營貿易船隊。

宣德六年（一四三一年）四月，琉球國中山王尚巴志在送出朝貢使節團的同時，做了這樣的上奏：[123]

> 今遣。等齎捧表文一通，及管送金洒海、金壺瓶、金香爐、金香盒、屏風、腰刀、馬疋、硫磺、各樣磨刀石等物，附搭欽差內官柴山、內使阮漸等公幹來船裝載，赴京進貢謝恩。
>
> （譯：這次，除派遣。奉呈表文一通外，另將金洒海、金壺瓶、金香爐、金香盒、屏風、腰刀、馬疋、硫

礦、各樣磨刀石等物，裝載於欽差內官柴山、內使阮漸等人為了「公幹」而來航的船隻上，進京進貢，謝恩。）

馬與硫磺等是慣例的琉球自產朝貢品，但各式金製品等高價手工品則是非自產的商品。這毫無疑問是因為明廷付出的銅錢一七一萬文訂單遭到船難損失，所以用賠償的形式而裝載到宦官柴山的船隻上。在奏文中可見「公幹」一詞，正是如前所述，指買賣貿易的公務之意。

琉球方面採取的這種措施，似乎滿足了宣德帝的朝廷。在宣德七年（一四三二年）正月的敕諭中，重新以兩千貫（兩百萬文）的銅錢，命令購買日本商品的同時，也表示對前年因購買日本商品船隻遇難而遭逢的損失（貿易本金一千七百多貫），不予過問。[124]

方才所提及的金製品等，因為不在朝廷下訂的貨物品項之內，所以是作為貢品的一部分上呈。不過，琉球朝廷所選擇的那些金製品，應該與貿易本金所剩餘的一千七百多貫擁有等同價值。將貿易資金以事先支付的方式委託給琉球國王，使之購買日本商品，這種近似於商業生意的方式獲得成功，所以明廷打算再次用相同的方法進口日本商品。新的購買品項是「鍍金果合（香盒？）、彩色屏風、彩色扇、五樣磨刀石、腰刀、袞刀、硫黃、生漆、細沙魚皮」等，與前次相比種類增加了。[125]除了硫磺之外，其餘皆為日本的產品。

緊接著在第二次購買指示之後，翌年的宣德八年（一四三三年）六月，似乎又再次以銅錢兩千貫為資金，下令購買日本商品。報告這項任務完成的奏文為：「買到了洒金龍鳳并素紅漆盒十個、金箔彩色屏風四扇、金龍鳳并銀銅結束洒金等樣腰刀六把、金貼銅結束并螺鈿紅漆腰刀四十把、金包銅結束并螺鈿衮刀六把，如今，根據時價（購買當時的價格），已將之前款項的銅錢兩千貫用盡。因為命令追加購買彩色扇、各樣磨刀石、硫黃、魚皮等物，謹以自費購買後獻納（買到洒金龍鳳并素紅漆盒壹拾箇、金箔彩色屏風肆扇、金龍鳳并銀銅結束洒金等樣腰刀陸把、金貼銅結束并螺鈿紅漆腰刀肆拾把、金包銅結束并螺鈿衮刀陸把，今依時價，已用前項銅錢貳千貫。更有加坐買彩色扇、各樣磨刀石、硫黃、魚皮等物，謹備自進）」。[126]

在文中可以看到「時價」這種商業用語，也是十分耐人尋味之處。用皇帝所委託的兩千貫銅錢，購買日本高級手工藝品之後，因為合計只有六十六樣，便由琉球方面自費出資，追加購買包含扇、硫磺等較為低價的物品，全數裝載於宦官的貿易船隻之中。換句話說，明廷用銅錢兩千貫的經費，取得了明顯超出兩千貫價值的日本商品，可說是獲益匪淺的交易。

## ◆藉由壟斷追求貿易利益

高品質的生漆與各種磨刀石，是在中國國內無法取得的商品。至於第二次、第三次訂單中包含的金製品、彩扇、刀類等日本產品，毫無疑問也在中國市場擁有極高的評價。在足利義滿時代，因為有日本頻繁派來的朝貢船隻，這些日產商品不只是供給朝廷，就連市場上應該也有豐足的貨源。然而，因為幕府的政策轉為對明斷交，日本方面的供給因此中斷，就連派遣由宦官指揮的船隻、前往收購的官營貿易，也遭到日本方面的嚴厲拒絕。將貿易資金以事先支付的形式交付給琉球國王，指定商品使之前往日本購買，明廷之所以會採取這種迂迴的手段，正是當時日本進口的商品在市場頗收歡迎，在使用和消費上業已廣為普及。命令琉球國王購買的品項，高級的手工藝品可以在宮中使用，或是儲備起來下賜給臣子；除此之外，當然也有轉賣到市場、獲取利益的意圖在。從第一次商業談判中，明廷訂購了生漆以及大量的各種磨刀石，就可以窺見他們內心的企圖。

自永樂時期至宣德初期期間的「朝貢—海禁體制」，逐漸轉化為以雙向的官營船團，行貿易壟斷之實。因此，即便在日本歸順後，明廷也沒有解除嚴格的海禁政策，還在麻六甲與蘇門答臘島北部設置「官廠」，將宦官所率領的艦隊七度派往南洋、西洋，展開貿易。另外，規模雖小，不過明廷對日本，也實施了直接或是間接由宦官主持的官營貿易。

在內陸地區，明廷也排斥民間商人，採取由官方直接設置貿易場所、壟斷式的交易制度。自永樂四年（一四〇六年）在遼東設置「馬市」開始，在懷柔兀良哈三衛與女真的同時，也是企圖藉由與諸衛頭目的官營貿易，來壟斷整個邊境交易。在西北邊境，雖然對蒙古的作戰仍持續進行，但即便是在這樣的狀況下，似乎還是有與中亞的東察合台汗國（蒙兀兒斯坦汗國）等貿易的商人。永樂五年（一四〇七年）八月，永樂皇帝向陝西省行都司都指揮以及巡按御史下了敕諭如下，命令停止民間商人的活動：127

人臣無外交，古有明戒。我太祖皇帝申明此禁，最為嚴切。如胡惟庸私通日本，禍及身家，天下後世曉然知也。今邊境猶有玩法嗜利之人，往往潛往下籠吉兒、沙迷查干王諸處，詭稱朝使，索取寶物，或于道途盜竊外夷所貢善馬，為或為商販圖。此皆邊防不謹致然。

（譯：「人臣無外交」，自古以來就有明戒。我太祖皇帝屢次下此禁令，最為嚴格。胡惟庸私通日本，最後導致身死家滅，天下後世都非常清楚。今日，在邊境仍有無視法令、追求利益的人民，往往私底下前往下籠吉兒〔未詳〕、沙迷查干王〔蒙兀兒斯坦汗國的第四任可汗〕等人的根據地，偽稱為朝廷的使節，詐取寶物，或是在道路上偷盜外夷所貢獻的良馬，又或者是企圖交易。這些都是因為邊境防衛過於疏忽所致。）

## ◆「買賣生理」之福

在中國，對於進入朝貢關係的各外國中止朝貢一事，幾乎不會視為大問題，而是默許這樣的狀況。雖然明廷對朝鮮和越南這些與中國國境鄰接、關係到中國安全保障問題的國家，會積極要求在形式上的繼續臣服，但即使海外各國中止了朝貢，放任這樣的狀況也不會有不良的影響。反正這些地區的物產自有其他朝貢國供給，還可以省掉朝貢使節的國內旅費、貢物的搬運費、以及附搭貨物的免稅優惠，因此停止朝貢，或許還比較受歡迎。正如前述，洪武二十年代，經由海路前來的朝貢國只剩下琉球、暹羅、占婆（占城）和柬埔寨（真臘），但是對於轉變態度，認為朝貢只需「世一見」頻率即可的洪武帝而言，這件事本身並不是會被苛責的問題。

然而，在永樂時期以降「朝貢—海禁體制」的結構下，自一四一一年起約二十年的期間，日本對明斷交，必然也導致了雙方貿易的中止。明廷雖然派遣使節，催促日本恢復朝貢，但是日本方面的立場堅決，絲毫沒有改變主意的想法。宣德八年（一四三三年）命令琉球國中山王尚巴志，從琉球派遣使節至日本，向日本傳達皇帝的呼籲。呼籲的內容，雖然無法在實錄等記錄中看見，但《歷代寶案》的琉球奏文中，對此曾加以引用：[128]

宣德捌年陸月貳拾貳日，蒙欽差內官柴山等，齎捧敕諭，到國開讀。王宜遣人齎去與日本國王，遣使往來和好，買賣生理，同享太平之福。欽此。

（譯：國王應當派人帶著〔敕諭〕傳達給日本國王：何不遣使往來，保持和好關係，「買賣生理」，共享太平之福？）

「買賣生理」這句俗語，使用在皇帝給外國的敕諭內容中，可說是空前絕後。在當時，與朝貢國的關係是「遣使往來」，同時也是為了「買賣生理」；在這份聖旨中，這項認知毫不隱瞞地被敘述出來。貿易中的「買賣生理」，可以由明廷與朝貢國國王壟斷，且彼此因而繁榮，享受天下太平的福德，不是甚好嗎？在洪武帝後半期，海禁成為向日本斷交和經濟制裁的手段。這時候的明廷則將這項邏輯逆向操作，以壟斷貿易的利益作為誘餌，希望能夠促使日本撤回對明斷交的決定，並且再次展開朝貢。

接下這篇敕諭後，中山王尚巴志報告，自己採取了這樣的措施：[129]

除欽遵外，緣日本公幹事完，今遣口口等齎捧敕諭壹道，隨同就附欽差內官柴山等來船參隻，於宣德玖年伍月貳拾日，在本國開洋，前往日本國王處開讀。及咨禮部外，謹具奏聞。

（譯：欽遵〔上諭〕之外，在日本的「公幹」已經完成，現在，我派口口等人奉敕諭一道，搭上欽差宦官柴山等人的三艘來船，於宣德九年〔一四三四年〕五月十二日[130]，從本國出發航海，前往日本國王之處宣讀〔敕諭〕。將咨文送往禮部之外，謹具奏聞。）

柴山等人為了說服日本國王，帶著敕諭與三艘船隻來到琉球。接著，這三艘船隻帶著琉球的使者前往日本。若是日方對這份一起執行「買賣生理」的敕諭做出良好回應，那麼這三艘船隻，應該是打算滿載日本的貨物回航吧！

在前文中也可以看到「公幹」一詞；這裡指的是，先前命令琉球國以銅錢兩千貫購買日本商品的任務。琉球方面表示，因為派遣去「公幹」的船隻，已經結束任務，所以琉球的使者必須搭乘柴山的座船前往日本；不過，柴山既然帶著規模達到三艘的船隊來到琉球，表示明廷打從一開始，派出的就是準備前往日本的貿易船吧！

當三艘宦官的貿易船正打算從那霸出港之際，柴山等人接獲了消息：室町幕府撤回了對明絕交政策，決定重新派遣朝貢使節。於是柴山回收了要給日本的敕諭，「（柴山說），如此一來就不用去日本宣讀了，我必須回（南京）報告；但現在吹的是南風，不是返回（南京）的季節，因此我緊急派遣使者前往（柴山所在之處），再三挽留他回國。（行間蒙欽差內官柴山等取讀敕諭，就留自收外，後蒙變詞，言說不去日本國開讀，我要回還。然此今見南風不是回還時月，以後緊使再三告留）」國王尚巴志向宣德帝如此上奏。131

當時的琉球，很少有在中國市場上受歡迎的商品。因此，派遣宦官主持的官營貿易船，是在日本對明斷交、中止朝貢貿易的情況下，藉著提供琉球貿易資本，使之購買日本商品，在這種特殊脈絡下實現的舉動。關於日本，並沒有留下像《歷代寶案》一般的往來外交文件記錄，永樂九年（一四一一年）為從事貿易而派遣到日本的宦官王進遭到日方趕回的事件，也只是以逸聞的方式流傳下來。但是，明廷派遣鄭和等人的艦隊，直到宣德八年（一四三三年）為止，一共七次遠渡重洋，經由琉球購買日本商品也有三次。由此可見，派遣宦官指揮的貿易船，不只是和各國朝貢並行，用以獲取海外物資而已，透過貿易提高朝廷的利益，業已變成常態化的舉動。

## ◆雙向壟斷

天朝中國的皇帝與稱臣入貢的各國國王，雙方在這個壟斷貿易的結構中，進行「買賣生理」，從而「共享太平之福」。即便在成功讓日本歸順後，仍然基於不允許內外民間商人進行貿易的意味、持續海禁，就是要將之轉化成實踐這種雙向貿易壟斷的手段。明朝方面由宦官所領導的官營貿易，以及海外各國方面在王權指揮下，使用蓋有國王印璽的「表文」，與寫在明朝提供的勘合紙上、可視作某種貿易許可證的文件，進行的官營貿易，為了追求各自的利益最大化，有必要排除民間商人。這項藉由壟斷達到利益最大化的結構，就是透過與立基在「華夷秩序」上的皇家禮儀融為一體，從而實現其正統化。

# 小結

正如前文所指出的，在宋代初期也有由宦官指揮、伴隨著禁止民間商人出海措施的官營貿易，但僅只一次。在元代，行省的有力人士與斡脫商人為了謀求利益，壓抑民間貿易，實行官營貿易，這樣的情況在一二七六年元朝接收舊南宋領地後長達半世紀的期間，成為貿易型態的主流。一旦海外貿易擴大，獲取巨大利益的機會增多，自然就會有大大小小的權力想要壟斷，追求自己的利潤最大化。但是，考慮到航海的安全、日益猖獗的海盜活動，以及在外國經商成敗的風險，官營貿易對擁有權力者而言，並不一定就是將利益最大化的手段。宋太宗並未繼續由宦官主導的官營貿易，而是轉為對輸入商品由市舶司進行抽解與博買、認可民間貿易的政策。元代則是在持續約半世紀的各種貿易壟斷，以及朝廷嘗試恢復市舶司貿易的拉鋸下，最後回到由市舶司負責管理與抽分的課稅貿易。

明朝的政策，在建國初期繼承了宋元時代的市舶司管理貿易，同時也對朝貢船採取貿易上的優待。當時的海禁，目的是為了防止沿海與海外的危險分子與國內勢力聯手，而不是為了排除民間貿易、達成朝廷與官府對貿易的壟斷。禁止國內外商人的貿易，真正具有實效性且獲得實踐，是在洪武十七年（一三八四年）以降，與內陸的蒙古（北元）並行，為了應對東方日本的威脅，而加強沿海的海防。在此之後，海禁政策的目的，便是定位在徹底且確切實施對日斷交、以及經濟制裁這兩點上。

十五世紀初葉，足利義滿終於願意向明朝皇帝屈膝，以日本國王的身分接受冊封，展開朝貢貿易。如此一來，洪武十七年以降海禁政策的目的已經達成。然而，永樂時期的朝廷，選擇的是新結構的貿易壟斷。

對於臣服於明朝的海外各國，只接受王權指揮朝貢下的附隨貿易。至於在中國，則是繼續禁止民間貿易，並由朝廷命令宦官組織貿易船團，進行官營貿易。在重新設置的市舶司，也派遣了宦官作為「提督太監」，指揮購買朝貢船附搭貨物等事項。

蒙古時代的官營貿易，是基於行省有力人士與斡脫商人的利害關係而實施；大都的朝廷與中書省，反而比較傾向仿照南宋時代市舶司的制度，整飭法規，將內外民間商人對物資的進口當作課稅對象，以獲取財政資源。但是，在永樂時期，出現了比起「官營」，更赤裸裸呈現出「朝廷經營」特色的新式貿易壟斷。不只如此，藉由只認可朝貢所附隨的貿易，中國朝廷與各國王權，都致力於透過「買賣生理」，來「共享太平之福」。明代的海禁，相較於前朝歷代種種官營貿易的壟斷，可說站在截然不同的層次上。若是刪除「太平之福」這種修辭，「獨占利益」的實質願望便會溢於言表。

不只這樣，這種雙向的貿易壟斷，還在表面包裹了一層基於天朝理念、以禮治天下的漂亮外衣。蕃夷諸國君長向統御天下的中華天子，實踐代表臣服的「朝」與「貢」。隨著貿易與朝貢的不可分割，雙向式的壟斷貿易被融入天子與蕃夷諸國君長間，禮儀式的臣服關係中，在政治與禮儀的層級中，表演出儒教禮治的實現；而在實際利益的層級中，他們則將民間商人排除在貿易之外，由雙方的朝廷壟斷貿易、掌握利益。

就像這樣，明朝的朝貢一元結構，是將追求貿易利益這種充滿銅臭味的目標，包裹在天朝禮治這種芬芳高尚的演出之中。後來之所以放棄由宦官主導的朝廷經營貿易，是因為朝廷判斷，比起直接經營所要擔負的風險，將進出口委託給外國的王權及與其結合的商人，再由朝廷派遣「提督太監」進入市舶司，指揮抽分和收購，這樣不僅可以確保朝廷需要的舶來物資，同時也可以將貨物的一部分加以轉賣、從而獲取利益，是比較合理的做法。市舶司的抽分與收購附搭貨物，也是透過宦官，讓朝廷達成壟斷進口商品調度與供給的手段。

若是透過以上的考察，我們便能得出以下的歷史理解：將朝貢與貿易一元化，且用海禁排除民間貿易，是明代特有的體制。自永樂時代以降，皇帝與各國王權間的政治協約，具備了立基其上、展開貿易壟斷架構的機能。這種架構並不是為了樹立以「儒教式階層秩序」，徹底駕馭國內外的專制體制而設計，而是在各式各樣與海禁相關的國內管制政策與對外關係調整過程中，藉由將中國與各國朝廷對貿易利益的壟斷，融入演出天朝禮治的朝貢禮儀之中，確保了這個朝貢一元體制的正統性。

第三章

# 邊陲社會與「商業熱潮」

# 緒論

一五五〇年代，鄭曉以鳳陽巡撫的身分，負責處理長江以北的防倭事宜，之後又以刑部尚書兼兵部尚書的身分，參與北方邊防的問題。[1]由於他具備深厚的學識與豐富的經驗，因此以邊境問題專家之姿享有盛名。[2]嘉靖四十三年（一五六四年）撰著的《皇明四夷考》序文中，鄭曉寫下了這樣一段文字：[3]

嗚呼，能均衡覆載[4]者為天德，能辨華夷者為王道。過去是外夷進入中華，今日卻是華人進入外夷。喜寧[5]、田小兒[6]、宋素卿[7]、莫登瀛[8]皆為我華人。雲中、閩浙的憂患方興未艾。[9]因此謹慎封守者並非單單只注重抵禦外侮，同時也要鞏固內防。池魚思念故淵，飛鳥眷戀舊林，人情不也是一樣嗎？這些人忍心捐棄其墳墓、父母、妻子、鄉井而服從異類，必定是有大大的不得已……嘉靖甲子（四十三年）三月朔日，鄭曉識。

所謂「雲中」，指的是當時在北方最前線、與蒙古對峙的據點大同。在大同邊外，形成了以

「板升」之名為人所知的華人聚落；俺答汗一面將這些華人納入麾下，一面要求對明通貢、反覆入寇，對明朝產生很大的威脅。另一方面，東南沿岸以福建與浙江為中心的地區，則是暴露在倭寇的搶掠危險之下；這些倭寇，是已經海盜化的華夷混合海上貿易組織。現今在俺答汗麾下的趙全等板升頭目、以及王直以下的倭寇頭目，應該就是鄭曉腦海中揮之不去，騷擾北方邊境與東南沿岸的元兇——「入夷狄之華人」吧！

鄭曉一邊以當局者的身分持續對抗「北虜南倭」，一邊在相隔千餘里的內陸與海上同時併發的危機中，找出了「華人入外夷」、也就是「跨越言語與種族的混合集團之出現」這個共通之處。即便入寇、不久也會被中華文明馴化的昔日外夷，與現今自己時代所面對的邊境問題之間，存在著歷史性的差異。能夠從表面的現象中，敏銳察覺出同時代危機的歷史性本質，鄭曉毫無疑問地擁有這樣的能力。

鄭曉所認知到邊境危機的新性質，究竟發生何種事態，才為人所察覺的呢？又是在怎樣的社會背景下，產生了跨越言語與種族的現象呢？鄭曉等人毫無疑問，必定是在十六、十七世紀中國北方邊境社會所經歷的變動中，察覺出動搖當時整個東亞世界經濟和社會的共振關係；而這種經濟和社會的動搖，又孕生出了摧毀朝貢一元體制的人們。本章的課題，便是探討「華人入外夷」時代的特質，及其歷史性的歸趨。

# 一、越境的華人們

過去在中國，明代的倭寇問題普遍被視為防衛外敵入侵的戰爭，對象是以倭人為主體。近年來，繼戴裔煊之後，林仁川與李金明等人的研究成果陸續出現，對「倭寇」的評價，也逐漸轉變成「對明朝的朝貢—海禁體制之反抗」。[10]然而這樣的評價，日本的小葉田惇和佐久間重男等研究者，早就已經提倡許久了。[11]說到底，對當時的明朝相關人士而言，倭寇是華夷混合的武裝商業組織這一認知，其實是他們在處理問題之際，基本的理解事項。

鄭曉認為，倭奴利用華人作為協助之耳目，華人利用倭奴作為爪牙，彼此相互依附，出沒在海島，取得龐大的貿易利益，如今即便是斷絕了貿易，也會用盡各種手段想辦法往來，因此只要是牟利（追求利益）的途徑受到阻礙，就會成為紛爭動亂的原因。基於上述的認知，鄭曉嚴厲批判了貿易的禁止，也就是海禁絕貢政策。[12]另一方面，屠仲律也有清楚的認識。他表示，由海賊所起的紛亂，起因是沿岸奸民通番互市，亦即與海外進行交易所致；倭寇的實際狀況是夷人占十分之一，逃亡的罪犯占十分之二，浙江省的寧波、紹興人占十分之五，福建省的漳州、泉州、福州人占十分之九，換言之，「編戶齊民」，也就是中國人民，占了絕大部分的比例。[13]

當時，自廣東、福建、浙江的沿岸，至南方的東南亞、呂宋，日本西南地區一帶，究竟有多少的華人是「通番互市之奸民」，也就是以貿易業者、海盜或是和平的居留者等身分，與蕃夷混合著一同生活呢？其估計的數量恐怕可以達到十幾萬至數十萬之多。如同鄭曉的提醒一般，華人進入了夷狄之內，跨越了種族和語言，在一種共同社會形式下活動，在中國社會邊境的東海、南海方面，是非常顯著的現象。

另一方面，即使是在北方邊境，在某種含義上，也是進行著與此平行的現象。其中最為顯著的是，投身至俺答汗麾下的華人聚落——「板升」的發展。關於板升，萩原淳平已有詳細的論述。萩原先生提醒，在俺答汗順義王家的統治下，形成了「牧農王國」，這點「即便是在北方遊牧民族的歷史上，也是特異的社會現象」。[14]山西省的邊外，光是以現今呼和浩特（明代的歸化城，現在的內蒙古自治區首府呼和浩特）為中心的地區，自十六世紀中葉起至下半葉期間，在長城線的北側，就有一個由農民與手工業者所組成、足以維持中國式生活文化，人口約十萬人的社會急速發展。這即便是在中國社會的歷史上，也可以說是「特異的社會現象」。[15]另外，在西邊的鄂爾多斯方面，俺答汗之兄——袞必里克・墨爾根・濟農*「虜掠我邊人六七萬，強勢愈盛」，將強制或是自願移居邊外的華人社會置於其統治之下，也是相當值得矚目的歷史現象。[16]

伴隨著一五七一年的隆慶和議（俺答汗封貢），關於俺答汗與昆都倫汗（老把都）兄弟統治的

* 譯注：或記為「吉囊」。

勢力，更為確切的情報得以傳遞到明朝方面。

在這個時間點的大小板升，漢人約有五萬多人，其中白蓮教徒一萬人，總稱為「夷」的非漢人，則只有大約兩千多人。[17]因為和議，趙全等華人首領被綑縛至北京，曝屍東市，但是並未採取讓板升居民全數返還內地的政策。其後，隨著北邊互市的發展，邊外的農耕、農牧社會獲得了更進一步發展的條件。

以華人為主體的板升本身，與支配板升的遊牧民族蒙古，未必只是因納貢者與接受納貢者這種經濟上的收受關係而結合在一起。就像注意到「牧農王國」現象一般，我們應該看到的是，他們已經構成了一個擁有高度共同性的社會。[18]

在瞿九思的《萬曆武功錄》中，記錄了以邊軍士兵之身，投靠俺答而成為「酋長」的張彥文[19]，以及統率由流亡漢人組成、多達兩千人隊伍的劉四等人物：[20]

嘉靖四十年（一五六一年）十一月，張彥文在大同總兵劉漢的統率之下，出戰平虜及湯西河，棄其旗鼓，逃亡至俺答的陣營，改蒙古風的名字為羊忽祿。他過去原本是有軍功獲得褒賞的人物，現在卻因此轉為酋長。在此之前，在游擊將軍李應祿麾下的士兵劉四，又名天麒，因為李應祿的嚴厲，加上怨恨兵糧受到不當剝削，因而打算逃亡。於是，劉四與陳世賢、王麒謀殺了李應祿，帶著家室一百三十餘人，從羊角山逃亡至俺答處，也改名為劉參將。之後，他與李自馨、趙龍、王廷輔一同引導蒙古騎兵萬餘人，從大同左營的黑龍王墩入侵內地，擊潰雲陽堡等共五十餘座堡，殺害虜掠一千六百餘人，掠奪馬牛羊共七千八百餘頭。俺答將虜掠來的人以及亡命漢人二千餘人分派到劉四的管理之下。劉四隨即令漢人修築土堡一座。其堡周長約一公里，有馬牛五千頭，穀類五千餘石。

兩年後，趙全等華人領袖，與俺答汗及其子辛愛黃台吉的十多萬大軍，一同越過長城，入侵通州、順義、平谷等地，威脅北京。返還後，俺答汗授與趙全「把都兒哈」的稱號，使其統率一萬餘人的漢人部隊。趙全等人則哄抬俺答汗為皇帝，為其建設城郭宮殿等。[21]

俺答汗在自己的麾下設置板升社會與漢人頭目，形成跨越種族的統合組織；透過這種方式，他變成了一種與過去蒙古和瓦剌各部不同性質的威脅。鄂爾多斯的濟農、土默特以及喀喇沁的俺答汗兄弟率領的右翼蒙古，南下至明朝長城一線附近，這件事本身讓明朝與蒙古的關係，出現了巨大的變化。不只如此，過去明朝有效的邊鎮軍事配置以及防衛能力，在這個時期也失去了優勢。這都是起因於蒙古方面採取「登我叛人，（明朝）虛實盡諳」的戰術以及裝備的發展。成長於北方的尹畊，在其著作《塞語》中詳細論述了內外戰力逆轉的實際狀況。[22]與編成滿、蒙、漢八旗，各自擁戴努爾哈赤、皇太極為君主，以軍事國家之姿進行統合的清朝一樣，我們可以從中看見一個包含多種族集團的多重帝國之原始型態。在十六世紀中葉中國的北方邊境，跨越了種族與言語的共同社會正逐漸成形。這與環繞著東海、南海的邊境地帶狀況是如出一徹。

在整個北方邊境當中，東北邊境很早就形成了漢族、女直（女真）、朝鮮、蒙古混雜的狀態。正統八年（一四四三年），女真人驅使中國人從事農耕，被視為一大問題。[23]另外，在一四七〇年代下半葉也發生了事件，逃亡的東寧衛住民假冒建州酋長的名號入貢關市。[24]

十六世紀中葉以後，在這個地區，以中國本土與朝鮮之間的經濟關係為主軸，進行了社會的流動化與秩序的重新塑形。首先，關於華人的越境－定居問題，值得注意的是，板升在這個地區也是十分發達的現象。板升不只是在大同邊外，隆慶元年（一五六七年），朵顏等所謂的兀良哈三衛之中，記錄有「漢人眾多，幸好他們願意向我國邊吏陳訴（入寇的謀略）」。[25]在遼東，官軍流亡佚失的狀況相當嚴重。以嘉靖三十七年（一五五八年）的饑荒為契機，據說在七萬兩千人的員額中，消失了三分之二。此外，不單只是邊外，在遼東半島沿岸的各個島嶼上，「奸民之闌出」也十分明顯。[26]

萬曆年間，在遼東明朝統治區域最北端的開原（三萬衛）擔任地方官的馮瑗，記錄下遼東邊牆外的板升。根據馮瑗的認識，板升是「夷人的佃戶」[27]，因此當地的漢人應該是在蒙古人、女真人頭目的支配乃至於庇護下從事農業，並且支付某種形式的貢賦給支配者。[28]而從「虜的營帳多在樓子旁，其左右前後三四十里，即為板升」的觀察來看，可以推想空間的配置如下：接近遼東邊牆的蒙古人們，以有樓台的家屋為中心建造帳幕營地，其周邊則廣布著漢人農民的耕地與聚落。遊牧的蒙古各部族，在遼東邊牆附近開始過著這種營帳型態的生活，果然堪稱「即使在北方遊牧民族歷史上，也算是特異的社會現象」。

熊廷弼指出，原本從冬季到春季這一段缺乏牧草的時期，騎馬軍團的戰力相對也會降低，中國可以取得短暫的喘息。然而，與邊外發達的農業地帶聯合，又或是將農業地帶置於統治之下，使得糧秣的安定確保成為可行後，騎馬軍團就成為一整年毫無間斷的威脅。[29]華夷混合生活的進展，對於周邊遊牧社會的歷史也帶來了重大的影響。

根據陳仁錫的認知，遼東板升的居民，一方面在邊牆附近接受明朝當局的賞賜，展現出貌似「護邊」的一面，另一方面則是成為努爾哈赤陣營的「細作」，也就是通敵者，在掠奪品上也分了一杯羹。[30]女真人原本就有一部分是過著農耕生活，因此對漢人而言，也算是在有親近感的社會下生活。[31]遼東的漢人雖然毫無疑問，從很早開始就不斷滲透、移居到女真統治地區，但在十六世紀下半葉，作為漢地與女真統治區域界線的邊牆外側，甘犯禁令「闌出」的漢人形影則是益發顯著。根據馮瑗的證詞，在開原南方約二十公里處的松山堡附近，「往年是華夷雜處，互通有無，享有安堵之福」的狀態。[32]馮瑗所說的「往年」，是女真在萬汗（王台）（當時盤踞在烏拉〔海西女真〕的哈達寨）的霸權下，與明朝維持著友好關係開始，到李成梁與努爾哈赤的合作，為遼東帶來繁榮的這一段期間，也就是十六世紀中葉至十七世紀初葉。到這個時期為止，以生活物資交易為基礎的種族混融社會已在這個地區成型。鄭曉的看法是，在遼東，因為很早就在關卡進行互市的緣故，所以很難防止華人與女真、蒙古的相互滲透。[33]

除此之外，在遼東地區，萬曆初年，一五七〇年代以遼東巡撫張學顏、總兵李成梁等為中心，試圖往建州女真的領域寬奠（寬甸）方面擴張勢力。在這個地區，也有大量自內地前來的農民流入，進行開墾並發展與女真的交易；在十七世紀初期，據說數目達到六萬戶以上。根據何爾健的說法，生活在明與建州女真交錯區域的華人人口，遠遠超過十萬以上。[34]

對於努爾哈赤效法前輩俺答汗，積極招徠華人之事，也有許多論者提出警告。[35]馮瑗便感嘆，對於努爾哈赤「殺掠我人民，掠奪我牛馬，招徠反叛亡命者」的做法，明朝只能袖手旁觀，這對開原而言是一項威脅。[36]

華夏之民，夷虜屬民，不依歸於任何一邊，靈活且堅韌求生存的人們；在明末的邊境社會接二連三出現的，不就是這樣的人群嗎？越境者大量湧現的社會現象，是在複雜的因果關係交相影響之下的結果，雖然無法期待全盤理解，但是首先應該可以依循當時人們的認知來進行推論。

在這時期有關邊境問題的論述，呈現出一種率直的認知：選擇歸服外夷、與之共同生活的人們，是因為在內地生活時受到政治權力威脅，因此他們想得到自由，才走上叛逃亡命之路。

鄭曉就指出，西北邊境的人們之所以投向俺答汗的板升，理由之一便是「官吏貪汙殘暴，軍民困苦，因此忍痛背棄鄉土，甘願服從醜類」。[37]另一方面，嘉靖年間中期起，動員邊軍修築長城，結果發生許多想要迴避軍役而逃亡的案例，嘉靖三十七年（一五五八年），以兵部郎中身分視察薊州鎮的唐順之，就點出了這個現象。唐順之力陳，軍兵的缺額人數高達三萬，且留在隊伍中的多是老弱殘兵，不堪戰鬥，這都是因為逃亡的緣故。之所以如此，原因是修築長城等工役的重荷，以及為籠絡附近蒙古的撫賞經費壓迫到軍事費用、還有將領盜用兵餉以及文官的需索，在在威脅到邊軍的生活；在這樣的狀況下，根本無法阻止邊軍的逃亡。[38]

當然，逃亡的邊軍未必是全數投身異域。但是，如同十六世紀末謝肇淛寫下的一般，既無

「賦役之繁、文罔之密」，也沒有胥吏衙役暴力侵擾的「虜地」，作為逃亡的目的地，確實具有魅力。[39]另外，在注腳34所引用何爾健的文章中，也可以看見以下的觀點：因為徭役、礦稅之害，逃離「苦海」前往「樂土」成為人們的動機。熊廷弼則是為了那些人們的心情辯護：比起為了明朝赴死，不如投身前往努爾哈赤管理之下的板升。[40]

> 臣最為擔憂的，不只是強虜，還有餓軍。是何緣故？遼東之軍自從東征（出兵朝鮮）的騷擾以來，又遭受高淮（被特派作為稅監的宦官）毒虐，離心離德的狀態已經很久了。今日又驅趕饑寒的民眾，將他們置於鋒鏑之下，他們的憤怨已達極致，離叛已成大勢。過去曾經聽聞巷間雜談之言，特別害怕虜殺我；但是今日聽聞，虜建築板升讓我居住，給我衣食養我。每年耕種，但是課稅只課粟一囊、草數束，也沒有差役騷擾我。而且先前被擄去的人當中，有親戚朋友可以看顧我。我與其死於饑餓，當餓死鬼，死於兵刃，當斷頭鬼，倒不如隨虜去，還可以苟得活命。如此不祥之語，成為常談，而最近又更加洶洶皇皇，旦夕不保。

這些瀰漫在遼東人們心中對叛亡的想望，已經越過夷虜的強兵，成為明朝當局者憂慮的種子。因為稅役的負擔以及苛政的難以忍受而逃散之事，確實已經成為許多越境者的動機。當時在江南等先進地區，可以普遍看見民眾投靠有力的民間鄉紳。移居或是逃亡至官衙權力鞭長莫及的地區，就算是夷狄之地，對於邊境地區的人們來說，無疑也是逃離苦海的上策。

然而，即便如此消極的動機促使著人們往邊外移居或是逃亡，但像各地的板升以及寬奠六堡地帶這種大規模的移居區之所以能夠成立，是因為當地的條件已然成熟，以農業為基礎的社會正在發展，支撐起華人們的生活文化。越過長城與邊牆亡命的人們，未必就打算投身遊牧生活或是狩獵採集生活——當然，也有一部分的人應該是這樣的狀況；與在漢地幾乎同質的生活，也能夠在邊外實現，是必要的條件。當時的邊境社會，若是欠缺這種條件的話，亡命者們肯定會受到蒙古人與女真人的生活文化所同化。但是，這個時期的越境者們，在接受蒙古與女真君長的統治的同時，卻並未被同化。支持著這個邊外社會的，便是藉由互市所進行的交易。

正如眾所周知一般，當時代邁入清朝，特別是從十八世紀至十九世紀這段期間，現在的內蒙古與東北地方，持續流入了大量的華人移民，進行開發。另外，在南海沿岸各地，華人勢力的擴張對當地人幾乎成為威脅，這樣的狀況也是到了清朝中期以後才出現。在這之前，十六世紀形成北方邊境的板升，和遼東邊牆附近混融社會的人們，與幾乎是在同一時期於東海、南海方面，和不同人種發展出共同社會的華人一樣，都可以看作是清朝時代移居與漢化潮流直接相關的先聲。如果著眼在每個人所身處的具體狀況，有的逃亡者是為了逃避重稅苛役，也有人是為了躲避對白蓮教徒的鎮壓，又或者是參加邊境軍隊兵變的暴動者。或許我們也可以這樣思考：因為這些消極性的動機，這批逃亡者、亡命者，成為了實際上翻開歷史嶄新一頁的先驅者。

## 二、邊陲的商業熱潮

即使說十六世紀下半葉，「進入外夷的華人」已成為歷史的先驅者，但是他們並非是具有主體性、或是有意識地去扮演這個角色。當時的邊境社會，就像是一個正在發揮作用的強力磁鐵般，將他們吸引過來，促使他們跨越邊界。那麼，這塊強力的磁鐵，究竟是何物呢？雖然這並不是容易回答的問題，但是細看國境線的內側與外側雙方，再加上觀察，就可以看見在邊境地帶存在的商業熱潮，是帶來社會流動的重要原因之一。在東海、南海地區，毋庸贅言，中國、日本、葡萄牙、西班牙交雜參入的海上貿易，促使進入外夷的華人，也就是作為邊境人的倭寇出現。而在北方邊境，雖然不及東海、南海地區，但也可以看見幾乎在同一時代，一股商業熱潮正在興起。

整個十六世紀與蒙古主力軍對峙的明朝最前線，是山西省的大同。謝肇淛在《五雜組》之中，將十六世紀末左右的大同形容為「其繁華富庶不下江南」，並用些許誇大的方式描述說，「當地婦女的美麗、日常用品的精緻程度，是其他邊塞地區所未有的，這是因為隨著和議所開展的互市已久，並且未曾歷經兵火的緣故。」顯示出謝肇淛認識到一五七一年隆慶和議（俺答汗封貢）確立互市[41]，為大同帶來了繁榮。[42]

大同地區，以及連結宣府鎮的張家口等長城沿線各處，在一五七一年以後開展互市，推動蒙古草原的家畜與江南的絹製品、棉製品等商品的交易日益擴大。隨著這種發展，大同等邊境都市——以及位在蒙古草原的歸化城（呼和浩特）——日益繁榮也是理所當然。但是，這股商業熱潮，是一五七一年以降才出現的嗎？恐怕並非如此。

在沿岸地帶，首先是走私，而且是包含官民在內的走私與兇猛的海盜行為，約從二十年前就已經開始，最後總算在一五六七年海禁弛緩，漳州府的月港，也就是海澄縣的貿易受到官方承認。在北方邊境，雖然沒有如此大規模的活動，但是在隆慶和議公認互市之前，也是擁有相當長的走私歷史。[43]

沿著長城線以及其東部延長線的遼東邊牆，明朝方面為數眾多的鎮、堡等軍事據點櫛比鱗次，建立起防衛華夷邊界的九邊鎮體制。但是時序邁入十六世紀中葉後，這支邊境的軍隊與蒙古、女真相互往來，進行兩地間物資交換獲取利益的傾向十分明顯。嘉靖二十九年（一五五〇年），正值庚戌之變的高潮期，若是讓邊軍的當局者違反禁令與蒙古方面往來，其利益歸於下，但若朝廷可以大開賞格（承認互市，加重對蒙古的撫賞），則會變成恩出自上，因此會有認為後者為上策，要求承認與蒙古交易的聲音出現，也是理所當然。[44]

讓一五七一年和議成功的王崇古，也是巧妙地利用與蒙古私下往來的邊軍來達成目的。[45]大同守軍與蒙古的往來，並非是單純的個人行為，而是有組織的行動。大同的指揮官們與蒙古方面締結密約，私下賄賂俺答汗陣營，以供給物資為交換條件，讓大同附近的地區從蒙古的攻擊對象中被剔除，改行劫掠其他場所，這在當時已是昭然若揭的事實。[46]

嘉靖皇帝的心腹之一，是在一五五〇年庚戌之變前後，擔任邊境防衛總負責人的仇鸞。[47]仇鸞在建議重開與蒙古的官方馬市之上奏中，描述俺答汗、脫脫等割據明朝周邊領土的「虜」，代替明軍「瞭望」，也就是在防衛設施上監視邊境，而明朝方面的兵士則是代替「虜」照看家畜，揭露出令人難以置信的敵我協調狀況。大同的總兵周尚文「私下讓該部與虜交易」，蒙古方面則將背叛明朝的王臣等人作為間諜使喚，明朝內部的虛實暴露在蒙古眼前，應該也是事實吧！[48]仇鸞本身其實也與蒙古私下通交，在其死後不久，這件事情大白於天下，嘉靖皇帝命令曝屍，其部下的一部分逃進蒙古，醜態畢露。[49]因為軍隊是這種狀況，所以即使表面上傳出激烈的戰鬥與蒙古的大規模殺掠，私底下卻可以看見，不管是人還是物資，都可以相當自由的流動。倘若人與物資沒有私下鑽過禁令流動，那麼應該也不會形成大規模的板升社會。

另一方面，在遼東地區，女真各部的有力人士與明朝軍隊合作，互相分享貿易利益的狀況則更加顯著。在努爾哈赤從分布在遼東與朝鮮中間地帶的建州部當中崛起之前，明朝在北部開原方面與扈倫（海西女真）的哈達（南關）首領王忠、王台系統聯手，在東部的撫順方面則是與建州部的王兀堂合作。在明朝羈縻政策之下被分割的女真各部中，約在十六世紀中葉左右，出現了對明朝表現忠順，且在部內建立起由其全權掌管的互市場，帶來人參、貂皮、淡水珍珠等內地高級物產的有力人士。[50]哈達的首領壟斷了九百九十九份相當於貿易許可書的貢敕，與開原之間進行毛皮等物的交易，但是在開原邊外擁有居城的哈達與葉赫等部族，卻不是這些物產的生產者。

根據三田村泰助的說法，「南北關的領主們本身擁有商業資本家的性格」，並以此型態在當時的舞台上登場。[51] 從前文已經十分熟悉的馮瑗《開原圖志》記述，將作為壟斷貿易業者身分的哈達、葉赫統治者之真正樣貌，以文字敏銳地表現如下：[52]

東夷（女真）這個種族，屋居火食，幾乎與內地相同，戶戶皆知稼穡，並非一味以射獵來營生，因此他們靠近我方邊疆，也不會引起恐慌。又，參貂馬尾的利益，皆是東夷所產。東夷有從遠方的混同江（松花江）前來者，也有從更遠的黑龍江前來者；他們行經的路線或者千餘里、又或者二、三千里，若是沒有近夷的居停主人協助，是無法藉由通譯來交易的。昔日，南關（哈達）的夷酋王忠在靜安關外建立城塞，就是專門為了居停的利益。北關（葉赫）見狀也仿效之，在這裡（鎮北關外）建設城塞，簡單說就是為了爭其利益。自恍惚太等人在混同江口建立城塞起，其利益盡數歸入奴酋（努爾哈赤）手中。因此，連年東夷相互對抗的狀況，雖說是爭奪敕書，實際上是在爭奪其利益。

「居停」就是旅舍之意。讓從外地來的客商住宿，從中仲介買賣獲得利益，機能等同於牙行。想要取得仲介之利的邊疆附近首領們，向從內地帶來貂皮、人參、馬尾等高級物產的女真——可惜的是他們沒有敕書，也就是沒有貿易的權利書——購買商品，再以高價轉賣給明朝，大賺一筆，堪稱是相當機伶的商人。

只要遼東當局者願意繼續默許貢敕的壟斷狀況，王忠等女真有力人士便會對明朝方面展現忠順態度。另一方面，站在明朝的立場，給予女真方面全權掌握交易、保持貨源供應穩定的哈達與葉赫，乃至於後來的努爾哈赤保護，也是基於商業利益的結合。如此一來，明朝方面的遼東當局，與接受庇護的中國商人，加上在邊外壟斷「參貂馬尾之利」的女真有力人士，形成了三角同盟的關係，開原呈現出「舉城爭和戎之利者，熙熙嚷嚷」[53]的繁榮盛況。

女真人控制著明朝邊疆周遭的商業與農業，在其生活文化中也有強烈依存中國本土的傾向。遼東巡撫張學顏的觀察「大概海西，建州諸夷，衣食皆易諸內地」，不能單純斷定是完全基於中華式的誇大妄想。[54]萬曆三十七年（一六〇九年）開原按察史僉事高折枝[55]，對於邊外的女真與蒙古，和作為互市場的開原間相互依存的狀況，有如下的見解：他們的人口眾多，各部並未統一，且皆將中國的市賞視為利益，從與中國的交易中圖得便宜。倘若中國關閉關門，禁止通商，那麼他們將無法取得中國的布帛、鐵鍋、農具等日常生活必要的物資，他們的牛、馬、羊以及人參、榛、松果等商品也失去了販賣的市場。如此看來，不過是小如彈丸的開原，實際上卻是夷虜仰賴生存的所在，因此，開原不應該輕率地斷絕夷虜，而夷虜也無法輕易地與開原斷絕關係。高折枝的戰略，便是掌握住這種相互依存的狀態，「隨勢安輯」，也就是以此維持住邊境的和平。[56]從這裡可以清楚傳達出，哈達的王台、建州的王兀堂、努爾哈赤等向明朝當局展示出幾近卑屈的順從態度，是因為他們的經濟命脈就在關口互市。[57]

在女真內部，一面與結合開原的哈達及葉赫爭戰，一面在李成梁的庇護下以撫順、清河方面為地盤，不久後壟斷「居停之利」，爬上女真商人大總管位置的人物，除了努爾哈赤外，別無他人。關於李成梁與努爾哈赤的合作，三田村與和田正廣已有詳細的研究，在此便不贅述[58]，不過在明朝內地有許多人確實相信，努爾哈赤自小就在李成梁旗下備受照顧，又或者努爾哈赤是李成梁的養子等傳說。[59]

在確立和議體制之後，邊軍將領與夷虜頭目合作，掌握邊境貿易的控制權，獲得利益的結構，也可以在西北邊境看見。萬曆三十八年（一六一〇年），陝西巡按御史穆天顏做了這樣的上奏：[60]

一、革除私市。陝西鎮的大小二市[61]原訂有交易的上限與日期。近日，將官圖謀牛馬貿易的利益，在非市期的時候交易，甚至還擅自販賣違禁品。漢與虜要是有了交情，就會有間諜出入吧！要是將中國的利器示之以人，那麼長技會反而被虜所運用。若是不嚴格取締，將會釀成大患。

從朝廷接受職務、收下敕書的首領們，帶有「商業資本家」性格的現象，在大部分人並未離開遊牧生活、作為家畜生產者的邊境蒙古社會中，並非特別顯著。不過，在一五七一年隆慶和議之際，俺答汗陣營要求的，並不是永樂年間以來馬市的復活，而是在遼東已經實現的，從日常生

活雜貨到農用器具等的「互市」。在和議的交涉上，王崇古傳達了蒙古方面使者的話語：[62]

虜使說，請求開放的市，並不是馬市的復活。允許朝貢之後，想要進行貿易，規則比照遼東的開原與廣寧的互市一般。這是作為國家制度，適用於諸夷的常典，而不是比照昔日的馬市。臣等認為，若是先帝（嘉靖皇帝）在世，必定會俯從其要求，不會拒絕的吧。

實際上，王崇古等人是比照在遼東的開原，與扈倫（海西女真）之間所展開的「月市」之例，要求每月訂立一到兩日的期間，進行交易。如此的互市，不單只是在大同、張家口方面，在西邊的延綏也與鄂爾多斯部之間召開月市。[63]

遼東的互市，為支配市場的有力人士帶來了巨大的利益與權勢；這樣的情報，當然會傳遞到西邊的蒙古諸部之間。以俺答汗為盟主的右翼蒙古諸部族長們對和議抱持的期待，是當中可以大賺一筆的商業利潤；如此的推想十分合理。後來，萬曆十八年（一五九〇年）兵科給事中張貞觀忖度蒙古內部的實情，這樣表示：「虜得漢物已二十年。一旦我方停止市賞，虜將會立刻採取搶掠的行動吧。搶掠而來的利益大多歸於部落，市賞的利益大多歸於酋長。市賞的利益輕鬆安逸且能倍得，搶掠的利益耗費勞力，卻只不過能得一半」。[64]就跟對倭寇而言。比起暴力性的掠奪，「和平式的走私」較為輕鬆是一樣的道理，對於蒙古諸部族長來說，比起流血搶奪漢地的物資，拿著貢敕從事「市事」[65]，坐享利益，當然是較有吸引力的選項。毋庸贅言，這對明朝邊軍來說，當然也是歡迎之至。[66]

在一五七一年和議之際，邊境的蒙古人與漢人之間除了有關解決紛爭的「規矩條約」，共計十八條之外，還訂定了關於互市營運的「市法」，共計五條，並決定「每年互市的額馬」為一萬四千五百匹馬，以及定價等細目。[67]從這裡可以清楚看出，俺答汗「封貢」的實質內涵，是交換蒙古與明的和睦，以及「互市」的通商協約。

邊外的右翼蒙古社會，也因為與中國實現互市，而產生了變化。其結果便是，他們連衣食方面也趨向中華風格，被說「與漢無異」，甚至出現與親戚舊友一同經營租馬業，或是使用他人名義進行違法交易，藉以獲得生活資金的朵顏衛都督。[68]他們既是牧民的君長，同時也擁有另一張臉孔，就是這個時代特殊的邊境商業經營者。在俺答汗同父異母的弟弟昆都倫汗（老把都）系統的互市場所——張家口地區，迎娶中國歌姬等作為妻子的蒙古人大量出現，也有將華人作為差役使喚的人。明朝方面，在軍官將領中，也有購買家屋租賃給蒙古人居住的人出現。「名義上是守貢，在一年之間只有半年前往胡中，其他時間皆是居住在漢室，以漢婦為妻，儼然忘卻了自己身為胡虜之身分」。[69]在這股邊境商業熱潮中，蒙古社會裡即使出現了如此擅長商業買賣的人，也並非不可思議之事。

直至十六世紀下半葉以降、讓人感受到新時代降臨為止，在經濟、文化能量不斷提升中國本土周邊，就連遊牧蒙古之間，也出現了大小頭目深深依附邊境商業的形勢。更加具有商業性的東海、南海沿岸的倭寇，以及開原關外的哈達、葉赫與建州的努爾哈赤王國也是如此；在緊急的時刻，他們會為了貿易的利益而拔刀拉弓，可以將之視為武裝商業集團。邊境商業的危險與一觸即發的性質成比例，其利益也是非常龐大。而在明朝的邊境軍隊方面，視情況也會成為交易的主體，投入資本，從商人吸取一部分的利益，在邊境商業熱潮中成為利益享受者。其中最為突出的人物便是成為遼東大軍閥的總兵李成梁，以及後來的毛文龍。

## 三、中心與邊陲

擁有敏銳歷史感的鄭曉所預感的「華人進入外夷」時代，以及這些人是以半華人、半夷狄的姿態在域外形成新的社會，讓接近邊境的外夷，在經濟、文化與政治上與之並行，產生了巨大的變動，這樣的狀況，是由十六世紀以降邊境的商業熱潮所支撐起來的。透過大同、張家口、開原、撫順等位於邊內的節點，北方邊境的商業熱潮，與作為經濟中心的中國先進地帶之發展，緊密連結在一起。

在這個時代的邊境市場上，中國方面流入的是絹製品、棉製品到農具、雜貨等生活上的物資。往遼東地區的物資，海運是經由山東半島輸入，陸運則是經由山海關運送。特別值得注目的是，從山東半島至遼東半島的海上交通盛況。嘉靖三十七年（一五五八年），也就是東南沿岸海禁弛緩、倭寇沉靜化約七年前之際，基於薊遼總督王忬的奏請，明廷認可了由山東半島至遼東的海上通商航路。

在這個時候，連結山東與遼東的海上貿易盛況，已經讓這條航路上的海禁政策，形同虛設。同時代為政者的觀察也是如此。王忬立論的根本是，「近日，雖然隔絕了海道，但連結（遼東半島的）金州與（山東半島的）登萊，南北兩岸的漁船、商船往來，動輒千艘，官吏根本無法悉數臨檢。故此，不如因勢誘導，明確解除海禁，用船舶運送山東的穀類（至遼東）較佳」。[70]另一方面，遼東—山東間的海運，經由臨清「抵達蘇杭淮楊，興販貨物」，與富民猾商的活動相互連動。[71]因此促成渤海灣海禁解除的，確實也是中心與邊緣經濟的結合。

一五七一年的和議，讓蒙古購入或是接受中國內地商品給付的數量，與走私時代相比大幅增長。為了供給需求，和議的功臣王崇古等人派遣收購的商人與高階軍官，前往臨清、河西務、張家灣等大運河上的商業都市。[72]在邊境發揮作用的磁場中心，果然還是在江南，以及大運河的軸線上。另外，在隨和議實施互市的這個時候，明朝方面需要七萬兩的官市市本，但到萬曆五年（一五七七年）時，已經擴大至二十七萬兩。這是宣府、山西、大同三鎮合計的總額。[73]又，在萬曆二十八年（一六〇〇年），光是張家口方面市賞的歲額就已經上達二十三萬七千兩。[74]在互市場所，除了官市以外，也進行允許一般商人參與的民市，而民市的交易則是主流。[75]上述的市本與市賞，並不包含在民市進行的交易內。

右翼蒙古諸部也有獲得漢地物資的必要；作為交易資本，最重要的便是家畜。萬曆十五年（一五八七年）前後，光是在與喀喇沁部的互市市場張家口，明朝當局便目睹每年有三萬匹馬的交易。御史孫愈賢提案，應該限制青把都、永邵卜等部眾帶來的馬匹數量，設定張家口兩萬匹、大同一萬匹的上限，但是並未被採用。否定設置上限的理由，是青把都等部眾「至繁衍，不可以倉卒議損」。[76]當張家口等地在商業熱潮的恩惠之下，急速繁榮發展的同時[77]，明朝方面也觀察到，受到互市恩惠的邊疆附近右翼蒙古諸部，人口和家畜增長的現象顯著。

從蒙古大量流入的馬、羊、牛等家畜中，被民間商人購入的部分，究竟是經由何種路徑銷出？關於這點，很可惜並沒有明確的材料作為佐證，但是蒙古產的大群家畜，無疑地是一面嚼食著路邊的草糧，一面流通到全國的市場。另外，遼東產的高級物資——貂皮、人參、淡水珍珠，最大的顧客應該是北京與江南的富裕階層人士。人參等物資因為重量輕，流通的範圍應該會更為廣泛。當時人參一兩的價格，超過了一兩銀。[78]對於如此高價的商品，漢地與朝鮮仍舊有很大的需求。毋庸贅言，中國這個龐大市場的購買力提升，促成了邊境商業熱潮的發生。另一方面，這個時代蒙古、女真間對棉製品需求的高漲，也成了加深內地與邊境、邊外經濟連結的原因之一。

# 四、在邊境奔流的白銀

跨越種族與國境、在邊境社會中產生的變動與流動化，與宛若奔流般的商業化浪潮漫延的地區，這兩種現象不可分割思考。在十六世紀中葉以降，這樣的狀況在多數地點愈發顯著。這並非出自偶然，兩者之間應當具有強烈的關聯性。

這種關聯性的重要關鍵，恐怕就是這個時代在東亞流動的銀。雖然中國國內銀的產量有所增長，因此作為貨幣的銀存量應該也會有所上升，不過從國外流入的銀，才是讓中國、乃至邊境經濟急遽沸騰的元凶。根據小葉田淳的研究，一五三八年日本銀開始流向朝鮮，在十七世紀初期，推算每年有四百萬兩至五百萬兩的銀，主要流入朝鮮與中國。到了十六世紀下半葉，墨西哥銀一年以六十萬兩至百餘萬兩的規模，開始流入中國。[79]

流入朝鮮的日本銀，大部分是用來購買中國的絹製品、棉製品等，這些商品作為銀的對價再次出口至日本，形成一種中繼貿易的利潤，也從而孕育出從女真手中購買貂皮及人參等高級物資的購買力。在女真地區中，夾在突出的明朝遼東邊牆、以及朝鮮國境中間的是建州女真；以此為根據地崛起的努爾哈赤，不久便掌握住遼東霸權，絕非偶然吧！

另外，在中國內部也出現了銀的大規模流動。在與邊境社會的關係上，應該注意的是，自十六世紀中葉起，大量的銀作為軍費被輸送之事。過去，百瀨弘先生曾提出這樣的見解：「這些銀當中的一部分回到邊境米穀的供應地，一部分流入滿洲，另一部分則是聚積在活躍於北方邊境的巨商，或是守備邊鎮的大官等人手中」。[80]和田正廣則在關於李成梁財政基礎的詳細研究中，證實了有大量的銀流入了守備邊鎮的大官與巨商口袋中。[81]就這樣，銀成為從蒙古與女真手中購買商品的資金，毫無疑問也讓走私和互市變得熱鬧非凡。一部份的銀作為撫賞和市賞，到了蒙古和女真首領的手中；他們帶著自己提供的家畜和物產還有這些銀兩，出現在互市市場，成為購買中國內地產的絹、棉製品、日用雜貨與農業物資的消費者。

正是因為銀的威力在邊境較先進地區還要來得強大，所以中國內地對邊外商品的需求旺盛，帶給邊境社會的強烈衝擊是可以想見的。俺答汗的牧農王國這個特殊現象也好，哈達與葉赫在互市市場附近構築山寨、藉由仲介貿易取得巨額利益的新動向也好，或許可以說，都是被銀和作為其替代物的絹和棉的魔力所牽動起來的。鄭曉指出的「華人入外夷」時代，是銀和商品在邊境奔流的特殊時代，同時也是十八世紀以降時代的先驅——當時，這種狀況已不再是特異，而是變成了常態。

當然，在明清交替時期，因為政治的變動與戰亂，中國社會呈現一段暫時性倒退與經濟不振的時期，而邊境社會毫無疑問，也陷入了衰退、不景氣、甚至荒廢的狀態。畢竟北方邊境已成為激烈軍事對立的焦點，會有這種衰退也是理所當然。

在前文所參照的馮瑗《開原圖志》記述之中，可以看到他在描述松山堡附近出現的「華夷雜處」狀況時，用了「往年是」這樣的詞；從這裡可以窺見，李成梁與努爾哈赤的互惠關係，因為明朝方面的警戒心提高而遭到破壞，並且暫時消失。話雖如此，努爾哈赤仍然致力吸收漢人，因此混居社會並未消失，應該只是移動到明朝官方耳目所不能及之處罷了。

但是，如同眾所周知，在滿洲鎮壓遼東之際，有號稱百萬的居民被敗退的明軍驅趕，以難民之姿流入關內；接著又因為清朝入關，約有五十萬人的滿漢蒙八旗及其家人南下，光是遼東地區，在明清交替時期，其社會確實遭受到了巨大的傷害。

儘管如此，這個一時性的災難，並沒有推翻歷史洪流的方向。靠近鴨綠江的寬奠地區，在朝鮮—中國間的交易路徑東北方延伸開來；在寬奠西方數十公里處，有鳳凰城。十七世紀末朝鮮方面的史料《通文館志》記錄，證實了這個地區已由荒廢的狀態回復過來，進行著繁盛的交易與生產活動：[82]

> 以前，關東土地空曠，人民稀疏，民眾並不勤於生計。鳳凰城內人戶稀少，只有靠著官府提供錢糧生活的八旗兵丁居住在那裡。田地荒廢，與柳條邊的柵外並無不同。近十多年來，買賣逐漸盛行，商貿日益繁盛，人口也增加，成為一大巨鎮。柳條邊的附近也出現了大型村落，從柵（柳條邊）到鳳凰城皆成為農地，互相可以聽到雞犬之聲。每到市期，從（遼東半島沿岸的）金州、復州、海州、蓋州運送棉花來的人，從瀋陽、山東運送粗織棉布來的人，從中後所、遼東運送帽

子來販賣的人，車馬輻輳。南方的商船直接停泊在牛莊港口。近日還有北京的人運送絲貨來到柵門。在城中開業的店鋪，幾乎和關內的大都市一樣，櫛比鱗次，商人們的衣服和車騎之華美，足以媲美公侯。而我朝鮮之民，從開城和關西（平安道）來到義州。凡是從事商業買賣的人，大家都負債，甚至子孫敗絕。而管餉庫和運餉庫的緊急儲備，也（全部投入互市）只剩帳簿上的空頭數字。[83]既然說是互市，就應該要雙方均享其中的利害，但現在卻是這樣的景況。我朝鮮人民帶到市場的，不是人參等禁制品就是銀子。銀子不是國產，而公私的銀積蓄量有其限度。而且人民為了運用銀子來獲利，不肯白白蓄積銀子一年以上，每到市期必定傾囊付出，然而一旦入了中國，這些銀子就不會再回來了。

清代在鴨綠江中央沙洲的中江地區，設置了與朝鮮的互市市場。來到義州的朝鮮商人，在中江的互市市場從事交易。在那裡，他們透過十七世紀末作為商業都市復興的鳳凰城，與中國本土連結。人參原本是朝鮮有名的商品，但是因為清朝將人參列為禁制品，導致可以在檯面上交易的只剩下銀子。

正如《通文館志》所言，銀並非國產，而是作為對馬貿易的對價、進口而來的日本銀。中江的互市以及朝貢使節在北京的交易，用銀購買要賣給日本的生絲和絲綢製品等，再透過對馬海峽的海上貿易路徑交換日本銀。因為明清交替時期的動亂而荒廢的東北邊境社會，伴隨著銀與中國產品流通的復活，而逐漸得以重振。康熙皇帝解除海禁（一六八四年），活化了中國與外域之間在人、物資、金錢上的循環，其影響也及於遼東與作為鴨綠江互市市場的義州。

在邊境社會，於十六世紀打開的奔流，縱使一時之間遭到遏止，不久後水量回復，又成為比以前更加強勁的洪流。

# 小結

十七世紀中葉明清交替的政治性變動，若從宏觀的角度來看，可以將之理解為一個時代的歸結；這是東亞南北同時並行，地域間交易發展與邊境社會流動化的時代，也就是所謂「華人入外夷」、超越言語種族之華夷共同社會出現的時代。

在遼東，憑著手段剛毅果決、在商業熱潮中汲取巨大利益，攀上邊境實力派人士地位的，就是李成梁，以及和他合作的努爾哈赤。作為這種棟梁人物底下受保護的人民，對邊境住民而言，成為了抓住生存機會的有利選項。要作為李成梁一族的家丁，投身「蒼頭軍」，還是投向留辮髮的努爾哈赤陣營，成為隸屬民（滿語拼音：aha niyalma）或是八旗兵丁，在這兩個選項之間，並沒有所謂的高牆阻隔。隔著遼東的邊牆內外，李成梁與毛文龍[84]等軍閥，與努爾哈赤支配下的女真、蒙古、漢人混合集團，不管是在邊境商業的關係上，還是在由首領與部民組成的武裝集團性質上，都有著很強的共通性，可以說是宛若雙胞胎一般的存在。

陳仁錫指出，明與建州的互市市場——撫順與清河的居民，透過日常交易和建州的女真人間熟稔相交，甚至進行通婚，因此很容易被努爾哈赤陣營策反，從而產生「其人陷于犬羊而恬不知恥，奴（亦即努爾哈赤）亦熟稔情好而任用無疑」的合作關係。如此的狀態，是因為「關市年久，夷夏防疎」的緣故，在長城線上的交易地點張家口與潘家口，也具有同樣的危險性。[85]

一六〇九年春天，熊廷弼提出警告，表示努爾哈赤並不只是單純的外寇而已：「東虜（指努爾哈赤勢力）的城郭、田廬、飲食、性情與遼東相同，其志在我方之土地……對東虜的舊規，交涉是在關門，由守關的官員代為轉達。自從前任的巡撫與總兵（指李成梁）玩寇自重以來，給予干骨里等人數枚銀牌，讓他們自由地出入關門，而且告誡驛遞不得阻止，若有人阻止允許通知官府，阻擋者論罪。如此一來，往來之事月無虛日，每前往廣寧便停留數月，簡直就如同家庭一般。結果，舉凡兵馬的虛弱、錢糧的匱乏、城堡的損壞、地形的險易、以及民眾思亂而嚮往投靠努爾哈赤等態勢，全都為對方所熟習深知」。[86]努爾哈赤潛在性的威脅，實際上是來自於邊境社會的流動化，明朝當局者的困境，也正是來自這裡。

在歸化城掌有勢力的順義王家，在俺答汗逝世後，失去了統率力，不久後被林丹汗擊潰。當時若有具野心又優秀的領導者出現，以張家口、歸化城或是大同為中心，建立起如努爾哈赤集團一般的商業—軍事王國，也不是不可能發生的事情。在此前後的時代，於海上活躍的王直、鄭成功，在某種意義上也可以認為是努爾哈赤和李成梁、毛文龍的同類。

以這樣的角度來看待十六、十七世紀的北方邊境社會，應該可以注意到，在這個時代中，清朝這個新政權的形成，具有非常重大的歷史意義。[87]努爾哈赤極其廣泛地接受「進入外夷的華人」，同時也吸納滿洲地區的蒙古人，成功地形成滿蒙漢的聯合；其成功的原因，不就是因為努爾哈赤及其夥伴跨越種族與言語，以眼明手快、無懈可擊的出手方式，在狂暴的邊境市場中千錘百鍊成鋼嗎？

十六、十七世紀的遼東滿洲國家，是只有在這個時代才會出現，由邊境人的政治性集結所孕生出的結果。另外，代表這些邊境人利益的國家，隨著其成為中華帝國的主宰者，撤廢了長城線與邊牆的界線，解決了過往成為時代焦點的邊境暴力問題。如此一來，讓這個銀、人、物資激烈活動、流動與變動的時代，導上了安定發展的軌道，也就是所謂的軟著陸，我們應該可以看出其中極重要的意涵吧！[88]

# 第四章

# 十六世紀中國對交易秩序的摸索與互市

# 緒論

十六世紀中葉的中國，在邊境經歷了激烈的動亂。被稱為「北虜南倭」的這場動亂，雖然關於其背景可以指出諸多要因，但最根本的原因是與外界在交易上的齟齬，導致大規模且長期的暴力對應。以正式承認中國商船在漳州的出海貿易（也就是所謂部分性的「解除海禁」，一五六七年）及俺答汗的封貢（一五七一年）為代表性的政策轉換，確實使動亂趨向沉靜，而其間政治的演進過程，也隨著迄今為止的研究而幾近究明。

本章所要論述的問題是，在如此危機以及政策轉向之中，對於交易秩序的理念與認知，究竟是如何表現在檯面上，而其作為改變現實的力量，又發揮了怎樣的作用？

以下，首先將著眼於明代針對朝貢船運載的附搭貨物所實施的抽分制度，論述當時的人對它究竟有著怎樣的認知；接著闡明十六世紀上半葉的廣東，以對附帶貨物的抽分為基礎，形成互市制度的情況。

最後，筆者會論述為了與有別於朝貢船來航的外國商船——當中也包含了從朝貢國所在地區以外來航的船隻——進行互市時，與之因應的明朝人們所抱持的商業邏輯與實踐。他們一方面受到「朝貢—海禁體制」這一種「祖宗家法」所限制，一方面又要在事實上創生出互市體制；在這種過程中，只用官方有限的行政資源來管理直接交易並維持秩序，是相當困難的。在此，便浮現出一個合理的選項，那就是讓介於內外之間的商人，擔負起緩衝與溝通管道的機能。

唐船の圖，十九世紀江戶末期，歌川芳虎作品。描述了來自中國的貿易船，即「唐船」外貌的浮世繪作品。

# 一、「祖宗典章」

這個時期產生的諸多矛盾和齟齬，其主要性質是來自經濟主體間的直接利害衝突。跨越「華」、「夷」界線的交易擴大，以及隨之而來的人員流動，加上管理交易、人員的制度結構，這個三角形受到了巨大的扭曲；不只華和夷，甚至是中國內部的華人以及「進入夷狄的華人」，都在這種交易中爭相競逐。在南北同時發生的暴力，促使這個三角形趨向安定。就在這種邊境的危機以及暴力的壓力驅策下，中國朝野針對交易與秩序，展開了各式各樣的議論。問題的關鍵是，對於明王朝的朝貢—海禁結構[1]與交易的擴大，是否有可能找出讓兩者不相矛盾、且可兼得的方略？

在同時代的人們之中，對這點看得最透徹的是《籌海圖編》的作者鄭若曾。在該書的〈經略〉（卷十一～十三）部分中，廣泛列舉出了各式政策論與軍事論，並對這些論述加以檢討。其中，關於「開互市」一事，鄭若曾引用了部分論者的言詞；至於他自己附上的按語，則是基於對當時海上貿易現實的認知，以及對明朝制度結構透徹的觀察，簡明地展開議論。鄭若曾分析交易船與其所進行交易的型態如下：[2]

貢船：「夷王遣」朝貢之船，定期帶著勘合與表文來航。
市舶：（以朝貢船為對象）在廣州、福州、寧波等各個市舶司所展開的互市。
商舶：從「西洋」（東南亞各國與葡萄牙）前來的船隻抵達廣東的「私澳」（不同於朝貢船所進入港口的口岸）後，經過官方徵稅展開貿易。
寇船：從事掠奪的海盜船。

其中，貢船與市舶是不可分割的一體，原本就無法分離（貢舶與市舶一事也。分而言之則非矣）。當時關於倭寇問題的議論之中，一方提出「應開市舶」，另一方則表示「不應開市舶」，出現互為相反見解的兩個陣營。然而，對於這種只議論市舶，也就是撇開朝貢制度、只討論是否應該開放互市的論法，鄭若曾不得不提出異議。此處所說的「市舶」，原本是指市舶司之事，但在鄭若曾的議論中，則是意識直至宋代、元代為止，由市舶司管理、透過民間貿易船所展開的互市；因此，他其實是將「市舶」比喻為非採朝貢形式的互市、附隨朝貢的互市制度，以及在這底下進行互市的船隻。但是，明朝的市舶司只接受朝貢船隻。已不是原本的市舶，而是只剩下貢船。那麼，展開互市的市舶，要從何處察覺其存在呢？[3]

其來也，許帶方物，官設牙行，與民貿易。謂之互市。是有貢舶，即有互市。非入貢即不許其互市，明矣。

（譯：〔朝貢船隻〕來時，允許攜帶特產品，官方則設置牙行〔仲介商〕，讓他們與民間人士貿易，這就是所謂的「互市」。有貢舶，就有互市，不入貢，便不允許互市，是不言自明之事。）

互市只能在貢舶的範疇內謀求。換言之，在鄭若曾生活的明代，朝貢與互市是同為一體，不可分割的。鄭若曾本身，並非是擁護「朝貢－海禁體制」的基本教義派。但是，當為了有效平撫倭寇問題的方策而討論是否開放互市之際，在論述時不可忽視的是，關於日本的朝貢是「人為二百，舟為二隻」，且「即使後來放寬了數量的限制，但絕對沒有改變十年一貢的貢期」：[4]

日本狡詐，叛服不常，故獨限其期為十年，人為二百，舟為二隻。後雖寬假其數，而十年之期未始改也。今若單言市舶當開，而不論其是期非期、是貢非貢，則釐貢與互市為二，不必俟貢而常可以來互市矣。紊祖宗之典章可乎哉！

（譯：如今光是說開市舶，卻不論其貢期的規定是否一致，也不論其是否為朝貢，那麼貢與互市將會分離為二，不等待貢期，便可隨時前來互市，怎能如此紊亂祖宗典章呢！）

當時，在海禁下的朝貢貿易一元化體制，其崩頹之勢已是昭然若揭，也被理解到是引發邊境騷亂的重大要因。因此，當時的人們才會將議論的焦點，放在「開互市」這種手段，是否能有效讓倭寇之禍平靜下來。另外，「商舶」就是官方認可的走私貿易。連原本不該允許的手段都在現實中施行，並被搬到檯面上來進行討論。然而，一旦「祖宗典章」這個詞語出現，議論就不得不直面另一個層次的問題。

鄭若曾曾經在對倭寇作戰最前線的總督胡宗憲麾下，擔任私人參謀的職務；因此，他的立場和在野人士、以及距離遙遠，能夠自由大發議論的京官們大不相同。簡單說，鄭若曾在摸索具備實效性策略的同時，也不得不與「祖宗典章」這項沉重的制約進行艱苦搏鬥。「紊祖宗之典章可乎哉」這個問句，絕非是別有用心的議論。在交易與暴力兩大課題直逼眼前的邊境第一線，當事人員一方面要採取各種手段，迴避與朝貢—海禁體制結構的抵觸之處，一方面在實質上，又要致力於擴大超越該結構的互市規模。「紊祖宗之典章可乎哉」這個問句，在按語的脈絡中雖然是朝向論者們發去，但其實也是對鄭若曾本身與胡宗憲最為切實的自問。

在此，「貢舶與市舶一事也」、「是有貢舶，即有互市」，正如前文章節內所述一般，是指朝貢船所裝載的附搭貨物，在官方指定的牙行仲介之下，於入港地點販賣；[5]又或者是允許朝貢國在回國之際，進行採購想從中國帶回商品的交易行動。另一方面，在附搭貨物進行交易之前，會採取稱呼為「抽分」的徵稅。抽分的原則是遵循一定比率，由官方徵收一部分的貨物；這項行為，應該也符合關於朝貢制度的一貫理念。但是，事實上並非如此單純，因為在明代，出現了即使有朝貢，也不等於就認可附搭貨物買賣的觀點。

丘濬《大學衍義補》是集結一四八七年左右儒學觀點的政論集。〈治國平天下之要．制國用〉（卷二十五）這篇雖是專論互市之法，但其中斷言「本朝雖然沿襲了前代舊有的市舶司名稱，但是沒有抽分之法」，指出過去在宋、元時代管理海外貿易的浙江、福建、廣東的三處市舶司，到了明朝以後，已變質成為管理朝貢的機構。[6]因為沒有貿易行為，所以名為「抽分」的課稅制度，可說是已經消失。內田直作與佐久間重男對丘濬的這段言論十分重視；佐久間先生檢證實錄與會典等各種資料，最後得出這樣的結論：「丘濬主張，明代自初期至中期的成化年間為止，並無抽分之法，這樣的論述可說極為確切妥當」。[7]

朝貢船裝載附搭貨物來航是普遍的狀況，但是明朝原則上是由官方支付寶鈔和銅錢收購附搭貨物，即使朝貢船有帶來附搭貨物，也沒有採用抽分課稅並允許與商人交易的制度，這是確切的事實。[8]誠如後文將述，嘉靖九年（一五三〇年），給事中王希文以「附搭貨物是由官方以寶鈔採購，這點明記在太祖洪武皇帝的《祖訓》之中（附搭貨物，官給鈔買，其載在祖訓）」為根據，上奏表示朝貢船的附搭貨物不應實行抽分，而是應當全數由官方以寶鈔採購，藉以阻止民間商人與朝貢使節團的接觸。當然，當時在廣東，寶鈔未必就有流通。但是，在《祖訓》與「祖宗典章」未曾磨滅且持續存在的情況下，認為附搭貨物不應用抽分之法，而是該由官方全額採購的主張，即使是到了十六世紀，仍然有可能出現。[9]

丘濬恐怕是最早直接批判海禁政策的人物。當時擔任禮部侍郎兼國子監祭酒職務的丘濬，向甫繼承帝位的孝宗弘治帝（在位期間一四八七～一五〇五年）呈上《大學衍義補》，獲得上諭允許刊行頒布（其後於一六〇六年，這部作品又在神宗萬曆帝的命令下重刊）。[10]丘濬的主張如下：「互市之法，始於漢代與南越通交，此後歷代皆沿襲之。」在宋代、元代，市舶司「每年召集舶商」，以二十五分之一或是三十分之一的比例抽分課稅。但是，「本朝（明朝）雖承襲了市舶司之名，卻沒有抽分之法」。原因何在？是因為明朝的對外政策旨在「懷柔遠人，而非為了獲利」。取消對貿易的課稅制度，站在義優於利的儒學立場來看，被認為是很有意義的事。然而，丘濬也明白指出了朝貢－海禁政策的不合理，以及其理所當然會歸於無效：[11]

臣惟，國家富有萬國，故無待於海島之利，然中國之物，自足其用，固無待於外夷。而外夷所用，則不可無中國物也。私通溢出之患，斷不能絕。雖律有明禁，但利之所在，民不畏死。民犯法而罪之，罪之而又有犯者。乃因之以罪其應禁之官吏。如此則吾非徒其利，而又有其害焉。

（譯：臣認為，朝廷富有萬國，因此海島之利並無必要。中國的物產足以滿足需求，不需要仰賴外夷。但是，外夷的需求，若是沒有中國的物資便無法滿足。私通以及溢出之患，絕對無法根絕。就算是以律法明文禁止，只要是有利益存在的地方，民眾就不畏懼死亡。民眾犯〔海禁之〕法，就會遭到論罪；但即使遭到論罪，還是會有繼續鋌而走險的人。在這種狀況下，朝廷又得判處負責取締的官僚罪刑。結果，我們不僅沒有獲得利益，還深受其害。）

所謂的「私通」，就是與來航的外國船隻接觸，展開走私貿易之事；而「溢出」指的，則是從本地準備船隻出國，進行移居和貿易之事。藉由嚴罰的威嚇來禁止這兩者，便是明朝的海禁，但丘濬痛批這樣做，完全是有害而無益；他斷言，民眾會冒死干犯海禁，而官吏也無法阻止。無論是誰來看，這應該都是相當合情合理的言論吧！

不只如此，四年後爬上內閣大學士地位的丘濬，因為認為自己著作《大學衍義補》中的主張有可能實踐，所以將自己「今日就可以施行的切實言論（切要之語，今日可行者）」陸續上奏，懇求皇帝採納。對此，孝宗下旨「朕就採用並實行吧（朕將采而行之）[12]」。儘管如此，丘濬認為海禁政策行不通、應當解除的意見，在當時（也就是十五世紀下半葉）不只沒看到在朝政場合上拿出來討論的痕跡，同時也沒有附和他意見的言論出現。從這項事實中，可以看出「祖宗典章」的分量之重，同時也可以窺見北京朝廷與政府對邊境迫切且實際的問題，既漠不關心又無力的態度。

丘濬是典型的學術臣僚，並且以提倡實踐朱子家禮而廣為人知。[13]如同丘濬在自述中所言，他「仕宦不出國門，雖然曾經六度轉換官階，但皆是專司文墨，沒有從事過治理人民的地方官工作（仕宦不出國門，六轉官階，皆司文墨。莫試涖政臨民之技）」[14]，未曾到北京以外的場所任官。這樣的他會主張上述的批判海禁觀點，與其生長於海南島的背景密切相關。

如同眾所周知一般，漂浮在廣東省最南部洋面上的海南島，自古便是流放地以及被左遷官僚的貶謫地，原本是屬於「蕃夷」的地區。雖然隨著本土人們的移居等因素，這地方很早就開始中國化，也出了丘濬、海瑞等著名的科舉官僚，但它依舊是中國最南的邊境之地。在這塊土地上生長的丘濬，對邊境與外界的往來以及貿易船往來的海洋，應該都有充分的見聞與理解才對。不怕死的「私通」與「溢出」之民，對他來說，或許也是身邊隨處可見的存在吧！

對於這些邊境的官民雙方，沒有比明朝的朝貢—海禁體制，更讓人感到困擾的事物了。丘濬對朝貢－海禁體制的批判，並非是從「大學」這部經典中演繹而出的論調，而是很有可能確切展現了邊境社會的利害關係。另一方面，從他的主張無人應和這點，我們也可以看出現實的狀況是，這樣的主張要在朝政場合獲得認真討論，必須等到十六世紀中葉臻至極點、邊境暴力橫溢的時代才行。

在此，就讓我們再度回歸到鄭若曾的議論吧。丘濬斷言「本朝無抽分之法」。若是我們仔細檢討洪武時期的朝貢資料，從而認定丘濬的斷言正確無誤，那鄭若曾又為何會主張「（朝貢船）前來之際允許攜帶特產品，官方設置牙行使之與民間人貿易。這就是所謂的互市。有貢船即有互市」，亦即對朝貢船運來的附搭貨物，以牙行[15]為仲介商展開互市——而非是由官方收購或是支付寶鈔——的形式乃是一種定制呢？這兩方的見解很明顯地相互矛盾。

事實上，在有關明代朝貢的法例中，頻繁出現「抽分」一詞，丘濬不可能不知道此事。故此，丘濬所言的「抽分之法」，應該是與明代市舶司實行的「抽分」不同的概念。自明代初期起所實施的，是對朝貢船的附搭貨物進行的抽分。正如先進們所指出的一般，在萬曆《大明會典》中可見，弘治年間（一四八八～一五〇五年）對附搭貨物，有「五成抽分入官，五成支付其價格」的規定。[16]根據這項規定，除去經過抽分入官的部分，剩下的五成會支付相應的價格，因此看來是由官方收購。換句話說，在收購附搭貨物之際，其中一半是以抽分名目無償取得，剩下一半則是會支付相應的價格；也就是說，是只用半價就可以取得所有貨物的自私規定。

這與所謂的「和買」是同樣的情形；也就是說，即使抽分結束，也不保證朝貢使節團就能在牙行斡旋下，將剩下的一半貨物賣給中方商人。藉由抽分和收購，附搭貨物便能夠從朝貢使節團的船艙之中消失；這和宋元時代市舶司所進行、對貿易貨物的抽分課稅（抽解），是大大的不同。故此，要說《大明會典》的這種規定叫做「抽分之法」，實在是很難說得通。鄭若曾雖說「官設牙行使之與民間人貿易」，但說穿了，能夠自由販賣給民間人士的貨物，原本就不存在，所以也就沒有牙行從中仲介的餘地。關於收購的價格，則是準備好了官方訂定的價格一覽，而不像一般的市場交易，是由牙行提出價格，再由買賣雙方合意後成交的狀況。

明代的市舶司也配有「牙人」，但是，市舶司的牙人再怎麼想，都不會在使節團與市場商人的直接買賣當中，進行斡旋仲介。他們是市舶司將經由抽分和收購而獲得的進口商品販賣給當地中國商人時的仲介，或是只能夠在市舶司收購附搭貨物，提出「官方價格」之際，從事買賣金額的計算工作。在《福建市舶提舉司志》中，可以看見隸屬於市舶司的牙人——當時規定的人數是二十四名，十六世紀中葉則是五名[17]——負責上述的業務。以福州作為入貢地點的琉球使節，並沒有被認可擁有可以將附搭貨物在市場上販賣的權利。此外，牙行的設置，當然也不是為了要讓牙人在賣方的使節團和買方的中國商人間從事仲介的工作。

至於從日本來的朝貢使節，可以在《會典》中看見「對於正貢，按照慣例不支付價格，正使副使所進呈的物品全數由官方收購。附來的物品則是支付價格，只有不堪（收購）的物品才使之貿易（正貢例不給價，正副使自進，并官收買。附來物貨，俱給價。不堪者令自貿易）」之規定。[18]換句話說，只有市舶司不要的貨物，才允許使節團販賣。[19]

儘管如此，這卻是只對日本施行的特例。對於琉球國，明廷規定「正貢照例不支付對應的價格。附來的貨物，則是由官方抽分五成，收購五成（正貢例不給價。附來貨物，官抽五分，買五分）」，因此使節團無法將貨物販賣給市場商人。[20]入貢廣州的東南亞各國中，與琉球相較，暹羅享受較為優惠的待遇，「使臣等人所帶來的貨物，照例不施行抽分，價格以寶鈔支付（使臣人等進到貨物，例不抽分，給與價鈔）[21]」。其他享有優惠待遇的國家如蘇祿、汶萊（浡泥）、蘇門答臘（蘇門荅剌），這些國家的附搭貨物也是規定不施行抽分，採取收購的方式。[22]至於麻六甲（滿剌加）則是「附帶而來的貨物全數支付對應價格，其他的貨物允許貿易（附來貨物皆給價，其餘貨物，許令貿易）[23]」。此處的「附來貨物」指的應該是附搭貨物，那麼「其餘貨物」究竟為何，難以解釋；或許是船員們的「隨身行李」吧！如此一來，被允許在市場上販賣的商品，果然還是微乎其微。而不在這些特例範圍之內的國家，則是適用於一般的規定「五成抽分，五成收購」。

當然，中國的官府內有著聰慧狡黠、寸利必得的官吏，拳拳服膺上層的規定，並不是必要的技能。他們只要是看到有利可圖之處，便會想盡千方百計來取得利益。弘治十四年（一五〇一年），明廷向福建官府下達了這樣的詔令：[24]

> 詔福建守臣。今後琉球國進貢方物，除胡椒、蘇木每一百斤，准令加五十斤以備折耗。番錫不必加增外，其餘附帶物資召商變賣者，不許勸借客商銀兩，及夷商私出牙錢。其布政司等衙門市舶太監等官，俱不許巧取以困夷人。違者罪之。著為令。以琉球國使臣奏守臣虐削故也。

〔譯：今後，琉球國進貢方物之際〔中略〕，當招來商人、販賣除此之外的附帶商品時，借貸給客商銀兩〔換句話說，琉球方面以信用交易販賣〕，以及〔官方〕教唆夷商〔琉球的商人〕私下支付「牙錢」〔牙行的仲介手續費〕之行為，是不被允許的。布政使司等官府與市舶太監等官員，都不許耍手段剝削夷人、使之困窮，違者問罪。〕

關於附搭貨物，假使在琉球的使節團與市場中的「客商」之間，透過牙行斡旋展開交易是一種通制，那麼向牙行支付百分之幾的仲介手續費，以商業慣例來說也是理所當然之事，朝廷方面沒有道理出言禁止。賣方採取信用交易的方式，未直接收取商品的銀兩，也不是應該被禁止的行為。朝廷會咎責這些行為，是因為琉球的附搭貨物，原本應該是由市舶司藉由抽分和收購而獲得的物品，即使流通到市場上，市舶司和「客商」交易的行為也是制度上的規定。至於官府會默許琉球方面與「客商」之間，在牙行的仲介之下展開交易行為，甚至鼓勵信用交易的方式（實際狀況應該是強迫），則是因為期望透過這樣的默認，獲得來自雙方的回扣。

根據上述所考察的內容，關於附搭貨物的處理，原本的規定與鄭若曾的主張之間，有所矛盾。鄭若曾的主張很明顯地，不是根據在《大明會典》中可以看到的法例與敕令。那麼，支撐他「官方設置牙行使之與民間人貿易，此即為『互市』[25]」主張的事實，又是在何處呢？筆者認為，那是在廣東對朝貢與互市制度的運用。以下，為了釐清這項事實，就讓我們試著來追溯十六世紀前半葉，廣東貿易政策的曲折步伐吧。

# 二、廣東、禮部、戶部

關於明代在廣東的貿易，透過廣泛運用中國方面資料的李龍潛、林仁川，以及關注葡萄牙文資料的戴裔煊、張增信等諸位學者的研究，得以追溯其遞嬗的狀況。[26]特別是李龍潛的研究，是專門以廣東海外交易為焦點的論述，非常有助益。儘管如此，他在史料運用方面，還是有幾個應該指出的問題點。[27]不過，比起事實的來龍去脈，李先生的論述性質，較著重在圍繞抽分制度的實施、擺盪不定的決策歷程，因此關於這些史料運用的問題，筆者只在注腳中提及。筆者希望能夠試著貼近以下的問題：在決策過程中，當事者對現實以及法律制度抱持著何種認知，並且是否表明了任何價值觀念，例如應該遵守的、或是應該將之作為目標的內容。

黃佐是廣東省香山縣人，他留下了許多著述，在《明史》文苑傳中也被立傳。[28]嘉靖二十六年（一五四七年）退出官界後，黃佐成為廣東文人的領袖，負起編輯通志的責任，於嘉靖四十年（一五六一年）左右出版刊行。這部《廣東通志》卷六十六，外志三．夷情之項目，詳細記述了關於來航廣東的東南亞各國與葡萄牙之事[29]，同時對交易也用了很大的篇幅描述。在其序文中有「夷情繫於國用，不可不慎」字句；[30]他直言對外關係與「國用」，也就是財政大有關連。貿易與財政的直接連結，顯示出課稅貿易已經確立。

通志的編纂者們似乎曾經詢問廣東布政使司，試圖明白地交代出課稅制度的由來。在「抽分有則例」這個標題下，記錄了在布政使司「案查」（文書調查）的結果。首先值得注目的是，通志斷言「自正統年間（一四三六～一四五〇年）至弘治年間（一四八八～一五〇五年）為止，節年*皆無抽分」。方才提及的五成抽分規定（《大明會典》）雖是在弘治年間制定，但根據廣東布政使司的報告，自弘治年間起，開始以抽分的名目，推行由官方執行半價收購的制度。當然，在這之前，附搭貨物原則上也是由官方收購。然而，布政使司與這項事務幾乎沒有關係。附搭貨物的收購與抽分，是由朝廷派遣市舶太監的專門管轄事務，掌管省份財政的布政使司並不會參與。即便市舶司展開抽分與收購，也不會成為廣東省的財政資源。

那麼，這種制度是在什麼時候，轉移到原本意義的抽分課稅方式呢？據布政使司的調查，這項轉移可以追溯到十六世紀初葉的正德三年（一五〇八年）左右。[31]這一年，廣東的「鎮巡」（總兵及巡按御史）以及統籌廣東與廣西軍務的總督陳金等人聯名上奏，希望向「夷船貨物」實施三成的抽分。對此，戶部議覆表示，地方當局藉由抽分所獲得的貨物，其中「貴重精巧的物品送至京師，粗糙笨重的物品就地販賣，（所獲代價保留給廣東）充當軍餉」，並獲得裁可。

廣東地方當局像這樣試圖從附搭貨物貿易謀求財政資源，其背景應是從弘治六年（一四九三年）起，對來航廣州的外國船隻採取放寬規制政策開始的吧！這一年，兩廣總督閔珪報告走私貿易的猖獗，上奏表示：「廣東的沿海地帶，有許多私下與番舶來往的行為，不等（勘合與表文等）

審查實施，就先行展開貨物買賣（廣東沿海地方多私通番舶，絡繹不絕，不待比號，先行貨賣）。」因此他認為，應該要取締違反貢期來航的外國船隻。對此，禮部的議覆表示：「私船因禁令鬆弛而轉多，（朝貢的）番舶因禁令嚴格而不來（意者私船以禁弛而轉多，番舶以禁嚴而不至）[32]」。當局吐露出統治管理拿捏的困難之處，也就是在未能充分保有禁止「私通」的強制力條件下，若是限制和取締過於寬鬆，則會放任走私貿易猖獗橫行；但若是過於嚴苛，則朝貢船隻便不再前來，結果也還是會導向走私貿易。[33]禮部接著又說：「如今，即使想要揭示禁約（將徹底禁絕之事通告內外），也會削減（蕃夷）向化的意欲，反而徒增走私貿易船隻的利益。今後，來航廣州的番舶，只要經過審查，沒有違礙的話，就按照禮制的規定接待（今欲揭榜禁約，無乃益沮向化之心，而反資私船之利。今後番舶至廣，審無違礙，即以禮館待）。」可說是一篇相當四平八穩，且具現實性的議覆。[34]要按照字面意義來實施朝貢—海禁體制，在廣東的現狀上是有困難的。也就是說，如果站在理解官方並未具備執行能力的現實立場上來看，也就不得不做出上述的指示。

在這份禮部的議覆中，也下達了這樣的指示：若無違礙便接受船隻，「如果有違礙，便立即使之出港，處罰引導的人物（如有違礙，即阻回，而治交通者罪）」所謂「違礙」究竟為何，這點其實相當曖昧。在非貢期時來航，可能會被認定為「違礙」；但在非貢期時帶著合乎規格的勘合和表文，明確表明船隻的身分，沒有進行違禁物資貿易等行為，也有可能不被認定為「違礙」。不

* 譯注：歷年。

過，正是因為留存著如此曖昧的模糊空間，讓我們看見了在這個問題上，決策者的一番苦心。在中國方面，當局沒有能力去禁止引導走私貿易的「私通」者；在這樣的條件下，他們只能基於三個評價基準：接受朝貢使節團的利益（當然也包含政治利益）、負擔[35]，以及圍繞著交易的秩序安定，來做出綜合的判斷，並由當局適切調整「違礙」的範圍，這樣的策略最為現實。

朝廷與禮部做出如此有彈性的對應方策，為嘗試將外國船隻的來航——早在這個時間點，就已經用「絡繹不絕」這個詞來表現出增加的傾向——與廣東擴張財政收入的方策連結在一起的嘗試，開闢了一條道路。令人饒富興味的是，在同一時期，從廣州入貢的朝貢船正急遽減少。根據禮部的調查，自弘治元年（一四八八年）起至弘治六年為止，暹羅與占城的朝貢只有各自前來一次。[36]這是因為在廣州的近海島嶼等地，中國方面的「通番」，亦即走私貿易已成為常態，因此派遣朝貢船的必要性也就隨之低下。

就在這種背景下，正德三年（一五〇八年），出現了總督陳金等人奏請實施抽分，並希望將其中一部分充當廣東軍費的事件。不過，正如前文所述，弘治六年（一四九三年）禮部的議覆並未觸及到朝貢—海禁體制的根幹，而是採取由當地依照現實狀況來應對，頭痛醫頭、腳痛醫腳的方式來補洞。這樣的對應，為陸續湧現、對違背祖宗之法（也就是朝貢—海禁體制）嚴加批判、大義凜然的輿論，以及面對現實不得不採取的便宜行事措施，兩者之間的拉鋸，留下了一定的空間。

這種從正德三年起在廣州展開的課稅貿易，是由當地的地方文武衙門掌管，市舶司並未參與其中。從明朝的市舶司成為只處理朝貢事務的機構這件事看來，由總督以下各地方官主導展開的課稅貿易，排除由皇帝派遣太監（宦官）管理之市舶司的參與，也並非不可思議之事。雖然使用了「抽分」這個詞彙，但是對象並不是朝貢船隻，而是外國的商船，屬於朝貢貿易範圍之外。

因為朝貢船的減少而逐漸失去利益來源的市舶司，對於眼前的事態表達異議。廣東市舶太監畢真於正德五年（一五一〇年）上奏，表示「依照舊有事例，海上的諸船皆是由市舶司專門管轄，近來卻承認鎮巡（總兵及巡按御史）以及三司（布政使司、按察使司、都指揮使司）之官兼管；希望能夠承襲舊例，如此一來會比較方便（舊例泛海諸船，俱市舶司專理。邇者許鎮巡及三司官兼管。乞如舊為便）」。對此，禮部議覆：「海上的客商以及漂流的番船，並未記載在敕書當中，因此不該納入依照規矩、事先提出的（入貢）上奏行列當中。（其泛海客商及風泊番船，非敕書所載。例不當預奏入）」[37]。換句話說，禮部提出了一種形式性的解釋——只要不是朝貢船隻，在制度上市舶司便不可插手。

這個時候，禮部應該有認知到，他們是在對原本違法的私人貿易船，進行來航的課稅貿易。不過，廣東市舶太監畢真的上奏，並不是把這種事態本身當成問題來提出；畢竟這是經過戶部審議創設的制度，禮部再怎樣也不能指責它違法。然而，這是「祖宗典章」之外的措施，乃是確切無誤的。

最後在正德九年（一五一四年）六月，於這一年甫上任的廣東布政司左參議陳伯獻上奏批判現狀，將自總督陳金奏請以來，已然實施六年的抽分制度逼至撤銷的地步。[38]陳伯獻斷定從南洋帶來的胡椒、蘇木、象牙、玳瑁等物品並非是必需品，並陳述如下：近來允許官府抽分，使之公正貿易。如此一來，數千的奸民建造巨舶，私下購買兵器，縱橫海上，甚至引進諸夷，因為成為地方之害，應該加以杜絕（嶺南諸貨，出於滿剌加、暹羅、爪哇諸夷。計其產，不過胡椒、蘇木、象牙、玳瑁之類。非若布帛菽粟民生一日不可缺者。近許官府抽分，公為貿易。遂使姦民數千駕造巨舶，私置兵器，縱橫海上，勾引諸夷。為地方害，宜亟杜絕）。

這件事被交到禮部議論，裁定的結果是：「命令巡撫、巡按御史等官取締番船，於非貢期之時來航者不受理，立刻命其出航，也不允許施行抽分造成事端（事下禮部議，令撫按等官禁約番船，非貢期而至者即阻回，不得抽分以啓事端。姦民仍前勾引者治之。報可）」。正德三年（一五〇八年）在總督陳金奏請實施抽分之際，戶部奉令議覆，同意了陳金的提案，但這次關於布政司左參議陳伯獻的奏請，則是由禮部議覆。管轄朝貢的禮部，當然不能夠默認無視朝貢制度、在非貢期之時來航的番船成為地方之害的狀態。就這樣，廣東的課稅貿易制度遭到了中挫。

儘管如此，貿易所帶來的巨大利益，不會接受墨守祖宗舊制的做法。正德十年（一五一五年）起再度擔任兩廣總督的陳金，於正德十二年（一五一七年）奏請「仿效宋朝抽分十分之二，或是按照近日的事例抽分十分之三，貴重精巧的物品送至京師，粗糙笨重的物品販賣，充當軍餉（欲或倣宋朝十分抽二，或依近日事例十分抽三，貴細解京，粗重變賣，收備軍餉）」。此時，認可抽分的比例為十分之二。[39]

在此值得注目的是，總督陳金表示「倣宋朝……」，提及了宋代制度，也就是在廣州、泉州、北方的明州（寧波）、澉浦（嘉興）、密州（靠近現在的青島）等地向民間貿易課稅。我們也可以看見鄭若曾引用鄭曉的說詞：「最近，看到箬溪先生的發言。他說，在總督陳金的《西斬集》中，有著「開市舶具備十大利點」這樣一篇奏疏，箇中所言大部分是正確的（近見箬溪先生言，都憲陳金西斬集中有開市舶十利疏。大抵事體宜然）[40]」。可惜的是陳金的《西斬集》這一本文集似乎並未留存下來，在史書及奏議輯錄中也找不到「開市舶十利疏」。[41]但是，因為提案「開市舶」，在疏中總督陳金毫無疑問，應該有提到宋代及元代市舶司管理課稅貿易的制度。附搭貨物中抽分的兩成為官方的收入，但是除此之外的貨物則是「使之公正貿易（公為貿易）[42]」。換言之，就是認可將貨物販賣給中國方面的商人。對在雲南和廣東邊境從事對苗族軍事作戰的陳金而言，作為取得軍費資金的方策，在廣東「開市舶」，也就是擴大不在朝貢貿易範圍內的貿易活動，當然是十分具有魅力的作法，而在廣東，這樣的做法也確實為籌募軍資作出了貢獻。[43]

關於正德十二年（一五一七年）再次實行的抽分制度，實錄的編者加上了饒富興味的按語：[44]

> 至是右布政使吳廷舉巧辯興利，請立一切之法。撫按官及戶部皆惑而從之。不數年間，遂啓佛朗機之釁。副使汪鋐盡力勦捕，僅能勝之。於是每歲造船鑄銃為守禦，計所費不貲。而應供番夷，皆以佛朗機故一概阻絕，舶貨不通矣。利源一啓，為患無窮，廷舉之罪也。
>
> （譯：至此，右布政使吳廷舉巧辯興利之事，謀求訂定一切之法。巡撫、巡按御史以及戶部皆被他的言論所迷惑而聽從。結果不到數年時間，就發生了與佛朗機的衝突，按察副使汪鋐盡力剿滅，費盡千辛萬苦才勉強取得了勝利。……一旦開啟了利源，後患無窮，這一切都是吳廷舉的罪過。）

總督陳金上呈〈開市舶十利疏〉、希望抽分制度復活之際，廣東右布政使吳廷舉似乎是重要的提案者，這可以從嘉靖《廣東通志》的記錄中窺見。[45]又，在三年後，由於抽分制度的復活招來麻煩，因此御史何鰲要求撤廢之；在他的奏文中也可以看見「近因布政使吳廷舉首倡」之語。[46]實錄的編者之所以會集中火力攻擊吳廷舉，正是因為箇中經過已經廣為人知之故。

實錄編者的按語，對吳廷舉意圖將廣東當局的處置立為「一切之法」，大加非難。所謂的「一切之法」，就是權宜之法的意思。在《書經集傳》（朱子學派對書經新注的代表性書籍）中，可以看見這個詞語（卷三，盤庚上）。在明代作為國定經書解釋的《書經大全》中，將這個詞語釋義為「所謂的一切，就是當下權宜之事。就像是用刀子切取物體一般，只要能夠均衡平整，便不去計較縱橫長短（一切者，權時之事。如以刀切物，苟取齊整，不顧長短縱橫也）」，以用刀切取物體時，不拘泥外觀和形式而切塊的方式，來比喻為了獲得實際利益而採取便宜行事的措施。在這種狀況下，布政使吳廷舉為了擴大廣東的財政收入，也就是為了「興利」，不顧原本的朝貢制度，放寬外國私人貿易船隻的來航與貿易限制；這種作法遭到了實錄編者等人的強烈批判，認為這是為了追求實利，將祖宗舊制棄而不顧、採取便宜行事的措施，結果招致了葡萄牙的騷擾。

雖說總督陳金〈開市舶十利疏〉的上奏，是為了實現布政使吳廷舉的提案而大費脣舌，但在這當中，仍然有很值得注意的事項，那就是他提起要仿效宋代的市舶制度——雖然他們未必就是希望達成完全同樣的貿易型態。丘濬《大學衍義補》的互市開放論，在數十年過後終於在廣州得到了迴響。而這一年（一五一七年），也是葡萄牙巨艦突如其來出現在廣州，同時響起「如雷貫耳之槍聲」的年度。[47]

在廣東當局祭出擴大貿易方針並獲得朝廷許可的這一年，以托梅．皮雷斯（Thomé Pirez）為使節團長的葡萄牙船隻，也從麻六甲來航廣州；此事或許只是一種偶然[48]，不過中國方面也出現了一種主張，認為是廣東當局的政策轉換，導致外國船隻往來與貿易的增加，順著這一波潮流，葡萄牙這個不速之客才會前來。[49]當然，一五一七年由總督陳金和布政使吳廷舉推動、以實施抽分制為主的擴大貿易政策，再怎麼想都不會成為葡萄牙船隻來航的直接誘因；不過，儘管這項措施在一五一四年後中斷了大約三年時間，但早從一五〇八年起，就已經開始施行了。我們雖然無法具體得知當時在東南亞方面，關於中國貿易的情報究竟是透過何種路徑傳播[50]，不過正如前文所述，約從十五世紀的最後十年起，在包含走私船隻在內的外國船來航數量持續擴大的促進下，廣東當局持續顛簸前行；而他們所採取的彈性政策，又加速了湧向廣州的潮流——就大局而言，大致可說是如此吧！

儘管如此，托梅．皮雷斯使節團在廣東引起的騷動，卻又將這股潮流再次推離廣州。正德十五年（一五二〇年）年底，監察御史何鰲（廣州府順德縣人）上奏要求「驅逐停泊在（廣州附近）灣口處的番舶以及秘密定居的夷人，禁止私通」，對此，禮部作出了議覆，並下達上諭。關於這件事，《明史》佛朗機傳（卷三百二十五）中已有詳細記載，筆者在此就不加以贅述；總之，禮部在議覆中對廣東當局提出以下的要求，且全數獲得正式裁可：[51]

> 不上京而停留在宿舍（懷遠驛）的朝貢夷人，禁止往來城市，與中國商人進行貿易。
>
> 番舶若不是於朝貢期間來航，則驅逐遠方，不施行貨物的檢查與抽分。
>
> 有鑒於吳廷舉的措施引發事端，應通知戶部，對於已經許可進行抽分法的事例，採取停革處置。

在這項處置下，正規朝貢船隻所帶來的附搭貨物，或許在抽分之後還有許可貿易的餘地，但受葡萄牙騷動的影響，其他東南亞各國的船隻也一律適用此項規定。在廣東互市的調節旋鈕，於一五二〇年再次旋轉至開口極為窄小的程度。如此一來，對於番舶而言，廣州幾乎失去了原有的魅力。

嘉靖皇帝於一五二一年即位後，批判始於廣州的課稅貿易，主張應該回歸「祖宗典章」、亦即朝貢貿易一元化之聲浪日益高漲。於是明廷下詔公告，不只是「奸民」——許多是逗留在海外的華人——的貿易船，就連不遵守朝貢週期來航的朝貢船，以及各國君長為了貿易而遣使的船隻等，一併拒絕：[52]

> 海上諸島夷自廣東入貢者，舊制，驗實奏聞，則榷其貨以充國用。久之，姦利之徒冒稱入貢，去來無時，而有司利其所榷，漫之不禁。滋成內訌，民甚患之。至是，守臣以聞。詔，「自

今外夷來貢，必驗有符信，且及貢期，方如例榷稅。其姦民私舶不係入貢，即入貢不以期及稱諸夷君長遣使貿遷者，並拒還之。」

（譯：海外的島夷從廣東入貢，按舊有制度是臨檢後奏聞，收購其貨物〔指附搭貨物〕並納入國庫。久了之後，圖謀奸利的人士謊稱入貢，不定期的來來去去，地方當局則是以收購貨物為利益，放任而不禁止。因此引起騷亂，人民受害。是故在此，我針對地方長官的上奏，下達詔令：「從現在開始，外夷朝貢之際，必定要檢查其是否有勘合，若是符合貢期，便依照法例收購課稅。奸民用私人貿易船隻從事非朝貢的貿易，或者是朝貢船隻但不符合貢期時間，以及蕃夷君長派遣使節打算前來貿易的船隻，全數拒絕並讓他們回航。」）

這樣一來，不只是過去成為課稅貿易對象的外國民間貿易船隻遭到拒絕，就算是未能遵守貢期前來的朝貢船隻，或是外國君長為了貿易而派遣來的船隻，也一併拒之門外，加強了海禁的嚴格化。

當我們綜觀十六世紀初葉有關朝貢與貿易的議論時，在政府的決策上，可以發現相當值得玩味的現象：

一五〇八年（正德三年）——兩廣總督陳金等人奏請實施抽分。戶部議覆。裁可。
一五一四年（正德九年）——布政司左參議陳伯獻奏請強化規範以及停止抽分。禮部議覆。裁可。

一五一七年（正德十二年）——兩廣總督陳金、布政使吳廷舉奏請擴大互市以及再次實施抽分制度。戶部議覆。裁可。

一五二〇年（正德十五年）——監察御史何鰲奏請撤回正德十二年的措施。禮部議覆。裁可。

要求放寬貿易限制、並讓地方當局實施抽分之法的上奏，是透過戶部的議覆獲得承認；反之，要求強化限制的上奏，則是經過禮部的議覆而受到肯定。抽分法實施之際，是作為填補地方軍費不足的手段而被提出。如此一來，這就屬於財政問題，因而下令戶部議奏，戶部則將之視為特別措施，予以認可。若是將之視為非通則，而是因軍事目的所採取的權宜措施，便可迴避與原本朝貢制度相互矛盾的問題。[53]另一方面，反對者則是採取抓住這個矛盾加以攻擊的戰術。禮部一旦被命令議覆，便不得不承認朝貢制度在原則論上的正確性。也就是說，立基於對附搭貨物的課稅貿易許可這一基礎上的互市擴大，由於這項「抽分」制度本身並不具備法制上的正當性，所以本身就蘊含了不穩的因子在內。

實錄的編者譴責陳金、吳廷舉等廣東省當局之措施是「一切之法」自有其依據，因為廣東方面會接受不以朝貢為目的、單純想要貿易的船隻。正如前述，正德十五年（一五二〇年），出身珠江河口西方順德縣的御史何鰲，上奏嚴厲批判吳廷舉等人的措施[54]，暴露了廣東當局所採用、放寬交易限制的實際情況，同時也認為此項政策是招致葡萄牙騷擾的原因之一：[55]

近因布政使吳廷舉首倡缺少上供香料，及軍門取給之議，不拘年分，至即抽貨，以致番舶不絕於海澳、蠻夷雜沓於州城。法防既疏，道路益熟，此佛郎機所以乘機而突至也。

（譯：近來，布政使吳廷舉以上供的香料不足，以及可以成為總督衙門的收入〔為理由〕，首倡不論是否為朝貢之年，只要〔番舶〕抵達，便立即實行貨物抽分。因此，灣口遍布番舶的船影，蠻夷在廣州府城內昂首闊步。疏於依法取締，〔讓蠻夷〕逐漸熟知海道與陸路，從而導致佛郎機人趁機闖入。）

廣東省最早編纂的通志《廣東通志初稿》，是在嘉靖十四年（一五三五年）左右完成。在這部通志完成當時，廣東已經因為葡萄牙人與廣東當局的武力衝突，導致嚴格限制外國船隻的進入，就連朝貢船隻也幾乎不再來航。《廣東通志初稿》卷三十，番舶的項目中，率直描述了所謂「舊制」，也就是在實施這些規範以前，抽分制度施行的狀況：「番商裝載私人貨物進行交易的時候，在船隻抵達停泊地後，官方會封鎖（船艙）調查貨物數量，在抽分十分之二的比例後允許貿易（其番商私齎貨物，入為易市者，舟至水次，官悉封籍之，抽其什二，乃聽貿易）[56]」。

正如前文所述，在廣東的抽分制度可以上溯至一五〇八年，但就算再怎麼想，也不可能打從一開始，就承認非朝貢船、也就是純粹的外國商船屬於互市對象。若是抽分後所承認的交易對象，僅限於朝貢船的附搭貨物，那麼儘管這項措施，逸脫了原本「全數由官方收購」的原則，也就是一部分進行抽分、一部分以寶鈔作為對價支付，但因為仍在朝貢制度的框架中，所以還可以視為變通措施加以諒解。總督陳金等人奏情實施抽分制以補軍費不足的時候，應該還是有所顧忌，所以在上奏內容中，迴避了「認可非朝貢船的來航與貿易」這類要求。然而，正德九年（一五一四年）新任的廣東布政司左參議陳伯獻批判此項抽分制度時，力陳應該拒絕私人來航之非朝貢船的入港；由此判斷，抽分的對象範圍應該不只是附搭貨物，而是擴大到了外國的私人貿易船隻。

正德十二年（一五一七年）再度施行抽分制時，總督陳金、布政使吳廷舉奏請的內容中，是否明言了對非朝貢船帶來的貨物，也實施抽分並允許貿易之事，因為沒有詳細傳達上奏內容的資料，所以不宜輕易下判斷；不過從他們引用宋代市舶司制度為例這點來看，就算沒有直接且明確的提出，還是可以認定他們有委婉主張，想要實施和宋代同樣抽分制，也就是課稅貿易的意圖。之後，也如他們所願，明廷正式實施了以民間貿易船為對象的抽分制。然而，這項措施卻因為葡萄牙船隻試圖加入貿易所引起的騷動，而再度遭受頓挫。

葡萄牙船隻的貿易活動，也適用於這項抽分制度。在之後成功將葡萄牙勢力逐出廣州附近的海道副使[57]汪鋐的上奏中，記載了一位擔任東莞白沙巡檢斯巡檢、名叫何儒的官員報告：「去年我曾因奉命執行抽分任務而前往佛朗機船，在那裡遇到中國人楊三、戴明，得知他們很久以前便投身佛朗機國，對於造船、大砲的鑄造方法以及火藥的製造方法知道得十分詳細（正德十六年正月內，臣訪據東莞縣白沙巡檢司巡檢何儒稱，其上年因委抽分，曾到佛朗機船，見有中國人楊三、戴明，審知伊等年久投在佛朗機國，備知造船，鑄銃及置火藥之法）[58]」。巡檢何儒為了抽分而造訪葡萄牙船，是發生在正德十五年（一五二〇年），由此很明顯可以看出，當時廣東當局不只是接受從暹羅等朝貢國出航的民間商船，就連說到底根本不是朝貢國的葡萄牙船隻，都能夠允許公然進行貿易，也就是作為抽分制度的對象。在這一年年底，北京的朝廷接獲消息，葡萄牙人逗留在原本是朝貢使節團宿舍的懷遠驛，以及出現在東莞縣入港處，搭蓋建築物作為據點的動向。[59] 明朝將海禁與朝貢制度組合在一起的「王法」，在廣東這塊地方幾乎是崩壞殆盡。

希望從如此頹勢中挽救「王法」的，就是方才介紹的監察御史何鰲之上奏。接獲上諭，奉命驅逐葡萄牙人以及禁止中國人私通的廣東當局，動作十分迅速。

海道副使汪鋐透過巡檢何儒，以高額報酬籠絡長年與葡萄牙人一同行動的中國人楊三、戴明等人，藉由他們取得知識，成功仿造出葡萄牙最強大的武器——槍砲。汪鋐向葡萄牙船隻發動攻擊，自正德十六年至嘉靖元年間（一五二一～一五二二年），他採用了各種戰術，包括以仿造的新兵器進行砲擊、或是用塗上油脂的薪材引發敵船火災，最後取得勝利。[60]

## 三、抽分制度的確立

就這樣，驅逐葡萄牙船隻後的廣東一改過往方針，嚴格限制外國船隻的交易。《廣東通志初稿》中記錄：「此後海船幾乎悉數遭到禁止，原本應該前來朝貢的諸番，最近也幾乎不再來了」。[61]尤其是在廣州方面，似乎成功地回到了海禁朝貢的體制，中止了藉由抽分制來公開認可民間貿易的歪風。然而，這不過是讓公開的私人貿易，倒退回走私貿易罷了；而且還不單單只是倒退，走私貿易甚至還北上擴大到福建和浙江沿海地區。

嘉靖元年（一五二二年）七月，有消息報告：「廣東賊人方甘同等下海與蕃夷往來，掠奪居民，勢力強盛（廣東賊方甘同等下海通番，劫掠居民，勢熾甚）」，由海道副使升職為按察使的汪鋐，因為率領水師捕獲賊眾，立下功績而獲得褒賞（按察使汪鋐先任海道副使，率兵捕獲。事聞，詔陞鋐俸一級，賜銀、幣）。[62]

嘉靖四年八月（一五二五年），擔任浙江巡按御史的潘倣上奏表示，在福建省的「漳州、泉州等府，狡黠的軍戶和民戶，私下建造二桅桿的大船下海，雖稱之為商船，卻也會施行掠奪，應當全數捕獲並處罰（漳、泉等府黠猾軍民私造雙桅大舡下海，名為商販，時出剽劫。請一切捕治）」，對此，兵部議覆並指示浙江及福建的巡按御史，命他們調查海船、抓捕雙桅船，即使船上的貨物並非外國商品，也被視為來自外國，處以流放邊境衛所的充軍之刑；若有官吏或軍官知情不報或是意圖默許使之免責，則應處以送往煙瘴之地的流刑（行浙、福二省巡按官查海舡，但雙桅者即捕之，所載雖非番物，以番物論，俱發戍邊衛。官吏軍知而故縱者，俱謫發煙瘴）。[63]

林仁川認為，葡萄牙人藉由走私貿易者許氏的引導，開始出入在浙江省寧波府洋面上雙嶼的時期，是嘉靖三至四年左右，也就是一五二〇年代上半葉。[64]作為走私貿易基地的雙嶼和浯嶼（廈門洋面上的金門島）等島嶼，以及漳州月港的興起，和廣東海道副使汪鋐對葡戰役的勝利其實脫不了關係。從廣州被逐出的葡萄牙船，為了尋求適合走私貿易的地點，便循著福建和浙江沿岸北上。

在廣州，不只是中止接受貿易船，就連朝貢船的來航也減少了，其結果便是經濟不景氣的到來。嘉靖八年（一五二九年）兩廣總督林富的上奏，便清楚呈現出因互市停止，使地區景氣惡化的認知。這份上奏力陳廣東的利害問題，希望朝廷重新考慮貿易問題：[65]

今以除害為名，併一切之利禁絕之，使軍國無所於資，忘祖宗成憲，且失遠人之心，則廣之市舶是也。謹按明皇祖訓，安南、真臘、暹羅、占城、蘇門荅剌、西洋爪哇、彭亨、白花、三佛齊、浡泥諸國，俱許朝貢。惟內帶行商，多行譎詐，則暫卻之。其後輒通。又按大明會典，凡安南、滿剌加諸國來朝貢者，使回俱令於廣東布政司管待。見今設有市舶提舉司，又敕內臣一員以督之，所以送迎往來，懋遷有無，柔遠人而宣威德也。至正德十二年，有佛朗機夷人突入東莞縣界。時布政使吳廷舉許其朝貢，為之奏聞。此則不考成憲之過也。厥後獷狡章聞，朝廷准御史丘道隆等奏，即行撫按令海道官軍驅之出境，誅其首惡火者亞三等。餘黨聞風懾遯，有司自是得安南滿剌加諸番舶，盡行阻絕。皆往漳州府海面地方私自駐劄。於是利歸於閩，而廣之市井蕭然矣。夫佛朗機素不通中國，驅而絕之，宜也。祖訓會典所載諸國，素恭順與中國通者也。朝貢貿易，盡阻絕之，則是因噎而廢食也。況市舶官吏，公設于廣東者，反不如漳州私通之無禁，則國家成憲果安在哉？

〔譯：如今以除害為名，而禁止一切的利益，結果地方的軍費與朝廷的需要，都無法〔藉由貿易之利〕豐足。忘卻祖宗之成憲，失去遠人之心，這就是廣東市舶的現況。〔中略〕〔將葡萄牙從廣東驅逐出去的〕有司，更進一步阻止安南、麻六甲等諸番的船隻來航。這些船隻移動至漳州府沿海，悄悄停泊在當地。如此一來，利益便會歸於福建，廣東市場趨向蕭條。〔中略〕況且明明就在廣東設置市舶的官吏，卻反而遠不及漳州放任私通〔所獲得的利益〕，如此的狀態，究竟置國家之成憲於何地？〕

李龍潛與戴裔煊指出，這篇巡撫林富的疏文，是出自方才提及、身為廣州士大夫領袖的黃佐之手。[66]這份奏疏強烈訴說，伴隨著抽分制度的中止，地方官府的收入減少，廣東市場也失去了一直以來因為貿易而享受的利益；從這裡可以看出，它是在地方人士運作下，上呈朝廷的產物。被指定為朝貢船來航地的廣州喪失貿易的利益，違背「國家成憲」，放任與外國船隻私通的福建省漳州，卻坐收漁翁之利。這篇奏疏的特徵，就是直接表現了廣州方面，對事態演變至此的強烈不滿。

這篇奏疏接著又細數廣東貿易的利益，摘錄如下：[67]

> 番舶朝貢之外，抽解俱有則例，足供御用。
>
> （譯：第一，朝貢品以外，藉由附搭貨物的抽分與上納，便能滿足朝廷的需要。）
>
> 除抽解外，即充軍餉。今兩廣用兵連年，庫藏日耗，藉此可以充羨而備不虞。
>
> （譯：第二，除了抽分的收入可以充當廣東、廣西的軍費之外，也可以對應災害時期的不時之需。）
>
> 廣西一省全仰給於廣東。今小有徵發，即措辦不前，雖折俸椒木，久以缺乏。科擾于民，計所不免。查得舊番舶通時，公私饒給，在庫番貨，旬月可得銀兩數萬。
>
> （譯：第三，廣西省全面仰賴廣東省的財政，若是放任匱乏的狀況不理，有什麼事就向人民需索，恐怕會引發騷亂。舊日番舶來航之時，公私皆為富裕，庫存的舶來物資在旬月之內，便可獲得數萬兩銀的收入。）
>
> 貿易舊例，有司則其良者，如價給之。其次資民買賣。故小民持一錢之貨，即得握椒，展轉交易，可以自肥。廣東舊稱富庶，良以此耳。

（譯：第四，就貿易的舊有慣例來說，〔在外國船隻的貨物中〕首先是相關單位選取高級品，支付對價後，次等商品便委託民間賣賣。因此，小民即使用一錢的資金也能取得胡椒，輾轉交易後獲得收入。舊日，廣東被稱為富庶，原因便是在此。）

在這裡值得注目的是第三點，向貿易抽分課稅，不只是為廣東，也為廣西帶來巨大的財政收入；以及第四點，番貨的交易也為小民階層帶來參與的機會，支撐著廣東的經濟景氣。這些論點簡潔且明確主張，並且都是基於對廣東地區利害的關心，不只出自「公」視野，也將「私」視野納入考量。然而，立基於這種現況認知下，這份奏疏在論及與外國船隻交易以及抽分制時，提出的要求卻是相當謹慎節制：68

伏望皇上特敕該部熟議，將臣所陳利害，逐一參究。如果可行，乞行福建廣東省，令番舶之私自駐劄者，盡行逐去，其有朝貢表文者，許往廣州洋澳去處，俟候官司處置。如此庶懷柔有方而公私兩便矣。

（譯：希望皇上能夠下令該部熟議，逐一檢討臣所陳述的利害。若是可行，則希望能下令行文至福建省以及廣東省，令其全數驅逐秘密來航的番船，攜帶有朝貢表文的船隻，則命其前往廣州的港口，等待關係當局的處置。如此一來，既是懷柔方策，公私兩方也都能獲得便利與利益。）

換句話說，為了讓正規朝貢船繼續來航廣州，其提案具體提出了，只在廣東省北部與福建省漳州府等走私貿易船來航地的地區，嚴格執行禁令。值得注意的是，在這項提案中，完全未觸及有關抽分的事項。未攜帶朝貢表文的民間商人外國船隻，說到底本來就在議論的範圍之外，但是對於朝貢船隻附搭貨物的抽分，以及關於完成抽分後的貨物是否能與民間商人交易之事，林富的奏文都避而不提。

因此，恢復到葡萄牙船隻引發騷動之前的狀態，也就是承認非朝貢船的入港，對其貨物適用抽分制度的處理方式，無疑是書寫這份奏疏的黃佐等廣州人士所殷切盼望之事。

但是，葡萄牙的問題不只是停留在廣東的武力衝突，身為葡人通事的中國籍穆斯林火者亞三，靠著對武宗逢迎拍馬成功打入宮廷，但在武宗死後，便在北京遭到處死。[69]原本由擴大交易所引發的糾紛，已演變成將朝廷、政府捲入其中的政治問題。在這種情勢下，廣東方面應該是判斷，避免明言附搭貨物的交易，方為上策吧！在實錄中，嘉靖八年十月己巳的條目下，可以看見有關林富上奏的記錄，其中只記載了「從之」的裁可，完全沒有觸及六部議覆等相關內容。[70]這是因為林富的上奏若從字面上來解釋，只不過是為了讓許可朝貢國家的朝貢船來航廣州而作出請求，因此應該沒有會讓禮部等感到疑慮的要素。

但是，林富的上奏只是作為第一步，其意圖很明顯是為了讓廣東經濟好轉，想要放寬對外國船隻的限制，擴大海外貿易。對於熟知廣東實情的人而言，這種在字裡行間若隱若現的意圖，是不可能看不出來的。

果然在翌年（嘉靖九年，一五三〇年），出現了刑科給事中王希文（廣州府東莞縣人）的上奏，要求「對於附搭貨物不實行抽分，由官府支付寶鈔收購，不允許頑民私下（與朝貢船）交易物資」。[71]王希文表示「關於附搭貨物，由官方支付寶鈔收購之事，記載於《祖訓》當中（附搭貨物，官給鈔買，其載在祖訓）」，強調附搭貨物並不是抽分課稅的對象，以寶鈔收購才是本來的制度。接著，他敘述前任海道副使汪鋐費盡千辛萬苦，才終於將在廣東橫行霸道的葡萄牙人驅逐出去，「民間慶賀，歡喜永絕番舶之害」；接著對前一年林富上奏的內容，發出如下的警告：[72]

何不踰十年，而折俸有缺貨之嘆矣。撫按上開復之章矣。雖一時廷臣集議不為無見，然以祖宗數年難沮之虜，幸爾掃除，守臣百戰克成之功，一朝盡棄，不無可惜。

（譯：然而，令人扼腕的是，〔距離汪鋐驅逐葡人〕還不到十年，就有一種感嘆聲興起，認為用來折抵官僚俸祿的〔香料和船來物資〕會有所不足，巡撫、巡按也上奏請求恢復貿易。雖然廷臣們聚集議論後，認為這項見解頗為合理正確，但祖宗過去花費數年也難以阻絕的夷虜，這次邀天之幸方能一舉掃除，結果守臣經過百戰勝利的功績，就這麼一朝盡棄，豈不是太可惜了嗎！）

給事中王希文的上奏與朝貢制度相關，屬於禮部的管轄。但是，這份奏疏卻被送進都察院，要求他們提出意見。之所以如此，其脈絡雖是因為當時的人已經深深認識到，朝貢和貿易這些外交問題在這個時期，與地方的治安和防衛其實有很大的關係，但更直接的理由是，先前在廣東擔任海道副使、推動驅逐葡萄牙政策的汪鋐，當時正在都察院擔任都御史。

在長篇大論的覆奏中，都御史汪鋐表示「抽分之說，自成化年間（一四六六～一四八七年）至現在為止，實行、禁止，紛紜不定」，指出這項問題的複雜性；同時他也很有自信地表示，因為自己擔任廣東海道副使時，曾親自執行過抽分的業務，所以「非常清楚實際狀況」。以下就讓我們姑且傾聽他的說法：[73]

臣鋐嘗任彼處海道副使，身親其事，頗知其詳。蓋海外諸國，稽顙稱臣，輸忱效貢，此固四夷來王悅服中國之本心。至于挾帶貨物，入我中土，懋遷有無，亦其情也。故律有抽分之條，所以順遠夷之意，非但專為抽取貨物以資國用計也。奈何法久弊生，諸夷熟識海道，大肆往來，加以奸民千百為羣，駕造雙桅大船，私置兵器，縱橫于海，潛通勾引。至于東莞地方，虜掠居民，一語不合，輒勦刀刺戮。而巡捕等官畏其獷悍，莫敢誰何。又抽分之官多不得人，守候日久，未抽之先，私通貿易。官軍不能防範，而貴細之物，已十去七八。及至抽分，又詭詐百端，止將麄糲之物，用水浸灌，搪抵納官。是以解官有陪償之苦，運船有雇直之虧，其為地方之害，已非一端。

（譯：〔前略〕因此在《律》中有抽分之條項，是順從〔前來朝貢的〕遠夷之情，而非是一味為了抽分貨物以資財政而出此意圖。奈何法制實行久了之後，便會出現弊害，諸夷熟知航路而大肆往來，〔中國的〕奸民以千、百單位形成集團，建造兩根桅桿的大船出海，私下購買兵器，縱橫海上，秘密〔與外國船隻〕聯繫，並引其登堂入室。在東莞縣，這些人掠取居民，只要稍微違背意願，便肆無忌憚地揮舞武器刺傷殺戮，巡捕官員也畏懼其粗暴剽悍而不加以取締；抽分之官大多不得其人，〔到手續結束為止〕需要長時間的等待，因此在實施抽分之前，便已私下展開貿易了。官軍也無法防止這些事情發生，貴重物品〔在抽分之前〕便已經賣出了七、八成。在抽分之際，也會出現各種詭計狡詐，用水浸灌廉價的商品〔增加重量〕再行納官。如此一來，負責輸送〔抽分貨物〕的官員便苦於賠償，搬運船也無法獲得運費，諸多事情，皆成為地方之弊害）。

汪鋐在廣州擔任海道副使，從事對外事務是從正德十年（一五一五年）開始，但包含擔任按察司僉事時期的話，他在葡萄牙船來航等廣東情勢出現巨大變化的十五年間，都一直在廣州親身處理相關事務。[74]

在汪鋐的發言中，首先應當留意的是，即使他基於自己的經驗闡述抽分制度，卻完全避而不談抽分制度開始的年份、比例以及可資依循的則例。[75]另一方面，汪鋐又提到，在《大明律》中可以看見「抽分之條」；他傾向主張，現實世界中廣州實施的抽分制度，乃是源自這條律令的規定，而且實行已久。

在《大明律》和《大明會典》中可以看到的抽分，其大前提是朝貢船的附搭貨物，必須由官方收購、並支付寶鈔作為對價；這和過往宋元時代曾施行、到了十六世紀上半葉，以稍微改頭換面之姿態重新出現的「抽分之法」——向附搭貨物課取一定比例的稅額之後，認可其與中國方面的商人交易以此為出發點，甚至也適用於非朝貢船所帶來的貨物，無法等同視之，這在前面已經清楚說明過。

然而，要在現實世界實施抽分，那不管這種規定或舊例有多窒礙難行，都必須主張它的存在意義才行。汪鋐擔任海道副使的任期中，也包含了基於總督陳金奏請，大幅放寬廣東的貿易限制，讓非朝貢外國商船所帶來的貨物也適用於抽分制度的時期。關於自己也深入參與的抽分制度，希望能夠獲得某種法條上的依據，這種心情應該就是汪鋐提及《大明律》「抽分之條」說法的緣故吧！但是，准許非朝貢船貿易這件事，固然不可能藉由會典和祖訓加以正當化，就連朝貢船的附搭貨物，也如給事中王希文所說的，原本的制度十分明確，就是要以寶鈔收購。汪鋐應該也很清楚這些事情，所以對於王希文的提案，迴避了明確的是非判斷。

另一方面，汪鋐也注意到抽分制度中，出現了種種的弊害。在海上貿易擴大的同時，奸民們大舉前往海上，與外國船隻「潛通」，甚至「勾引」外國人到內地。然而，在寬廣的中國東南部沿岸全境，以本來就已經十分匱乏的官府強制力，是無法取締這種事態的，汪鋐對此應該也有深刻的認識。正因為汪鋐成功從廣州附近趕走了葡萄牙人，所以在他的視野與思考架構中，應該會將自己的功績——也就是在廣州進行的鎮壓，與廣東省北部和福建省漳州府盛行的走私活動直接連結才對。在他的覆奏中，既看不見讓地方官實施的抽分制度與朝貢—海禁體制兩者合理兼得的策略提案，也沒有將給事中王希文的主張視為不可能實現的空論而駁回。最後，他不得不以老生常談的方式作結，也就是提出實施抽分的官員不得人、以及官軍對於走私貿易視而不見等事態，將責任歸咎於政府相關單位的腐敗與無能。

但是，汪鋐的覆奏，也是有值得注目的地方，那就是他並非完全同意王希文的主張；對於正規朝貢船隻所帶來的附搭貨物，他希望能夠「按照舊例抽分……在抽分之外，允許良民以適當的價格交易（夾帶番貨，照例抽分。應解京者解京，應備用者備用。抽分之外，許良民兩平交易，以順夷情）[76]」。

王希文的上奏，雖然目的是為了阻撓因為總督林富上奏，而再次放寬交易規定之事，但身為都察院代表的汪鋐之覆奏，則是以毫無誤解餘地的明確字句，主張了在林富上奏內容中也未能明言的論點，那就是對附搭貨物進行抽分課稅後，應當允許和中方商人進行交易。相對於王希文那種反動、期盼回歸寶鈔全額收購制的請求，汪鋐反而再次確認了附搭貨物的商業交易，乃是正當之事。

十六世紀初葉以後，在開放與抑制之間，也可以說是在戶部與禮部的立場之間搖擺不定的互市體制，到了一五三〇年（嘉靖九年）終於確立了一座橋頭堡；以廣州進港的朝貢船附搭貨物為對象、進行抽分課稅與商業交易的行為獲得官方承認。這也可以說是在朝貢—海禁體制這個法律架構上，官方所能做出的最大限度讓步。這項措施，確實是違背了「無抽分之法」、附搭貨物必須全數由官方收購的「祖宗之制」，但是以這一年王希文的上奏為尾聲，依據這項原則論，禁止附搭貨物的商業交易之反對論便從檯面上消失了。

總而言之，以附搭貨物為對象的互市制度，於一五三〇年在廣東獲得了最後的確認。如同本章第一節所引用的史料：「（朝貢船隻）前來之際，允許攜帶特產品，官方設置牙行使之與民間人貿易。此即為『互市』。有貢船，就有互市」。史料作者鄭若曾的書寫時間雖然推定是在一五五〇年代中期，不過正式裁定朝貢船的附搭貨物可以互市，也不過是他執筆將近二十多年前的事罷了。換句話說，要將它比擬為「祖宗典章」，也不甚合理吧！

那麼，鄭若曾是因為不知情，才提出錯誤的主張嗎？恐怕並非如此。當觀察廣東的事態演進，並希望從南直隸一直延伸到浙江、福建的暴力交流，能夠以實質上的互市體制為目標，朝著軟著陸的方向邁進，那麼提出這樣的主張，就成了必要之務。雖說是有限制條件，但「互市」是「祖宗典章」許可下的制度，這個假設性的架構，已經成了無可退讓的橋頭堡。

## 四、「一切之法」與客綱

自此之後，以這座橋頭堡為起點，實質上的互市在廣東持續擴大。當然，因為總督陳金與布政使吳廷舉時代的「一切之法」，也就是對非朝貢船的貿易船隻也實施抽分和進行商業交易受到了否定，若是將互市朝這個方向拓展，便是脫離法規的行為。儘管如此，在廣州地區，實質上還是朝著恢復「一切之法」的方向前進。畢竟以漳州、浯嶼以及雙嶼等地為據點的走私貿易路徑，作為競爭對手，已然蓬勃繁盛，老牌的廣州當然也無法只是安穩地等待朝貢使節來航。嚴從簡的《殊域周咨錄》，就作了以下記載：[77]

於是番船復至廣州，今市舶革去中官，舶至澳，遣各府佐縣正之有廉幹者，往抽分貨物，提舉司官吏亦無所預。然雖禁通佛朗機往來，其黨類更附諸番船雜至為交易。……所在惡少與市，為駔儈者日繁有徒，甚至官軍賈客亦與交通云。

（譯：於是，番船再次來到廣州。現在這裡不再設置市舶司的宦官，船一入港，便由廣州府的下屬官員以及知縣中，揀選廉潔有才幹的人各自前去進行貨物的抽分，市舶司的官吏不加干預。結果，儘管廣州依舊禁止與佛朗機交通往來，但其黨羽依附在各國的番船間，不斷前來展開交易。……四處的惡少與他們交易，越來越多人成為駔儈。據說甚至還有官軍和賈客，也開始和他們互通往來。）

由於嚴從簡本人身處北京的行人司，因此這些只不過是基於來自廣東的傳聞，而記錄下來的內容。這種逸脫法令的行為，官方究竟參與多少，我們無從得知。如果嚴從簡把自己獲得的情報透過上奏傳達給朝廷，朝廷應該會去追查事實、並採取禁止措施吧，但從留下的資料來看，這樣的狀況並沒有發生。由此可以看出，廣東當局在放任事態如此發展的同時，也成功防止了事態浮上檯面。

從朝貢國出航的商船，若是主張自己屬於朝貢使節團、或是負責迎接使節的船隻，那一切都好說。就算原本理應被驅逐的葡萄牙船隻，只要借用他國的名義，也可以和這些船隻等同並列。當時的船隻雖然號稱是「東南亞諸國的朝貢船」，但實際上大多是由華人及其後裔直接或是間接參與經營，這點大家也是心知肚明。在當時南洋貿易的中心、有許多華人出入的麻六甲，統治當地的葡萄牙勢力會利用華人，自是毋庸贅言。即使無法像過往深入皇帝身邊的華人——火者亞三*，但因為這些東南亞人士擁有資金和貴重貨物，所以還是能使用各種手段，和官軍、廣東的

* 譯注：火者亞三（約一四七三～一五二一）是一位定居在滿剌加的福建或廣東華人，幼年時被閹割為奴。當時福建、廣東等地稱受閹割入富豪家為閹奴的人為「火者」；而其名「亞三」即「阿三」，顯示其出身卑微。因其通曉葡萄牙語，而成為明武宗的寵臣。

有力人士以及官僚打好關係。而且在官方與朝廷方面，對於船來物資也有很大的需求。

《明史》食貨志的說法如下：世宗嘉靖帝為了在宮中「齋醮」，也就是盛大舉行道教的儀式，大量消費各種物品，「使用了沈香、降香、海漆等十多萬斤的各種香料，為了購買龍涎香而派人到各地去，花了十幾年都無法取得。為此，使者要求讓外國船隻入港，花費很長的時間才終於取得」。[78]

根據《明世宗實錄》，在嘉靖三十六年（一五五七年），有人提案，若是在入港的外國船隻中，僅允許獻上龍涎香的商人適用「抽分事宜」進行交易，那就沒有必要為了獲得龍涎香而派遣官吏到各地，結果這項提議居然獲得了裁可。[79]

在十五世紀下半葉，曾以廣東按察司僉事身分任職三年的陳爕傳記中，有著饒富興味的記述：[80]

還廣東按察司僉事。憲度益謹。廣東地瀕海，每互市番船至，諸司皆有例錢。謂之報水錢。爕獨不受，廣人至今稱之。未三載卒於官。

（譯：廣東這塊土地面海，每當互市番船到來，各官府皆會收到例錢，稱之為「報水錢」。只有陳爕不願意接受，這件事在廣州，至今依然被人傳頌不已。）

雖然我們無法判斷「互市番船」一詞，究竟是傳記作者刻意寫下，還是用來形容朝貢船的說法，但外國船隻來航時，確實會以謝禮的形式，為廣州官府帶來收入。從陳燮拒絕收受這筆錢、從而廣受好評來看，這筆錢不用說，一定是作為給外國商人好處、讓他們便宜行事的對價吧！在廣東，「例錢」的慣習有沒有持續到十六世紀，或是重新復甦，雖然我們沒能看到明示相關訊息的資料，但是互市作為一項逸脫法令的行為，卻又不得不實行，那麼向理應取締的官府作一些私下溝通的小動作，自是必須之事。海外貿易的龐大利益，豐潤了原本應該實行朝貢－海禁政策的入港地方官府；一旦這個利益分配的結構，以「例錢」等形式成為慣例，那麼只允許朝貢船隻帶來附搭貨物進行互市的準則，自然也很容易成為陽奉陰違的對象吧！

正如鄭若曾等人所言[81]，朝貢船以外的「商船」，依據官府的對應方式，也可能會一轉為「寇船」，也就是海盜。反過來說，「寇船」也有可能脫離暴力的往來方式而成為「商船」。若是這樣的「商船」，對藉由抽分取得朝廷御用物品與財政收入的廣東當局來說，在是否為朝貢船隻、貿易的主體究竟是外國商人還是「勾引外夷，與進貢者混以圖利」的奸民[82]等方面，保留某種曖昧空間，讓他們入港交易，便是相當具有魅力的選項。向附搭貨物實行抽分、承認商業交易的制度，原本是一道防止其轉向為「一切之法」的圍牆，然而這道圍牆卻非常低矮。

當被任命浙江巡撫、並兼管福建沿岸海道的朱紈實施嚴格的鎮壓走私貿易政策之後，海寇的活動便轉趨激烈，此事眾所周知。[83]嘉靖二十七年（一五四八年）因為朱紈的戰略，明軍對雙嶼港造成毀滅性的打擊，成為「商船」大舉轉為「寇船」的契機。不過，在廣州方面，由於官府默許「事實上的互市」這種逸脫法令的行為，因此得以免於捲入激烈的騷動之中。

若是對廣東與福建以北沿岸所發生的對照性事態有所認知，那麼會提議開放原先禁止的互市，以作為突破現狀的策略，自是理所當然。首先發出這種聲音的，還是廣東。嘉靖二十九年（一五五〇年），廣東巡按御史王紹元表示「比起將海利歸於宦豪，不如將權力委託給官府」，提出謀求開放互市的建議。根據鄭舜功的《日本一鑑》，王紹元就「開放市舶之要點」，向南直隸、浙江、福建、廣東的巡撫、巡按等官員提出他的提案，結果得到這樣的咨文回應：「果於地方無損，國課有益。」並敦促他下定決心上奏，但最後，這項提案似乎並未獲得施行。[84]

這類的互市開放論，或許就是因為明顯違背了「祖宗典章」，所以才會有所顧忌，不敢在朝議場合公然拿出來討論。鄭若曾在《籌海圖編》經略部中，於「開互市」的標題之下採錄了唐樞和唐順之的主張。這兩位先生都主張互市開放，但他們不只是議論互市開放在現實上的利害得失，也必須用相當苦惱的態度，去忖度「先皇制律之意」（唐樞）與「國初設立市舶之意」（唐順之），是否意味著全面否定交易。雖然以前文所介紹的丘濬《大學衍義補》為代表，直截了當的互市開放論，但是鄭若曾並未網羅那些議論，而是只收錄了唐樞和唐順之一邊抱持「祖宗家法」的精神、一邊陳述互市開放正當性的苦澀議論；當時互市論所面臨的困難局面，由此可見一斑。

當這種試圖為開放互市賦予正當性的議論，不得不面對巨大困難的同時，與之成對比的是，廣東互市的現實運作卻跨出了更加大膽的一步。

朱紈破壞雙嶼港，並且對浙江、福建沿岸的走私貿易船進行嚴格取締一事，成為包含葡萄牙船在內的番船操作者，再次揚帆前往廣州的要因。這次外國商人被移置到澳門以西、一座稱為浪白澪或是浪白澳的島嶼，這座島嶼遂成為東南亞各國為交易而來的商人居留地，而葡萄牙人也積極置身其中。這是一五五二年左右的事，而後他們也為了參與廣州的互市，而使盡各種手段。

在鄭舜功的《日本一鑑》中，有著以下的記述：[85]

甲寅，佛郎機國夷船來泊廣東海上，比有周鸞，號稱客綱乃與番夷冒他國名，誑報海道，照例抽分，副使汪柏故許通市，而周鸞等每以小舟誘引番夷，同裝番貨，市於廣東城下。亦嘗入城貿易。又徐銓等誘倭市南澳。復行日本，因風逆回泊柘林。

（譯：甲寅〔嘉靖三十三年，一五五四年〕佛朗機國的夷船來航廣東海上。當時，有一個名叫周鸞、號稱「客綱」的人，與番夷一同假冒他國之名，蒙騙海道副使，讓他照例實施抽分，而海道副使汪柏也刻意允許他們通市。於是周鸞等人經常搭乘小船誘引番夷，一同乘載番貨在廣東省城之下交易，甚至也會入城貿易。）

文中提及的周鸞這號人物，雖然作者被認定是自稱「客綱」，但是在萬曆《廣東通志》中記載，「嘉靖三十五年（一五五六年），海道副使汪柏設立客綱與客紀，讓廣東以及徽州、泉州等地的商人負責此事（嘉靖三十五年，海道副使汪柏乃立客綱客紀，以廣人及徽泉等商為之）。」這表示「客綱」、「客紀」，是由海道副使所公認，負責互市的人物。[86]所謂「客綱」，指的是客商、也就是外地商人的大掌櫃，而「客紀」，則是客商的經紀人，也就是二掌櫃。無論哪一個角色，無疑都是官方認可的業者。

林子昇推論，周鸞就是葡萄牙人萊奧內爾・德・索札（Leonel de Sousa）[87]，也就是葡萄牙艦隊的隊長。然而，將周鸞和索札視為同一人的說法並沒有根據，而林子昇也遺漏了《廣東通志》中關於客綱的記述。索札在一五五六年遞給本國王子路易的信件仍留存至今，內容中報告了來航廣東經過三年的努力，終於成功與中國方面的海道達成口頭協議、繳納十分之二的關稅，並讓我方人士得以在廣州城內自由出入等事項。[88]

但是，若單純閱讀鄭舜功的記述，會發覺周鸞是偽裝成被允許朝貢國家的船隻，代理葡萄牙等原本應該被驅逐出港的船隻進行貨物交易，因此他應該是為了將走私合法化而出現的仲介業者。按照林子昇等人的說法，葡萄牙艦隊長自稱「客綱」，但這個位置不受公認就沒有意義，於是海道副使汪柏便給予「客綱」公認的名稱與地位；這樣的事情實在很難想像，而且說到底也沒有這樣的必要性。就中國官方而言，對貿易抽分課稅帶來的收入安定與增加，相當具有魅力；但是，要因此將葡萄牙船隻的貨物作為直接抽分的對象，並和葡萄牙人直接交涉，這樣的必要性其實不高。若是准許與葡萄牙直接通商的話，還得面臨彈劾的危險。正是為了迴避如此的危險，才會利用中國籍的仲介者。再說，為了讓這種間接性的通商外交結構安定下來，海道副使汪柏會想「設立客綱與客紀」，也是很合理的。[89]

就這樣，在嘉靖三十五年（一五五六年）左右，因海道副使汪柏的措施，「廣州以及徽州、泉州等地的商人」組成客綱、客紀；透過他們的仲介，葡萄牙船隻也加入了原本屬於朝貢、互市對象的東南亞諸國貿易船，參與了廣州的互市行列。不久後，正如眾所周知，葡萄牙人從浪白滘轉移至澳門，並確保當地作為根據地。汪柏實施這項措施約十年後，出身南海縣的龐尚鵬（巡按浙江監察御史）上奏，提出警告表示，因為互市的關係，澳門呈現急速發展，同時對澳門成為「番舶市舶交易之所」之前的狀況，作了以下的記述：[90]

往年夷人入貢，附至貨物照例抽盤。其餘番商私齎貨物至者，守澳官驗實申海道，聞於撫按衙門，始放入澳，候委官封籍抽其十之二，乃聽貿易焉。其通事多漳州、泉、寧、紹及東莞，新會人為之。椎髻環耳，效番衣服聲音。

（譯：往年當夷人入貢之時，附至貨物會按照慣例實行抽分與檢查。若有在這之外的番商攜帶私人貨物抵達，則由守澳的官員實行檢分並向海道副使申告，通知巡撫衙門、巡按衙門之後，才被允許入港，在被派遣過去的官員抽分貨物的十分之二之後，允許貿易。負責雙方溝通的通事，多為〔福建省的〕漳州、泉州、〔浙江省的〕寧波、紹興以及〔廣州府的〕東莞縣和新會縣人；這些人綁著椎髻，戴著耳環，仿效番夷的服裝，並說著他們的言語。）

周鸞等身為客綱、客紀的人們，應該就等於龐尚鵬所說的「通事」吧！在廣州，自古以來就設有統率「番商」，也就是外國商人[91]的「綱首」一職。[92]萬曆《廣東通志》卷七十，外志，便是以這樣的一段話開頭，來彙整外國商人的相關活動狀況：「擔任番商者，在各艘蕃夷貿易船交易之際，須由綱首約束統率（番商者，諸番夷市舶交易綱首所領也）。」

《廣東通志》記述唐代以降，旅居廣州後逐漸定居化的外國商人社群中，有設置「番長」之類的職務，接著便是上面引用的「汪柏乃立客綱客紀，以廣人及徽泉等商為之」這段記載。他們雖為華人，卻是「椎髻環耳，效番衣服聲音」，也就是為了商業利益而與外國人攜手合作之徒，不時還會擺出一副外國人風格的言行舉止。然而，作為華人，他們也有辦法在中國官府面前說得上話。讓這種介於華與夷之間的中間人擔任「客綱」，使之統率尤其容易成為紛爭火種的「番商」——特別是有惡名昭彰前科的葡萄牙人；海道副使汪柏之所以「設立」客綱，應該就是出於這樣的意圖吧！

十六世紀初期，以公開認可向附搭貨物實行抽分制為起點的廣東互市，歷經迂迴曲折的演變，在一五五〇年代中期，隨著以海道副使為實質負責人的官府、官府公認的「客綱」、以及經由「客綱」，讓原本違法的交易得以合法化的番商，三者建立起一套彼此利害均衡的關係，終於找出了一個安定點。這和福建、浙江乃至南直隸沿海地區，由於處理海外交易紛爭的失敗，導致無法擺脫激烈暴力往來的漩渦，呈現明顯的對比。

一五三〇年以降在廣州，以公開承認附搭貨物的課稅貿易為基礎，為接受來航諸國商船的貿易，也就是事實上的互市制度做好了準備。另一方面，被驅逐的葡萄牙勢力北上發展，也讓福建乃至浙江方面的走私貿易日趨活躍。

嘉靖十年（一五三一年）二月，之前已經存在的「海賊洪週盛與林舉聚眾數百人，在福建沿岸的府縣以及廣東的惠州府、潮州府、浙江的台州府、溫州府之間流竄，到處殺傷官吏與人民。洪週盛死後，由林舉代為率領部眾；林舉一夥與其他系統的海賊洪體謨和王輔成等匯合，勢力益發強盛（海賊洪週盛、林舉等聚眾數百人，流劫福建沿海郡縣及廣之惠、潮、浙之台、溫，殺傷吏民。週盛死，舉代領其眾，與別部海賊洪體謨、王輔成等合，勢益熾盛）」。面對這種局勢，浙江海道僉事姜儀力圖剿滅海盜；據報告指出，他不只殺死了海盜的首領，還捕獲了好幾百人。[93]

嘉靖十二年（一五三三年）九月，兵部上奏表示：「浙江與福建皆是與海相連，前幾年漳州府的民眾私自建造雙桅桿的大型船隻，擅自使用兵器與火藥，違反禁令進行交易，甚至展開海盜行為；雖然我等屢屢奉上諭下令嚴禁，但因為當地相關單位怠慢之故，法規日益鬆弛，而違禁者還是一如既往，橫行無忌。（浙、福並海接壤，先年漳民私造雙桅大船，擅用軍器、火藥，違禁商販，因而寇劫。屢奉明旨嚴禁。第所司玩愒，日久法弛，往往肆行如故）」請求重新下達禁令。[94]這個時候，漳州府的走私貿易者已經在艦上裝載火器；他們與北上葡人間的接觸乃至於密切合作，由此可見一斑。

嘉靖十五年（一五三六年）七月，御史白賁提出九條「備倭事宜」，獲得朝廷裁可。其中第二條是「（漳州府）龍溪縣的嵩嶼等地，地勢險要，居民奸獷，原本就是以航海、通番來維持生計。其中的豪勢之家，往往藏匿無賴之徒，私自建造大型船隻，供給兵器和糧食，相互依存以獲得利益（龍溪嵩嶼等處地險民獷，素以航海通番為生。其間豪右之家，往往藏匿無賴，私造巨舟，接濟器食，相倚為利）」。朱紈嚴格執行海禁，結果激起「嘉靖大倭寇」約十幾年前的狀況。內地豪門大戶與走私貿易者結合，在當時的漳州府已經十分顯著。

嘉靖二十一年（一五四二年）五月，有一起事件的處置如下：漳州府的陳貴等人乘坐大船前往琉球，與久米村的通事蔡廷美等人取得聯絡；當他們要入港的時候，與從潮州府潮陽來航的走私貿易船發生糾紛，雙方爆發了械鬥衝突。蔡廷美於是將陳貴等人拘禁在舊王城（浦添城），並沒收貨物。之後，這些走私貿易者企圖從浦添城逃亡，結果遭到琉球的守衛士兵殺傷；此事傳到中山王的耳中，國王連忙下令停止追捕，並向明朝報告。通事蔡廷美等人被派往福州，接受巡按御史的訊問，結果中山王尚清一直放任琉球人與走私貿易者交易的事情，因此暴露在陽光下；明朝方面警告琉球，「不得再隨意與中國商民交通貿易」，若不悔改，則會斷絕琉球的朝貢。[95]

此時，從潮州府潮陽來航的走私貿易船是「二十一隻，稍水（搭乘人員）一千三百名」的大規模船隊，而漳州府陳貴等人則是五艘船組成的船團。且這二十六艘走私貿易船的貨物，全都在琉球卸貨，並進行論價。結果因為價格方面發生齟齬，導致潮州府的走私貿易者與陳貴等漳州府的走私貿易者之間，發生了暴力事件。琉球方面於是將引起暴力事件的陳貴等人加以拘禁，結果又發生了陳貴一夥試圖逃亡，遭到琉球看守士兵殺傷的事件。雖說是走私貿易者，但殺傷中國人這件事，是無法對明朝加以隱蔽的，於是琉球方面遂把漳州府的陳貴這夥人當成「賊」，遞解到福州當局——真相大概就是這樣吧。[96]

當時的琉球再怎麼想，應該都不具有消費二十六艘「大貨船」份量進口商品的購買力。恐怕是琉球看準了商機，打算把這些貨物轉賣到因為白銀增產而日趨富裕的日本等地，所以才讓這麼大量的走私商品前來卸貨，並一口氣將它們買下吧！

根據陳貴的供詞，裝載在船上的貨物，各自皆有明確的所有人姓名。也就是說，是內地的有力人士和富裕階層投資走私貿易，將商品委託陳貴賣給琉球。如此具有組織性的走私貿易，據說已經行之有年。[97]

因此，福建省南部的漳州府與毗鄰的廣東省潮州府，成為許多走私貿易船的根據地，其活動範圍一直廣及琉球。從廣東被逐走的葡萄牙船隻，一開始會將據點置於浯嶼，就是因為從廣東省北部到福建省南部的地區，已經成了走私貿易的巢穴。而隨著葡萄牙人加入走私活動，走私的規模也擴大到幾十艘船，集體且有組織行動的程度。[98]這些地區的備倭衛無法與有新式火器武裝的大規模船團對抗，不得不放任走私貿易。

上述的浯嶼，是位於現今廈門洋面上的金門島。這裡雖然是屬於泉州府，但翰漳州府境彼此接壤。張燮在《東西洋考》中記述：「（嘉靖）二十六年（一五四七年）。佛郎機船隻裝載貨物停泊在浯嶼，漳州府龍溪縣的八十九都居民以及泉州府的商人，前往該地貿易。（福建的）海道副使柯喬派遣兵船攻擊葡萄牙船隻，但販賣者並未因此止步不前（二十六年。有佛郎機船載貨泊浯嶼，漳泉賈人往貿易焉。巡海使者柯喬發兵攻夷船，而販者不止）[99]。」嘉靖二十六年是柯喬攻擊葡萄牙船隻的年份，當時浯嶼應該早已成為走私貿易的據點了。由此可見，地方當局也有清楚認知，漳州府以及泉州府的走私貿易，是受到葡萄牙船隻的活動驅使而日益盛行。

洪武十七年（一三八四年）以降強化的明朝海防，早已鬆懈廢弛。正如前文所述，走私貿易者所建造的巨型船隻（雙桅大船）橫行於東海，北上的葡萄牙人與中國走私貿易者聯手，在浙江洋面上的雙嶼建構起華夷混合的貿易據點。所謂的「嘉靖大倭寇」，便是在福建與浙江沿岸這樣的背景醞釀下，於一五四〇年代末大舉爆發開來。葡萄牙的冒險商人駛至中國沿岸展開貿易、以及日本銀流入中國等狀況，是一五三〇年代以後東海走私貿易隆盛的要因。

在這樣的情勢當中，確保住「正式認可對附搭貨物的課稅貿易」這座橋頭堡的廣州，又往前跨出一步，朝向接納沒有朝貢關係的民間貿易船隻，也就是實現「事實上的互市」持續邁進。跨越作為「祖宗典章」的朝貢—海禁體制，這樣的動作在廣東與福建、浙江，分別朝著不同的方向前進。

# 五、「以不治治之」

接下來，讓我們把話題再次轉回鄭若曾這邊。如前所述，在《籌海圖編》中，針對「開互市」一事，廣泛蒐集了同時代各家的議論，其中也包括了鄭若曾本人的長篇按語。閱讀這篇按語，可以得知鄭若曾不只是關心互市在廣東的遞嬗狀況，還從廣東海道副使的文件中得到了詳細的情報。他在按語中提出「貢船是王法所允許，由市舶司所掌管，也就是貿易之公。海商是王法所不許，不經市舶司所掌管，也就是貿易之私」，也就是朝貢船以外皆屬走私的原則論；不過在原則論之後，他接著又說：

貢舶者王法之所許，市舶之所司，乃貿易之公也。海商者王法之所不許，市舶之所不經，乃貿易之私也。日本原無商舶，商舶乃西洋原貢諸夷，載貨舶廣東之私澳。官稅而貿易之。

（譯：日本原本沒有商船。商船也就是西洋〔指東南亞〕原本朝貢的諸夷，裝載貨物來航廣東的私澳，讓官方抽稅後貿易。）[100]

原本不被允許的「貿易之私」，在廣東究竟是藉由何種機制來施行的呢？雖然本書的讀者對於其中來龍去脈與架構，應該都已經能夠有所理解，但是《籌海圖編》的同時代讀者，或許仍會有所懷疑。因此，鄭若曾在上述引用文章的後方，以雙行注標號注記「詳細請參考後方附錄廣東海道的回文（詳見後附錄廣東海道回文）」。

然而，很遺憾的是，至今所知的《籌海圖編》版本（最早是以嘉靖四十一年序刊本為祖本），又或者是經過改編的鄧鐘重編《籌海重編》（萬曆年間刻本），無論是哪一個版本都看不見所謂的「後方附錄廣東海道的回文」。[101] 重編者鄧鐘注意到這個狀況，因此刪除了該雙行注。在嘉靖四十一年序刊本中，可以看到雕版後補正錯誤的痕跡，應該是經過嚴謹慎重的校訂作業才是，所以很難認定是在編纂或是雕版之際無意闕漏了「回文」。之所以如此，或許是因為當時在廣東實施的互市，連原本不應允許的葡萄牙船隻都成為了對象，因此鄭若曾判斷記錄這些事情的廣東海道副使回文，並不適合公開在《籌海圖編》上，所以才在刊印之前將這篇附錄的回文部分加以撤回。因此，十分可惜，關於這篇「回文」的內容與執筆者究竟是誰，完全無法得知。

儘管如此，在其他地方，還是留存了相當有力的線索。前節提到設立「客綱」，實質許可與葡萄牙互市的海道副使汪柏，留有一部名為《青峰先生存稾》的文集。這部文集雖是逝世後由家人所刊行的作品，但其內容「多是應酬文字，連廷節（汪柏的字）自己都認為是一堆空言」（金達〈青峰存稾序〉），政治性的文件幾乎等於零。之所以會變成這樣的文集，有其原因；根據在序文之後所附的汪柏姪子汪息聰之識語，汪柏雖然彙整了有關海防的議論，上呈給浙江與廣東的當局人士，但在這些稿件返回手中之前，汪柏便已與世長辭，因此它們也就跟著散佚了。[102]

另一方面，汪柏雖然直到嘉靖三十五年（一五五六年）為止，都在廣東擔任海道副使，但也就是在這一年，有記錄指出轉任浙江布政司參政的他，曾在平湖縣胡宗憲率領的大軍中，與倭寇進行對峙。[103]鄭若曾當時正在胡宗憲的麾下，進行情報蒐集與整理記錄，並就政治、軍事兩方面的對策進行檢討；這些東西後來開花結果，其產物就是《籌海圖編》。因此，鄭若曾很有可能跟從廣東海道副使轉任前來的汪柏接觸，並從汪柏那裡打聽到廣東互市的情報。另一方面，汪柏自己也基於在廣東擔任海道副使的經驗，表示「吾言恐不可廢」，於是將之謄寫下來、送交給浙江與廣東當局者，積極推廣自己的知識與見解。因此，從《籌海圖編》消失的「回文」之筆者，很有可能就是汪柏本人。

從廣東帶來的最新情報，對鄭若曾的互市構想產生了很大的影響。鄭若曾在《籌海圖編》中總結「開互市」相關議論之際，做了這樣的論述：在日本對中國商品仍有強烈需求的情況下，「人們趨向利重之處是自然的，無法阻止（中國）民眾與之交通往來。因此，法令愈是嚴格，寧願捨棄性命也要通番的小民，念頭便愈是熾熱（蓋倭國雖小，亦有君臣、朝貢、燕享、禮儀，使無絲線等物，則無禮文，而不成乎國矣。彼既不容不資於我，而利重之處，人自趨之。豈能禁民之交通乎。故官法愈嚴，小民寧殺其身而通番之念愈熾也）[104]」。也就是說，表示應該開互市的鄭曉、唐順之、唐樞等人，他們見解的正確性是不容否認的。然而，就連附搭貨物的抽分與交易都成為否定對象的朝貢—海禁體制，仍然是不變的祖宗之法。「若是沒有朝廷的命令，誰敢私自允許互市，干犯國典呢！（但朝廷無命，孰敢私許互市以干國典哉）[105]」。在這樣的困境之中，可能實現的方案只有一個，那就是：

此只消一海道有機敏有力量者，活動行之，不失於縱，不失於激。

（譯：只須讓一位機敏且有力的海道副使展開「活動」，不致過於放縱，也不致〔過於嚴苛〕，導致激發〔反抗〕。）[106]

巡撫和巡按御史公然上奏開互市的話，在朝廷議論的場合上會遭到否定，是再清楚不過的事情。因此要讓海道副使這種專門負責海上事務的人物，在放任的弊害與過度抑制所激起的反抗這兩個極端之間，發揮手腕，實現法制與現實利害關係的均衡。這裡所指的「活動」，是不被頑固的法紀所束縛，順應現實而採取靈活措施之意，也可以解釋成「闊達」。但是，就算手段再怎麼高超的官僚，要完全掌握以海為家的眾多蕃夷商人，是不可能之事，對於高層的地方官僚而言，那也不是應該做的事情。因此，需要的便是商人之中的合作者：

如某海嶼某老，歷年商舶之頭也。欲律以通番死罪，罪未必及而亂先激矣。必申明朝廷之法，寬處而羈縻之，且重其責成。曰，「商販貿易，姑聽其便。但一方之責，皆係於汝。一方有倭變，即汝一人之咎也」。彼以利為命者，利既不失，而又不峻繩以法，則感恩畏威，必不僨事矣。一面脩吾海防，不容夷船近岸。販貨出海者，關口盤詰，勿容夾帶焰硝之類。載貨入港者，官為抽稅以充軍需，豈不華夷兩利，而海烽晏如也哉。此之謂以不治治之也。見今廣東市舶司處西洋人用此法，若許東洋島夷亦至廣東互市，恐無不可。

（譯：比方說某座海嶼上的某老，長年以來是商船的頭頭。即使要運用律法、以通番之罪判處他死刑，在處罰之前便會激起亂事。因此，必定要向他解釋朝廷的法律，恩赦之後採取羈縻，委託重責大任：「商販的貿易暫時由你自便，但是，一方面所有的責任皆歸屬於你，一方面若是有倭變，那麼將咎責你一人。」這位人物視利如命，如今既未失去利益，又沒有以法嚴格束縛的必要，這樣一來他將會感恩、畏威，也絕對不會壞事。另一方面，我方則整飭海防，勿讓夷船靠近海岸，當船隻為了販賣貨物而出海時，要在關門臨檢，絕不允許搭載火藥等物。裝載貨物入港的船隻，由官方抽稅以供軍需。如此一來，華夷雙方皆有利益，海烽晏如。這就是所謂的以不治治之。現今，在廣東的市舶司，便對西洋〔指東南亞、葡萄牙〕的人運用此法。若讓東洋〔指日本〕的島夷前往廣州互市，應該也無不可吧！）[107]

這裡所說的「某老」，毋庸贅言，指的就是王直。胡宗憲對王直進行招撫工作、王直的上書與入獄（嘉靖三十六年，一五五七年），以及兩年後遭處死，其間的來龍去脈眾所周知。對叛亂者實行招撫，將其勢力編入官軍的戰略屢屢受到採用，因此也有人認為，胡宗憲不過是採行這種策略罷了。但是，王直在接受招撫之際提出的上書中，除了表示將基於自己的責任抑制「餘賊」外，也請求這樣開設互市：「位於浙江省（舟山群島）定海洋面上的長塗等港口，希望能如在廣東的事例一般通關納稅。同時，我也會促使（日本）按照貢期前來朝貢。（我浙直尚有餘賊，臣撫諭歸島，必不敢仍前故犯。萬一不從，即當徵兵剿滅，以夷攻夷，此臣之素志，事猶反掌也。如皇上慈仁恩宥，赦臣之罪，得效犬馬微勞驅馳，浙江定海外長塗等港，仍如廣中事例，通關納稅。又使不失貢期。）」[108]

十年一次的朝貢船會按照規定的貢道入港寧波，至於以裝載「附搭貨物」為名目、隨時往來於日明之間的船隻，則在與貢期無關的舟山等洋上島嶼進行抽分課稅，並在那裡進行交易。這雖是一種掩人耳目的戲法，但要是不這樣做的話，就沒辦法和「貢舶與市舶為一體，不朝貢就沒有互市」的祖宗典章同時共存。至於在執行招撫工作這方，也可以從方才引用鄭若曾的按語得知，就是想要比照廣東的方式，讓王直擔任宛若「客綱」般的角色。[109]

從王直的上書提及「廣東的事例」來看，鄭若曾等在胡宗憲帳下擬定構想的人物，應該是與王直事先串通好說詞後才寫成文稿。這項招撫工作，是在廣東海道副使汪柏創生出互市制度後不久，並且招撫方和被招撫方彼此都取得了關於這項制度內容的情報之後才獲得實現。王直招撫事件的歷史意義便在此處。

即便在王直遭到處死導致計畫中挫後，依循「廣東事例」，在浙江實現與外國商船貿易的提案，還是被拿出來重新檢討。嘉靖四十四年（一五六五年），面對論者「比照廣東事例開市舶、通海夷」的要求，浙江巡撫劉畿表示反對：「這些論者不知道浙江沿海港口眾多、兵船卻甚少，要防止（紛爭亂事），根本是難上加難。一旦開啟這個縫隙，則島夷將會蜂擁而至，危害難以用言語形容。」戶部也持相同意見，於是這項建議便無疾而終了。[110]這位論者似乎是唐順之。[111]唐順之認為應該開市舶的觀點，可以從《籌海圖編》的「經略」中所引用的論述獲得確認。[112] 經歷了這樣一番來龍去脈後，浙江方面承認互市的努力宣告失敗，「通番」下的不法貿易於焉展開。[113]

擴大的交易、名為「祖宗典章」的厚重牆壁、強力火器的普及、暴力交流……在這些事物交錯沸騰的坩堝中，展現出官府、華商、番商三方利害均衡點的秩序，結晶之後浮上表面。在這場化學反應中，對朝貢附搭貨物的抽分與互市制度成為種子，布政使吳廷舉的「一切之法」加以滋養，海道副使汪柏的「客綱」制度則賦予其形狀；同時代人稱呼為「廣東事例」之互市制度，便是如此成形。[114]

為何鄭若曾在剖析朝貢與交易制度的議論裡，要刻意將在法律正當性上頗有疑問的附帶貨物抽分制，嵌入「祖宗典章」之中？成為本章出發點的這個疑問，至此已水落石出。正因為有這個小小的種子，互市才能在依附朝貢制度的同時，也在不久後成長為一種超越它的體制。鄭若曾慧眼之獨具，實在是讓人佩服得五體投地。

# 小結

參照廣州「客綱」制度的同時，鄭若曾所主張策劃的招撫工作，並未攤在陽光下公諸於世。對於在朝政場上被大義凜然的論調壓倒、奉令處死王直一事，鄭若曾是懷著怎樣的心態去接受的呢？對此，他只是沉默不語——或許該說是就算有意見，也不能說出口吧！一面吸收江南的財富增強兵力，一面鞏固城池，以圖討滅海寇勢力，這確實也是回復秩序與治安的選項之一。當有力的棋子王直死去後，留給胡宗憲的，就只剩下這樣一條充滿血腥的道路。然而，當時的有識之士應該也能察覺，這並不是解決隱藏在暴力交流背後，貿易制度矛盾的辦法。

在廣東，汪柏的處置與「客綱」制度，之後歷經了何種轉變，筆者並沒有可以具體考察這項問題的材料。[115]但是，若從澳門和廣州直到十九世紀中葉為止，都還是中國互市的中心這點來思索，那麼十六世紀前半發生在廣東、關於互市的種種迂迴曲折，以及一五五六年前後，利用「客綱」確立了互市制度——亦即實現了將非朝貢國葡萄牙人的交易，納入課稅對象——這點，就堪稱具有極其重大的意義。

雖說十六世紀的「客綱」、「客紀」並不是原封不動地轉變成清代的洋行（「十三行」），不過我們也不能忽視，兩者在機能上有部分重疊。[116]梁嘉彬指出，在明代萬曆年間周玄暐的隨筆中，香山縣，也就是澳門的所在地，成為貿易船出入的咽喉，但卻有許多免於徵稅的事例：「繳納稅金者，不過是其中的十分之二或十分之三罷了。後來，三十六行（從外國商船）接受白銀，提舉官則取其中總額的十分之一；簡單說，他們只須安坐便可穩獲收入，無須核對帳簿，也無須動用（懲戒未繳納者的）刑杖。」這表示由與外國商人交易的對象——行商代替貿易船「報官納稅」，這種委託納稅制度早在萬曆年間就已經存在了）。[117]梁嘉彬認為，這個明代廣州的「三十六行」，就是清代十三行的前身。筆者則認為，廣州在十八世紀壟斷西洋諸國貿易霸權的過程中，為了推動互市制度的實現，早早孕育出所需的中介機構，這對它的運作，想必是相當有利的。

從祖宗承繼地位的皇帝，以及仕奉皇帝的官僚，對他們而言，擁護「祖宗典章」，是在主張王朝統治正統性方面，絕不可讓步的責任和義務。這種態度在成為具體政策基調的同時，也深深滲入官僚的思維。如此一來，運用於現實的制度想要擺脫這種桎梏，幾乎是不可能之事。

然而，當「祖宗典章」與社會之間產生的矛盾，明顯會導致秩序動搖的時候，直接面對此等狀況的當事者，便不得不摸索各式各樣的解決辦法。雖說從今日我等的角度來看，由朝廷下命令進行法律上的方向轉換，是最為合理的選項，但這點幾乎是不可能寄望的。當然也可以擺出一副無為而治、期待社會自己調適的態度，但考慮到若繼續置之不理，有可能會招致巨大危機，要這樣做其實也有困難。不止如此，若要透過官治由上而下直接形成秩序，達成這個目標所需的資源——也就是強制力的泉源，其實也十分有限。

在這些既定條件的制約下，若要實現關係者的利害均衡，同時又要兼顧王朝國家的體統，那建立一個機制，能夠在法定政治權力與被統治者兩方之間順利進行斡旋，並產生能動的緩衝器或管道效應，便成了可行的選項之一。這個兼具緩衝器與管道功能的機制，即使並未具備法定的政治權力權威，但因為被賦予了必要的中介者之地位，同時也可以利用管道累積財富，因此實際上是可以行使權力的。如此一來，在社會秩序、由皇帝命令與文化傳統形成的國法以及禮制秩序之間，透過這樣一個身兼緩衝器與管道的機制為媒介，兩者之間既能連結，也有辦法各自自由行動。只要擁有這樣的機制，鄭若曾所言的「以不治治之」，也有可能實現。

讓蕃夷諸國的貿易船入港、獲得其貨物並提升稅收，對中國方面也是必要的。依附於朝貢的同時、也在曲折步伐中逐漸成長的互市體制，是身處第一線的官僚，冒險投入這個在華夷界線間形成、變違法為合法的架構，才使它走上了安定的道路。[118]在圍繞交易制度的各當事者間進行利害調整，並形成低階秩序的機制，以廣州的情況來看，就是介於華夷之間的通事與牙行；而將之統合起來的，則是擔任來自國外「客商」代理的「客綱」。

世宗嘉靖皇帝崩殂後不久，在漳州便公開允許了中國商人的出海貿易。萬曆二十年（一五九二年）刊刻的《籌海重編》卷十，開互市一項中，接在承認出海貿易以前寫下的鄭若曾議論後面，重編者鄧鐘用這樣的按語做了總結：[119]

市舶之開，惟可行於廣東，海禁之開，惟可行於福建，何也。……故海澄縣之開禁，凡以除中國之害也。若行之於他省，則如王直構亂，遂使倭亂侵尋，可為殷鑑矣。然海禁開於福建為無弊者，在於中國可往諸夷，而諸夷不得入中國也。儻嚴其違禁之物，重其勾引之罪，則夷夏有無互以相通，恣其所往，亦何害哉。

（譯：市舶的開放只有在廣東可行，海禁的開放只有在福建可行。為何？……因為在海澄縣的解禁，是為了除去中國之害。若是在其他省份施行，會如何呢？王直的叛亂最後引來倭寇之亂，此事應該可以作為殷鑑。海禁的解除在福建未帶來弊害的原因，是中國可以前往諸夷，而諸夷無法進入中國。若是嚴格取締禁止出口之物，加重勾引〔外夷〕入內之罪，那麼華夷之間可以長久性地互通有無，想去的地方就去，不會有弊害。）

「中國可往諸夷，而諸夷不得入中國」之認知，其後在中國孕育出新的華夷分割政策，取代了原本的朝貢－海禁體制。但就算如此，分割同時也還是有往來的必要。汪柏在廣州發現、鄭若曾在舟山嘗試建立的緩衝器與管道機能，透過商人與官方的合作成為了可能。在直至十六世紀中葉為止的五十年間，於迂迴蹣跚中逐漸成形的互市制度，在取朝貢－海禁體制而代之的嶄新分割政策中，也依舊持續發展，原因就在承襲下來的這種緩衝器與管道機能，乃是必要的存在。

# 第五章

# 清代的互市與「沉默外交」

# 緒論

清朝在一六四四年（順治元年）越過山海關，將逼死明朝崇禎帝的李自成驅趕到西方，並遷都到北京。接下來，他們只花了大約三年的時間就摧毀南明政權，幾乎平定中國本土。之後，以福建南部的廈門島、金門島（浯嶼）和臺灣為據點持續抵抗的，是鄭成功的海上勢力。正如本書第三章所述，以鄭芝龍（鄭成功之父，一六〇四～一六六一年）為鼻祖的鄭氏勢力，本來就是與日本進行走私貿易的武裝商業集團。即使當鄭芝龍歸順清朝、南明政權消逝之後，鄭氏也還是憑藉著貿易利潤，持續抵抗滿洲的統治。被稱呼為「國姓爺船」的鄭氏貿易船，在東南亞至日本之間的地區活動，支撐著反清的軍事活動。清朝為了壓制鄭氏的抵抗，以「遷海令」遷走東南部島嶼及沿海的民眾，並實行禁止航海的嚴格海禁，希望藉由這個方式，可以斷絕鄭氏與內地的商業路徑。

在清初海禁的時期，內外民間商人的海上貿易都遭到禁止，只認可朝貢與其附搭貨物的貿易，唯獨以澳門為據點的葡萄牙船貿易除外——但是運往澳門的貨物，被限定只能透過陸路運送。此等現象宛若早已土崩瓦解的明朝海禁政策，又重新復活了一樣。但是，在此時朝廷並沒有要獨占貿易利潤的意圖。在福建被封王的耿氏三代，以及在廣東受封的尚可喜政權，皆有派出過貿易船隻，而沿海地區的總督、巡撫，對貿易商的活動似乎也抱持認可態度。這點從儘管在海禁的高峰期，來航長崎的唐船並沒有變少一事，也可以看得出來。清初的海禁，是作為封鎖鄭氏海上勢力戰略一環而採用的海防政策，其中既沒有要復活朝貢一元體制，也沒有要維持儒教階層式禮制秩序之意圖，自是理所當然。

努爾哈赤的政權，在十六世紀下半葉漸趨顯著的互市擴大現象中，作為邊境居民的政治性集結而誕生；而從鄭芝龍開始、並被鄭成功等人承繼的鄭氏勢力，也在連結福建南部、澳門、臺灣與日本的互市中，成功地擴展起來。（請參考本書第三章）。隨著這兩個堪稱是「互市天之驕子」的政權上演殊死鬥，海禁於焉復活起來；但這股暫時性的逆流，可以說是某種培養皿，一六八三年（康熙二十二年）以後，互市體制便在這之上更進一步獲得蛻變，且變得更加洗練。

在本章中，將透過解讀幾件在這段歷史過程中發生、令人深感興趣的事件，來試論互市是如何在不需要皇家禮儀、也不需要皇帝—王權間的外交關係下，被選擇為實現商人與商人間通商的架構。

# 一、「反清復明」的終結與海禁的解除

## ◆夷可變華？

一六七四年七月九日（延寶二年六月六日），林春齋（林羅山的嗣子，一六一八～一六八〇年）在幕府閣僚的面前，誦讀兩篇當時在中國流傳、呼籲眾人奮起反清復明檄文的「和解」*。關於動亂的最新消息，是由同年五月底出航福州的商船所帶回，春齋也朗讀了這份「風說書」**。正好在同一日，由廣州入港長崎的商船帶來了「大清十五省之中，雲南、貴州、四川、湖廣（湖南、湖北）、陝西、廣西、福建七省皆會恢復大明」的消息。[1]

就在清朝統治動搖的這個高峰期，春齋唯恐從長崎送往江戶公儀的中國情報散佚，因此上溯過去的文件並加以編纂；在其撰寫的序文結語中，有這樣一段話：「若夫有為夷變於華之態，則縱異方域，不亦快乎！」他將從長崎獲得的中國情報彙整命名為《華夷變態》這個奇特的書名，是期望因明朝滅亡、「韃虜橫行中原」而導致的「華變於夷」事態，能夠再一次逆轉，實現「夷變於華」的狀態。

原本被清廷封為平西王的吳三桂（一六一二～一六七八年）擁立朱三太子，以「興明討虜大將軍」之名於雲南省舉兵，揭開了一六七三年（康熙十二年）「三藩之亂」的序幕。所謂「朱三太子」，雖然號稱是與明朝社稷命運同殉的崇禎帝（在位期間一六二七～一六四四年）第三位皇子，無疑地卻是假皇子。吳三桂是在山海關投降，引清朝入關的重要功臣；因此，當他要造反推翻清朝，起兵「反清復明」之際，有必要藉由擁立朱三太子，來取得正當的名分。

在福建省，靖南王耿精忠（?～一六八二年）也呼應吳三桂起兵；相傳他豎立告示，「使萬民束髮、戴網巾、著大明衣冠」。[2]不再為了辮髮而將前額頭髮剃除，留髮的舉動，便是對滿洲統治展現不服從的行動表示。「網巾」是為了將留長的頭髮束起而在日常生活中使用的冠。官員對應位階而著用的禮裝冠服，也從滿洲風格恢復為明朝採用的傳統樣式。

而後，吳三桂取消「復明」，自立國號「周」，即位皇帝。這件事情在與鄭氏等謀求明朝復興的勢力，以及三藩的攜手合作間，構成了妨礙的要因。[3]但是，關於「三藩之亂」，在日本的認知皆是明與清的角逐，也就是「華」與「夷」爭奪天下之戰，並關注其歸趨。在吳三桂的檄文之後，鄭經（鄭成功的長子，一六四二～一六八一年）的檄文也經由長崎被帶到了江戶。一六四四年（順治元年）明清交替以來，以臺灣、福建沿岸為據點持續抵抗清朝的鄭氏勢力，也展現出了呼

* 譯注：簡化複雜事物並加以說明的報告書。
** 譯注：收集海外各地情報的彙總報告。

應大陸方面舉兵的動向。

一六四四年明朝滅亡之際，面對鄭芝龍請求援軍的要求，幕府將軍德川家光（在職期間一六二三～一六五一年）一方面展現出拒絕的姿態，另一方面卻也積極準備出兵，此事早已廣為人知。[4]當時的幕府中，似乎是有參與中國動亂的主張。但是，在三十年後的「三藩之亂」之際，日方雖然也期待明朝的復興，卻堅守著旁觀者的立場。另一方面，因為冊封、朝貢關係而被置於中國「藩屏」位置的琉球以及朝鮮，也未必就在局外安然地隔岸觀火。

## ◆「復明」與琉球、朝鮮

福建的靖南王耿精忠在將要舉兵之際，派遣船隻前往那霸，企圖確保做為火藥原料的硫磺供給。面對他的要求，琉球朝廷派出了攜帶回覆咨文的使者前往福州。雖然我們並不清楚耿精忠與琉球朝廷之間進行了怎樣的交涉，但從這點可以看出，琉球方面事打算支援靖南王起兵的。然而在一六七六年（康熙十五年），使者到達福州時，靖南王業已降伏。

從琉球傳遞到江戶的消息中表示，「延寶五年（一六七七年）春天，因渡海的琉球人也成為韃靼人之體，而前往清國之都，為先年被捕捉的琉球使者一事致歉」。琉球使者一行人得知耿精忠的敗北，剃髮變裝為清人，燒毀琉球國王要給靖南王的咨文，潛伏在連江縣，卻因行跡可疑而被捕。他們接受福州按察使司的訊問，雖然推託搪塞，卻仍被找到了證據。最後，為了救出他們而渡航的琉球使者，塞給清朝官員三十貫左右的巨款，這一行人才終於獲得釋放，並在一六七七年（康熙十六年）返回那霸。這艘返回那霸的船上，也搭載了在吳三桂舉兵之前北上北京，在回程途中於蘇州滯留整整五年的朝貢使節吳美德等一行十八人。[5]占據福建省南半部的鄭經軍隊被清軍的攻勢所壓倒，於同年撤退回臺灣。吳三桂的勢力也因為無法與東南沿海地區的鄭氏勢力聯合，使得成功再度逆轉華夷形勢之事，變得困難重重。

另一方面，首爾的朝鮮王朝，自從在滿洲（後金）崛起時期因應明朝要求出兵遼東邊外，遭遇全軍覆沒的苦境以來，便不斷遭到明清的對抗形勢所擺弄。清太宗皇太極時代（在位期間一六二六～一六四三年），朝鮮曾兩度遭到滿洲出兵入侵。一六二七年第一次進攻的結果，雙方締結約定，規定後金為兄、朝鮮為弟，雙方的人民不侵害國境，越境者將遭受處罰。

一六三七年的第二次進攻，是因為清朝方面斷然廢棄這種關係，強逼朝鮮承認清朝皇帝為君主、朝鮮國王為臣下，也就是建立君臣關係所致。此事發生的契機是前一年，滿洲人、蒙古人、漢人各自派出代表，舉行了推舉太宗皇太極為皇帝的勸進儀式。朝鮮國也被要求參與擁戴，但是對於曾接受明朝冊封，且蔑視女真各族為「野人」、「北方的野蠻人（兀良哈）」的朝鮮而言，實在無法接受國王臣服於夷虜的皇帝之下。

一六三六年，皇太極即位皇帝，將國號改為「大清」。為了讓不參與勸進行列的朝鮮屈服，他集結親征軍越過凍結的鴨綠江。困守南漢山城的仁祖國王（在位期間一六二三～一六四九年）經過徒勞的抵抗，最後在斷絕與明朝關係、朝鮮有應清朝要求出兵的義務、以及不修築城牆等條件下締結和約。清朝與朝鮮之間的冊封、朝貢關係，不只是停留在禮儀上君臣關係的締結，而是近似於從屬國的支配統治。[6]

經歷這些事件的朝鮮，反滿的情緒根深蒂固。但是，隨著孝宗（在位期間一六四九～一六五九年）的逝世，朝鮮也放棄了對清朝採取武力反攻的計畫（北伐論）。復興明朝的期望變得淡薄；與此同時，認為應將安定對清關係放在優先、亦即抱持所謂「事大」立場的勢力也隨之增強。就在這樣的趨勢中，當吳三桂舉兵的消息傳來，情勢一轉，朝實行「北伐」邁進的動向也跟著復活。但是，優先「事大」的北人派官人與傾向反清的南人派官人之間的對立抗爭，讓國家的方針無法統一，也無法策定具體的戰爭計畫與外交策略。爾後，一六七八年（康熙十七年）吳三桂逝世後，繼承位置的吳世璠（一六六六～一六八一年）勢力只能困守昆明，北伐論也急遽失去了影響力。[7]

綜合上述，「三藩之亂」為清朝帶來了建國以來最大的危機，而其歸趨也影響了東亞的國際關係。當吳世璠自殺、亂事平息的兩年後，一六八三年（康熙二二年），臺灣的鄭氏歸順清朝。隨著三藩與鄭氏這些兼具兵力與經濟實力的反清復明勢力遭到克服，華與夷再次逆轉的可能性已經趨近於零。從長崎來航唐人處聽取的風說書，雖然還是在《華夷變態》的標題下進行編纂，但是自一七一七年（日本享保二年，康熙五十六年）起，終於被冠上《崎港商說》這個名實相符的標題。對於華夷再次逆轉的期待，可以在《國姓爺合戰》（一七一五年）中看見折射的華夷觀，又或者可以說在虛構的世界中，展現出這種逆轉實現的狀態。

## ◆通商政策的轉換

在剛克服危機之際，清朝的財政呈現顯著的耗乏。當時清朝處於非比尋常的窮乏狀態，朝鮮的朝貢使節報告如下：康熙二十二年（一六八三年）正月，皇帝在北京主辦「太平宴」，朝鮮的使節也獲賜宴，得以與諸王、大臣、蒙古使臣、八旗統領等一同列席。結果，原本應該籌備酒水飯菜的光祿寺無法備齊，而讓諸王們自備酒食。過往軍律嚴正、忠肝義膽的八旗軍，在陪同皇帝進行春秋狩獵時，糧食也要他們自己準備，「故云人心漸離，怨聲頗騰，可想其虛耗之甚矣」。[8]親王與大臣們在參與皇帝召開的宴會之際，竟需要自帶酒食，此事實為異常。不只是賜宴，甚至連為了與遊牧蒙古諸部維持結盟而舉行的狩獵儀式，都因為財政的困乏而受到影響。即便是在外省的官府，因為要籌措軍事費用，所以有許多地方經費遭到削減，回流到向中央政府上繳的款項當中，甚至連查抄官員的俸祿，也變成了常態。[9]

在如此困乏的狀況下，費盡千辛萬苦才鎮壓動亂的清廷，隨即採用大膽且開放性的商業政策。同時期的西洋各國，由於圍繞著財貨的國際性競爭，因而孕育出往重商主義政策傾斜的取向。相對於此，清朝則放棄了基於軍事目的、作繭自縛的海禁，實現了朝開放海上商業邁進的大轉彎。[10]不可否認，這是財政補救政策的一環。但是，從努爾哈赤（一五五九～一六二六年）時代起的滿洲，便以「互市」、也就是受監管的邊境交易為基礎而崛起的商業—軍事集團；因此，從這項政策的轉換上，也可以看見早期滿洲商業性格的復歸。十六世紀中葉以降，明朝結束海禁，正式准許內外民間商人的貿易，逐漸轉移到事實上互市的體制；[11]清朝經過海禁這段逆流時期後，也回歸到這條路線上。

清初的海禁，甚至對與中國沿岸各港口連結的國內海運和沿岸漁業，也造成不良的影響。海禁同時讓物價與田土價格低落，以及作為貨幣的銀不足，從而導致不景氣狀況長期化的要因之一。[12]透過解除海禁的政策轉換，可以促進連結沿海各地的海運物流，也可以期待商品市場變得更具活力。國內港市間交易的重拾活力，與國際貿易的開放既有相乘效果也不斷在擴大。

## ◆海關的設置

海禁解除後，許多滿洲人會以監督官的身分，被派遣到新設的海關中。在清朝入關前，在相當於日本宮內廳的內務府裡，設置有名為「會計司」的部門；此部門在入關後也持續參與藥用人參等邊外商品交易、提升收入，也與人稱「內務府商人」的民間商人保持著密切聯繫。[13]邊外商品的交易，過去是努爾哈赤擴大勢力的基礎，就算是和明朝處於軍事對立的時期，滿洲也還是會派遣隊商前往張家口等地，擺出一貫重視商業的姿態。正因如此，滿洲從來都不缺擅長商業知識與計數的人才。不只是海關監督，東南沿岸各省的總督、巡撫，也大多任命隸屬八旗的滿洲人官僚擔任；清廷對他們的期待，是希望能在整飭海防的同時，也設法擴大稅收。

海關對國內的沿岸海上貿易與國際貿易並未區別，而是一視同仁加以管理。從以前開始，清廷就在內河航線的要衝、北京的城門、位在蒙古、滿洲交易路徑上的張家口、山海關等關門處，設置稅關，徵收稱為「常關稅」的商品稅。新設的江海關（江蘇）、浙海關（浙江）、閩海關（福建）、粵海關（廣東）則是向國內航線的船舶與商品課徵常關稅之外，也向國際貿易船（包含中國船隻在內）及其貨物課稅，同時徵收兩種稅金的機構。徵稅並不是只有在特定的港市實施。海關的設置是以東南沿海各省為單位，各省海關又會在管轄下的各港設置分署。比方說，在澳門設有粵海關的分署，不只是葡萄牙船隻，對出入澳門的中國船隻也會徵收稅金。[14]

清朝海關的稅收是由兩者所構成：一種是以船隻大小為基準課徵的船稅，另一種則是對積載貨物課徵的貨物稅。因為稅收報告中幾乎不會區分船隻種類、路徑和目的地，而是只顯示出總額，因此要呈現統計數值基本上不太可能，但是從常關稅和海關稅占總稅收額的比重，還是可以讓我們依序看出國內沿岸貿易船、中國商船（即所謂戎克船）所產生的進出口，以及外國船所產生的進出口。〈清代的海關稅收表〉

| 單位：兩 | 正額 | 占全國總額比 | 盈餘（1799年） | 占全國總額比 |
|---|---|---|---|---|
| 江海關 | 21,480 | 1.1% | 42,000 | 1.8% |
| 浙海關 | 32,158 | 1.6% | 39,000 | 1.6% |
| 閩海關 | 66,549 | 3.3% | 113,000 | 4.7% |
| 粵海關 | 56,531 | 2.8% | 855,500 | 35.8% |
| 合計 | 176,718 | 8.8% | 1,049,500 | 44.0% |
| | 18世紀前半葉的正額合計 | | 1799年盈餘定額合計 | |
| | 2,006,638 | | 2,387,762 | |

清代的海關稅收表（合計額包括戶部管轄的常關與海關。）
出處：祁美琴〈關於清代榷關稅額的考察〉《清史研究》二〇〇四年第二期。

呈現了十八世紀上半葉四個海關稅收的「正額」。所謂「正額」，指的是徵收總數的基準額，是最低必須到達的目標門檻，與實際的徵收額不同。當徵稅的狀況持續良好時，除「正額」之外還會加上「盈餘」的徵收，在這方面也會設定最低門檻金額。[15]

在一七九九年（嘉慶四年）四個海關的盈餘額之中，粵海關（廣東）的數字十分突出。這是因為當時指示西洋船隻在廣州貿易，以及中國船隻的出海貿易也在廣東占很大比重的緣故。福建，特別是以漳州及廈門為中心的南部，是許多海外移居者與貿易船出海的地區，而漳州與廣州之間的連繫也相當強烈。在廣州有人稱「福潮行」、以閩南人船隻為對象的牙行在運作。因為他們是與海外貿易相關的牙行，所以也被稱為洋行；他們一方面代為向海關納稅，一方面也提供貨品的批發業務。潮州雖然算在廣東省內，但與漳州毗鄰，方言也接近於閩南語，因此也被包含在福潮行的業務範圍內。另一方面，受委託向西洋船隻徵收稅金、並提供商館的外洋行（廣州十三行）的商人中，也有不少人是出身閩南。[16]

十八世紀中國的海上貿易是以廣州為中樞港口，加強對東南亞方面的貿易連結。這條貿易路線，是經由麻六甲海峽與巽他海峽通往印度洋沿岸各地、再繞過好望角與歐洲各港口聯繫。而連接墨西哥阿卡普科與菲律賓的太平洋航線，也是經由馬尼拉往西北方向分歧，最終抵達廈門、廣州與澳門。

## ◆朝廣東集中

另一方面，在整個十八世紀中，長崎的唐船*貿易有逐漸減少的趨勢；因此，浙江與江蘇的海關稅收在成長上，普遍呈現低迷的狀態。清代對日貿易的主要窗口是浙江的乍浦（湖州府）、寧波、舟山、上海等江南地方的沿海城市。

自從一五四〇年代開始，聯繫福建、浙江各港口與九州方面的貿易路徑變得寬廣以來，日本產出的銀，以及隨著銀產量降低、比重日益提高的銅，驅動著日中的貿易。銀既是貿易通貨，在中國國內做為貨幣的需求量也很大。即使歷經明清交替期的動亂、以及自一六五〇中期起的海禁，這種貿易基調也沒有太大變化。到了十八世紀，為了彌補銀、銅的減少，雖然有稱呼為「俵物」的高級海產品和昆布往中國輸出，但隨著從太平洋航線經馬尼拉流入東亞的銀日益增多，對中國而言，對日貿易的重要性便有相對低落的趨勢。另一方面，在十七世紀上半葉，前往馬尼拉的貿易唐船，每年約為三十到四十艘。[17]賣出商品所能獲得的銀幣，是吸引唐船前來的主因。

一六八四年（康熙十九年）清朝解除海禁，轉換為積極開放的貿易政策；不過在這個時期，對日貿易仍是相當有力的投資標的。為尋求貿易而前往長崎的唐船每年超過百艘，就是再清楚不過的事實。自一六八九年起，日本在長崎採用了「唐人館」的隔離政策，一七〇二年則為了將唐船

* 譯注：指來自中國的貿易商船。

的貨物集中保管，建立了「新地藏」*；透過這些政策，日本方面持續加強對中國的貿易管制。誠如本章第三節將述及的內容，一七一五年（日本正德五年，康熙五十四年）日本藉由「海舶互市新例」與「信牌」加強對貿易額的管理，進而確立了抑制日中貿易的新政策路線。

中國在十八世紀實現了貿易擴張，貿易也日益往獲得中樞港口地位的廣州集中。貿易重心的移動，與在清朝的對外關係中、日本地位的重要性開始低落，是同時並行的。清朝雖然把明代的「備倭衛」，也就是防備日本威脅、守衛沿岸的衛所，賦予了水師（水軍）的名稱，但自一六三〇年代以來，隨著日本實施「鎖國」政策，並對前往長崎貿易的中國商人強化管制，清朝便不覺得日本構成威脅，而是把它當成相當安全的貿易對象國。

另一方面，以占據澳門的葡萄牙為首，向南海至東南亞一帶擴張勢力的西班牙、荷蘭、英國等西洋諸國，對中國而言則是相當危險的存在。尤其是許多華人居留在西洋各國支配的港市內，在清朝權力所未能及之處，形成了漢人社會；這些海外港市的漢人社會與內地間構成網絡，也讓滿洲政權深感警戒。然而，從東南亞到廣東、福建、浙江、江蘇沿岸，再擴展到長崎的漢人貿易網絡，也成為支撐中國對外貿易的基礎。既是內外相連的威脅，同時也是貿易的基礎；這樣的狀況，成為了清朝調整互市政策方向的要因。

* 譯注：江戶時代建立、位在長崎新地町的倉庫區。

## 二、互市的離心性與合理性

本書在終章第六節中，所提及十九世紀上半葉在廣州編纂的《粵海關志》的編者梁廷枏等人，在清代的互市制度中觀察到以下四種特徵：[18]

A. 商業性的交易，並無官定的價格與分配比例。（價格是靠供需平衡與談判手腕決定，形成市場價格）

B. 對交易實行徵稅。（為此會設置官署、限定交易地點）

C. 中國與夷狄之間實施互惠性的交易，且中國的「公私」皆能獲利。

D. 從經濟政策與安全保障的觀點來執行規制和管理。（也就是貿易管理）

基於上述清朝當代的理解，再加上以下這點，就可以清楚呈現出十八世紀以降，清朝互市制度的特徵：

E.邊緣性。（地理上，又或者是政治上的；與朝貢所帶有的向心性成對比。）

毋庸贅言，對外貿易必定是在地理邊緣處展開。但是，朝貢制度與互市制度，不只是在交易活動上，在相當於外交交涉的行為上，也帶有相反的作用力；筆者如此說明，是想強調互市具有的邊緣性與離心性特質。

## ◆朝貢的向心性

我們就從朝貢以及朝貢貿易，原本就是極具向心性這一點來說明起吧！朝貢使節無論是從哪一個地點入貢，都必須帶著貢物，遵循著指定的路線前往帝都。就清代來說，貢物是由相當於日本宮內廳的內務府來負責點檢和領收。[19]另一方面，由皇帝反向給予之賞賜物品，則是會被陳列在紫禁城的正門、也就是午門前方，使節必須在壯麗的儀式下，跪著一一領取。[20]作為展現臣服和交換天恩的儀式，會舉行朝貢國國王「表文」的上呈，以及禮部召開的宴會。[21]明代規定，貢物以外的附搭貨物，不是在入貢地點由市舶司等官署收購，就是要運到京師的會同館，在那裡進行交易。正如本書第四〇七頁所敘述的一般，實施海禁令的清朝，雖然准許荷蘭「八年一貢」，但即便是附搭在朝貢船上的貨物，也不允許在廣州等入港地進行交易，而是指示要沿用明代朝貢制度的原則性規定，在會同館進行交易。[22]

換言之，包括交易在內，與朝貢相關的所有行為，都必須依附在實施禮儀的場所，也就是朝廷和中央官府上。像這樣具備對皇帝權威的強烈向心性、並被運用的，就是朝貢與朝貢貿易制度。正如在前文章節中所看到的一般，明朝在確立時期，會派遣帶著皇帝詔書的使節前往海外各地，要求各國朝貢，永樂時期甚至還會派遣鄭和的大艦隊，帶著使節一同歸來。[23]皇帝這個位於天下中心的至上者，擁有「德治」的磁力；然而，這種磁力的無遠弗屆、以及受磁力吸引而來的臣服行為，若是不在禮儀場域裡實現，就無法實際證明其存在。因此，朝貢可以說是順應天子「德治」所發動的向心運動，與之相結合的一種配套措施。

## ◆互市的離心性

另一方面，在互市制度上，也有完全反向的離心力在發揮作用。最好的例子就是與俄羅斯的交易型態。一六八九年（康熙二十八年）締結的《尼布楚條約》，說到底與外國締結條約這件事，本身就已經是相當特殊的例子，但不只如此，其中甚至還包括了令人瞠目結舌的項目，那就是允許雙方人民進入對方國家從事商業（第六條）。[24]事實上，清朝並沒有派商人過去，俄羅斯的隊商從黑龍江與喀爾喀方面進入清國、在北京交易，而在旅程中也被允許自由進行商業活動。但在一七一七年以後，清朝為了不讓俄方行使條約上的決議，展開了各式各樣的暗地行動，最後成功建立起在俄羅斯領地西伯利亞與外蒙古交界的國境城鎮——俄方稱為恰克圖、中方稱為買賣城，進行邊境貿易的互市體制。一七五四年（乾隆十九年），是俄羅斯最後一次派遣隊商至北京。[25]

若是按照將使節來朝當成天子威德象徵、極力追求的朝貢制度發想，那就有可能將俄羅斯隊商的上京比擬為朝貢，從而享受一種主觀的優越感。但是自康熙帝以降，清朝所追求的是，將交易盡可能排除到地理上的極限處，營造出一種使節來朝也並非必要的狀況。他們透過這種方式，企圖將中國與俄羅斯兩個皇帝政治加以隔離。與安全保障上的考慮並列，這也可以認為是動機之一。就在清朝把和俄羅斯的互市排擠到恰克圖—買賣城的幾乎同一時期，他們也以追認現狀的方式，將西洋各國的來航地點限定在廣州；這種所謂「廣州體系」的出現，是在一七五七年（乾隆二十二年）。[26]

另一方面，一六八四年（康熙二十三年）解除海禁以來，中國商人從江蘇、浙江、福建、廣東的港口出港，至海外交易的行為獲得公認。關於這一點，從中方的角度來看，互市的場所都是位在海洋另一端的邊緣位置。將互市地點不斷往外驅趕的離心力，與其說是偶然一致，不如說是基於某種政策意圖而有意為之。與日本的互市地點設在長崎，這也是正中下懷。朝鮮一年會有四次派遣朝貢使節，被允許在北京的會同館交易，除此之外，則都是在鴨綠江上的中江與東部國境線上的會寧展開互市。[27]這是在皇太極時代，順應清朝方面要求而開設的互市。不過，其起源可以往前追溯至十六世紀末。在明朝為對抗豐臣秀吉入侵，派遣軍隊至朝鮮的十六世紀末，中江地區已經展開了商業性的互市。[28]

## ◆朝貢的危險性

朝貢制度雖然可以在各個局面上發揮出對天子的向心性，但它也未必全然讓人滿意。要迴避權威與禮儀的相互衝突，乃至於國家間交涉本身帶來的糾紛，還是必須透過把跨國交易，當成邊境事務處理的形式才行。十七世紀以降互市制度的展開，正是在這種離心力驅策下的結果。親身體驗了俄羅斯使節的來朝、以及沙皇和皇帝因交換國書格式引起的糾紛後，康熙皇帝理解到「至於外藩朝貢，雖說是屬於盛事，恐怕傳至後世，反而會因此滋生事端（至外藩朝貢，雖屬盛事，恐傳至後世，未必不因此，反生事端）」，也就是朝貢這種國際往來架構，或許反而會帶來危害。[29] 若是基於如此的認知，認為位在邊緣的互市正是一種合理的制度，這樣的期望也就沒有什麼不可思議了。

做為將互市放在地理空間邊緣進行的並行現象，將通商相關國家間的接觸壓抑到最小限度，這種運作方式背後的思維也是不言而喻的。但是，通商和其所伴隨的移居等現象，本身就蘊含了衝突的種子。也就是說，不產生外交糾紛的通商活動，是不可能之事。在透過與清朝互市展開通商的各國間，也會發生形形色色的紛爭。

那麼，清朝對此採取了怎樣的態度呢？按照筆者的管見，清朝對圍繞著貿易、移居所產生的外交問題本身，也是朝著將其在政治空間中加以邊緣化的方向在走。互市在地理上的邊緣化，與互市－外交問題在政治空間中所占位置的邊緣化，是並行而不悖的。以下就來看看互市體制和互市—外交問題在政治空間中所占位置邊緣化的關聯，以及在十八世紀上半葉，因為這種處理而招致嚴重危機的兩起事件。

# 三、正德新令引發的糾紛

## ◆「信牌」掀起的漣漪

其中一起事件，就是一七一五年（康熙五十四年）在長崎實施「正德新令」（對外的名稱為「海舶互市新例」）掀起的漣漪。關於這起事件，松浦章先生在論文中，利用日本方面的史料，以及記錄康熙帝言行舉止的《康熙起居注》，對整起事件的來龍去脈，做了詳盡的闡明。[30]大庭脩先生也針對信牌的文字和用印、以及新井白石在其中扮演的角色，做出了令人興味深長的見解。[31]在這裡，筆者想以這些先進們發掘的史料為基礎，加上過去從未使用過的史料，同時更進一步針對同時期銅料的調度問題與「正德新令」事件的關係，參照馮佐哲與易惠莉闡明的事實[32]，將焦點集中在當時是透過怎樣的「交涉」，從而避免了危機的爆發。

正如眾所周知，一七一五年的正德新令是由新井白石主導的貿易改革。這項改革要將全年中國船隻的貿易總額，抑制在六千貫銀的額度（若是加上魚翅、鮑魚、海參這三種俵物的物物交易，則可將上限提升到九千貫）；除此之外，他也規定銅料的批准額度為三百萬斤，這些都是攸關中方利害的條款。對於這些貿易量的上限規定，清朝當局並沒有提出任何異議；成為問題的是，日方在新政策中規定，交給中國船隻「信牌」，未持有信牌的船隻不被允許貿易，而且限制每年來航的中國船以三十艘為限。

當時的日本，照理說並沒有「信牌」這類的公文型態。「信牌」，是明清時代中國地方官府使用的下行文件形式之一。當知府要對下屬的知縣、或是知縣要對縣的差役等人，命令他們執行特定的勤務時，便會交付給他們記載有職務內容與截止時限的文件；這種附有官印的文獻就稱為「印信牌票」，簡稱為「信牌」或「信票」。這種公文具有認證受命者身分與職務的功用。在《大明律》中，可以看見對於「信牌」的規定：「凡府州縣置立信牌，量地遠近、定立程限，隨事銷繳」。[33]所謂的「銷繳」，指的就是已經用畢的「信牌」，必須歸還並加以廢棄銷毀。[34]這是為了防止被不當使用的措施。《徽州千年契約文書》的影印版中，便包含了這樣的「信牌」。[35]

一六八四年（康熙二十三年）解除海禁以來，各地海關都會向出海貿易的船隻發行證明文件。來航長崎的中國船，應該也都帶有這樣的文件。在這當中，康熙五十五年（一七一六年），寧波海關交付給商人龐璽章的證明文件，被轉抄到長崎編纂的《和漢寄文》當中。[36]標題雖是「浙海鈔關商人護照」，但形式卻是「信牌」。內容本開頭的事由為「為給牌照驗事」，最後以「須至牌者」作結。上面用「右牌給商人龐璽章、准此」字樣，明確標示出授與者，並在結尾有「限，回，日。繳」，填寫歸還日期之處。在《和漢寄文》中，也有抄錄康熙五十二年（一七一三年）五月，廣州海關讓四位日本漂流民眾回國之際所給付的「部牌」。[37]這也是「信牌」的形式。因此，日本應該是研究了中國海關發行的「信牌」類文件後，於一七一五年的正德新令中，定下發行給中國船的長崎「信牌」之形式與文句。

根據「正德新令」，在長崎交付給中國商人的「信牌」，在日文中稱呼為「割符」（わっぷ，wappu）或是「切手」（きって，kitte）。[38]前文所述及的《和漢寄文》，在康熙五十五年「浙海鈔關商人護照」中附有日文的釋義。「右牌給商人龎璽章，准此」被譯為「右の切手商人龎璽章ニ與之候」。當時的「割符」、「切手」是印有半印的文書，以中國的方式來說就是「勘合」。檢視現存的長崎「信牌」，在文件的右上方有半印（請參照後引圖）。這類的文件，不是使用日文的「割符」和「切手」，也不是「勘合」，而是特地使用「信牌：長崎通商照票」為標題來發行，其背後其實有相當重要的意涵。

## ◆海關與浙江當局的對應

領取「信牌」的中國船隻從長崎港出發的時間，是日本年號正德五年三月至七月這段期間[39]，也就是康熙五十四年（一七一五年）。日方發出信牌這一新事態的消息，也傳到了管理浙江方面貿易船隻的寧波海關耳中。不過，海關監督、滿洲人官僚保在，在檢查過「信牌」的實物之後，判斷沒有任何問題，於是打算將它歸還給中國商人。一七一五年（康熙五十四年）九月一日（陰曆），保在將這件事報告給浙江巡撫徐元夢。因為長崎的奉行所將「信牌」交付給中國船隻的時間是該年的三月以降，所以消息可說毫無延遲地傳回了中國第一線當局。巡撫徐元夢在與江蘇海關交換情報，針對這個問題謹慎處理後，在第二年的六月，總算向康熙帝呈上奏報告此事，並請求皇帝下達指示。

徐元夢的奏摺，是揭示當時浙江與江蘇當局，對於信牌問題抱持何種認知的重要史料。因為至今的研究成果，並未參照過徐元夢的奏摺，因此筆者在此不厭其煩地附上原文，並試著加以分析。順道一題，當時擔任浙江巡撫的徐元夢，並不是漢人，而是滿洲人。[40]

報告信牌問題的奏摺，雖然上呈了滿洲文與漢文兩個版本給康熙帝，但是漢文版本似乎已經失傳，就連在臺北的故宮博物院、北京的第一歷史檔案館中也沒有留存。[41]僅存滿洲文奏摺，則現存於北京的第一歷史檔案館所藏的微縮膠卷版本《康熙朝滿文奏摺》之中。以下，筆者便試著轉抄與對譯：[42]

康熙五十五年（一七一六年）六月，浙江巡撫徐元夢，報告信牌問題之滿文奏摺，全文如下：

wesimburengge.

上奏。

aha Sioi yuwan meng ni ginguleme
奴才徐 元 夢 謹

wesimburengge.
上奏。

hese be baire jalin. duleke aniya uyun biyai ice de, Jegiyang ni mederi
奉旨。 去年九月初一 浙江 的海

furdan i giyandu boodzai i bireme boolahangge, mederi hūdai niyalma hu
關 監督 保在 呈報 海 商 人 胡

yūn ke se, odzi gurun i cang ki i bade hūdašame genefi, odzi
雲 客等[43]倭子國 的長 崎 的地方經商 前往 倭子

gurun i buhe temgetu bithe be alime gaifi gajihabi giyandu bi
國 的賦予印信文件[44] 領取而來。 監督 我

temgedu bithe be gaifi tuwaci, umai holbobuha be akū ofi,
印信文件 拿來看後，完全沒有問題 因此[45]，

amasi buhe sehe manggi, aha bi bujengši hafan duwan jyi hi, an
將之歸還後， 奴才我與布•政使 段 志熙，按

ca si hafan yang dzung jin de afabufi kimcime gisurebuci, gemu
察使　楊　宗　仁　會面詳細討論後，　所有

dulimbai gurun i hūdai niyalma bime, odzi grun i temgetu bithe be
中　國　的商人，　倭子國　的印信文書

gaifi yabuci, acaraku seme alanjire, dzungdu bihe fan si cung,
領取 而施行的話，不妥」　這麼說，總督　范　時崇

bujengsy de afabufi giyangnan i golo de fonjinabuha de, giyangnan i mederi
布政司（在）會面 江南　的省（向）詢問　之際，江南　的海

furdan i giyandu oki, odzi gurun i temgetu bithe be yabubuci,
關　的監督　鄂起，「倭子國　的印信文書　如果要使用，

temgetu bithe akū hūdai urse, gemu hūdašame yabuci ojorakū
印信文書　沒有的商人們，所有 從商　無法

hanggabure be dahame, ini furdan i cifun i menggun urunakū edelere de
滯貨　伴隨，　他的關　的稅　的銀兩　必定　缺損

isinambi seme alanjire jakade, dzungdu mamboo, aha bi neneme amala gemu
達到」　他這麼說　因此，總督　滿保，　奴才我 先後　所有

odzi gurun i temgetu bithe be bargiyafi bujengsy i kude asarabu benjibufi, hūdai

倭子國 的印信文件 收下 布政司 的庫儲藏 送去[46]，商

urse be icihiyanjame gisurefi an i hūdašabume unggihe bihe. ere aniya

眾 耐心說服 至今通商 使之進行。[47]今年

ninggun biyai ice nadan de, boodzai i geli alanjihangge, hūdašame genehe

六 月 初七， 保在 再次說， 「從商 前往

geren hūdai niyalmai juwan funcere cuwan be, odzi gurun i niyalma ceni

許多的商 人的 十 餘 船， 倭子國 的人， 他們的

temgetu bithe akū seme hūdašabuhakū amasi unggihe. odzi gurun i

印信文書 沒有說無法 從商 被遣返。 倭子國 的

temgetu bithe be kemuni hūdai urse de bufi hūdašame yabubureo

印信文書 仍然 商 眾 給予 從商 想使之進行」

---

sehebi. aha bi gūnici,

言畢 奴才我想，

ejen mederi šajin be neiheci, musei hūdai niyalma mederi de hūdašame yabume

主上海 禁令 開放後，我們 商 人 海 在從商 進行

gūsin aniya funcehe, umai tulergi gurun i temgetu bithe be jafafi[48]

三十 年 有餘， 期間外 國 的印信文書 領取

yabuha ba akū. te odzi gurun fukjin kooli deribufi uttu jaburangge
未曾有過。　今倭子國　首　例　開始如此　施行
geren　hūdai niyalma hanggabumbi sere anggala
許多的商　人　滯貨　不只是這樣
gurun i doro de inu goicuka babi. damu ishunde hūdašame* jabure baita
國　的禮　也有阻礙。[49]　只有　互相　通商　實行之事

umai encu hacin i turgun akū ofi,　aha bi foihori ben[50] arafi
完全別項　的事情　沒有的緣故，奴才我　簡單地書寫題本

wesimbuhekū. gingguleme turgun be tucibume encu jedzi arafi.　nikan
沒有上奏。　謹　事情　奏聞　另外摺子書寫，漢
bithe kamcibufi,
文　一併附上，
enduringge ejen i　bulenkušere be baime
聖　主　的睿鑑　請求
wesimbuhe.
上奏。
ejen akūmbume tuwafi, jurgan de afabufi gisurebuci acaci, jurgan de

主上盡心　閱覽，衙門　交付議論需要的話，　衙門
hese wasimbufi kimcime gisurebureo. aikabade jurgan de afaburakū, aha mende
旨　降下　詳細　使之議論。若是　衙門　不需交付，　奴才我等人
encu
別的
jorime tacibure ba bici, uthai aha mini ere jedzi de getukeleme
指示之處，　立即奴才我的這個摺子　明確的
pilereo. jai odzi gurun i fafulaha hacin be encu emu dandzi de
批示。[51]再，倭子國　的禁項　另外一單子
arafi, ini buhe temgetu bithe emu afaha be, suwaliyame ere
書寫[52]，他給予印信文書　一份，　混入　此
jedzi de hafirafi
摺子　夾
tuwabume wesimbuhe.
覽　奏。
ejen tuwafi jurgan de afabure ba akū oci, amasi unggireo. erei
主　覽之　衙門　無需交付的話，　望能返還。[53]　此

jalin ginggulme wesimbuhe.

因謹　奏。

hese be baimbi.

請旨。

jurgan de afabuha.（硃批）

衙門　已交付。[54]

elhe taifin i susai sunjaci aniya ninggun biyai orin juwe.

康熙　的五十五　年　六　月　二十二。

閱讀這份記錄*，可以知道情況如下：

A. 浙江海關監督（滿洲人）認為「信牌」沒有問題，而決定歸還給商人，讓他們繼續使用。

B. 浙江布政使與按察使（漢人）主張接受「信牌」是不恰當之事。

C. 江蘇的江海關監督（滿洲人）憂心沒有「信牌」的商人無法貿易，在稅收上會出現虧損。

D. 浙江總督與巡撫（皆為滿洲人）為了探查日本的動作，而讓商人不攜帶「信牌」前往長崎。

E. 這些商人未被允許從事貿易，無功而返。

F. 浙江海關監督向浙江巡撫請求返還「信牌」給商人，讓他們可以帶著信牌去從商。

G. 浙江巡撫雖然意識到施行信牌制度的話，不只會妨礙貿易，也會對「國家大禮」（gurun i doro）帶來阻礙，但是也辯明，因為這只是單純就互市論事，並不構成問題，所以沒有報告。

---

* 譯注，頁三二八～三三四之滿文全譯如下：奴才徐元夢謹奏。奉旨。去年九月初一，浙江海關監督保在呈報指出，海商胡雲客等前往倭國的長崎之處行商，帶回了倭子國所給予的印信文件。監督保在將印信文件取來查看之後，認為並無太大問題，便返還。而後，奴才我與布政使官段志熙、按察使官楊宗仁面會，詳細討論後，表示「若是所有中國商人，都要拿取倭子國的印信文件來經商，實為不妥」。總督范時崇在布政司會面，詢問江南的省份後，江南的海關監督鄂起表示：「如果要用倭子國印信文件才能經商的話，沒有印信文件的眾商人，皆無法行商，會導致滯貨的狀態，我的關稅銀兩也必定會虧損」，因此總督滿保、奴才我便先後收下倭子國的印信文件，收藏在布政司的庫中（中略）送去，說服眾商人，讓他們按照至今為止的狀況通商。今年六月初七，保在再度表示：「眾商人前往經商的十多艘船，被倭子國的人說他們沒有印信文件，所以不讓他們行商，把他們遣送回來。希望能夠把倭子國的印信文書仍然交給他們，讓他們去行商。」奴才我認為，自從主上開放海禁之後，我方商人在海上行商三十多年，從未拿取過外國的印信文件來行商。今天假使讓倭子國首開先例，則不只是會讓許多商人有滯貨之虞，還會對國家大禮造成阻礙。因為只是互相行商之事，完全沒有別的事情，所以奴才我簡單寫了題本，並未上奏。謹奏其中詳情，並書寫別的摺子，附上漢文，上奏請求聖主明鑒。主上盡心閱覽，若是需要交付衙門議論的話，請降旨衙門，讓他們詳細地討論。若是不需要交付衙門，並對奴才我們有別的指示之處，還請立即在奴才我的這份摺子上明確批示。又，將倭子國的禁止項目寫在另一份單子上，並將該國給予的印信文件一份混夾在這份摺子當中，還請閱覽。主上閱覽之後，若是沒有交付衙門的需要，還請返還。為此謹奏。請旨。（硃批）已交付衙門。康熙五十五年六月二十二日。

H. 浙江巡撫將日本的禁令（正德新令／海船互市新令）與「信牌」的實物送交給康熙皇帝。

I. 關於「信牌」的實物，巡撫要求若是沒有交給衙門（戶部）的必要，請返還給浙江。

## ◆對稅收的顧慮與「國家大禮」

對於這份報告，康熙帝在這個時間點並沒有陳述特別的意見，只是命令戶部進行議論。有意思的是，當總督范時崇透過布政使詢問江海關的監督鄂起時，鄂起表示，日本若是不允許沒有「信牌」的船隻貿易，恐怕會導致海關稅收的虧損。江蘇省的海關因為擔心稅收會減少，所以似乎是傾向同意商人，拿著日本的「信牌」去貿易。一開始，寧波的浙海關監督保在不將「信牌」視為問題而返還給商人，應該也是基於同樣的考量吧！一七一五年（康熙五十四年）底至翌年，福建以南的船隻也使用「信牌」來航長崎。[55]由此可見，廈門與廣州的海關應該也沒有將「信牌」視為問題。

一六八四年（康熙二十三年）以後，來航長崎的中國船隻急速成長，甚至還曾經超越百艘。因為年間限定為三十艘，所以中方自然會有顧慮，擔心一旦實行信牌制度的話，將會阻礙貿易，從而對海關的稅收帶來不利的影響。儘管認知到此事「對國家大禮（gurun i doro）有所阻礙」，但一開始，不管是浙江的海關、還是江蘇的海關，都沒有採取妨礙「信牌」領取和使用的措施，而是選擇放任的方針。由此可知，海關監督與商人們並沒有認知到，這是關乎「國家大禮」的事情。提出此事關乎「國家大禮」的，應該是漢人的浙江布政使或浙江按察使吧。[56]

## ◆商人的交涉

無論如何，對中國方面來說的最佳方案，是按照過往的模式，不需要攜帶日本方面頒發的「信牌」也能進行貿易。因此，閩浙總督滿保（Mamboo）與巡撫徐元夢向海關監督作出指示，從貿易商人手中拿回「信牌」，保管於布政使司，同時也讓商人們在不攜帶「信牌」的狀況下前往長崎。在這個時候，江蘇與浙江當局透過海關向商人們明確表示，不要管日本方面的新規則，應該按照往年一樣不限制船數往來的方針。這是一七一六年（康熙五十五年）二月的事情。在這一年的上半葉，未攜帶「信牌」而來航長崎的李韜士（廣東船主）、王在珍（寧波船主）、鄭大典（寧波船主）、董宜日（寧波船主）等人，向聽取「風說」的長崎通事[57]，異口同聲陳述這是當局的指示。[58]在這個階段，中方並沒有向北京的朝廷和戶部提出報告，而是在浙江省與江蘇省當局的判斷下，要去試探日本方面的對應態度——與其說是試探，應該說是透過商人，促使日方撤回信牌政策吧！

日方則是從未攜帶信牌來航的商人那裡，透過通事的口譯，取得了關於浙江、江蘇當局反應的情報。這份「風說書」也送到了江戶新井白石的手中，閱讀報告後的白石，送出一份周到的書簡給長崎奉行；在書簡中，白石明確提出了他的見解：「對方總督撫院關部等商議之後，似乎認為實行我國的新例有所困難，希望如原本一樣，讓眾多船隻前來行商。」[59]由此可知，中國當局的要求確實地傳達到了日本方面。

儘管如此，浙江、江蘇當局的企圖還是以失敗告終。一七一六年（康熙五十五年）六月七日，浙江海關監督保在向巡撫報告結果：未攜帶「信牌」而渡航長崎的十幾艘商船，皆被拒絕貿易而返回。

雖然會感到這是一趟徒勞無功的航海，但實際上透過商人所進行的「交涉」，具有極為重大的歷史意義。注意到中國方面反應的新井白石，起草了一份反駁文件，指示長崎的奉行們，讓來航的商人李韜士觀看。這表現出了日方期待自己的主張，能夠透過這種方式傳達給中國當局。至於白石的主張究竟為何，將於後文敘述。

## ◆「叛清、隨日」

在此，筆者想說明圍繞著「信牌」產生的糾紛，也就是以告發領受「信牌」商人為開端而引起事件的說法。領受「信牌」的商人遭告發一事，可以在一七一六年（日本正德六年，七月改元為享保元年；康熙五十五年）二月來航長崎的李韜士（廣東船）向長崎的「信牌方」呈報的內容中看見。李韜士雖然未攜帶「信牌」來航，但為求自辯，他做了以下的陳述：去年，在唐國有誣告者。那年未渡航長崎而無法領受信牌的商人們，以「四十三名船頭叛清隨日，與通事達成約定，使用外國的年號領受信牌」為由，提出書面告發，並由知縣傳達給總督撫院；會議的結果，（領受「信牌」的商人）手上的「信牌」全部被收走。就在議論懸而未決的情況下，商人們接到了官府的通告：「為什麼要用新例進行束縛、又為什麼要對船數加以限制？應該按照以往一樣，讓船隻自由度海，從事商業買賣才對。這四十多名船頭為了壟斷商業買賣而領受外國信牌，此種作為明顯極度不法。」故此，他才會未攜帶「信牌」便前來長崎。同年三月來航的寧波船鄭二觀、南京船凌素言也做出了同樣的陳述。[60]浙江、江蘇當局透過商人之口想要向日本方面傳達的是，沒收「信牌」是為了防止「商業買賣的壟斷」，領受信牌的行為以及其中有日本年號之事，並未視為問題。

方才引用巡撫徐元夢的奏摺中，唯一一位以商人身分被舉出名字的胡雲客，或許是因為信牌騷動導致的心力交瘁，於一七一七年（康熙五十六年）五月二十一日，病逝於故鄉杭州。他的外甥丁兼益使用胡雲客的「信牌」，於翌年二月來航長崎；在他的供詞中，舉出了在寧波告發胡雲客等人的商人名字——莊運卿、謝叶運、劉以玖。[61]

正如上述，根據來航長崎的中國商人證詞，有商人以「叛清隨日」這種誇大的反叛嫌疑去告發那些領受「信牌」而歸的商人。然而，清朝方面的記錄卻完全沒有提及告發之事。該如何理解這樣的現象呢？要從目前為止找到的資料中導出確切的答案，實為難事。無論如何，未攜帶「信牌」來航長崎的商人們，把「領受信牌在中國可能會被冠上叛亂嫌疑，是相當危險的事情」當成藉口，也是一種交涉戰術。透過這樣的藉口，既表明了未能攜帶「信牌」來航之事實為不得已，同時也是在敦促日本，希望他們能撤回這種制度。

過往是「船隻自由渡海、從事商業買賣」。然而，因為信牌制度的實施，貿易受到抑制，此事對商人固不用說，對於必須提升海關稅收的官府而言，也是相當不利。浙江總督與巡撫從商人手中收取「信牌」，讓他們以無「信牌」的狀態渡航，一方面是要試探日方的對應，另一方面也是要主張，在無「信牌」狀況下進行貿易是理所當然之事。清朝當局與利害關係一致的商人們，作為對日本施壓的手段，在長崎異口同聲如此陳訴：領受「信牌」回到寧波的商人被以叛亂嫌疑告發，這個事件已經成為總督、巡撫等高層官員所關心的大問題。

那些運氣好，在一七一五年（日本正德五年，康熙五十四年）渡海來到長崎、領到「信牌」的商人，最終壟斷了貿易。意圖阻止這種事態的其他商人，則是小題大作地將領取「信牌」當作叛逆行為向官府告發，整起事件的情況大致就是這樣。但是，在詳細報告信牌問題的巡撫徐元夢奏摺中，卻隻字未提這項告發的糾紛。誠如後文將述，在長崎貿易中，有內務府的商人以及堪稱皇帝耳目的織造包衣（全稱為「包衣人」，滿語拼音為boo i〔niyalma〕＝「家的（人）」之意。）深入參與其中。巡撫就算不報告叛亂及告發之事，它也早晚會透過這些管道傳達到皇帝耳中，這是任誰都再清楚不過的事。因此合理的推論是，巡撫徐元夢未提及告發糾紛，並不是為了想要隱蔽，而是認為即便存在著這樣的事實，也不會發展成為宛如商人們在長崎異口同聲般的大事件。[62]

不管怎麼說，這次叛亂嫌疑的告發糾紛，無疑是被拿來利用，當作要求日方徹會信牌制度的戰術手段。在無「信牌」的狀況下讓商人渡航的指示，是浙江、江蘇的總督巡撫所下的決定，遵奉命令的商人則基於官民共通的利害，在長崎拚命地陳訴。相對於此，日方則以新井白石的公文為基礎，將經過漢譯的文件透過通事拿給商人過目，試圖傳達日方的主張。這是不仰賴外交手段的貿易權交涉。

## ◆朝廷的對應

讓我們將話題轉回朝廷的對應上。隨著上述的「交涉」，日本方面的立場——透過信牌制度實施來航限制，乃是勢在必行——變得相當明確。因此，巡撫徐元夢呈上了一份康熙帝親覽的文件（奏摺），向皇帝報告來龍去脈、請求聖裁，同時也將「信牌」的實物，與長崎奉行透過通事轉告的漢譯「海船互市新例」，一併送至皇帝跟前。

巡撫徐元夢的奏摺以及證據「信牌」和漢譯「海船互市新例」，應該是在一七一六年（康熙五十五年）七月上旬遞交到康熙皇帝手中。面對浙江巡撫徐元夢的報告，康熙帝下令交由戶部審議。在這個階段，康熙帝有何想法，從「jurgan afabuha）」（交付衙門了）這個平淡不帶情緒的硃批中，我們無從得知。不過，徐元夢連著奏摺一起送到皇帝跟前的「信牌」實物，似乎引來了各方的關注。大庭脩就明白指出，享保三年（一七一八年）帶著胡雲客名字的「信牌」來航長崎的外甥丁兼益，做了這樣的陳述：寫有胡雲客名字的「信牌」，在唐國呈送給康熙皇帝過目，其後也在各個政府機構間多次展示，才會如此破損。[63]

日本方面發行的「信牌」究竟是何種形式以及內容的文件，不只是康熙皇帝親自進行慎重檢討，在被下令審議的戶部中，官僚們也仔細檢查了信牌的實物，最後，胡雲客所領受的「信牌」

紙張呈現一副破破爛爛的狀態。送到朝廷的胡雲客「信牌」實物，成為康熙帝的判斷材料，也成了最好的依據。

## ◆外交交涉的否定

還有另外一項值得注意的事情。與先前引用的奏摺不同，徐元夢透過正式的上奏文（題本）提出這個問題之際，提議的交涉方式是：送交文件給日方，使之撤回「信牌」，再由清朝當局開給各船作為證明書的「文憑」，以此為根據進行貿易。[64]換句話說，就是打開外交管道的提案，而戶部也贊同他的提議。

正德新令對清朝造成刺激的是，中國人領取日方發行的「信牌」，並且打算將之作為貿易許可來使用。但是，正如「不只是許多商人會有滯貨的狀況，還會對國家大禮有所障礙」這句話所示，最不利之處其實還是船隻數量受限，導致貿易量的減少。如果是中國商人的身分保證問題，當然應該基於清朝官府發行的「船引」、「船照」等證明[65]來處理，對於把日本發行的文件當成貿易許可的依據，這樣的制度令人難以接受——這種以今日說法算是「侵害主權」的看問題方式，在當時其實是次要的。

然而，事情既然已經上報到朝廷以及戶部等北京的中央政府機構，那麼次要的「國家大禮」，也就是所謂面子問題，自然難以避免引起眾人關注。徐元夢之所以會提案，不是由日方透過「信牌」，而是由清朝當局開立證明文件、保證商人的身分，並且嘗試以日方為對象遞交文件，展開正式的外交交涉，也是出於這層顧慮。審議這件事的戶部，也是以贊同徐元夢提案為宗旨進行覆奏。

但是，看到戶部覆奏的康熙帝，認為這項提案——也就是遞送文件到日方，要求其撤回「信牌」、並展開外交交涉——有所誤謬，因此下令再次審議。「巡撫將此視為大事件而加以奏聞的作法有誤，而戶部的議論也不對」；說到底，這本來就不是應該拿出來討論的問題——這是康熙帝的判斷。

## ◆康熙帝對信牌的認同

康熙帝似乎以口頭方式說明了自己的想法，其內容被記錄在《康熙起居注》當中。康熙皇帝的說明十分饒富興味，其要點如下：[66]

此牌票只是彼此貿易之一認記耳，並非行與我國地方官之文書。今京師緞布商人及江南、浙江商人，各認記號，以相貿易。倭子之牌票，即與我國商人記號一般。再，我國鈔關官員，給與洋船牌票，亦只為查驗之故，並非部中印文及旨意可比。如此以為大事，可乎？

（譯：日本發給的信牌，只不過是中國方面與日本方面在交易之際的證明〔認記，也就是認同的印記〕，並不是給我國地方官員的文件。如今，北京的紡織品商人、江南、浙江的商人都會各自確認證明，進行交易。日本（倭子）的證明書——也就是信牌——與我國商人出示的證明是同樣的。再說，我國海關的官員給予貿易船的證明書（記號，也就是附有確認印記及號碼的證明文件），也只是為了檢查而發出，與戶部發出的公文以及上諭不同。把這種事視為大事是正確的嗎？）

日本方面交付「信牌」給中國船隻的行為，並不帶有政治上的意味，而是與商業交易場合上，交換訂單、交貨單，或是帳單等結算文件時，蓋押的認可印章是相同的，這種事情不需大驚小怪。康熙帝一錘定音後，信牌制度引起的風波就這樣平息了。中國商人使用日方「信牌」的行為，乃是攸關「國家大禮」的大事，這樣的議論被康熙皇帝斥退。康熙帝的主張，可以說與當初浙江和江蘇海關監督的判斷——檢驗「信牌」後認為並無問題——是一致的。

## ◆作為情報管道的商人

有意思的是，長崎當局透過中國商人，詳細掌握了中方的動向。浙江巡撫徐元夢送呈給康熙帝的滿文奏摺內容，是簡單扼要的版本，省略了不少細節的來龍去脈。但是，當事人、同時也是最大的利害關係者——中國貿易商人，則是帶著更詳細的情報，一五一十、毫無拖延地提供給日方。一七一七年（康熙五十六年）四月，朝廷方面將最終決定，從戶部透過浙江省當局傳達給商人們；這份文件的全文，最終也到了日方的手中。[67]

這份文件似乎沒有留存於中國，更確切地說，也沒有發出這份告示的記錄。「准海商領倭票照・康熙五十六年四月」被收錄在長崎歷史文化博物館館藏福田文庫本《信牌方記錄》當中。[68]以下就以福田文庫的原本為基礎，刊出校訂後的原文及白話試譯：

> 戶部等會議。浙撫徐以商船出海往來竝無阻滯，五十四年倭國長崎譯司忽有給船主胡雲客等票照一案，臣一時瀆陳，兩經部議，特頒諭旨，謂，長譯之票照，不過買賣印記，據以稽查，無關大議。大哉王言，簡而有要。謹侯原呈倭照發臣之後，一例給還諸商，照常貿易。至倭人所議船隻貨物數目，合無令商人原照倭議貿易，惟是有票者可矣頻往，無票者貨物空懸，同為朝廷辨（辦）稅之人，自應一視同仁，否令浙海關監督傳集諸商明（應有脫字。應補上「白曉諭」），亦倭照彼此可以通融，或同船均貨，或先後更番，胡雲客、莊元樞等，各自推誠酌議，等因。具題前來。應將倭照一張發還浙撫，併從前所收票照，一例給還諸商。至船隻貨物數目，應令商人彷照倭人原議。將倭照通融，或船均貨，或先後更番之處，俱應如徐所題，行令該督撫海關監督，傳集諸商公同酌議而行，報明戶部可也。
>
> （譯：戶部等單位合議的結果是，針對「儘管商船的出海往來並無阻滯，但是在康熙五十四年倭國的長崎譯司突然發行票照＝信牌給船主胡雲客等人」一案，浙江巡撫徐元夢說：「臣〔徐元夢〕一時之間有欠思慮的陳奏，經過兩次相關部門的議覆，〔皇帝〕特地發下諭旨，表示『長崎通事的票照＝信牌只不過是在買賣之際蓋有

印記的文書，藉此來確認罷了。不需大大的議論。』皇上之言真是偉大，不只簡明而且扼要。在此謹等待上呈的倭照＝信牌歸還於臣後，〔被海關沒收的信牌也會〕同樣歸還給商人們，使他們照常貿易。至於倭人所議定的船隻與貨物定數，是否要按照倭人的議定讓商人貿易，只讓持有信牌的人多次往返〔可以從事貿易〕，未持有信牌的人，貨物只能空懸〔沒有地方販賣〕之事，同樣是為了朝廷而納稅的人民，當然應該一視同仁；故此，應該由浙江海關監督召集商人，明白曉諭，相互通融倭照＝信牌，或是共同乘船，貨物均等乘載，又或者是採取前後輪流〔渡航〕的方式，讓胡雲客與莊元樞等人各自誠實斟酌議論〔到這裡為止是徐元夢的議論〕」並以題本上奏。

〔以下是戶部的決定〕將倭照＝信牌一份歸還給浙江巡撫，與以前沒收的票照＝信牌一同還給商人們。關於船隻以及貨物的限制數量，應依據倭人的原議〔指正德新令〕讓商人施行。關於是否相互通融倭照＝信牌、是否在同一艘船內乘載均等的貨物，又或者是否要採取前後輪流的方式渡航，都應如同徐元夢的題本所言一般，由總督、巡撫、海關監督召集商人，在合議的基礎上使之實行，只要以咨文的方式向戶部報告即可。）

康熙帝排除官僚們的意見，自信滿滿地做出如此判斷，是因為日方交付給中國商船的「信牌」實物與新條例的抄本皆被送到宮中，經過他自己親眼目睹，加上戶部的官員也親眼看到實物才做出確認，因此認為並無問題。

在徐元夢的上奏中，因為商人們是「同樣為了朝廷納稅的人民」，所以為了避免因偶然領取信牌與否而滋生出的不公平，應該要集結商人，讓他們就信牌的融通（買賣或租賃）、共同乘載貨物、輪流渡航制度等進行議論；這樣的論點讓人有饒富興味之感。清朝政府展現的姿態，是重視商人的權利與機會的均等。比起「國家大禮」，更要尊重朝廷與商人共通的利害，互市體制已經推展到這種地步。

## ◆信牌的手段與詭辯

「信牌」的發行給予，並不是以身為幕臣的長崎奉行之名義為之，而是標示出中國人通事們的名字。[69] 不只如此，「信牌」的形式與文體，都是仿效中國地方官府所使用的公文。蓋押在「信牌」上的「譯司會同之印」的印文，也是用中國官印所使用的「九疊篆」字體刻成。之所以如此，想必是日方判斷，這樣處置的話，就算清朝官府、以及理所當然會獲得情報的皇帝，覺得日方發行信牌這件事有損天朝的體面，也能把損害壓低到最小限度吧！

擬定「海船互市新例」方案的人物是新井白石。身為漢學者的白石，對於以長崎奉行等日方高官的名義發下「割符」與「勘合」文件，或是由與商人等齊

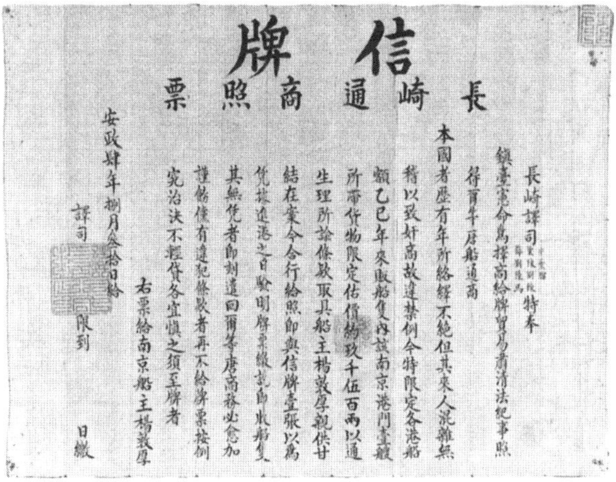


發給楊敦厚的信牌（長崎縣立圖書館館藏）

的中國人通事發出中國樣式的「信牌」，兩者各會引發怎樣的反應，心中應該早有預料。將這起事件最終結論傳達給江蘇、浙江當局的戶部公文中，可以看見這樣的文句：「（康熙皇帝）特頒諭旨表示，長崎通事（原文為「長譯」）的票照，只不過是在買賣之際蓋有印記的文書，藉此來確認罷了。不需大大的議論。』皇上之言真是偉大，不只簡明而且扼要。」[70]發行信牌的主體是華人的通事（譯司）之事，是康熙皇帝藉由送來的「信牌」實物確認而得知。戶部公文強調日本方面的「信牌」是「長譯的票照」一事，究竟是否傳入新井白石的耳裡，我們無從得知；不過若是白石知曉這件事的話，應該會對自己的考量能夠被清朝皇帝理解，感到相當滿足吧！

以「譯司」（通事）的名義使之發行「信牌」這件事情中，存在著新井白石的深謀遠慮，這點可以從他自身的話語中獲得確認。正如前文所述，以李韜士為首的江浙中國商人，在信牌制度實施的翌年，也就是一七一六年，在官府的指示之下，以無「信牌」的狀況渡航長崎，力陳領受信牌會招致「叛清隨日」的重大罪嫌。對此，新井白石的反駁如下：

外国の信牌をうけ候事は不可然候由、去年四十三人請取候信牌、奉行所より相渡候にも無之候、通事共と約定之事に付、通事共より相渡し候。凡そ一郷には郷約有之候、一社には社約有之候、郷社の約等、官所よりの沙汰に係り候事も無之候、海商と通事との信牌は、郷社之約になにの相違有之へき歟。然るを外国の信牌をうけ、本国に背き候由は難心得候。[71]

為了讓讀者理解新井白石所寫、艱澀難解的「候文」*，在此引用大庭脩先生的現代文翻譯：

「去年有四十三人請領信牌；這些信牌並非是由奉行所交付，而是因為屬於與通事約定好的事項，所以是由通事們交付。有言道，一鄉有其鄉約，一社有其社約。鄉社之約等，並非是由官方所參與之事。海商與通事的信牌，與鄉社之約又有什麼不同呢？明明只是這樣的東西，卻說接受了外國的信牌便是背棄本國，這樣的講法實在是令人難以理解。」[72]

這份明示反駁的公文，如前所述，由通事加以漢譯之後，展示給李韜士等中國商人看。記錄在《康熙起居注》中康熙帝的議論以及這份新井白石的議論，都是依據同樣的邏輯，主張「信牌」的交付，不足以被視為問題。康熙帝將之比擬為商人間互相交換、帶有印信證明的文書，新井白石則將之比擬為民間自治團體的鄉社之約。「正德新令」，不過是華人的通事們與商人間商議後締結約定；正因「信牌」「不是由奉行所交付的文件」，所以不能將其說成是「接受外國的信牌」。

無論是康熙帝的主張，還是新井白石的企圖，要說是詭辯，確實也算是詭辯。「正德新令」是接受江戶公儀的指示，由奉行所負責實施的法令。[73] 蓋押在「信牌」上的「譯司會同之印」，

* 譯注：指日語在中世紀至近代期間使用的一種文言體，因其在句末使用丁寧助動詞「候」（そうろう、そろ），故而得名。

也是被嚴密保管在奉行所內。[74]將這件事以宛如中國人通事與商人間締結的約定一般來處理，是狡猾的偽裝。但是，透過將奉行所等日方當局隱藏在背後，並把久居當地的通事（特地使用「譯司」的語詞）以「中國人」的身分推到檯面上，作為貿易管理的主體，如此一來，這項偽裝便能夠作為現實的制度發揮機能，將與通商有關的摩擦降至最小限度。[75]

在中國被使用的「信牌」，是作為皇帝代理人的地方官員，向下屬官吏、差役以及民間人士發布命令的文件。假如長崎奉行所成為發行「信牌」的主體，那就等於是把接受信牌的中國商人，置於服從奉行所權力的立場之下。但是，如果是以從商務到生活，理應負責照顧來航中國商人一切事務的中國人通事為主體，這種權力支配的味道，便不會飄散得那麼明顯。新井白石的主張，未必能直接傳遞到中方當局那邊，但是他的思量，透過胡雲客帶回、並被送到朝廷上的「信牌」實物與「新例」條文，獲得了康熙帝的充分理解。這樣的善意，確實成功傳達了出去。

## ◆互市與「沉默外交」

關於這起事件，在日本與中國的官府之間，並沒有交換過一紙公文，也沒有派遣任何外交使節。儘管如此，關於各自的決定，以及隱藏在背後的考量，其充分的情報卻能毫無遲滯地傳達到必要之處。

互市制度是基於商業通則，不僅實現了物物交換，也讓各種情報的交流——各國家之間想向對方要求什麼？在這種要求背後，隱藏著怎樣的考量與意圖？——透過人、物與金錢的流動成為可能。在這種互市體制下處理問題的方法，或許可以稱之為「沉默外交」吧！日本方面的幕府官僚、中國方面的總督巡撫，甚至是海關，這些背負著國家權利、應當負起外交責任的人們，自始至終保持了沉默。[76]伴隨著禮儀的使節與外交文件被排除在外。但是，商人與通事是能言善道的，他們成了兩國在沉默中，得以達成共通理解的媒介。

筆者所謂的「沉默外交」，是兩國為政者刻意選擇下的模式。新井白石也認識到，康熙帝在對日外交的態度上，是基於十分深思熟慮的考量：[77]

> （歷代中國王朝都對日本要求朝貢，也就是人事上的臣服）但是到了大清這代，已經過了七八十年，卻連一次這樣的要求都沒有。且當今的天子（康熙帝），據該國傳來的情報顯示，是位出類拔萃的英雄之主。他一定是經過深謀遠慮，才會做出這樣的決定吧！他能夠在這方面為我國深深著想，實在是了不起啊！

被譽為「英雄之主」的大清皇帝，不要求與日本進行外交往來，是基於深謀遠慮、並考慮到日本而做出的結論吧！新井白石透過這樣的認知，面對對方的「沉默」，選擇了同樣以「沉默」來應對。這種共謀下的「沉默」，並非無視於對方的存在。相反地，他們對於對方的國情以及「國家大禮」是怎樣一回事，都有著「深遠」的認識，從而在不毀損這些事物、且又不致對本國經濟利害進行妥協的考量下，來做出主張。無論是大清還是日本，為了彼此的國家利益與「國家大禮」，都很明智地選擇了沉默。這種排除禮儀與臣服的要求，在沉默中實現共存與利益共享的架構，需要具備三種要素，方能實現：第一是能言善道、善於逐利的商人往來，第二是銀與商品的交換，第三是透過典籍與風說書的情報傳播，而互市制度，正是這三者的基礎。

## ◆內務府的貿易投資

易惠莉的論文〈清康熙朝後期政治與中日長崎貿易〉，在探討信牌問題解決的背景上，揭開了極為重要的事實。[78]康熙帝時代，與帝室有著特殊關係的包衣等與內務府相關人士，被派進南京、蘇州、杭州的「織造」官府，讓他們從事江南地方的情報蒐集並贊助漢人學者，這是廣為人知的事情。這些有力的包衣，像是蘇州織造李煦、江寧織造曹寅，以及內務府的商人們，從內務府借取資本，將資金投入從長崎調度銅料的承包事業，並用賺取的利益，以每年百分之十至四十的利息還給內務府。這些全部都是經過康熙帝的裁可下開展的活動。正德新令實施的一七一五年（康熙五十四年）前後，這項內務府資金的運用未能獲得預期的利益，內務府的虧損高達兩百萬兩以上，清廷似乎因此轉換了方針，將銅料調度的承包改由戶部管轄的稅關來負責。

就像這樣，假使長崎貿易獲得銅料的一部分，是由內務府與戶部提供本金進行運作的話，那麼他們自然要極力避免因為信牌問題而讓貿易機會喪失，甚至是破壞長崎貿易本身架構的狀況。[79]

# 四、一七四〇年的爪哇華人大屠殺與互市

## ◆屠殺華人的對應

另一個足以顯示互市與外交間關係的事例，可以從一七四〇年（乾隆五年）在荷蘭統治下的爪哇，發生中國裔居民大屠殺的事件中得見。這起屠殺事件本身已經廣為人知，在此就省略事件的來龍去脈等部分，僅就清朝獲得這起慘絕人寰事件的情報後，所做出的對應進行考察。

雅加達（巴達維亞）是與馬尼拉並列，聚集許多中國移居者之地。屠殺的消息透過民間商人，應該很快就傳到了中國才對。然而，翻遍整個官方記錄，這起事件被放到朝政場合上議論，是在發生以後經過半年以上的事情；擔任署理福建總督的策楞上奏事件始末，並提議停止中國船隻對南洋方面的貿易。[80]接著，廣東御史李清芳上奏表示，江蘇、浙江、福建、廣東的海關稅收將會因為南洋貿易的禁止而減少數十萬兩，且參與貿易的商人也會蒙受損失，因此他認為，禁止貿易的處置範圍應該僅限於雅加達。[81]對此，乾隆帝向相關各省的督撫諮詢應當如何處置，等結果上奏後，再召集有力皇族、軍機大臣與兵部進行協議，從而達成結論。遺憾的是，在各省傳來

的覆奏中，我們能見到的就只有一七四二年（乾隆七年）二月，兩廣總督慶復的上奏而已。[82]其中記錄了前一年慶復以總督身分到任之際，聽聞屠殺事件的消息，以及他從當時正好從雅加達歸航的廣東貿易商人林恒泰等人口中，詢問到的事件內容經過。商人林恒泰的敘述如下：[83]

此番到彼，並無熟識漢人，與番交易，各懷疑懼，不能得利。但夷目此舉，伊地賀蘭國王責其太過，欲將鎮守噶喇吧夷目更換。臨行又再三安慰，囑令商船下次再來，照舊生理

（譯：這一次抵達雅加達後，沒有熟識的漢人，只能直接與荷蘭人交易，但是因為沒有信賴關係，從事買賣無法獲得利益。但是，對於當地荷蘭當局者引發的事件，荷蘭國王追究責任，打算更換駐留軍隊的領導人。另外，在回國之際，他們也再三安慰中國商人，希望下一次再度來航，並且仍像以往一樣進行買賣）。

另外，在事件發生後的一七四一年（乾隆六年）八月，雖然有兩艘荷蘭船隻來航廣州，照常進行貿易，不過當時也是經由巡撫上奏，取得裁可方得貿易。在陳述事件的來龍去脈之後，兩廣總督慶復的主張如下：在廣東省光是船員就有萬人，是以外海的貿易維持生計，一旦禁止與南洋各國貿易，不僅是斷絕了他們的生路，也會阻絕外國船隻的來航，加上在南洋各國的米價低廉，中國商船在歸航之際會大量購買這些米糧取得利益，也因為如此，廣東的米價才得以壓低。[84]最後，在兵部等的議覆中，也是以應該顧慮大幅仰賴互市的廣東等地區之利害為主的意見占優勢，因此贊成不去追究屠殺事件，而是照常准許通商。乾隆帝也尊重這些意見，降下諭旨。

## ◆透過互市的連結

在這起事件的處理上，清朝與被列入「朝貢國」的荷蘭方面，完全沒有進行任何交涉。事件後繼續在廣州貿易的荷蘭方面，也沒有主動聯絡的跡象。儘管如此，在事件發生後，有關爪哇荷蘭當局的善後處理之情報，已經透過中國商人帶回，並讓中國方面得以知悉荷蘭當局似乎已採取了懲處責任者等措施。清朝並未以屠殺事件為由停止貿易活動，其中最大的理由雖是顧慮到廣東地區的利害關係，避免帶來經濟上的打擊，但事件後荷蘭殖民當局的狀況改善、以及來自中國的渡航者重新開始到爪哇貿易與移居，這些事態的確認，對清朝做出最後決定毫無疑問也扮演了推手的角色。

當時代演進到互市的貿易對象，其交流已經擴大到對社會經濟運作、以及政府經濟政策具有極大意義的時候，就算互市所引發的問題嚴重影響了禮儀和統治權，也還是不得不將之邊緣化，改採以經濟實利為優先的政策。只要東亞世界，還是由「天朝」這個相當麻煩的存在為中心的成員所共同組成，那麼本來應該在禮制秩序下整合的國際關係，反而是僅靠互市彼此連結的「互市諸國」求之不得的事。換句話說，當國際之間的經濟依存關係愈深，推動政治上彼此疏遠的作用力就會變得愈大，因此，關於貿易和移居等國際糾紛，都會盡可能透過「沉默外交」來處理。十八世紀的互市體制，不就是帶有如此結構的特質嗎！這是筆者所得出的假說。

# 小結

## ◆從朝貢到互市

使節的派遣和公文的往來，既是朝貢制度的骨幹，也是立基於「萬國公法」的近代外交手段。但是，只要中國還是秉持著自己是世界的中心──「中華」、天子的威德應當無遠弗屆這種天朝理念，那在外交上進行實質交涉之前，很有可能就先在禮儀與用語問題上，產生摩擦與糾紛。然而，互市制度可將政治或是外交情報透過商業傳遞以去除摩擦種子；換句話說，這不只是將與禮儀直接連結的外交，在政治空間中加以邊緣化，同時也打開了親善鄰國、並在通商方面獲致成果的可能性。

環繞在中國外圍、並且臣服於中國之豐饒與文化的夷狄諸國，向中國天子進行朝貢──這種美麗的禮治理念，即使只是形式上，也希望能夠實現。在這種政策作為基本原則而存在的時代，自十六世紀中葉起的百年間，不管在內陸邊緣的長城線、還是在沿海邊緣的東海上，都歷經了極為激烈的衝突與動盪。

到了餘波止息的十八世紀，自朝貢體系中脫胎換骨的互市制度，已經普及開來。雖然明代以來的個別朝貢關係並未全數瓦解，但是從十六世紀上半葉開始的互市制度之擴張，一方面增長了東亞各地區間的貿易、也加深了相互依存的關係，另一方面卻也疏離了天朝與各外國的王權；反過來說，就是在不需要禮儀的疏遠關係下彼此結合，透過這樣的架構來運作。十八世紀東亞的繁榮與和平，並非是朝貢禮制秩序的贈禮，而是因為脫離朝貢，在官僚與商人共通的利害關係、以及地區與地區之間互惠性的基礎之上，建構起互市秩序所帶來的產物。

即便是在十八世紀，古老的朝貢文法和語彙，在外國使節一腳踏入北京朝廷的同時，還是會變成單純的現實；而在朝廷編纂的文件書籍中，也不得不使用朝貢的文法和語彙。這確實也是尚未放棄天朝理念的中國，在政治以及文化上的獨特性格。但是，在十六世紀中葉以後，與朝貢制度相比，幾乎在所有層面上都背道而馳的互市制度不斷發展、擴大範圍；到了十八世紀，即便是在朝廷編纂的文件書籍中，也終於可以看見與現實吻合的「互市諸國」概念登場。[85]

## ◆王權間的交涉與皇家禮儀

「朝貢體系論」雖然是論述明代東亞之際必須存在的邏輯，但是將之強調為清代中華世界秩序的特質，或是作為「傳統中國」的共通特質來論述的話，將會讓人忽略了重要的歷史變化。筆者最擔心的就是這件事情。[86]

西洋各國在要求「交涉」、派遣外交使節之際，清朝將之置於朝貢框架下來對待，這是不爭的事實。然而，這種事態只有在派遣外交使節的局面下才會出現。十八世紀中葉以前，在開放跟西洋各國貿易的各個港口，乃至於之後的廣東（廣州），大部分的西洋各國，都沒有和清朝進行任何外交交涉，又或者是在沒有得到外交文件的許諾下，便逕行投入貿易。如此自由的貿易，在「朝貢體系」內是不可能辦到的。

默許自由參與邊境貿易的同時，王權之間相互的接觸也停留在最低的程度；在建築起這樣一套對外往來的結構時，忽然有外國使節團為求「交涉」而不請自來，這對清朝而言，應該是完全出乎意料之事。將不速之客放在朝貢結構中對應之事，是在天朝的禮制下唯一且不得不的選項；但在此同時，這種對應難道沒有刻意逼迫對方、要他們加入清朝屬意的「沉默外交」框架下的意圖嗎？清朝花費了數十年的時間，才終於將俄羅斯的使節和商隊推向恰克圖／買賣城；因此，他們理所當然不會期望英國加入朝貢國的行列。清朝想要守住的是「互市體制」，相較於此，明朝的洪武帝與永樂帝所追求的理想——透過朝貢制度展現天下秩序、並由朝廷來壟斷貿易，在十六世紀早已被宣告破產，早已成為了歷史的遺物。

從交易量來看，最大的互市國英國，在嘉慶《大清會典》中不是被列在「互市諸國」，而是被置於「朝貢國」的行列，乍看之下是件奇妙的事。[87]但是，把這當成是對兩度派遣使節、引發糾紛之國家所作的報復，也未必就是一種奇想怪論。英國試圖打破在廣東（廣州）「沉默外交」

的結構，自掘「朝貢體系」之壁，並且一頭撞上。因此，要強調「朝貢體系」是清朝對外關係的特徵，這種歷史認知真的妥當嗎？

若是可以將十八世紀東亞的通商外交關係，置於互市體制之擴大的這個脈絡下去理解，那就沒有必要緊抓著江戶時代的日本脫離朝貢體系這點，一直強調其特殊性了。在印度和東南亞各的經營殖民地、並參與中國貿易的西洋各國，我們難道不能把他們也看成是東亞互市體制的重要成員，加以認知嗎？不只如此，東亞地區間交易的重要推手——中國商人的活動，以及東亞各地區港市中，中國人移居社會的形成，放在互市體制的成長與擴大這個歷史脈絡下，也能夠更合理地加以歸納。

# 第六章

# 南洋海禁政策的撤廢及其意義

# 緒論

一七一七年（康熙五十六年）九月來航長崎的商人李亦賢在「申口」*中，報告了信牌問題最終的解決方案，接著他又提及朝廷於五月二十五日（陰曆四月望日），命令諸省掛出宣告海禁的告示牌。李亦賢說，這是因為南京巡撫張伯行上奏指出，國內米穀價格的上升，是由於商人囤積外國米穀所致；當閩浙總督滿保入宮謁見後，康熙帝直接下詔「禁止商船前往外國買賣」。[1]這就是康熙帝在晚年所下的「南洋海禁」，是中國歷史上最後的海禁。

一七一七年的海禁命令被稱為「南洋海禁」有其特殊意義。當時所指的「南洋」是與南海相連的東南亞各地區，具體來說，是分布在菲律賓群島、加里曼丹（婆羅洲島）、爪哇島、蘇門答臘島等島嶼，以及越南、柬埔寨、泰國、緬甸等大陸各國的港市。中國與這些地區的海上貿易，自唐宋時代起持續繁盛，印度與西亞的貿易船也會經由「南洋」地區來航。十一世紀，在廣州形成了稱為「蕃坊」的外國人居留區，由受到當局任命的「蕃長」來負責統籌居留區內的公務。以泉州與廣州為據點的南洋貿易，也有中國船隻參與其中，此外在南洋各地，「住蕃」的居留華人也不斷膨脹。

總體而言，除去明朝嚴厲實施海禁的時期之外，透過南洋各港市的貿易、以及在外華人（也就是所謂唐人）的活動，南洋與中國的關係日益深厚。

十七世紀初葉，荷蘭東印度公司以巴達維亞（雅加達）為據點，和西爪哇的萬丹蘇丹國對抗之際，從萬丹那邊挖來了福建出身的唐人有力人士蘇明綱，任命他為「甲必丹」（kapitein）**，從中國本土招募有意移居的漢人前來，試圖充實殖民都市的交易與經濟。正如這件事所顯示的一般，在南洋的唐人交易網絡，早在葡萄牙、西班牙、荷蘭、英國等國踏足這個地區之前，就已經將中國本土與南洋連結在一起。而當西洋各國要參與從東南亞方面延伸到南海的地區間貿易之際，也呈現出一面利用唐人的交易網路，一面又與之競爭的情勢。

康熙帝所下令實施的南洋海禁，其目的就是針對十七世紀以降所呈現的這種局勢，意圖剷除滿洲統治中國造成危害之種子。

這次南洋海禁，採取了兩項重要措施：其一是中國船隻渡海前往長崎，被排除在禁令範圍之外。其二則是，禁止的部分只有中國船隻渡海前往南洋方面並在外逗留，至於外國船隻，則照舊獲得認可，可以在廣東、福建、浙江各港，自由前來從事貿易。

因為這兩項措施，南洋海禁與明朝海禁有著相當大的差異。當隆慶元年（一五六七年）漳州海

* 譯注：向官府或上位者提出的陳訴。
** 譯注：統領當地華人，協助殖民當局處理事務的僑領。

禁部分放寬、允許中國船隻公開出海貿易之際，只有日本仍被列入禁止渡航之列。德川家康雖然不斷活動明朝地方當局，希望能夠重新打開官方認可的中國貿易，但遭到明朝頑強拒絕。在名為海禁的中國貿易限制、渡航限制下，對日本的態度出現了如此逆轉，這反映了東亞的交易框架，隨著互市制度的擴展，已經產生了變化。本章除了闡明康熙帝下令南洋海禁的動機之外，也將嘗試探索一七二七年（雍正五年）撤回南洋海禁的歷史意義。

# 一、南洋海禁及其前後狀況

## ◆海禁的要因

先前的許多研究成果已提及南洋海禁案的過程[2]，以及其作為「海禁」並未發揮實際效果一事，也已成為定論。[3]值得注目的是柳澤明的議論。[4]柳澤先生認為，關於康熙決定實施海禁，「我們不得不將主要的問題，放在康熙帝自己的心理上」；針對這個問題，他以記載康熙帝言論的《清聖祖實錄》、《康熙起居注》記錄內容的異同作為線索，分析動機，並且導出以下的結論：「南洋海禁所具備的性質，是康熙帝以下定決心和準噶爾全面對決為前提，為了強化帝國全境的秩序維持體制——也就是去除後顧之憂而做的預防措施。」實為真知灼見。

一六八四年（康熙二十三年）以降，隨著中國商船活動的擴大，在爪哇島各港以及馬尼拉等地的華人社會，也加快了擴張的速度。不只如此，因為猜忌這些華人社群是否從中國本土得到了船隻與米穀的供給，所以康熙帝對海上邊境可能成為不穩動態的溫床，抱持著高度的警戒感，這也是事實。但是，即便事態如此，且在一七一七年（康熙五十六年）這個時點，要翻轉迄今為止的政策、徹底實施海禁，從客觀來看相當困難，但康熙帝卻在這種情勢下，仍然下令對南洋實施海禁。其原因正如柳澤先生所指出一般，要談論海禁的實施，是不能把準噶爾問題撇除在外來思考的。

只是，應該思考的問題並不僅止於此。在十六世紀的海上貿易不斷擴大的趨勢中，出現了跨越中國東南沿海地區與海外華人社會、乘著邊境經濟熱潮登場的商業—軍事集團，其中最大的勢力是鄭氏集團。清朝打倒鄭氏集團，從而實現了「滿洲和平」。[5]是故，清朝對於與之同類的反清集團再度形成，會抱持著高度警戒態度，是理所當然之事。南洋海禁毫無疑問，便是基於預防此等事態的意志而發軔。準噶爾問題雖然是發起海禁的導火線，但也只不過是導火線罷了。

一七二七年（雍正五年），雍正帝就如何解除南洋海禁、以及在解除後如何減少居留海外的華人進行思考；倘若不允許他們歸國，又該如何切斷他們與中國本土的聯繫？針對這些問題，雍正帝與沿海各省的督撫間，展開了熱烈的議論。從這項事實可以看出，在面對海洋世界的外交通商政策上，中國的中心課題是確保帝國的安全保障；另一方面，在這個前提下，中國還要直面另一個課題：在安全保障的同時，也必須確保在財政以及經濟上，重要程度與日俱增的海外貿易利益，從而實現利害的平衡。

## ◆海禁的漏洞

在公布南洋海禁後約經過九個月的時間，一七一八年（康熙五十七年）三月二十日，兩廣總督楊琳上奏，要求確認「澳門的外國船隻渡航南洋進行貿易，以及內地商船（中國船隻）渡航安南貿易進行貿易」屬於禁令的範圍之外；對此，兵部在請示康熙帝的指示之後，認可了楊琳的見解。[6]因為這項措施，「南洋海禁」的實際效果，特別是在廣東方面，可以說是喪失殆盡。一七二六年（雍正四年）四月，福建巡撫毛文銓提出見解：「安南一國原本（與禁令）無關，因此透過安南，從廣東（跟南洋方面）往來之事，至今從未斷絕過。」也就是說，以向安南渡航為名目，從廣東出海的中國船隻，實際上可以渡航到任何地方。正因為南洋海禁早已失去其實際效用，毛文銓於是請求在福建省也放寬禁令：[7]

閩省山海之區，民情反側不常，衣食無門，每多走險。臣查安南原係近境，若照粵東之例，此禁一弛，不但養活無數窮民，而於國課亦不無小補。

（譯：福建依山傍海，民情反覆無常，若是缺乏衣食，便有可能起身叛亂。安南原本就是近境，若是按照廣東的例子，放寬禁令，不只能夠養活無數的窮苦人民，對財政也會有所裨益。）

雍正帝因為此事重大，於是寫下要新任巡撫高其倬上任後擬案題奏的硃批。值得注目的是，雍正帝在硃批中直率地表示：「關於這件事情，朕尚不清楚事情正確的狀況，不方便立刻指示可否（此事朕知之未的，不便即諭可否也）。」

促使雍正帝下定決心解除海禁的，是皇帝最信賴且勇於任事的官僚——浙江巡撫李衛的報告。一七二七年（雍正五年）二月，李衛送交奏摺給雍正皇帝，揭發在禁止南洋渡航的命令下，偷渡與走私貿易的實際狀況。根據奏摺內容，自南洋海禁翌年，承認從廣東至安南的渡航屬於例外狀況以來，發生了以下的事態：[8]

遂有以往販安南為名，填照出口者，經由南澳海壇，亦不便阻留。即回棹之後，驗其所帶貨物，有係西南洋所產者，俱稱自安南轉買而來，或有稱在洋被風飄至西南洋島嶴帶回者。緣安南既非禁地，而風飄亦海洋常有之事，得以借此支飾。但查安南小國，用貨無多，從前粵省來文，亦稱彼國每年交易不過四五船而止。豈能收買各省多船貨物。且暹羅與安南連界，即在禁例之內。商船一出外洋，茫茫大海，渺無涯際，東西南北，任其所之，既不能跟隨踪跡，焉保其不駛往別洋。

（譯：以要去安南貿易的名目，在船照上登記後出港的話，就算經由南澳和海壇[9]，也難以阻止。即使是在回港之後檢查船舶乘載的貨物中，有西洋及南洋方面的物產，大家也會推說是從安南轉買而來的物品，或是在海上因風漂抵西洋南洋島嶼之際才入手的物品。安南並非是禁止的對象地，加上在海上漂流是常見的事，所以才能夠用這種藉口矇混過關。可是，安南是個小國，能夠販賣的商品也並不豐富。之前在廣東省的公文中也說，「到那個國家去交易的船隻，年間不過四、五艘而已。」故此，安南理應不可能收購從各省前來的許多貿易船之貨物。暹羅雖然與安南相鄰接，但是在禁令的範圍內。商船只要一旦出了外洋，茫茫大海，渺無涯際，東西南北，要往哪一個方向前進都是自由的，根本無從追尋蹤跡，無法保證他們不會往〔與目的地不同的〕其他方面航行。）

對於李衛指出海禁在實際上已經漏洞百出的狀況，雍正帝加上了「這件事情我雖然已經得知，卻不如現在那麼詳細（此事朕亦曉得，但未知如此詳細）」的硃批。在奏摺的最後，雍正帝又寫上硃批表示：「因為高其倬也上奏表示應當開放洋禁，所以這方面的議論現正交由廷議處理。」──告知李衛，關於福建巡撫高其倬的題本，現正進行討論。

因應這種來自福建、浙江的要求，兵部的議覆是贊同解除海禁。[10]高其倬認為，福建自平定臺灣以來人口不斷膨脹，生產的速度趕不上消費的速度，「只有開放出洋的手段，可以用貿易的利潤來填補農業的不足，無論是貧者或是富者，皆能受益（惟開洋一途，藉貿易之贏餘，佐耕耘之不足，貧富均有裨益）」。他在強調貿易利益的同時，也否定米糧會從中國流往外國、或是會有人供給外國中國船隻的說法──也就是康熙帝之前實施海禁的依據，從而要求解除南洋海禁。

讓南洋海禁喪失實際效用的原因，是精明靈活、有縫就鑽的中國商船在逐利方面的活躍。要用海禁這種政治浪潮來阻擋他們，已是不可能之事。於是，雍正帝順應來自福建、浙江的要求，

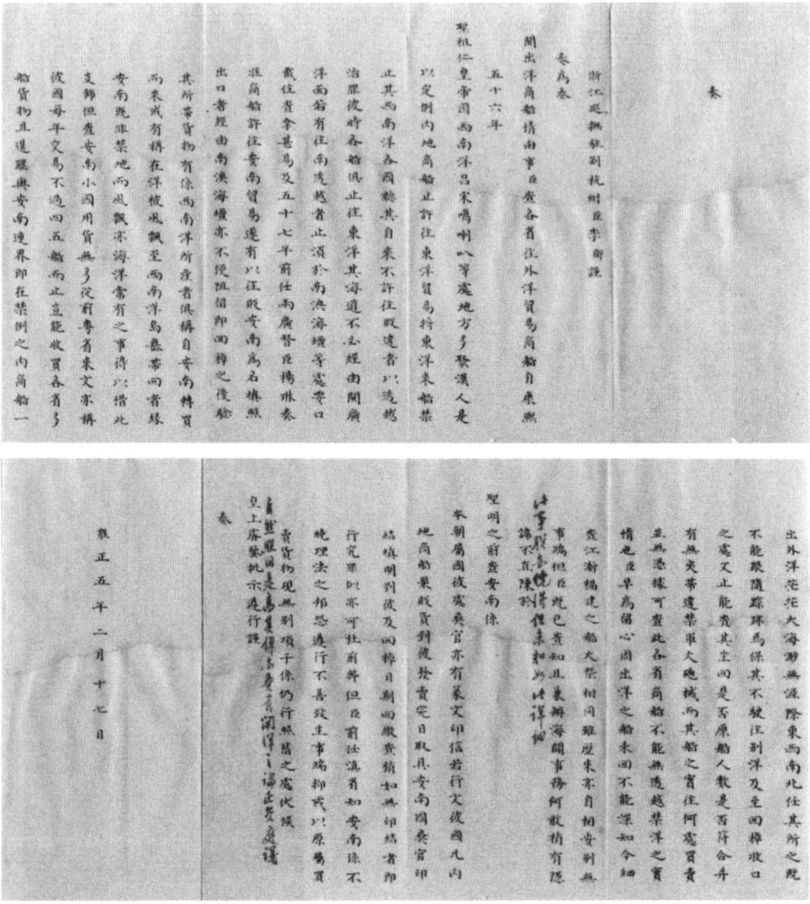

奏
浙江總撫駐劄杭州臣李衛謹
奏為奏
聞出洋商船情由事臣查各省出外洋貿易商船自康熙
五十六年
聖祖仁皇帝因西南洋呂宋噶喇吧等處地方多聚漢人是
以定例內地商船止許往東洋貿易將東洋來船禁
止其西南洋各國船其自來不許往販違者以透越
治罪彼時各船俱止往東洋其海道不必經由閩廣
洋面若有往南洋越者止須於南澳海壇等處汛口
截住查拿甚易及五十七年前任兩廣督臣楊琳奏
准商船許往安南貿易遂有以往販安南為名據照
出口者歷由南澳海壇亦不便阻留即回棹之後驗
其所帶貨物有係西南洋所產者俱稱自安南轉買
而來或有稱在洋被風飄至西南洋島嶼帶回者緣
安南既非禁地而風飄亦海洋常有之事得以借此
支飾但查安南小國用貨無多從前專省來文亦稱
彼國每年交易不過四五船而止豈能收買各省多
船貨物且暹羅與安南連界即在禁例之內商船一
出外洋茫茫大海渺無涯際東西南北任其所之既
不能跟隨蹤跡焉保其不竟往別洋及至回棹收口
之處又止能查其主回是否原船人數是否符合并
有無夾帶違禁軍火砲械而其船之實往何處買貨
並無憑據可查此各省商船不能無透越禁洋之實
情也臣早為留心因出洋之船來回不能深知今細
查江浙福建之船大槩相同雖歷來亦有相安別無
事端但臣既已查知且兼辦海關事務何敢稍有隱
此事朕亦曉得但未知如此詳細
諱不直陳於
聖明之前查安南係
本朝屬國彼處爽官亦有藩文印信若行文彼國凡內
地商船果販貨到彼於貨完日取具安南國爽官印
結填明到彼及回棹日期回繳查驗如無印結者即
行究罪似亦可杜前弊但臣前往漢省知安南係不
曉理法之邦恐遂行不善致生事端抑或以原舊貿
責貨物現無別項干係仍行照舊之處伏候
皇上睿鑒批示遵行謹
奏
雍正五年二月十七日

圖為李衛奏摺（雍正五年二月十七日）「為奏聞出洋商船情由事」（館藏於臺北的國立故宮博物院）。針對李衛的報告，雍正皇帝以硃批寫道：「此事朕亦曉得，但未知如此詳細」（這件事情我雖然已經得知，卻不如現在那麼詳細）。此報告的事實，成為雍正皇帝廢除南洋海禁的根據。

讓兵部展開討論，最後決定解除海禁。

## ◆東南亞市場與中國

中國的米穀被運往海外，供給海外的華人社會與海盜的巢穴——康熙皇帝的這項擔憂，說穿了就是一場誤解。一七二二年（康熙六十一年）夏天，康熙皇帝對著從暹羅前來朝貢的使節，說了以下這樣一段話；這段話被記錄在《清聖祖實錄》之中：[11]

又諭曰，暹羅國人言，其地米甚饒裕，價值亦賤。二三錢即可買稻米一石。朕諭以爾等米既甚多，可將米三十萬石分運至福建、廣東、寧波等處販賣。彼若果能運至，與地方甚有裨益。此三十萬石係官運，不必收稅。

（譯：上諭又表示：「暹羅國的人說，當地的米穀十分豐饒，價格也低廉。只要銀二、三錢，就可以買到一石的米。朕向他們說：『如果你們的米穀那麼多的話，可以把三十萬石的米分別運進福建、廣東、寧波等地，在那邊販賣。』如果暹羅國的人們可以運來〔米〕的話，對地方而言可說是大有助益。至於這三十萬石的米因為算是官運，所以不收關稅。」）

事實上，暹羅確實將十萬石的米裝載在三艘大船上，朝著中國出發。一七二五年（雍正三年，日本享保九年）入港長崎的第十八號暹羅船的唐人船主，傳達了這樣的消息：大約在三年前，從暹羅派出了三艘大船，上面裝載了十萬石的米，其中一艘船抵達廣東，一艘船在舟山港口遇難，前往福建的那一艘船則是下落不明。[12]

另一方面，在南洋海禁解除後的一七二七年（雍正五年）九月，兩廣總督孔毓珣，向搭載著米和蘇木來航的暹羅船船主詢問是否有可能進行稻米貿易，得到了相當正面的回應。孔毓珣上京進宮，親自從雍正帝處接受指示：為了獲得從暹羅而來的米穀，應該設法提高米貿易船的利益。[13]事實上，這艘來航廣東的暹羅船隻，是聽聞福建商船從海外運米的消息，打算從暹羅前往福建賣米，結果中途被吹到廣東。廣東當局在這時，表明了以下的意向：暹羅米的進口對廣東來說是樂見的狀況，因此要加以免稅，同時還要指示收購的中國商人，不得壓抑買價，好促使暹羅的米船，將來能夠源源不絕來航。雍正皇帝在這份奏摺上硃批表示「好」。[14]清代中期，從泰國以及越南向華南地區稻米出口的擴大，是眾所周知的事情。[15]

值得注意的是，這種糧米貿易的擴大，是在「南洋海禁」時期的前後，開始變得正式起來。另外，除了糧米以外的南洋物產，也能夠充分地供給到寧波與上海。享保二年（康熙五十六年，一七一七年）第八號雅加達船的唐人船主表示，前一年從寧波渡航雅加達的三艘商船，「因為在七月回到寧波，所以便將裝載在那些船上、來自雅加達的貨物搬到我們的船上，並於八月六日從寧波出港」，抵達長崎。[16]即使拿的是給雅加達船隻的信牌，光是往來於寧波——長崎之間，也能夠因應日本方面對南洋物資的需求。在記錄中屢次顯示，這個時期入港長崎的暹羅船與雅加達船等，實際上並不是從這些地區來航，而是在上海或寧波購買南洋的物產。[17]因為在中國市場上，從南洋方面進口的物資相當豐富，所以帶到長崎販賣的商品，也是從上海、寧波、普陀山（舟山）取得，較為經濟實惠。

綜合上述，與「海禁」相悖，這個時期的南洋與中國市場的連結日益加深。一七一七年（康熙五十六年）康熙帝的決斷，是基於中國內地的米與船隻被提供給海外華人社會和海盜集團的誤解，並且正如柳澤先生所闡明的，在西部邊陲對準噶爾戰爭的準備，也確實成為了契機。但是，我們不能夠忽視以下的事情：伴隨著通商的擴張，南洋方面以及呂宋的海外華人社會正持續地成長。而在這些地區，葡萄牙、西班牙、荷蘭等擁有強力武器和大型遠洋船隻的西洋各國，其支配力道也不斷強化。相對於此，清朝當局對海外華人，則在強制性權力和誘導手段上都有所不足。海防問題在「南洋海禁」前後這一段期間是重要的政策課題；而這種對南洋憂懼的高漲，則是與這個時代東亞海洋世界的變動，有著密切的關聯。

# 二、海外華人情報與海防

## ◆不結辮髮的華人

一七二七年（雍正五年）十月，福建與廣東的總督巡撫以聯名方式書寫奏摺，上呈雍正皇帝。這是根據兵部的咨文，對雍正帝上諭的回應；皇帝在上諭中，指示要檢討海外華人的歸國措施，並且呈送康熙年間海外事務的相關檔案，以供對策之參考。在這份奏摺中，督撫們報告了透過傳聞得知、關於巴達維亞（雅加達）和馬尼拉的情勢。在報告裡他們說，巴達維亞方面的華人一定要剪去辮髮，而在馬尼拉則是沒有剪去辮髮的必要。從這點可以證明，清朝當局對於海外的反清活動相當敏感。

福建、廣東的督撫們提議，讓有能耐的人化身為貿易商人，又或者是從幹練的貿易商人中挑出適當的人選，將他們派往巴達維亞與馬尼拉，讓他們去刺探「在那個國家有何動靜？定區當地的內地人（華人）實際上有多少人？在那塊土地上做些什麼事？讓中國人居住在該地有何意圖？」等事項。對此，雍正帝批下硃批：「說得簡單，要獲得人才卻很困難。若是沒有謹慎行事，以大大的厚賞作為鼓舞，且慎重挑選人才的話，這些（清朝派出從事秘密偵查的）人們將會驚動對方的國家，反而會比派遣官員更打草驚蛇吧！要仔細地挑選人才去進行。（言之易，得人難。非十分留心，大設賞鼓舞，慎重其人，則此人之驚惶彼國，而反甚於遣官也。詳細擇人為之）[18]」雍正帝在硃批中，清楚表明了以下的擔憂：相較於長崎的不同狀況，將密探送進荷蘭、西班牙支配的地區，恐怕會引發外交糾紛。縱使解除了南洋海禁，清廷對這些和西洋各國有關的地區狀況，依舊抱持著強烈的警戒感。

從筆者迄今所掌握的資料來看，尚無法判斷清廷在這個時期，是否真的派出了密探。不過，督撫們基於風聞上報、有關爪哇與呂宋華人社會的情報，既是當事者共享的資訊，那跟現實的狀況，想必不會相差太大。在雅加達方面，「米穀的價格極為低廉，工藝匠人們也容易獲利。因此，人們（剪去辮髮）蓄髮定居，結婚生子，絲毫沒有想要回鄉的心意（米穀甚賤，工藝之人，易於獲利。是以蓄髮居住，婚娶生育，竟不作故土之想）。」在良好的經濟環境之下，有助於漢人在當地的定居及發展，「關於管理漢人方面，當地政府以漢人為長，賦予『甲必丹』的稱號，當有訴訟之事發生時，便交由他們審理。同時也會發給每個人身分證明，方便盤查（至管束漢人，即以漢人為長，名曰甲必丹。凡有訟事，歸其審理。每人給照護身，以副盤查）。」上述具體呈現了當地華人社會的成熟程度，甚至已經具備自治機構。

但是，對於當地華人享有某種程度的自由與安定生活，清朝當局不只未曾遙寄祝福之意，反而益發增強了警戒心。在解除「南洋海禁」的前後時期，清朝所採取的對應，是接二連三強化了對海外渡航者的管理，並且實施強化限制從海外歸國的政策。這就是對帶有自律性的海外華人社會擴大之事，懷有警戒心的表現。

## ◆被團團包圍的唐人

相較於南洋方面，清廷對於長崎的狀況，較能獲得具有高度可信賴的情報。正如松浦章所論述的一般，康熙帝在一七〇一年（康熙四十年，日本元祿十四年）派遣內務府司庫——也就是經濟官僚——莫爾森（又稱麥而森），作為密探前往長崎。莫爾森出身包衣世家；[19]「包衣」原意是皇室的家奴，不過經常可以看見飛黃騰達的包衣，以皇帝心腹的身分活躍於蒐集情報的任務上。莫爾森所帶回的情報，其詳細內容不得而知。但是，當時清廷仍對日本抱持著強烈的警戒心；有鑑於和日本相關的情報真偽混雜交錯，莫爾森的使命，便是對這些情報進行確認。從長崎歸朝的莫爾森，表示那些是「假捏虛奉之詞」；他的說法似乎給予康熙帝一種印象，那就是當時的日本「懦弱恭順」，在對外政策上相當消極。據雍正帝說，康熙皇帝因此解除了對日本的戒心，「嗣後遂不以介意」。[20]

關於長崎，正如眾所周知一般，浙江總督李衛透過密探、以及對浙江方面歸國者的詢問，獲得高度精確的情報，並將之向雍正帝逐一進行報告。值得注意的是，據日本帶回來的情報顯示，那些應日方要求，渡航前往長崎的醫生、軍人、知識分子、製造武器的工匠等，在當地從事活動的情況固不用說，就連一般的貿易商人，也被置於嚴格的管理下，幾乎被剝奪了行動的自由：[21]

凡平常貿易之人到彼，皆圈禁城中，週圍又砌高牆，內有房屋，開行甚多，名為土庫，止有總門，重兵把守，不許出外間走得知消息。到時將貨收去，官為發賣，一切飲食妓女，皆其所給。回棹時逐一銷算扣除。交還所換銅觔貨物，押住開行。

（譯：一般的貿易商人到了那個地方，便會被圈禁在城中。城鎮的周圍砌起高牆，內側有家屋，許多商人就在住宿處開起了店鋪〔行〕。這樣的建築稱為「土庫」，只有一扇大門，外有重裝備的士兵守衛，不許隨意出外閒晃、打探消息。抵達之後的貨物也會被收納〔進倉庫〕，由官方代為販賣。所有〔中國商人的〕飲食與妓女，都由〔官方〕供應，在返航時逐一精算扣除，當作付款；至於〔作為代價〕得到的銅料和貨物，則會被押送到商人住處。）

在這裡稱為「官」的，必須是通事和商人中的「乙名」；然而，通事和「乙名」雖是被拔擢為「御用」的城鎮公務員，但不是真正的「官」。因此，「信牌」的發給是掛在唐人通事名下，也就是說，他們具有給予中國商人「信牌」的地位和權限，因此在他們背後，可以隱約見到奉行所的權力。此外，令人深感興味的是，從被嚴格管理的中國商人角度看來，唐人通事的形象，基本上和「官」是相互重疊的。最後，就長崎貿易而言，將貿易對象的中國人、荷蘭人置於隔離狀態的政策，並不是從這個時候才開始；一七〇一年康熙帝的密探莫爾森，應該也有被關進唐人館的經驗。

再者，李衛的長崎情報，應該也是透過貿易商人聽取得來的，其中將唐人館內的建物稱為「土庫」這點，也讓人頗感興趣。所謂「土庫」，原本是指以土石建造起來的倉庫等；這個詞彙藉由福建人的貿易商和移民，逐漸普及於東南亞，不過這裡是轉變為指稱作為貿易據點的商館之意。在張燮《東西洋考》卷三，關於下港（Banten／萬丹）的記述中，有這樣的一段文字：「其貿易，（萬丹）王在城外開設兩個澗（似乎是市場之意），設置店鋪。一到凌晨，人們便前往各個澗進行貿易，至正午結束。王每天徵收稅金。來到萬丹的荷蘭人（紅毛番）所建造的土庫，位在大澗東邊。葡萄牙人（佛郎機人）所建的土庫，位在大澗西邊。這兩種夷人皆是以哈板船，年年往來於此（其貿易，王置二澗城外，設立鋪舍。凌晨，各上澗貿易，至午而罷。王日徵其稅。又有紅毛番來下港者起土庫，在大澗東。佛郎機起土庫，在大澗西。二夷俱哈板船，年年來往）[22]。」

一七八三年（乾隆四十八年）造訪巴達維亞的王大海，在其見聞錄《海島逸誌》中有「在巴達維亞貿易的人，大家都接受土庫的待遇（土庫是巨大的家屋），交易也是遵守巴達維亞的約定（在吧貿易者，皆處以土庫（巨第也），其交關亦遵吧國約束）[23]」。許雲樵《南洋華語俚語辭典》中解說：「在閩南，將『棧』稱之為『土庫』，現在則是指外國人的商品倉庫和商行（閩南稱棧曰土庫，今指外人貨倉及商行）[24]」。

「棧」所指的就是「貨棧」、「行棧」、也就是貿易的經銷批發商；他們為從事商品買賣、不辭千里自遠方而來的客商，提供住宿、買賣仲介、代理等服務。在廣東省東部潮州的商業港口樟林，外洋船隻從事貿易的「洋船棧」，「多數是巨大的建築物，將商場、倉庫、住宅、客舍連為一體，占地一畝（約兩百坪）左右。因為鄰近港口，唯恐漲潮淹水，而採多樓層建築（多數是巨型的建築，每座聯商場、倉庫、住宅、客舍於一體，占地約一畝左右。因鄰近港旁，漲潮內澇，均可為患，故都有樓層）[25]」。即便到了現在，在馬來語系的語言中，toko也廣泛被使用在意指「商店」的語彙上。長崎的貿易商，將唐人館內自己宿泊的家屋稱呼為toko，應該是由於他們認為其與中國的「行」、「棧」具有相同機能的緣故；這也顯示，長崎貿易是擴展到東南亞方面的唐人貿易網絡中的一部分。

## ◆華人的利用與管理

李衛提醒皇帝注意，信牌制度可能會成為日本用來逼迫中國商人、實現種種要求的有力道具：[26]

數年以來設立倭照，挾制客商。始則要求禮物，繼則勒帶人質。遂多干犯禁條，不一而足。（譯：數年來，〔日本〕設立倭照〔信牌〕制度，挾制客商。從要求禮物開始，接著便開始強制要求帶入人員和貨物，結果導致許多違禁狀態出現。）

長崎當局在實施信牌制度的兩年後，開始使用信牌，作為獲取願和日方合作者的利益誘導手段。其第一號，便是廣南船的陳祖觀。陳祖觀在一七一七年（康熙五十六年，日本享保二年）八月七日，未攜帶信牌而來航長崎。他接受日方的要求，答應幫忙確認「四十三名船頭的信牌在寧波被扣押」這一風傳是否屬實，從而領到了日方新發行、於丁酉年（一七一七年）來行的信牌。隨即前往寧波的陳祖觀在九月五日回到長崎，報告「唐國官府已經相當順利地將信牌全數交還給船主們，各船應該會逐一入港」。[27] 攜帶著朝廷歸還信牌的李亦賢的船隻，就在十天後入港；之後，浙江、江蘇方面的船隻接二連三地來航。

不久後在中國國內，一張信牌居然以七千兩至一萬兩程度的高價，成為市場上交易的商品；[28] 並且，開始出現以取得信牌為目的之商人，應日方要求而攜帶醫生等專業人士渡海，前往長崎開業的狀況。「商人貪於倭照（信牌）而展開貿易，一味服從（日本方面的）命令[29]。」這種狀況對清朝的安全保障而言，當然是不能坐視不理之事。；但是，他們又不能以此為理由，選擇從長崎貿易撤退。李衛採用的對策是，從福建、浙江的商人中選定八位商人為「商總」，透過他們實施違禁品與非法渡航的檢查，同時也採取讓複數的「商總」之間，實施相互監視的制度；此制度並非強化官府的直接管理，而是委任給商人們的自律管理，雍正帝也認為「非常恰當且合我心意（甚屬妥協是當）」，表示全面性地贊成。

清廷之所以會採取如此溫和的對策，一方面是已經認知到，透過「信牌」展開利益誘導、打破朝廷禁制的行為已成常態，另一方面無疑也是清廷判斷，這樣做的弊害並不大。畢竟透過詳細的調查情報，清廷也得知，日本在長崎方面並非無秩序地放任違禁品與人員的流出，而是有選擇且抑制性地為之。

日本最恐懼的，是自律管理的海外華人社會在其支配範圍內成長的可能性。然而，在長崎，這種可能性的新芽已被完全地摘除。被圈禁在唐人館內的中國商人，就連糧食和妓女的供給都必須仰賴通事，在交易結束後也被要求要迅速地回國。在長崎與日本女性之間生育的小孩，也不被允許帶回中國。[30]未攜帶信牌的船隻會被命令立即回國，要是有打算在長崎以外地方卸貨的商船，將會遭受毫不留情的火力攻擊。[31]日本實現了如此嚴格的貿易管理制度的訊息，經由親身體驗的商人和歸國者，以及康熙帝和李衛派去的間諜，雖然陳述有點扭曲和誇張，但依然確實地傳達到中國當局者的耳中。這些關於長崎的情報，相較於主要由福建、廣東方面傳來、以爪哇為首之南洋港市華人社會的狀況，呈現極端明顯的對比。對於漢人反抗始終無法放下心的清廷，在「東洋」（日本）與「南洋」之間，看到了安全與危險的分水嶺。這便是為何誕生於華夷夾縫間的商業勢力動態，會成為清廷關注的焦點。

# 小結

自十七世紀初葉起，至一六八三年（康熙二十二年）臺灣鄭氏歸順為止，可以視為明清交替的動亂期。這場動亂，是位在十六世紀中葉起，日趨顯著的商業—軍事集團之活躍與抗爭的延長線上（請參照本書第三章）。在海上的邊境，葡萄牙、荷蘭的勢力也參與其中。日本在一六三〇年代選擇「鎖國」的海禁政策，試圖脫離危險地帶。所謂「倭寇狀況」[32]的重要演員之一，就這樣從舞台前消失了。

然而，光是高舉「八幡」旗的日本船消失在東海上，並不足以導出日本「懦弱恭順」的評價。「鎖國」的貿易管理，因為信牌制度的引進而變得益發嚴格，九州、山口各藩，不管走私也好、漂流船也好，都不敢採取和中國人有私通之嫌的行為。[33]在長崎有「高牆環繞」、「重兵戒備」的唐人館，等待渡海而來的商人。在如此的狀況下，過去在博多、平戶、五島出現的華夷混合社會，其所發展起來的新芽，也被完全地摘除。從中國的角度看來，「真倭」逐漸絕跡於東海，加上身為「倭寇」頭目的中國商人，其容身之處被日本一掃而空，或許正是清廷能夠對「懦弱恭順」的日本感到安心的理由吧！

儘管如此，相對地呂宋和爪哇，則是繼續提供給中國人自由活動的場所。這些地區恐怕會成為第二個五島或臺灣，不能再繼續放任下去；康熙帝心中會挑起這樣的危機意識，也是理所當然。但是，呂宋和爪哇華人社會的成長，並未隨著海禁的實施而受到抑制。克服了動亂的清朝，於一六八四年（康熙二十三年）以降，轉而採取擴大互市的政策，結果促使了這種海外社會成長；要迴避正在成型的危機再次出現，有效的手段絕非海禁，而是將「官」、「民」、「夷」各自獲得利益的和平互市制度維持下去。[34]

公布放棄「南洋海禁」的一七二七年（雍正五年），應該可以當成再次確認這一點、值得記憶的一年吧！而在「海舶互市的新例」下，於長崎實現的和平互市各項制度，其情報傳達到北京，毫無疑問也促成了這種再次確認。

# 終章

# 互市當中的自由與隔離

# 緒論

本書的主旨是要闡明，中國近世的朝貢、海禁、互市這些關於通商外交的制度，究竟有著何種關係，又經歷了何種歷史變遷。這三者時而拮抗，時而協調；在複雜糾纏的同時，也讓國與國之間的關係，以及通商的形式產生變化。這些制度是受到皇帝與君王的權力意志、官僚們的盤算、以及民眾的慾望驅動而產生變化。

朝貢、海禁、互市的基礎雖然是天朝理念，但是相對於抗拒變化的抽象理念，現實中的制度則會因各時期的利害關係而產生動搖，從而造成變化。在迄今為止的各個章節中，筆者致力於找出隱藏在制度形成或動搖背後的種種動因。在總結本書、彙整至此考察結果的同時，筆者希望針對在本論敘述中，因為著重於個別事態，所以未能深入檢討的一些問題，做出些許說明。

中國的互市制度，是在試圖打破壟斷貿易的從事商業者之反抗、作為貿易通貨的銀流通之擴大，以及西洋各國冒險商人藉著武力擴張商圈等要素，相互作用之中形成的。而在世界早一步走向一體化的十九世紀以降，當它直面透過國際社會（family of nations）的形成、以及奪取殖民地競爭發展起來的世界貿易時，東亞的互市架構也只能被迫走上堪稱「自我否定」的轉變。在面對依循自由理念的商業活動，與國際條約框架之近代貿易制度，自十八世紀起至十九世紀上半葉為止，中國的互市究竟是如何成為其對立標的、又同時成為其擴大的基礎？關於這個問題，身處「此時此刻」這個時間點的筆者，要說明一下自己的看法。

萬國來朝圖，十八世紀乾隆年間作品。描述了宮廷舉行慶典、各朝貢國使節（集中於本圖右下角）前來祝賀的場景。

# 一、朝貢、海禁、互市的相互糾結

在本書的第一章中，透過檢討明朝創立者朱元璋時代的外交政策，探究帝國的對外往來關係經過元明的時代交替，展現出何種特質。藉由武力取得皇帝地位的朱元璋，為了向內外宣明自己是因為天命從元轉移到明才獲得地位，以及證明自己作為天子的正統性，因此要求臣服的蕃夷各國君王，演出絡繹不絕的來朝景象。

明朝的對外禮制雖是承襲唐代的《開元禮》，卻突然向關係未定的各國送出詔書，以君臨天下之姿，將周邊各國君王當成臣下對待。相較於唐代更為高壓的姿態，是明代外交的特徵。各國君主成為理所當然要向中國「稱臣入貢」的存在，倘若（各國）對朝貢有所猶豫，明朝也不惜讓告知建國的使者進行武力威嚇。

不只如此，洪武帝還創立了特殊的禮制，由皇帝親自主祭朝貢各國的山川。這項祭祀，是基於天子的支配「無外」，也就是沒有不分國內外、普及天下的理念。相較於蒙古帝國，明朝放棄以武威來實現天下的混同，轉而運用禮制顯現霸權普及周邊的天朝，是其創建時期的政策目標。

然而，像這樣將天朝理念與皇家儀式強加在蕃夷各國身上的同時，明朝也不得不使用附隨朝貢之交換等讓利的手段，亦即「懷柔遠夷」的策略。再者，中國為想像「稱臣入貢」而演出的冊封、朝貢儀式，也可能被對方國家解釋成會盟的締結，或是對等的外交關係。這種透過實利進行懷柔、以及非對稱的解釋機制，支撐起了中國的朝貢體系。

因此，明朝在建國初期，雖然在禮儀場合上試圖演出天子的正統性與天下的混同，但其對外關係的特徵，則是將朝貢與貿易一元化，並且壓抑國內外民間商人的跨國貿易。這是筆者在第二章中，追尋朝貢貿易一元化體制的成形過程，進而提出的新歷史解釋。

明朝自建國初期開始，作為國境管理與安全保障的策略，實施了一連串關於海禁、邊禁的法令。但是，不該將這種政策，視為以維持自然經濟和壓抑商業為目標。將所有權力集中在皇帝手中的專政式集權、以及基於儒教理念之階層禮制秩序的追求，確實是讓朝貢與貿易密不可分的「朝貢—海禁體制」之背景，但這種制度其實是受到國內外的利害形勢所牽動，在不斷變動的過程中形成的。明朝的海禁，是為了對應當時東亞地區的國際關係現實，而作為對策；接著明朝更進一步衡量貿易壟斷與自由開放的利害，結果遂形成了朝貢與貿易一元化、將國內外民間商人從貿易中排除的特異體制。

明朝衡量的結果，決定除了由朝貢國國王派遣使節展開的貿易以外，禁止一切民間商人進行貿易；這種政策成為政府投入實力追求的目標，是一三八四年（洪武十七年）增強沿海地區之海防以後的事。只有藉由在廣大的沿海配備戰船，增強衛所的兵力，才能夠讓「下海通番」的禁令產生實際的效力。

這種海防強化與嚴格的貿易管控，目的是針對除了拒絕「稱臣入貢」、還揚言不惜一戰、擺出一副挑釁態度的日本國，進行防備與經濟制裁。雖然在建文、永樂的政權交替期，足利義滿以「日本國王」的身分向皇帝表明臣服。但是，就算明朝已經確立了東亞地區的霸權地位，永樂帝還是沒有解除海禁，而是展開了由宦官率領船團的貿易活動；再者，永樂帝更派遣宦官為提督市舶太監，使之在各地市舶司從事抽分與博買的事務。

就這樣，在中國由朝廷壟斷貿易，在周邊諸國則是由向皇帝表明臣服意志的各地政權，壟斷與中國的往來關係，從而形成了雙向的貿易壟斷關係。在內陸邊關方面，以歸順後成為「羈縻衛」的各勢力為對象，開設「馬市」、「茶市」等，也是出現在永樂初期。即使如此，民間商人和不願意臣服於皇帝的「野人」、「野番」，同敵對的蒙古一起，被排除在官營貿易之外。

基於政治協約而實現的雙向貿易壟斷，雖然是明代朝貢一元體制的特質，但對不願屈服的日本實施海防強化與制裁手段，則是促成皇帝與表明臣服的外國國王之間，基於政治協約達成雙向貿易壟斷的重要變因。然而，貿易壟斷並非明朝所創始，從宋代初期至蒙古統治期間，早就已經出現由市舶司所管理的民間自由貿易，與藉由權力行使來壟斷貿易之間，兩者相互拉鋸的狀況。藉由朝貢一元來粉飾的貿易壟斷，也可以在此歷史脈絡下找到定位。

十三世紀下半葉，蒙古的統治廣及南宋領土後，行省官僚與朝廷相關的有力人士，為了追求貿易的利益，而推動了排除民間商人的政策。廣泛開放市舶司管理的貿易，追求增加政府財政收入的政策，與藉由壟斷以將競爭者排除在外，進而追求個別利益的行為，這兩者相剋的狀況，從這時期起便已出現。接著到了十五世紀初葉，皇帝的專制權力在獲得強化之後，出現朝廷在貿易場域中配置宦官，壟斷利益，將民間商人完全排除在外的態勢。透過上述的認知，便能將明朝特有的朝貢一元體制，定位到「參與貿易的自由和壟斷」這個長期的歷史進程當中。

但是，民間商人在中國貿易中失去了自主活動的場域，引發了多方面的齟齬和摩擦，最終導致朝貢一元體制的瓦解。在第三章中，筆者以十六世紀中葉至十七世紀上半葉，在中國邊境社會出現的「華人入夷狄」現象以及商業熱潮的高漲趨勢為背景，探究明朝朝貢一元體制在變質與解體過程中的另一面向。

明朝在從西北的長城線至遼東的邊牆地帶，配置了關卡與營壘，在從山東至廣東的海岸線上，則設置了以「備倭」為名目的衛所、水師營，試圖藉由這些方式斷絕邊境的往來。這既是防衛戰力的配備，也是阻止內外商人從事走私貿易的必要措施。

多重的防備不僅增加了財政上的負擔，隨著軍備和定期巡視的鬆懈，要防止走私橫行，也變得益發困難。另一方面，支撐著朝貢與羈縻衛制度的勘合和敕書，逐漸變成實質上的貿易許可證而物權化，對它的爭奪與壟斷，也成了騷亂的要因。十六世紀的「北虜南倭」動亂，就是起因於陸海邊境上華夷混合的商業─軍事集團的活動，與嘉靖時期朝廷僵化的對抗策略之間所產生的摩擦。

明朝雖然在遼東分割出兀良哈三衛與女真諸衛，使其服從臣屬，但是在任命羈縻衛頭目之際所交付的敕書，也逐漸具備在關口參與互市的貿易許可證性質。十六世紀中葉以後，海西女真（扈倫）的哈達和葉赫保有大量的敕書，壟斷了開原的貿易，以「商業資本家」之姿而繁榮發展。在建州方面，努爾哈赤的勢力，也隨著撫順與清河的互市利益提升而不斷成長。明朝雖然打算籠絡哈達和葉赫，使之與努爾哈赤敵對，但是努爾哈赤併吞了兩者，展現出擴張商圈和支配地區之勢後，明朝便強化了對努爾哈赤的牽制與攻擊。努爾哈赤的政權，從商業—軍事集團開始發展，形成了跨越種族之邊境人民的政治集團。

一六一六年（萬曆四十四年），努爾哈赤自稱金國汗，對明朝擺出反抗的姿態，其支配範圍在遼東的明朝領域中持續擴大。明朝雖然以討滅後金為目標，投入了大量的兵力與資金，但還是無法阻擋後金的勢力從遼東擴大至朝鮮和內蒙古地區。不僅如此，他們也無法遏阻清軍越過長城線、侵略中國本土。明朝的滅亡，雖是李自成所率領的農民叛軍攻陷北京所致，但其衰亡的要因，是長期與清的抗爭消耗國力；至於更遠的遠因，則可從跨越種族的商業—軍事集團勢力的興起過程中來尋求。這些勢力以明的朝貢一元貿易制度為基礎而成長，不久後也導致它的解體。

在第四章，則是究明儘管被朝貢一元制度的框架所制約，實際上仍然產生突破之互市制度的形成過程。對於朝貢船隊的附搭貨物，藉由作為進口貨物稅的「抽分」，以及用支付代價方式加以收購的「博買」，建立市舶司掌控全局的政策原則。這是透過提督市舶太監的派遣，由朝廷壟斷貿易的架構一部分。

自十六世紀初葉起，在廣州出現了實現課稅貿易的動向，也就是承認完成抽分後剩餘的貨物，可以在市場上自由買賣之事。這是由廣東省當局主導並加以掌管，有別於市舶司管理下朝貢貿易的另類管道。然而，由於在法律的正當性上無法獲得保證，在作為制度而確立的過程中，顯得相當迂迴曲折。

沿岸走私貿易的擴大、葡萄牙船隻的貿易活動、因為白銀增產而擴大的日本貿易，這些趨勢成為了跨越朝貢一元貿易制度的動力。一五三〇年（嘉靖九年）朝貢船經過抽分後的附搭貨物獲得公認，可以在市場買賣。以此為橋頭堡，對於非朝貢船、也就是民間外國商船的貿易，不經市舶司而是由廣州官府課稅的做法，也獲得了實現。如此一來，在廣州，由外國民間商人所進行的貿易活動，事實上獲得了官方的承認。過往曾經因為武力衝突被驅逐出廣東，改以福建與浙江島嶼為據點進行走私貿易的葡萄牙船，也在一五五〇年代重回廣州，開始在這種架構下展開貿易活動。

在廣州官方准許各國民間商船的貿易之後，緊接著一五六七年（隆慶元年）在福建的漳州，也實現了承認向出海貿易的中國商人課稅之事。就在這樣的來龍去脈下，由朝貢使節團和市舶司間展開壟斷貿易的朝貢一元制度，逐漸變為自由參與、讓擴大貿易成為可能的互市制度。

本書第五章闡明，相較於將朝貢和貿易一元化的明朝，清朝轉而將禮儀與貿易分離，甚至傾向可以在皇帝與各國君王沒有任何關係的情況下，透過民間商人相互的經濟行為，自行完成貿易。

一六四四年的明清交替，以及緊接著的鄭氏抗清與三藩之亂，為中國與周遭各國的「華夷」關係，帶來了明代所沒有的變因。清朝對透過冊封朝貢向明表達臣服的各國，雖然繼續要求國王印的交換與朝貢，但是對於擴大朝貢關係，則是採取消極的態度。因為，康熙帝認識到朝貢這種盛事不只會導致禮儀上的摩擦齟齬，恐怕還會引起衝突和紛爭。就這樣，清朝方面的想法轉變為「君主間本該實施的皇家禮儀並無必要，單純進行貿易，反而更讓人來得樂見」。

對於應當警戒的對象——西洋各國與日本，清朝的政策目標是，在邊境的互市只以商人間的經濟行為來完成，至於王權與代表王權的官吏之間的接觸，則要極力迴避。至於其他的各國，則也讓他們自由地參與互市。他們清楚地認識到，禁絕民間貿易與透過權力壟斷，必然伴隨著危害，且在經濟上也很不合理。

即便是在如此的對外關係下，也有與外國進行意見溝通，或是在發生問題時透過交涉找出共識的必要。然而，即便沒有派遣使節，也沒有派駐在外的全權代表，透過往來於兩國間的商人傳達情報，政權間的意見溝通也可以在不甚困難的情況下獲得實現。要是就各自背負著君主權威與國格的使節及文件進行交流，則在交涉開始以前，就有可能在禮儀方面，發生彼此互不相讓的爭執。但若是只有商人間交易關係的「互市諸國」，就可以避免這樣的事態。

一七一五年（康熙五十四年，日本正德五年）日本幕府實施「海舶互市新例」（正德新令），基於這項制度，圍繞著「信牌」發行與貿易限制的糾紛，便是藉由日清兩國所進行、可以稱之為「沉默外交」的方式獲得解決。另外，一七四〇年（乾隆五年）在荷蘭統治下的巴達維亞（雅加達）發生大量屠殺華人居民時，有關荷蘭當局善後處理的情報，也是透過中國商人帶回國內，從而在不構成外交上風波的情況下獲得處理。

在第六章中，筆者檢討了晚年的康熙帝在一七一七年（康熙五十六年）發布的「南洋海禁」之動機及其效力，以及直到撤回禁令的過程。自十七世紀起，以西班牙統治下的馬尼拉與荷蘭統治下的巴達維亞為首，干犯禁令渡海前往這些貿易據點居留的華人日益增加。這種趨勢也因為清朝解除海禁的影響，而受到更進一步的助長。朝廷與地方的大官們，認為伴隨貿易自由化帶來的海外居留華人數目增加，將會為新時代播下危機的種子，因此深表警戒。

在明代，日本直到最後都被列在海禁的對象國當中，對日貿易始終不曾獲得公認。到了清代，在海禁解除後，朝廷透過商人和間諜的報告，得知過去曾被列入最高警戒等級的日本，將來航華人都被圈禁在長崎的「唐人館」，不許長期逗留；就算幕府從中國招攬有專業技能的華人，也不至於對中國帶來太大的危害。結果，日本遂被排除在「南洋海禁」的對象範圍之外。換句話說，這種一邊隔離、一邊進行貿易的互市，作為實現擴大貿易和安全保障兩者兼顧的手段，是受到肯定的。

相反地，在過去並未造成中國威脅的「南洋」各地區，擁有海軍力量且長於技術的西洋各國殖民據點及其周邊區域，由於允許居留華人自由活動，因此從內地吸引了許多福建人和廣東人，渡海前往當地定居。這樣的趨勢，促使清朝發布了史上最後一次的海禁命令。

在「南洋海禁」實施的過程中，是採取禁止長期停留在中國官權鞭長莫及的海外，以及促使違法移居者歸國的措施。但是，隨著出海與貿易的自由獲得承認，東南亞各地區與中國之間的連繫日益加深，因此「南洋海禁」幾乎無法發揮實際上的效用。在地區間的經濟關係不斷擴大的全球趨勢中，清朝也只能走回對應這股趨勢的既定路線，那就是貫徹透過互市制度來管理的通商。中國史上最後的海禁命令於一七二七年（雍正五年）解除，這代表清廷最後還是認可了這條路線吧！

以上揭示了筆者所得出，關於朝貢、海禁、互市發展的歷史解釋。當然，史實是允許各式各樣解釋的，因此關於本書的假設——也就是朝貢、海禁、互市三者在相互作用的推移過程中，讓雙向壟斷貿易的朝貢一元體制，逐漸朝向以自由參與為基調的互市制度發展——是否妥當，有必要再做反覆的檢討。對於使用的資料與列舉的事態，筆者的理解可能也有所不足，甚或存在著誤解之處。關於這些部分，還懇請各位讀者不吝批判指教，這也是筆者撰述本書的意圖。

另外，本書並非是網羅近世中國外交通商史上所有重要史事的通史性書籍，只不過是筆者拾起自己感興趣、並且是理解歷史變化不可或缺的關鍵問題，對此加以考察罷了。還有很多應當參照的資料與應當分析的問題，依舊殘留未曾處理。

最後作為本書敘述的補充，筆者想提出關於幾個問題的思考，同時也就十九世紀中葉以前，在以中國為中心的東亞通商外交框架中，究竟可以看出怎樣的特質，提出筆者自己的看法。

## 二、壟斷與自由

回顧宋代以降的中國跨國貿易發展，可以看見其中普遍存在「壟斷」與「自由」所構成的對立軸線。東亞在迎來近世之後，對海外物資的需求以及商業貿易所孕生出的巨大利益，讓權力者們追求藉由排除競爭者來讓自身利益最大化，或者是尋求能夠簡單且迅速擴大財政收入的各種方法。

正如在本書第二章所指出的，五代十國時期統治廣東的南漢朝廷，創始了派遣宦官前往南洋貿易的行動；九八七年（雍熙四年），宋太宗仿效南漢，派遣宦官率領貿易船團，分別往四個方向航行。當時事先採取了「禁海之賈」的措施；排除民間貿易商人，追求利益壟斷與最大化的措施，在這裡首度登場。

只要擁有管制商業活動的權力，壟斷供給就是經濟政策的選項之一；自漢武帝時代的鹽鐵專賣以來，這樣的狀況一直不曾改變。在唐宋交替期間，海外貿易作為朝廷壟斷對象浮上檯面一事，顯示出東亞貿易的擴大，在這時期達到了一個劃時代的轉變。

但相對來說，政府與官僚仗勢欺人的壟斷行徑，就長遠的眼光來看，在投資效率方面並不理想。而且，壟斷也會引發與之對抗的非正規經濟活動。為了維持壟斷的優勢，在禁止走私貿易上必須投入經費與人力。這些投入的負擔會對財政造成壓迫，最後終將轉嫁到社會上。再說，像是海外貿易這類的商業活動壟斷，儘管和壟斷相關的人員可以分配到利益，但政府和朝廷應當獲得的公家收入，卻有減少之虞。

宋太宗對宦官貿易船團的派遣，似乎只嘗試一次就宣告終結。此後宋朝在密州（山東半島）、杭州、明州（寧波）、泉州、廣州等地設置市舶司，正式承認由內外民間商人的貿易活動。其意圖是要透過對進口商品的抽解與博買（實質上是「和買」）取得物資，以及透過販賣這些物資，讓國庫和地方官府獲得利益。此外，為了防止走私貿易，有必要實施可以讓貿易商人保有充分利潤的課稅制度。

說起來，由官府和朝廷準備船隻與貨物，又或是投資貿易船，在成功時的利益十分豐潤；但這樣做，也必須擔負因海難與掠奪而導致投資毀損的風險。再說，在渡航目的地進行的交易，也不一定會順利地進行。相對地，若是內外民間商人的船隻裝載貨物，來航到市舶司的所在地，那麼貿易就算成功。因此，在那個時點課稅，將利潤分配給公權力與投資者的行為，也就有了名分。不只如此，因為海難或是掠奪而導致貿易失敗的風險是由商人承擔，所以官府不會有任何損失。因此，宋朝早早放棄官營的壟斷貿易，讓市舶司管理貿易和課稅等事務，就是基於這種利害關係的衡量上所做出的決定。

儘管如此，海外貿易的利益愈大，就算冒著風險也想投資的誘惑就愈強大。為了追求自己利潤的極大化，擁有權力的有力人士很可能會排除競爭對手，或是藉由特權來迴避市舶司的抽解。在蒙古統治時期的前半期，因為這些行為，「市舶司的勾當壞了」之事態反覆出現。這件事可以在第二章引用《元史》食貨志的記錄、《元典章》所留下「市舶則法二十三條」的前文，以及置於各條項下，中書省的「議得」中窺見一斑。

蒙古的朝廷雖是為了管理斡脫商人的投資，而設置了泉府司和行泉府司，但也牽涉到了市舶司的事務範圍。一二九三年（至元三十年）「市舶則法二十三條」以及一三一四年（延祐元年）的「市舶法則二十二條」的公布，其意圖是要將市舶司的工作導回南宋時代的舊有軌道之上。然而，就算是獲得皇帝裁可的法例，也難以抑止壟斷的種種誘惑。

元代下半葉，找不到顯示斡脫及政府有力官僚進行壟斷的資料；由此看來，認可民間的貿易活動，並由市舶司採取抽分和博買，以獲得財政資源的制度，似乎已經穩定施行。官方承認國內外民間商人的自由貿易，不是由官府出資，而是透過抽分和博買來獲得進口的物資。我們可以說，此種由市舶司管理的貿易制度，和追求個別利益擴大而行使權力，在壟斷方式下送出貿易船的方法，兩者相互拉鋸爭奪的狀況，在蒙古統治期間就已出現。

在明初建國時期，透過國家權力實施的壟斷貿易已然屏息待發；洪武時期的「下海通番」禁令，雖然是專門為了治安對策以及制裁日本而發動，不過在永樂帝的朝廷，隨著由宦官率領的貿易活動展開，海禁的性質也搖身一變，成為實現壟斷貿易的手段。不只是直屬於皇帝的宦官率領船團出海，皇帝也把提督市舶太監派往各地，擔任市舶司的長官。對朝貢船隻的抽分和博買，不是中央或地方政府，而是朝廷收入增長的泉源。壟斷的手段以及其擴張，堪稱是空前絕後的狀況。在蒙古統治時期出現的大大小小貿易壟斷，最後發展成為由皇帝親自指揮宦官，企圖獨占利益的形態。

在宋代實現的貿易自由參與，為何會往這種朝廷壟斷的方向發展呢？雖然筆者沒有備妥足夠充分的論證來回答這個問題，但是伴隨著皇帝專權的強化，立基於政策妥當性、以及長期利害衡量的議論隨之衰退，應該也是要因之一吧。

在五代十國的分裂時期，因為各國處於競爭狀態下，所以國家會動員起來推行各式各樣的政策，以求國力的強化。例如江南的吳越，除了在圍田和圩田的開發，以及水利設施的整飭上相當積極之外，對於貿易的振興也非常主動。在宋實現統一之後，如此的風潮並未消失，關於經濟政策，有著創新的嘗試和活力充沛的議論。王安石新法的管制性經濟財政政策，就是在這種態勢的延長上出爐，而反對新法的官僚，其言論也是極為熱烈。朝野圍繞著經濟政策，爭相展開自由開闊的議論，此種狀況就是出現在這個時代。針對事態進行充分的實踐與議論，就利害得失進行深思熟慮，最後把政策落到理應成就的利害均衡點上。

在有關市舶司管理的貿易制度上，宋代也會鑑於抽分和博買的負擔過大，導致貿易船隻不再前來等現實，進行抽分比例的調整和博買的限制（請參照寶慶《四明志》卷六，郡志六．敘賦下，市舶的記錄等）。其中可以看出考量民間商人的收益與官府收入雙方立場，試圖做出最合適解決策略的理性經濟思維。

到了明代，如同洪武帝的《大誥》中可以看見的，是採取由上而下單方面強迫施行善政，以及恐怖政治為統治手段；在經過數度冤獄所展開的大量肅清，以及永樂帝對建文朝忠臣的屠殺，而讓皇帝專權更進一步強化。里甲制、賦役黃冊的製作、創立賦役相關制度、透過宦官統治市舶司……在這些新制度創設之際，官僚們圍繞政策展開議論的狀況始終不曾重現；感覺起來，就只有朝廷的治績不斷積累而已。

關於若是禁止民間貿易，走私貿易將會橫行這種當然的因果問題，直到本書第四章所介紹的丘濬《大學衍義補》從正面表示反對海禁政策為止，完全沒人把這個問題搬上檯面來討論，而丘濬的反對論點也沒有引起迴響的痕跡。雖然要窺探當時官僚的意識很難，但在握有生殺予奪大權的皇帝自當乾綱獨斷的理念壓迫下，避免從正面議論政策的適當與否，也算是一種處世智慧。正是因為如此的言論環境，才會讓「把民間貿易商人排除在貿易外」這種打從一開始就不合理的政策延續下去吧！有關海禁與互市的政策議論在朝野間高漲，必須要等到「北虜南倭」將明朝的統治逼到危殆之境的時候了。

到了清代，前朝政策引起的騷亂，早已作為歷史經驗被記憶下來。一六八四年（康熙二十三年），廢除了當初為封鎖鄭氏海上勢力而頒布的遷海令。為了實施遷海令的撤廢，朝廷特別派遣石柱*到福建以及廣東。為了回朝覆命而入宮的石柱，與康熙皇帝就海上貿易的解禁進行議論，

* 譯注：指席柱，清朝康熙時期的滿人官員，曾任工部尚書。史料有時誤稱為「石柱」。

此事被記錄在《康熙起居注》之中。[1]

康熙皇帝詰問：「人民樂於居住在沿海，就是因為在海上可以貿易也可以捕魚。你們明知道這些事情，為何至今都不檢討開放許可呢？」石柱回答：「關於海上貿易，自從明末以來就沒有解禁過。因此才沒有檢討開放許可。」關於臺灣等近期獲得的土地，石柱提議應該可以等一、二年後再開放貿易許可。康熙皇帝表示：「邊疆的長官們應該將國計民生放在心上。即使先前嚴格執行海禁，但並沒有辦法阻絕走私貿易者。凡是提議不允許海上貿易的，皆是總督巡撫，其意圖則皆是為了自己獲利。」（奉差福建廣東展界內閣學士席柱復命。奏曰，……上曰，「百姓樂於沿海居住，原因海上可以貿易捕魚。爾等明知其故，前此何不議准行」。席柱奏曰，「海上貿易，自明季以來原未曾開。故議不准行」。上曰，……席柱奏曰，「據彼處總督巡撫云，臺灣、金門、廈門等處，雖設官兵防守，但係新得之地，應俟一二年後，相其機宜，然後再開」。上曰，「邊疆大臣當以國計民生為念。向雖嚴海禁，其私自貿易者何嘗斷絕。凡議海上貿易不行者，皆總督巡撫，自圖射利故也」）。

康熙皇帝譴責，主張繼續海禁的人，是意圖從排除競爭者的官營貿易終獲利，要不然就是想從走私貿易者那裏獲得好處、中飽私囊。他清楚認知到，海禁與貿易壟斷是表裡一體的關係。若是將海洋開放給人民，作為自由經濟活動的場域來利用的話，不只可以安定沿海社會的生計，還可期待增加稅賦的收入。清朝解除海禁及開放出海貿易，是基於歷史經驗，認定海禁會為特權者擴展壟斷的機會、反而會對社會徒增騷擾，從而實施的政策。

# 三、互市所見的自由

十九世紀中葉，「自由貿易」的擴大為東亞的國際關係帶來了變化。然而，幾乎沒有論者會主張，東亞的貿易自由，完全是因為西洋商業勢力的踏足所致。因此，若把朝貢貿易體系（tribute system）設定為自由貿易、也就是近代經濟體系的對立物；更進一步說，若把以中國帝國為中心、在東亞世界建構起有秩序經濟關係的基軸視為朝貢貿易體系，且將之認定為近代自由貿易的對立物，那麼便不得不說，條約體系（treaty system）乃是首次為東亞帶來「自由貿易」的契機。朝貢貿易，是和禮儀上表明臣服皇帝的蕃夷王權締結君臣關係協約時，獲得認可的附隨產物，所以和自由貿易在原理上是對立的。

在明代，藉由將朝貢制度與禁止民間貿易加以一體化，將壟斷雙向貿易化作「祖宗之法」，成為綑綁貿易制度的限制。在這種貿易當中，完全沒有任何自由的要素。曼考爾的朝貢體系論，是基於「清朝所有貿易也都是以獻納貢物為前提」的邏輯操作來立論，但若是站在這種堪稱「泛朝貢論」或是「通時性朝貢體系論」的觀點來看，貿易從朝貢關係中解放出來、獲得自由，必須等到一八四二年（道光二十二年）的《南京條約》才行。

正如第四章所論一般，十六世紀中葉，在廣州對於各國的民間商船，已經實現了不經市舶司、而是由地方當局課稅的貿易。這雖是以廣州為東南亞各國的入貢地點為基礎，但不問貢期、表文和勘合的有無，各國民間貿易船的來航都能獲得認可。換言之，對中國貿易的參與自由，已經背離了「祖宗之法」的原則，在廣州獲得了實質上的承認。

葡萄牙勢力停止以福建和浙江沿岸島嶼為據點的走私貿易，南下參與廣州的貿易，之後更被准許在澳門居住，這一連串的發展，全都是因為在廣州有參與貿易的自由，而非成為朝貢國之故。而且，他們也不是因為皇帝的恩典才被准許定居。期盼擴張貿易的廣東當局，判斷給予葡萄牙事實上的貿易據點，將有助於貿易的擴大和安定，所以才會將澳門這一塊偏遠的土地，以契約的方式租借給葡萄牙。這是與朝貢完全沒有任何關係的經濟政策。

接著在一五六七年（隆慶元年），於福建省漳州實施了向中國商船課稅，從而認可其出海貿易的制度。漳州並未設置市舶司，至一五四八年（嘉靖二十七年）爆發倭寇問題為止，這裡是作為走私貿易的據點而繁榮發展。在漳州實現的是，公開承認中國商人與投資家的走私貿易，並向他們課稅來作為福建財政資源的措施。此外，掌管貿易許可以及徵稅的機關與廣州相同，是由地方當局負責。這雖然也是違背「祖宗之法」——海禁的措施，但是因為限定了適用地區，所以原則上是可以跟海禁並存的。在漳州，出現了為中國商人參與海外貿易之自由進行擔保的互市。

在浙江的寧波、舟山方面，則是有另一種嘗試，那就是設法讓倭寇的大頭目王直歸順，在他的控管下讓日本重新朝貢；從而以這種偽裝朝貢為障眼法，開闢出日明之間民間貿易的路徑。這是鎮壓倭寇的負責人胡宗憲，以及他帳下的鄭若曾等人，透過與王直的合作，參照在廣州實現的互市制度「廣東事例」，所進行的規劃。然而，此事卻因為王直遭到處死而中途頓挫，這點在第四章已有詳述。

如此一來，在浙江便形成了既沒有朝貢貿易，也沒有受官方承認互市的狀況，但是與日本的「通番」，卻彌補了互市的缺席。[2]自萬曆年間起，「通番」便專門用來指稱與日本的走私貿易。即便漳州的出海貿易受到公認，但因為與日本和琉球的貿易被禁止，所以和日本間的「通番」，無疑是違法的行為。但是，浙江與南直隸的官府無法有效禁止這種行為，甚至幾乎是放任為之。其背後不難想像，存在著當局的默認以及回扣的利益分配。當演變成這種狀況後，海禁的王法可說是蕩然無存，而既無規範也無課稅、自由的對日貿易遂得以實現。

另一方面，由於明朝的水師十分認真阻止日本船隻靠近沿岸，因此連接浙江洋面各島嶼與五島、平戶的自由貿易，是屬於單向通行的狀態。在漳州，出海貿易雖然獲得公認，但是並未預定要接受外國商船並進行課稅；在廣州，中國商船的海外貿易則是未被允許（但是到了十七世紀，中國商人開始經由澳門出海貿易）。之所以會誕生出如此扭曲的狀態，一方面是為了面對現實被迫做出的適應，另一方面則是明朝政權將朝貢與貿易一元化，無法拋棄維持海禁的法令原則之故。

即便是在長城線上，也可以看見實質上脫離朝貢、轉往互市的趨勢。一六一二年（萬曆四十年），負責接待朝貢使節的會同館提督（任命一名禮部主事擔任），揭露從遼東前來的兀良哈三衛與女真諸衛的朝貢使節，「大半是中國強橫的亡命之徒，代替拿著敕書前來」；耗費國家經費實現的朝貢，竟然反而招致危險的結果，因此他提出建言，表示應該要仿效「北虜事例」，在關口處展開互市（《明神宗實錄》萬曆四十年五月壬寅之條）。

一五七一年（隆慶五年）因為俺答汗封貢而確立的「北虜事例」，正如第三章所闡述，原本是仿效「開原、廣寧的互市規範」，也就是遼東方面的互市規則。然而，兩者之間存在著很大的相異之處，那就是遼東的兀良哈三衛與女真諸衛都到北京朝貢，但在順義王統率下的右翼蒙古，即便俺答汗受到冊封，旗下的頭目們被授與武官的職務，卻不允許他們前往北京朝貢（表文和貢物是在邊境的關口處交給明朝）。像這樣不伴隨實質性朝貢，僅保持形式上關係，在邊境關口展開互市的「北虜事例」，雙方都認知到這是安全又有利的做法；正因如此，在明朝當局者當中，也出現了認為應該反過來讓兀良哈三衛與女真諸衛，不採實質朝貢而在邊境展開互市的想法。

隨著明朝滅亡與清朝統治的實現，洪武帝和永樂帝立下的朝貢一元與海禁體制，照理說應該會面臨遭放棄的命運才對。然而，以福建的廈門島和金門島（浯嶼）乃至臺灣為據點的鄭氏反清活動，卻帶來了進一步強化海禁的遷海令。

鄭氏的海上勢力，是藉由「國姓爺船」在日本與東南亞各地區間的往來而得以維持。說到底，以鄭芝龍為鼻祖的鄭氏，有時是商人、有時是走私業者兼海盜、有時是接受明朝招撫的福建水師，有時又成為南明政權的後盾；但無論如何，支持它的都是作為商業—軍事集團的自由貿易活動。

清朝發動封鎖海上的遷海令，是打算徹底封死鄭氏勢力的貿易自由。明的朝貢一元體制是對國際商業的壓抑策略，但為了阻撓鄭氏麾下商業—軍事集團的自由貿易，清朝選擇讓這樣的制度重新復甦。清朝的海禁，包含後來的「南洋海禁」在內，雖然都沒有壟斷貿易的意圖，但如同剛才介紹的康熙帝理解中所見一般，實際上海禁和權力者的壟斷，還是互為表裡。

無論是葡萄牙，還是接踵前來加入中國貿易的荷蘭東印度公司，皆是商業—軍事集團。荷蘭想要利用澳門，被葡萄牙拒絕之後，便想要以武力來奪取該都市。因為葡萄牙的堅守，荷蘭攻擊失敗，於是北上福建占據澎湖群島；雖然他們與明朝展開交涉，但最後還是被驅逐出澎湖，只好把據點轉移到明朝官府權力鞭長莫及的臺灣。然而，他們又被鄭成功驅逐出臺灣，於是轉而協助致力討滅鄭氏的清軍。一六五六年（順治三年），荷蘭為了實現和中國本土的正規貿易，派遣使者到北京。[3]對此，掌管朝貢事務的禮部上奏如下：[4]

荷蘭國從未入貢，今重譯來朝，誠朝廷德化所致。念其道路險遠，准五年一貢，貢道由廣東入。至海上貿易，已經題明不准。應在館交易，照例嚴飭違禁等物。

（譯：過去從未朝貢的荷蘭國，帶著通譯來朝。這是朝廷的德化所致，念在其路途險惡遙遠，允許每五年朝貢一次，從廣東入貢；至於在海港的貿易，因為已經裁定不准，所以使之在北京的會同館交易，照規定嚴禁違禁品的交易。）

接受禮部提案的順治帝，在上諭中則表示：「荷蘭國仰慕德義，為表忠誠而航海前來朝貢。

念其路途險惡遙遠，允許八年來朝一次，以示施惠遠人之意（荷蘭國慕義輸誠，航海修貢。念其道路險遠，著八年一次來朝，以示體恤遠人之意）[5]」。

在此使用的「慕義輸誠」、「以示體恤遠人之意」等文字表現，以及朝廷對荷蘭所做出的決定事項，完全是順著朝貢脈絡而為。但在此同時，清廷也露骨地展現出，自己想避免與危險的荷蘭進行貿易的真心。

荷蘭之所以派遣使節，是為了避免已獲得澳門這塊和中國貿易的根據地、且先前也已在日中間的中繼貿易上立穩腳步的葡萄牙之妨礙，從而展開直接且正式的貿易關係。然而，他們從清朝獲得的回答與指示卻是：若是朝貢的話就可以，但船上的附搭貨物要在廣州等海港進行貿易，則會遭到峻拒；朝貢使節只能在前往北京的時候，於充當宿舍的會同館進行交易。不只如此，從「八年一度」的頻率來看，這實際上是拒絕貿易的表現。

清朝禮部的這種對應，是依循明代朝貢貿易的原則，由市舶司透過對附搭貨物的抽分與博買，取得全部貨物，不允許自由買賣。這項原則，如同在第四章所揭示的一般，在一五三〇年（嘉靖九年）汪鋐上奏獲得朝廷裁可後，便告撤廢。然而，讓海禁復活的清朝禮部，卻將明代朝貢貿易的原則，刻意適用在荷蘭身上，透過這項作法，打擊荷蘭試圖擴大中國貿易自由的意圖。

儘管如此，有必要注意的是，這項措施是在將鎮壓鄭氏的反清活動——其基礎正是自由貿易——視為最大政策課題的情況下，所產生出來的結果。自十六世紀中葉起，互市一面與朝貢一元的原則互相遷就，一面作為擔保貿易自由的制度而取得成長。換句話說，在堪稱互市天之驕子的鄭氏商業—軍事集團，成為清朝統治最大敵人的情況下，清朝也會採取鎮壓互市自由、並使用與壟斷互為表裡關係的朝貢一元制作為對抗手段。但是，在三藩之亂平定以及鄭氏歸順後，康熙帝旋即撤廢遷海令，並許可海上的貿易與捕魚。在如此英明的決斷之下，互市的自由得以復活。就這樣，朝貢貿易最後還是讓出了主角的位置。[6]

一六八四年（康熙二十三年）的「康熙開海」，以其確立互市自由，在歷史上畫下了濃重的一筆。其後，保障參與自由的互市制度，更進一步促進了東亞區域內貿易的擴大，以及網絡的成長。基於這樣的認知，我們便能對以中華帝國為中心、廣及周邊的互市體制，與近代世界強逼接受的「自由貿易」間，究竟有何種關係，獲得一個思考的立足點。[7]

# 四、政權與商人的互動

一六八五年（康熙二十四年），清廷在浙江省實力雄厚的交易據點寧波，設置了海關。但是，寧波位於內陸，不經由河川或是運河就無法出海；而從寧波通往大海的甬江河口，也不適合停泊外洋船隻。[8]但是，漂浮在洋面上的舟山，則是「灣口廣闊、風浪平穩、足以讓外國大型船舶入港，也適合和各省通商貿易」；換言之，就是足以讓大型貿易船停泊，也能提供航行中國沿岸或內河的小型船隻儲存貨物的場所，是最適合連結國內各地的中軸港口。清廷著眼於這點，於是在管轄舟山的定海縣設置了「榷關公署」，也就是海關的外派單位。[9]這是發生在一六九八年（康熙三十七年）的事情。同時，為圖商人方便、並增加關稅收入，在舟山也設置了稱為「紅毛館」的商館。就跟廣州的「夷館」，是擔任牙行商人的洋行（十三行）所有物一樣，舟山的「紅毛館」，應該也是當地牙行設置的吧！

在傳達舟山開港之事的雍正《浙江通志》卷八十六，榷稅這個項目中，經由編者之手加上了「因此海外番舶接二連三來航，並不是只有紅毛一國為顯忠誠才來進行貢市」的按語。[10]所謂的「紅毛」，原本是對繼葡萄牙人之後出現在中國沿岸的荷蘭人之稱呼，不過，後來也被使用為對包括英國在內、各非天主教國家的總稱。儘管如此，在這裡書寫為「紅毛一國」，因此指的應該是過去的朝貢國荷蘭。[11]說到底，自從十六世紀中葉日本從朝貢貿易撤退之後，浙江就不再是任何國家的入貢地點；因此，在寧波和舟山實現的，其實是跟朝貢毫無關係的互市，所謂「輸誠貢市」的說法，不過是美化的修辭罷了。

事實上，荷蘭東印度公司在一六八九年（康熙二十八年），就已從與中國的直接貿易中暫時撤退。「康熙開海」的最大受益者是中國商人；雖然就算在遷海令時期，走私貿易船隻仍然活躍於亞洲地區之間的交易，但是當自由化之後，中國商船（唐船）的通商路徑更是急速成長。其結果是，荷蘭東印度公司與其在東南亞方面籌措船隻，北上廣州和福建、浙江方面，在那裡購買商品，不如透過來航巴達維亞等地的中國船隻獲得中國商品，在運費方面更加便宜划算。精打細算的荷蘭人認為，應該將船舶這種寶貴的資本轉用到與其他地區的交易，所以停止派遣貿易船隻到中國。[12]

因此，即便在舟山設置了「紅毛館」，在一七二九年（雍正七年）荷蘭東印度公司再次開始與中國直接貿易之前，利用舟山港灣和商館的人應該都是英國與中國的商人。[13]

追求增加關稅收入的浙江省當局與謀求擴大貿易的商人，向廣大的各國貿易船隻提供港灣設施與商館等便利設施，展現出企圖擴大貿易的態度。這也是在解除海禁之後，遵從積極擴大貿易的康熙帝觀點之朝廷方針。[14]

就讓筆者來介紹另一項饒富興味的史料吧。一七一六年（康熙五十五年），時任閩浙總督的滿保（Mamboo）為了報告在福建省廈門，圍繞著貿易所發生的事件，向康熙帝呈上一封滿文的親筆書信，書信內容翻譯如下：

……Wang jiyoo liyoo國的船隻在結束貿易，返國回航之際，表示向名為Hūwang jeo的商人所購買的生絲尚未取貨，因此捉捕Li de hing的商船，從大担（嶼）的海冂出去。……Wang jiyoo liyoo國是「黃毛」的一種，只是一艘小型夾板船（「夾板」是馬來語的kapal＝外洋船的對音），包含水手在內約有六十人，並無太強大的力量。……[15]

在這裡登場的「Wang jiyoo liyoo國」，無疑是該商船所屬的國名。但是，在當時來航中國的各國之中，並沒有相似於此發音的國名。而文中提到，該國不是「紅毛」，而是「黃毛」的一種。恐怕很有可能是從東南亞方面來航的商船，打著「Wang jiyoo liyoo國」的名號，企圖藉由捕捉其他船隻，來彌補在廈門貿易中遭受的損失，類似海盜行徑的集團。

這個自稱Wang jiyoo liyoo的國家究竟是位在哪裡？在清朝方面的其他史料也沒有看過這個國名，說不定是埋藏在歷史中的小港市。就算是只有前來朝貢過一次，也應該會在實錄等文件上留下記錄才是。對福建的總督與北京的皇帝而言，這是一個未知國名的可能性很高。儘管如此，這艘從充滿謎團國家前來的船隻，做出宛如海盜的行為，對於它的來航與貿易本身，不管是總督滿保、還是接受報告的康熙帝，竟然都沒有顯露出任何在意的痕跡。[16]不管是西洋各國，還是東

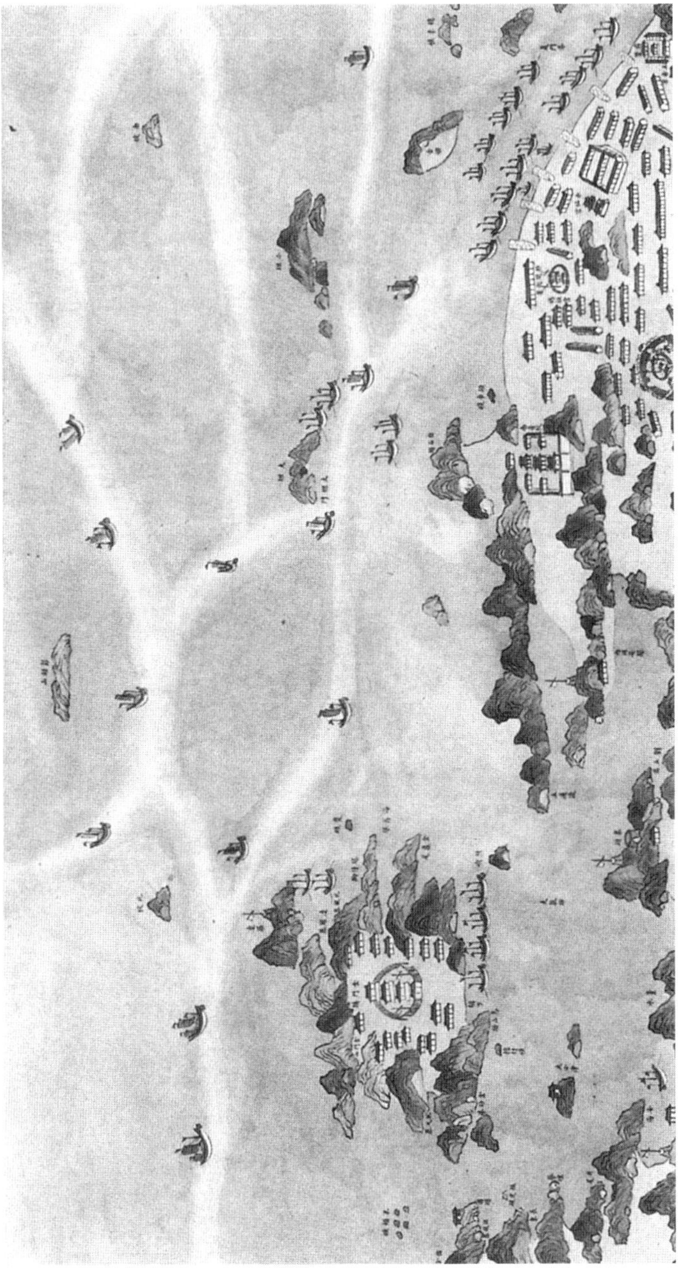

「浙江福建沿海海防圖」（館藏於國立故宮博物院）（局部）圖中所繪為廈門港與金門島、大坦島、小坦島。淡色的線狀部分是航路。從廈門港的碼頭經由大坦島，往金門島和外海的方向。可以看出大坦島是等待季風的場所。在本章中提及Wang jiyoo liyoo國的船隻，就是在廈門港進行貿易之後，於大坦島周圍海上從事海盜行為。

南亞的各個地區，抑或是來源不明的船隻，進行與朝貢無關的貿易活動，都被視為理所當然——換言之，即是大家都有參與貿易的自由。

當然，清代也有朝貢國存在。而且，若是對皇帝派遣使節來朝的國家，其一律視為朝貢的方式也沒有改變。將清代的對外通商與外交關係放在朝貢體系這個框架下分析的曼考爾，主張「在朝貢中交換貢物與賞賜的儀式，是作為普遍貿易的基礎，而被要求施行」。[17]然而，清朝並沒有表明這樣的邏輯，也沒有將它看成是現實中運作貿易政策的普遍理念。這樣的思考雖然可以明顯在明代朝貢體系中看見，但是到了十八世紀後，即便不能說完全從中完全脫離，至少可以說已成為過去的殘渣。[18]「在何時何地進行貢物與賞賜的交換儀式」，已經不再是互市的前提條件了。

清朝之所以會擴充互市制度，是為了從禮儀中分離、作為純粹經濟行為的貿易中，獲取財政資源之故。中國商人積極投資在互市貿易中自是毋庸贅言，就連清政權也熱中於擴大互市，並展現出積極態度。再說，國內外商人對應這種局勢，加入由海關管理的貿易接受課稅，且有民間牙行代為包辦住宿、商品保管、買賣仲介、信用擔保提供、納稅等各種手續，要參加貿易也變得容易許多。在這種政權與商人共享利害關係、相互作用的結果下，互市制度於焉確立起來。

# 五、外交上的消極性

自十七世紀末至十八世紀間，在清朝的外交對象國中，最讓他們感到棘手的就是俄羅斯。在雅克薩城的軍事衝突經過《尼布楚條約》（一六八九年，康熙二十八年）締結，兩國間的緊張關係稍有緩解，但其後又因為俄羅斯使節與國書的禮儀問題，加上對待俄羅斯隊商的方式等，清朝與俄羅斯之間的外交神經又再次繃緊。一六九三年（康熙三十二年），俄羅斯沙皇——清朝方面將俄國沙皇稱呼為「察漢汗」*——的使節前來。閱讀完使節帶來國書的翻譯後，康熙帝的感想被記錄在《清聖祖實錄》之中：[19]

至外藩朝貢，雖屬盛事，恐傳至後世，未必不因此反生事端。總之中國安寧，則外釁不作。故當以培養元氣為根本要務耳。

（譯：至於外藩的朝貢，雖然屬於盛事，但是傳到後世，恐怕反而會滋生事端。）

各國前來朝貢之事，對中國而言雖然是值得大大誇耀的事情，但是如此的制度要是持續下

* 譯注：又作「查干汗」，蒙古語「白汗」的意思。

去，將來恐怕會成為紛爭的種子。這樣的擔憂是康熙帝從和俄羅斯的糾紛中親身體驗到，從而獲致的結論。

作為理應是天下至高無上存在的中國皇帝，一旦面對不請自來、要求交涉的外國使節，便不得不將之視為朝貢使節來對待。即便俄羅斯是締結條約的對等國家——以傳統式的用語來說，是「與國」，但是在實錄的記錄中，還是對於事實加以潤色，以「鄂羅斯的察漢汗遣使進貢」為開頭來書寫。

從後來的一七九三年（乾隆五十八年）馬戛爾尼使節團、一八一六年（嘉慶二十一年）的亞美士德使節團等事件來看，清代確實是保持著這樣的認知與做法。對於使節來朝與覲見、國書往來、贈禮交換等以皇帝為單方面主體的禮儀性政治行為，從朝廷這個「天子的政治空間」中發出的文詞，不得不採用「朝貢」的文法和語彙。在對等的君主之間交換的「國書」，是不被允許的存在，只能將之當成「表文」看待。這一點從明代開始，並沒有任何的變化。正如眾所周知，清朝與俄羅斯的條約文章在被譯為漢文後，原是兩國協議寫下的條款，被表現得好像是清朝單方面認可一樣。[20]這並非是不可思議之事。不存在對等者的天子，其政治行為只能在命令與恩典、服從與保護的文脈下被記述下來，乃是理所當然之事。

何偉亞（J. L. Hevia）將清朝方面對待馬戛爾尼使節的行為，從所謂「賓禮」這個政治與文化性的觀點進行分析，對一直以來的「朝貢體系論」提出批判。[21]不過，李云泉則是指出，何偉亞的朝貢論批判，與舊有的朝貢論實為「異曲同工」。[22]根據筆者的管見，「朝貢體系」是將通商政策的整體，以朝貢這個臣服的表徵加以連結在一起；因此，若是不去論述清代的通商外交本身就是朝著脫離「朝貢體系」方向前進的話，便無法去批判「朝貢體系論」。

中國皇帝的政治行為，總是對天下萬物具有超然至上的地位；這樣的理念，以及透過表明這點的文辭來運作的政治體系，應該可以用「天朝體制」這個詞彙來加以表現。在明代，與「外夷」進行物質上的交換，即便在實質上屬於商業交易，還是必須以「朝貢」這個對天子表示臣服的禮儀為前提加以施行，且要在雙向壟斷的朝貢一元體制下為之。這是在體現天朝理念的對外關係中，巧妙將貿易壟斷融入其中的制度。

相對於此，正如在海禁解除過程中所顯示的一般，清朝改弦易轍，朝著擴大海外貿易自由的方向前進。接受朝貢之事、或者是讓外交使節遵從朝貢禮儀，單方面的認定對方為朝貢國之事，雖然可以提供中華天子發揚權威的場域，但也會種下與他國發生糾紛的種子。正因擁有這樣透徹的認識，清朝不管怎樣，都不會想站在與過往相同的朝貢體系基礎上，來追求貿易擴大的政治目標。

清朝並沒有試圖超越明代朝貢國的範圍，積極向外擴展更多的朝貢國。他們之所以要求受明朝冊封的各國繼續朝貢，是因為有必要讓他們承認，天命已經從明轉移到清。只要南明政權還存續於南方，從明朝皇帝接受國王印並表示臣服的國家，對清朝來說就是危險的存在。重新交付國王印使之朝貢，要求對方與明朝斷絕關係，是理所當然的作法。再說，即便是少數，只要從清朝皇帝接受冊封，並實踐朝貢的國家實質上存在，那麼要定期性在禮儀場域上演出「無外」的天子權威，便是可能的事情。如此一來，既能保有作為天朝的體面，對於非朝貢關係的任何國家或勢力，進行非遣使朝貢的單純貿易，也不會帶來任何障礙。

像荷蘭與英國這樣，派出不請自來的派遣使節、試圖交涉貿易的對象，便只能夠在朝貢的脈絡之內，以適用於皇家禮儀的方式來處理。對荷蘭是提出「八年一貢」這種非現實性的貢期，不管是來朝或是貿易，都展現出實質上的拒絕態度。但是，解除海禁之後，被視為朝貢國的荷蘭，既沒有提出表文也沒有貢物，卻還是被各個貿易據點歡迎參與互市。清朝所希望的並不是「稱臣入貢」——也就是建構起君主之間的關係，而是期望回歸到「在中商與夷商間，獲得允許的」互市架構之下。

在同時代的知識分子中，也有人跟康熙帝一樣，抱持著適用朝貢會招致危險的認知。深入參與《明史》編纂工作的學者姜宸英，為了《大清一統志》——這雖然是一本中國官方撰寫的地理書籍，但同時也是包含相關各國記述的一種萬國誌——中「海防」項目預定刊載的內容，撰寫了一篇名為〈論日本貢市入寇始末〉的論著。[23]姜宸英是曾為日本入貢地點的寧波府人。這篇文章是以日本為中心，廣泛地將明代對外關係納入視野之中，從十六世紀中葉以降的貿易問題開始溯及倭寇的始末，一直談到一六八四年（康熙二十三年）海禁解除後的問題，進行包羅萬象的議論。姜宸英將這些議論加以總結，作了以下的論述：[24]

臣愚故以明之貽患，不在于私販之有無，而在於通貢之一失。明太祖既誤之于前，而成祖復甚之于後。然貢既已絕，而猶欲禁商使不得行，是何異懲羮而吹虀，有見其患而無見于其利也。

（譯：為明朝帶來外患的，不是走私貿易的有無，而是通貢這一大失策。明太祖〔洪武帝〕失誤在前，成祖〔永樂帝〕在後來又錯得更加嚴重。但是，斷絕〔日本的〕朝貢之外，還打算禁止商人往來之事，簡直就是一朝被蛇咬，十年怕草繩，看見其弊害，卻看不見其利益。）

姜宸英認識到，除了朝貢政策的失策之外，還將通商與朝貢結為一體，禁止朝貢的同時，甚至連商人的貿易都禁止，這樣的作為是明朝的嚴重失策。不僅如此，他還讚美了海禁解除後的清朝通商制度，將之視為是完全對照的成功範例。

以中國為中心的東亞通商制度，在中國、作為其朝貢國的內陸與海外周邊各國、從朝貢中脫離出來的各國、東南亞各地區，乃至於新加入這個通商圈的西洋各國間複雜的交互作用進程中，擴大了互市的體制。與此同時，從所謂朝貢貿易體系中脫離出來的傾向也益發顯著。遣使朝貢這種外交關係反而受到迴避，整體朝著不具備國家層級關係、僅以商人相互行為來完結的互市方向擴大。

在這裡，像是康熙帝與姜宸英所示一般，對朝貢與絕貢——在朝貢一元體制下，朝貢的斷絕與通商的斷絕是連在一起的——所帶來危害的歷史認知，起了重要的作用。再說，在西洋各國藉著船堅砲利的優勢，涉足亞洲的狀況下，不伴隨外交的互市政策，從帝國的安全保障這個觀點來看，也是立基於合理判斷下作出的選擇。

# 六、「互市諸國」的概念

接下來就讓我們試著考察，一六八四年（康熙二十三年）以降，在互市達成嶄新發展的情況下，互市的制度以及互市的對象國家，在傳統式的「天下」秩序中，究竟是被定位在哪個位置？一八一八年（嘉慶二十三年）刊行的《大清會典》，在康熙、雍正、乾隆歷代會典的體例增添了不少改變，其中受到矚目的是，作為禮部所管轄，記載與各外國關係以及禮制的部分中，「互市諸國」這一概念以和「朝貢之國」成對照的形式，正式登上舞台。[25]費正清與佐久間重男也很早就點明這件事情。[26]嘉慶《大清會典》在「凡中商夷商，許各以其所有，市焉」的標題下，作了這樣的解說：「凡夷商，自以貨物來內地貿易者，照例徵稅」，接著刊載了日本、柬埔寨以下的眾多國名，及其各自的商品一覽。[27]

但是，在清代的朝廷和政府所編纂的政書，也就是記載法令與制度的相關書籍中，這個「互市諸國」概念的出現，還可以再上溯數十年的時間。一七四七年（乾隆十二年）完成、其後在一七八五年（乾隆五十年）左右進行追加編輯的《皇朝文獻通考》卷二百九十三，「四裔考」開頭的按語，以優美修辭的文體記述如下：[28]

當國家頓紘壹軌之時，萬國車書，見聞倍確。爰舉獻琛奉朔及互市諸國，稽其山川風俗之未登囊乘者，著為斯考。

（譯：當國家整頓於紘（八紘一宇之紘，意為方角），統軌為一之時，萬國的車書、見聞確實會倍增。在此列舉獻琛奉朔、以及互市諸國，有鑑於其山川風俗皆為至今書籍所未記，因而寫下以備考。）

所謂「琛」，是指珍貴的玉，在此象徵貢物。而「奉朔」是指朝貢國採用皇帝所頒布的大統曆，並使用中國的年號。因為有進行朝貢並奉正朔、也就是採用清朝曆法與年號的各國（朝貢國），和進行互市各國兩種不同的類型，所以在此針對這些外國的地理和風俗，加以記述。相對於朝貢諸國，未進行朝貢而只展開互市的諸國，在這裡為與之區別，被稱為「互市諸國」。這種在《皇朝文獻通考》中所見的「互市諸國」概念，應該也是被嘉慶《大清會典》所承襲下來了吧！

在《皇朝文獻通考》中，還有另一個饒富興味之處；那是在卷三十三，「市糴考」中，與「市舶互市」相關記述的序論文章：[29]

各島如呂宋、噶喇吧、日本、紅毛、紅毛之種數十，向所謂出沒烟濤，莫知其蹤跡者，皆已按圖可指。就中佛朗西、荷蘭、暹羅等國，矯首面內，不憚超數十更以來。其他小弱，附景希光者，又不在此數。於是緣其職貢以通其貨賄，立之期會以均其勞逸，寬減稅額以豐其生息，厚加賞賚以作其忠誠。而又核驗官府，譏禁內匪，弛張互用，畏慕滋深。此今日市舶之所以盛也。

（譯：呂宋、噶喇吧〔巴達維亞〕、日本、紅毛、以及數十種紅毛，過去認為「出沒煙濤，莫知蹤跡」者，現在都可以按圖指出。其中法國〔原文寫為「佛朗西」，恐怕是與「佛郎機」混同〕、荷蘭、暹羅等國，抬起頭仰望國內，不忌憚超越數十更〔遙遠的海路〕而前來……於是因其職貢，通其貨賄，設立期會，均分勞逸，寬減稅額，而豐厚其生息，並加以重賞，使其忠誠……這就是為何今日市舶會如此繁盛的原因。）

在此使用了幾乎無視於實際狀態的修辭。所有的外國致力於「職貢」，也就是實行朝貢，而清朝也對他們的貿易給予輕稅、厚加賞賜，以誘導他們對清朝竭盡忠誠，說起來就好像只有體現天朝理念的關係存在一樣。在以華麗詞句美化王朝統治的言語表現上，彷彿明代朝貢一元的理念與語彙躍然眼前。

然而，即便《皇朝文獻通考》卷三十三「市糴考」、「市舶互市」是以上引的序論開始，但在記事末尾的按語，卻是總括如下：[30]

臣等謹按，中外商民本同一體。聖朝仁恩覃洽，舉凡通商旅柔遠人之道，莫不詳盡靡遺所由。慕義嚮風，爭先恐後。互市之設，百數十年來如一日，猶復時厪皇上聖懷，體恤周至。

（譯：臣等謹按，中外的商民，大家原是同為一體。聖朝的仁恩普及，藉由商旅懷柔遠人的方式，皆鉅細靡遺地詳盡其緣由。因此中外商民皆思慕德義、如嚮往風尚一般，爭先恐後前來。互市的設置，百數十年來如一日，仍時而煩擾皇上聖懷，體恤周全。）

這卷的內容實際上並非「職貢」，而是要針對一六八四年海禁解除以來的通商與懷柔之道進行全盤檢討，並明言互市是「一百多年來一貫的道理」。當然，修辭也是來自於作者的思考與認知，但是豐富的學識與修飾文章的技巧，是基於古典式的世界觀孕育出刻板化的敘述，往往會化為文藻堆砌的世界。先前引用「市舶互市」的序文，便是典型的例子。更不用說，在作為天子禮儀場域的朝廷當中，對於和各國的關係，不得不單方面地基於朝貢的文法來進行解釋，並用朝貢語彙來進行表述。但是，要基於這樣的文藻與技法，來論述同時代人的認知與實踐之關係，看到的恐怕只會是虛像。

嘉慶《大清會典》禮部的記述中，將由主客清吏司管轄的朝貢國，與不朝貢僅「通互市」的國家，明確區別地列舉出來。除去因為派遣外交使節，而被納入朝貢國範圍的荷蘭、葡萄牙、義大利（梵蒂岡）、英國以外，清代由禮部管轄的朝貢國屈指可數，只有朝鮮、琉球、越南、南掌（寮國）、暹羅、蘇祿、緬甸七個國家。

「互市諸國」則是如同次頁的表所示。關於這份資料，費正清等人曾嘗試過英譯。[31]對於表中無法確定的港市名稱，雖然有不少已經隨著研究進展而獲得解明，但仍然無法完全比對確鑿。另一方面，也有在這份表中未曾舉出、但有來航廈門與廣州進行貿易的各國與港市。西洋各國只有在干絲臘國*（西班牙）以下列舉的四個國名，但是正如上述，除了為求交涉而派遣使節、被比擬為朝貢國的各國以外，還欠缺了奧斯滕德（Ostend）和美國等國家。

上述的情報雖不完整，其實有其意義存在，而不應單純只視為資料的不完備所致。北京的政府與朝廷，對於想要在設有海關港口進行貿易的外國船，只要求保商提供身分擔保以及納稅等手續，並不需要國家間交涉的許可。究竟是哪一個地區、哪一個國家的船隻來航，朝廷與北京政府並不需要掌握這些情報。一覽表的不完整，就是反映出這件事情。

一六八四年以後，中國在參加或退出全憑貿易者自由的意義上，已經實現了開放性的對外貿易。在廣州被拒絕貿易的只有俄羅斯。因為根據《尼布楚條約》、《恰克圖條約》，已經訂定了內陸的隊商貿易以及國境貿易的路徑，在清朝的邏輯上，是不允許在條約上未提及的港口進行貿易的。將相互貿易作為權利而訂定的條約，其存在反而成為了參與廣州貿易的阻礙，這不能不說是相當諷刺的結果。

在清代的貿易關係文件中，出現了「港腳」這一詞語。這是對從英國東印度公司統治下的印度各港口來航商船的總稱，也有一說是地方商人（country trader）的音譯；在文件中，也有提及「港腳國」的國名。除了從公司獨立、或是以英國本國的商業為基礎，參與印度—中國跨國貿易的商人船隻之外，還有被稱為帕西／巴斯（Parsi）的伊朗裔印度人船隻等，內涵非常多采多姿。[32]「港腳國」雖然是假想的國家，但應該也是在「互市諸國」的範疇內吧。

自由貿易者，也就是參與印度—中國貿易的地方商人，以及不具有大型公司組織的美國商人等，與東印度公司等殖民地貿易公司相比，只擁有非常小額的資本。他們能夠在中國貿易中獲得活躍的空間，正是因為互市保障了參與的自由。因為接受貿易的這一方保障了自由，所以東印度公司便不可能壟斷中國貿易。

不只如此，外國商人在參與貿易之際，也不需要建設商館等初期投資。在廣州與廈門，通稱為「洋行」的中國牙行商人，為來航的外國船隻提供宿舍與倉庫、買賣的承包與身分擔保、納稅代辦等服務。即便是對不屬於任何組織的個體冒險商人，他們也提供同樣的服務。這樣的交易環境，和

### 互市諸國表

1. 日本國
2. 港口國 Hatian 河仙鎮
3. 柬埔寨國 Cambodia
4. 尹代嗎國？
5. 宋腒朥國 Sungkhla
6. 埭仔 Jaya?
7. 六崑 Ligor＝ Nakhon Si Thammarat
8. 大呢（一名大年） Pattani
9. 柔佛國 Jehore
10. 丁機奴 Terengganu
11. 單咀 Kelantan?
12. 彭亨 Pahang
13. 亞齊國 Achin
14. 呂宋國 Luzon
15. 莽均達老國 Mindanao?
16. 噶喇吧國 Sunda Kalapa＝Jakarta, Batavia
17. 干絲臘國 Castilla
18. 法蘭西 France
19. 喘國 Sweden
20. 嗹國 Denmark

＊譯注：「干絲臘」即為西班牙之別稱，卡斯提亞（Castilla）之譯名。

在東南亞方面小港市政體的貿易參與，基本上是一樣的。

從印度沿岸到東南亞各地區，再到中國東南沿岸，這種多角連結的交易網絡之所以能發展，其要因便是清朝互市制度的開放性，以及後面會提及的、提供一視同仁的便利措施，並在安全的環境下進行貿易。而後，鴉片也以這份自由為契機，流入了中國。

應該重視的是，與朝貢切割開來的「互市諸國」概念，在中國國制中所獲得的位置。自十七世紀末起，清朝所推進的互市結構，開始吸引世界的貿易商人前來東亞。這項現實反映在皇帝欽定的《會典》之中；如果觀看這項事實，應該也不得不承認，將同時代的中國貿易全都和朝貢相連結的朝貢體系論，其所描述的歷史形象，確實是扭曲變形的。故此，我們應該要從對清朝互市性質的正確認知出發，對作為鴉片問題發端的「開港」，以及朝向條約體系轉移的歷史意義，進行重新檢討的作業才是。

光是觀看《會典》與《皇朝文獻通考》的「互市諸國」之用語，只能夠得知，那是無法被囊括在舊有朝貢體系之中的制度，因此被推出來加以區別。那麼，「互市」究竟是什麼樣的制度呢？有必要進行積極的說明。在最為廣泛的意義上，「互市」就是相當於「在市場上進行交換」這種一般性的概念。然而，實際在清朝所施行的制度，應該可以從時人所作出、更加引人注目的解釋與議論來進行理解。

一六八五年（康熙二十四年）設置在廣州的稅關被稱為「粵海關」，作為管理互市的機構而發揮功用。一八三四年（道光十四年），兩廣總督在廣東調查海防、貿易的歷史與現狀，並且命令開始編纂相關書籍的作業，其成果之一便是《粵海關志》三十卷。負責《粵海關志》編纂作業的人員都是廣州的知識分子，其中的梁廷枏被認為是集其大成的彙總之人。[33] 在這部《粵海關志》卷二〈前代事實〉的開頭有編者的按語，其中對「互市」制度進行了解說：[34]

> 臣謹按，馬端臨作《文獻通考》，立市糴門，以市易與互市竝列。竊以為，二者名同而實異也。市易之法原於均輸、和買。曰「貸息」，曰「抵當」，曰「貿遷」，以縣官而行黠商豪賈之所為。究之物價騰踴，商民怨讟。此新法所以亂天下也。若互市，則誠所謂以其所有易其所無矣。無抑配之弊，無科率之煩。收徵稅之入，省戍守之費。華夷交資其用，公私均享其利。故自漢至今行之不改。在陸路者曰「互市」，在海道者即曰「市舶」。其設官也肇於唐，立制也備於宋。然明中葉又時通時罷者，何哉。蓋宋之市舶主於助國用，明之市舶主於總貨寶。
>
> （譯：〔元代的〕馬端臨著作《文獻通考》，立「市糴」門，將「市易」與「互市」並列。我認為，這兩者之名雖然相同，但實質的內容卻不同。「市易」之法，起源於均輸與和買，有「貸息」、「抵當」、「貿遷」等方法，是官府實行黠商豪賈〔惡質大商人〕的行為。接著，物價飆漲，不管是商人還是人民，皆心生怨言。這是〔王安石的〕新法擾亂天下的緣故。所謂「互市」，則完全符合「以其所有易其所無」〔《孟子》公孫丑下〕之語，沒有殺價和強迫的弊害，也沒有強制收買的煩雜，藉由徵稅而有收入，〔因為交易帶來和平〕軍隊駐屯經費也不需要。華與夷各自仰賴其效用，於公於私皆平均享受利益。因此，從漢代開始至今，總是施行這項制度。在陸路者稱為「互市」，在海港者稱為「市舶」。為此設官是從唐代開始，制度則是在宋代進行整飭。然而，明

朝中葉時而施行（互市、市舶），時而罷廢，又是為了什麼緣故呢？那是因為，宋代的市舶主要是為了有助於財政，而明代的市舶則是為了壟斷珍貴的進口物資所致。）

這篇文章的作者以官府發揮強制力所實行的「市易」作為對比，論述「互市」制度的特質。簡單說，《粵海關志》編者所論的「互市」，具有以下的特質：

A. 商業性的交易，並無官定的價格與分配比例。（價格是靠供需平衡與談判手腕決定，形成市場價格）

B. 對交易實行徵稅。（為此會設置官署、限定交易地點）

C. 中國與夷狄之間實施互惠性的交易，且中國的「公私」皆能獲利。

在《粵海關志》中，雖然對外國採用「夷狄」之語，但在書中完全看不到「『夷狄』必須朝貢並對皇帝行臣服之禮，以此締結關係後，才能給予交易」這種觀念的痕跡。粵海關不只是參與互市事務，也與朝貢有關。《粵海關志》卷二十一至卷二十三，關於「貢舶」的記述中，列舉了暹羅、荷蘭、義大利、英國、琉球等國。英國原本應該是在互市＝市舶的分類中，但是因為一七九三年派遣馬戛爾尼使節團前來的緣故，在此也被歸類為「貢舶」（這項措施是承襲嘉慶《大清會典》）。

就像這樣，儘管粵海關也參與了朝貢事務，但是在卷一〈皇朝訓典〉列舉歷代皇帝的上諭之中，並沒有任何關於朝貢的上諭。另外，方才曾介紹其中一部分、自卷二至卷四的〈前代事實〉中，除去明代的部分，也沒有包含有關朝貢的記錄。不只如此，在開頭的按語，它還一味地解說和讚美「互市」制度。在中國開港（一八四二年的《南京條約》）以前最大的貿易港廣州，於當地進行的是商業性互市制度，沒有必要與朝貢的文法相互連結，如此的認知，可以透過《粵海關志》的主張解讀出來。

此外，一七六九年（乾隆三十四年），奉朝廷命令所編纂的歷代制度通史《欽定續通典》卷十六，食貨．互市的項目中，有敘述如下：[35]

宋遼金疆宇分錯，敵國所產各居其有，物滯而不流，人艱于所匱。于是特重互市之法。和則許之，戰則絕之，既以通貨兼用善鄰，所立榷場皆設場官，嚴厲禁，廣屋宇，以易二國之所無，而權其稅入，亦有資于國用焉

（譯：宋、遼、金分割疆土，將敵國所產各自壟斷，阻礙物資的流通，人民困擾於匱乏。因此，他們特別重視互市的制度，若是和平便許可互市，若是戰爭便斷絕。既互通貨物之有無，又可以善鄰。設置的榷場全都設有場官，嚴格取締，在有廣大屋簷的設施中，兩國互通有無。此外，其稅收又可以資助財政）。

宋與蒙古系的遼、藏系的西夏，以及在遼滅亡後，女真系的金與南宋分立的狀況，是出現在

十世紀下半葉至十三世紀前半葉的時期。這是一面各自擁立皇帝，一面在抗爭與共存，以及持續斡旋中相互競爭的時代。當國土被一分為二後，官府一方面透過國內運作的「市易」等手段控制物資流通，另一方面則不仰賴朝貢貿易這種立基於政治關係上的物流，而是重視買賣雙方站在對等立場上——敵對在某種層面上，也算是一種對等——進行交易的互市制度。這是上述引文的見解。當然，在這段議論中，歷史的來龍去脈與事實，都被簡化處理過。但是，將制度的理念與其他制度進行對比，從而設定簡化化後的理念模範，是有效的作法。將眼前實施互市制度的理念模範，從中國的歷史經驗中擷取而出，這篇文章作者的意圖應該就是如此。

在這篇《欽定續通典》的互市說明中，商人並未登場。不過，被置於官方設置市場中的「場官」，也不是交易的主體。「場官」是負責市場的管理、取締、徵稅事務，至於交易本身，則是以透過雙方商人進行為其前提。在《粵海關志》中，廣州貿易的現實就被說成是「華與夷」的交易。在《欽定續通典》中，因為認知到遼、金等非漢人王朝是與宋站在同列、對等的立場上，所以互市就變成兩國之間的交易。

不過更正確的是，如同嘉慶《大清會典》所言「凡中商夷商，許各以其所有，市焉」，便是清代的互市。交易的主體是「中商與夷商」，也就是兩個地區的商人。如此以商人為主角，並非是要表現出「在現實交易場域中，進行相對交換的是商人」這種毋庸贅言、理所當然的事實；而是要強調，在互市制度中成為主體的，並不是朝廷、官府或是宦官，而是屬於雙方人民的商人。換句話說，所謂「互市」要主張的就是，這是人民與人民站在無關禮儀與國權的立場上，單純進行的商業行為。

即便是在十八世紀，古老的朝貢文法與語彙，在外國使節踏進北京朝廷之際便會化為現實，而在朝廷所編纂的書籍中，也不得不使用朝貢的文法和語彙。這確實也是尚未放棄天朝理念的中國，在政治和文化上所具有的獨特性質。不過，在十六世紀中葉以後，與朝貢體系幾乎是在所有方向上背道而馳的互市制度，日益成長且擴大範圍，到了十八世紀，即便是由朝廷所編纂的書籍，最終也必須和現實妥協，讓「互市諸國」的概念登場。

朝貢體系論是在講述明代的東亞之際，必備的歷史認知。但是，強調其作為清代中華世界秩序的特質，甚至是作為「傳統中國」共通的特質來論述，將會導致對關鍵歷史轉變的忽視。

# 七、貿易的管理與隔離

在前一節中，透過《粵海關志》編者的認知，已經提出了互市制度的三項性質，不過除此之外，應該還可以舉出以下這一項，作為十八世紀互市制度的特徵：

D. 從經濟政策與安全保障的觀點來執行規制和管理。（也就是管理貿易）

在先前所介紹《欽定續通典》的文章中，「和則許之，戰則絕之」，並表示施行互市可以善鄰和親；透過這樣的分析，作者認為互市在獲取必要物資之餘，也是一種外交戰略。先不論宋遼金時代的互市是否具備這樣的特質，在十八世紀東亞的互市體制下，比起將之作為戰略性的手段，不如說是基於經濟政策上的必要，動用了各式各樣管理貿易的方法。在互市中對作為買賣對象的商品，會出於謀求本國市場供給均衡與價格安定的目的，以交易量的限制與稅制上的優待為中心，採取各種措施。

長崎貿易便是典型的例子。清朝方面不單只對日本，對於英國和荷蘭也規範了生絲的貿易量，同時也把這樣的規範，當成是從長崎獲得鑄造銅錢必須的銅之一種手段。中國商人準備船隻從泰國運來販賣的米，即便不是朝貢船隻的附搭貨物，還是給予特例的免稅，以圖擴大貿易量。在內陸的互市市場中則是限定貿易的期間，以控制貿易的量。諸如此類的種種貿易政策，在十八世紀成為了常態。這種常態的背景是，當時東亞國際商業的交易對象，並不是因為稀有珍貴而可以發揮其符號性質的威信商品（prestige goods），而是以在生產和消費的擴張上，遠遠來得更為大宗的物產（commodity）為中心的商品。

不可忽視的是，正如本書中所闡明的一般，正是因為有參與互市的自由，會在生絲、銀、銅料等重要物資的供需方面帶來緊張，所以才有必要對物產的交易量進行規範；不過，藉由免稅等優惠措施來擴大米穀進口的方式之所以會有效，也是基於參與自由。中國商人若是從當局取得稱為「船照」、「船引」的證明書，並在返航時盡到納稅的義務，便可以籌備貿易船隻出海。

設置在寧波洋面舟山的「紅毛館」，是為了接受不分國籍的外國商人之設施；同樣地，各國商人在廣州租借所謂的「夷館」（factory）來進行貿易之際，也不需要來自任何權威的許可和承認。沒有外國商人會因為不對皇帝實行臣服之禮而被趕出。若是利潤不佳，也可以自由地退出。如同荷蘭東印度公司一般，仰賴來航巴達維亞等地的中國商船，而不遣送船隻到廣州的戰略也是可行的。要擔心遭到強制放逐的，只有攜帶被視為違禁品的鴉片之英國商人而已。

在互市上所設置的限制，與對朝貢貿易所施加的限制——限制使節團的人數、船隻數量、定額的朝貢品等，主要是為了減輕接納使節的經費負擔而引進——在目的上迥然相異。之所以如此，是因為互市乃是從某種自由貿易中衍生出來的政策手段。若是理解了上述的特質，那麼將清代互市放在朝貢貿易範疇之內的不當，也就愈形顯著。

正因為有致力於實施全國規模市場調控經濟政策的行政權力誕生，以參與自由為前提的管理貿易——也就是互市制度，才會雀屏中選。清代的互市，在合乎「讓貿易政策的實施成為可能」這一目的的意義上，是唯一且合理的架構。貿易的自由參與和管理，絕非相互對立，而是互為表裡。

清代的互市在兩個層面上致力於營造隔離狀態：一是國權的相互接觸，換言之，就是試圖迴避皇帝與各國王權的接觸。表文的上呈、國書的交換、使節的往來等交涉、乃至外交官等代表國權的官員派駐，這些對互市而言都不需要，毋寧說反倒有害。正如嘉慶《大清會典》所言，互市是以「中商」和「夷商」為主體。在「夷商」當中，貿易監督官（supercargo）是商人組織——東印度公司的領導幹部（大班），換言之是僅以商人一員的身分受到優待，但若是帶著國書等事物、代表國權的領事要前來派駐，則會遭到峻拒。

在清朝方面，交易當然是毋庸贅言，就連納稅等各種手續，也全數交由洋行（十三行）承包；外國商人提出的要求以及官府的應答與指示等，全都以通過「中商」亦即洋行的傳達為原則。雙方民眾進行自由交易，朝廷和官府則藉由徵稅來充作財政資源。但是，這項權力並非直接及於外國商人，而是透過身為人民的洋行來充當仲介者，從而避免官府成為管理與紛爭的直接當事人。

再者，外國商人在該國領事下團結起來，將廣州當局捲入外交交涉之中，這樣的情況也是要極力迴避的。就像康熙帝所言，「不與外國起紛爭（外釁不作）」是中國的目標；與警戒「外藩朝貢」將會滋生「事端」相同，在互市的場域中，若是代表雙方國權的官員介入且進行接觸的話，搞不好也會成為滋生「事端」的種子。朝貢體系要求的是向心作用，透過必須性的使節上京和上呈表文、貢物等來達到作用；相對地，互市則是將皇帝與各國的王權隔離，將交易的地點往邊緣地區驅趕，藉由離心作用來驅動的制度。

另一種隔離，則是讓為了貿易而渡航的商人隔離居住，並限制他們行動的範圍。對貿易商人的行動限制，歷經因通商引起的十六世紀騷動後，連鎖性地擴及到東亞各地。在釜山與長崎，外國商人被分配到高牆環繞的街區之內。在廣州，雖然不存在著圍繞十三行街的物理性圍牆，但是作為制度的屏障，在許多層面上仍限制著外國商人的活動。

釜山港的倭館（和館），是在一六〇七年（萬曆三十五年，日本慶長十二年）朝鮮王朝與德川政權恢復外交關係之際所建成。一六七八年（康熙十七年，日本延寶六年），朝鮮政府重新建設大規模的倭館。新倭館位於被圍牆環繞的城鎮中，內有專用的碼頭、神社、診療所和各種店鋪。從對馬前來的日本商人與官員，被要求在圍牆之內生活。朝鮮的地方官府則是配置了部隊，監視日本人。[36]

一六四一年（崇禎十四年，日本寬永十八年），德川幕府向荷蘭東印度公司發出命令，要他們移至長崎港的出島。一六八九年（康熙二十八年，日本元祿二年），幕府命令長崎居民建設唐人館。唐人館最多可以容納兩千人，被圍牆和壕溝包圍，位於長崎市外部。

荷蘭船隻的水手們不被允許登陸，被要求停留在船上。中國人水手登陸後，則須與商人一同待在唐人館。包含這些船員等在內，為了貿易而前來的外國人，被限制了行動的自由。在唐人館內還附設了牢獄，不服從取締的唐人會被關進牢中。

據村尾進所揭示，率領廣東水師的總兵陳昂，得知貿易商人在長崎被隔離在唐人館之事，於是向康熙皇帝提案，在廣東也「特別另外開設一個處所，管束（西洋諸國的）夷人，又或者是每年不允許過多船隻來航，讓他們輪流替換（或另設一所，關束彝人，或每年不許多船，輪流替換）[37]」。限制來航船隻數量以及輪替制的作法，是仿效長崎的「海舶互市新例」（正德新令）。

對於當時的海外情勢，陳昂大約有著如下的認識：日本為一強國，在明代時雖然掀起了倭寇之亂，但其原因是中國奸人勾引日本人前來為亂所致。今天的日本讓中國商船通航，並未懷有野心。琉球朝貢已久，臺灣也已經收入清朝的版圖之內。暹羅、安南等各國每年朝貢，並沒有背棄中國之心。但是，只有紅毛，其私底下的企圖無法測知。他們雖說是進行貿易，但實際卻意在掠奪，若是遇到中國的商船和東南亞的船舶，便予以擊沉。而且，紅毛所到之處，都在覬覦他國的領土。他們的船隻堅固且不懼風浪，一艘船隻備有百餘門的大砲，可謂是所向無敵。[38]

如此，為了應付英國、干絲臘國、法國、荷蘭、葡萄牙等勢力所帶來的威脅，陳昂提案，可以隔離西洋商人，限制來航船隻的數量。陳昂的這份提案，雖然並未被完整地施行，但是在那之後，廣州外國商人的行動限制遭到了強化。不久後，一整年逗留在十三行「夷館」的行為也遭到禁止，外國商人在貿易季結束後，不是得立刻出航，就是被迫遷移到澳門。

關於基督教，在日本也有許多信眾，陳昂認為：「內外夾攻，幾乎快要毀滅日本。後來雖然被擊退，但是（日本與葡萄牙）兩國的仇恨，至今還是尚未止息（內外夾攻，幾滅日本。後被攻退，兩國冤仇，至今未休）」。[39]島原之亂中幕府軍與葡萄牙船的攻防，以及後來和葡萄牙斷交的事件，也讓中國認識到西洋諸國的危險性。葡萄牙人在東亞最大的據點——澳門，位於廣東省的肘腋。在日本發生的事情，恐怕也會發生在廣州，這樣的擔憂也是理所當然。

在如此狀況之下施行的「南洋海禁」，既不限制西洋諸國的貿易，也沒有構築圍起十三行街的圍牆，不禁讓人有種奇異之感。對於陳昂的上奏，朝廷和相關部門之間究竟展開了何種議論，不得而知；不過，恐怕是將複數利害關係放在天秤上衡量的結果，才會選擇這樣的處置方式。強化限制的優點、因為這項措施可能引起紛爭的危險，以及這項措施可能帶來的貿易縮減，應該考慮的項目大概不出這三點吧！而當時的清朝政府，即便認識到西洋諸國的危險性，卻還是選擇不構築圍牆、不驅趕葡萄牙人，並維持「中商與夷商的」自由貿易，也就是互市制度。

在此同時，清朝除了通詞、通事與商人、以及海關的特定官員外，限制外國人與本國人的交際往來。他們不只禁止外國人進入廣州城內，也對外國人的行動範圍加以局限。負責管理的政府單位，時而鬆綁限制，時而嚴格執行，透過這樣的方式，試圖控制與外國商人之間的關係。中國方面也認為，讓十三行的牙行商人，透過同樣身為商業夥伴的關係，來和外國商人進行意思溝通，可以將對方的行動限制在一定的框架之內。比起由廣東當局直接管束外國商人，這種間接控制的方式被認為更加明智，因而獲選施行。

這種間接式的隔離，對來航的外國商人來說，會讓他們意識到中國貿易制度的不自由和不合理性嗎？恐怕答案是不會的。一八三〇年，在倫敦的下議院中，舉辦了關於由東印度公司壟斷中英之間貿易的公聽會。作為證人被傳喚的一位商人，是以地方商人身分，從一八一七年至一八一九年間在廣州從事貿易的約翰・艾肯（John Aken）。詢問者與艾肯的問答如下進行：[40]

——在廣東是透過誰來從事商業貿易的呢？（答）是行商。

——與行商以外的商人交易之事，有困難嗎？（答）完全沒有。

——與他們經常交易嗎？（答）是與兩方。

——交易對象的行商，是如何選擇的呢？（答）一般來說，是與抵達之後對我們的貨物訂下最好價錢的對象達成共識，接受貨物的人，就是對官府的保證人（「保商」）。

——在與要成為保商的那個人交涉的時候，要給那個人什麼東西嗎？（答）不會給任何東西。

——會付給那個人手續費嗎？（答）不會。

——船隻抵達的時候，會有幾個要成為保商的商人們在那裡嗎？

（答）總是在場。

——在廣東的港口進行交易，方便嗎？

（答）非常方便。

——關於在廣東港交易的方便，對你來說，跟在其他熟悉的港口可以獲得的，是同樣的感覺嗎？

（答）是，（在廣東比其他地區）更為方便許多。

——在印度也是差不多的嗎？

（答）（廣東）很明顯地更好。

——為什麼可以說是很明顯的更方便呢？

（答）只要面對一個對象，就可以解決所有的事情，只要締結一次契約，就不會有任何的問題。

——船上的貨物可以輕易地卸貨嗎？

（答）非常簡單。我們不是停泊在廣東的附近，而是停泊在距離廣東約八哩，名為黃埔的地方。

——那麼是用艀（小船）來卸貨嗎？

（答）是。

——也是用同樣的方式來裝載貨物嗎？

（答）是。

——行商們在交易之際會感到自由（liberal）嗎？如何？

（答）非常自由。

在廣州的互市場域上，來航商人可以自由選擇屬於十三行的行商，以及資本規模更小的行外商人作為「保商」，其交易與納稅的事務全部交由「保商」來承包。所謂的承包，便是將之與其他交易對象隔絕開來。這就某種意義上來說，是項不自由的制度。但是，艾肯與其他證人對於這件事，以及行動受到限制，不能在廣州城內的市場直接買賣，船隻不能夠開進廣州，只能停留在黃埔之事，並沒有表達出不滿的意見。作證的其他商人也表示「在廣東的交易，是世界上最輕鬆的地方」、「管理貨物的人們，順著自己的利益去選擇行商」、「即使是美洲的船隻，要找到保商也不困難」等。

當然，十三行的洋行與行外的商人，未必就是在官府的頤指氣使下，進行外國商人的承包服務。他們謀求的是本身利益的最大化。為了被選為保商，他們競相提出高價你爭我奪，甚至不惜蒙受損失、背負債務；廣東當局看到這樣的問題，雖然也有意禁止過度、不當的競爭，但仍有其困難。[41]在自由競爭之下經過千錘百鍊的中國牙行商人，已不是官府能夠駕馭的存在了。

外國商人的行動受到限制，在某種意義上，即便在廣州沒有牆壁，但和在長崎等地一樣，是處於被隔絕的狀態。

對外國商人而言，被規定其商務和稅課繳納事務必須讓保商承包之事，無疑地也是屬於不自由的一種。但是，廣州的洋行和行外商人，並不是屢屢被評價為基爾特一般「公行」的壟斷，而是在自由競爭的狀態下活動。[42]藉由這樣的方式，在互市的交易上，當事人可以基於價格等條件，自由地選擇擔保對象。

# 尾聲

中華帝國決定躲在朝貢體系的堅硬外殼內，結果招來了與追求自由貿易的西洋諸國之間的對立，這樣的歷史觀不存在著扭曲與變形嗎？將十九世紀的自由貿易吸引到東海、南海的，是作為另一種自由貿易的互市制度。正是因為站在如此的歷史理解上，才能去看見這兩種自由貿易究竟有何差異，並且將課題更向前推進一步吧。

夷狄諸國圍繞著天朝中國，受到其文化與豐饒的吸引而施行朝貢。強硬地將這個美麗禮治的理念，即使只是在形式上也想要加以實現的時代，從十六世紀中葉起的百年期間，不管是在內陸邊緣的長城線上，還是在海上邊緣的東海海上，都經歷了極為激烈的動盪。[43]

到了餘波止息的十八世紀，與朝貢體系理念呈現相反方向的互市制度已然擴張。互市的體制，擴大了全球規模的跨區交易，加深相互之間的依存關係；另一方面，也隔離了天朝與諸國，特別是與日本和西洋王權之間的關係，反過來說，則是在維持不需要禮儀的疏遠關係上，做出連結的效用。這是作為要讓擴大通商與保障安全兩者兼顧的戰略，而被選擇的制度。

十八世紀東亞的繁榮與和平，並非是基於禮制的階層秩序之贈禮，而是從這樣的秩序中脫離，試圖達到官僚、商人，以及商人之間互相共通的利害關係，和地區與地區之間的互惠關係，建構起互市秩序後所帶來的結果。

接著，在十九世紀中葉以降，藉由戰爭和砲艦政策強迫簽訂國際條約，伴隨著「開港」的同時，也試圖實現自由貿易的西洋諸國，打破了擔保交易安全與商人自由競爭的互市之隔離，在自己的主導之下，擴張作為貿易據點的開港場所和租界。

這種近代自由貿易的擴大，不能夠將之定位在公行的壟斷——這只不過是一種虛幻的假象——以及朝貢制度的打破，如此的邏輯脈絡之中。將自由貿易帝國主義吸引至東亞的，是另一種自由貿易，也就是互市制度。另一方面，我們也可以推出以下的結論：打破基於安全保障與官民雙方利害均衡點設計出來的互市制度當中的隔離與限制，透過侵害他國國權的方式，達成自身商業與資本自由領域的擴張，這就是條約體系的本質。

# 後記

本書的各章，除了序章、第二章與終章是重新書寫之外，其餘是根據過往刊載於學術雜誌與論文集中的舊稿，添補訂正而成。其對照如下所示：

序　章：對「朝貢體系論」的重新檢討（新稿）

第一章：明朝擴大朝貢策略與禮制霸權主義
——〈明代中国の礼制覇権主義と東アジアの秩序〉（《東洋文化》第八五号、二〇〇五年）

第二章：貿易壟斷與明朝的海禁政策（新稿）

第三章：邊境社會與「商業熱潮」

——〈十六・十七世紀の中国辺境社会〉（小野和子編《明末清初の社会と文化》京都大学人文科学研究所、一九九六年）

第四章：十六世紀中國對交易秩序的摸索與互市

——〈十六世紀中国における交易秩序の模索——互市の現実とその認識〉（岩井茂樹編《中国近世社会の秩序形成》京都大学人文科学研究所、二〇〇四年）

第五章：清代的互市與「沉默外交」

——〈清代の互市と「沈黙外交」〉（夫馬進編《中国東アジア外交交流史の研究》京都大学学術出版会、二〇〇七年）

第六章：南洋海禁政策的撤廢及其意義

——〈清代中期の国際交易と海防——信牌問題と南洋海禁案から〉（井上徹編《海域交流と政治権力の対応》東アジア海域叢書2、汲古書院、二〇一一年）

終章：互市當中的自由與隔離（新稿）

另外，在第五章以及終章中的部分內容，則是來自以下論述：

——〈帝国と互市——十六～十八世紀東アジアの通交〉（籠谷直人・脇村孝平共編《帝国とア

ジア・ネットワーク――長期の一九世紀》世界思想社、二〇〇九年）
――〈朝貢と互市〉（《岩波講座東アジア近現代通史1：東アジア世界の近代――一九世紀》岩波書店、二〇一〇年）
――〈「華夷変態」後の国際関係〉（荒野泰典・石井正敏・村井章介共編《日本の対外関係：近世的世界の成熟》吉川弘文館、二〇一〇年）

本書的刊行，接受了日本學術振興會的二〇一九年度科學研究費補助金（研究成果公開促進費「學術圖書」）而成。

回顧過往，關於東亞的國際關係與通商，開始踏入研究的時間約可以上溯至二十五年前。對於自身研究進展的遲滯，以及成果的貧乏，只能說汗顏至極。

這段期間中，筆者參加了名為「沖繩的歷史情報」這一項大規模的研究企劃，在夫馬進教授的指導之下，透過研究《使琉球錄》以及相關史料，並有幸加入由羽田正教授所組織，以長崎和廣東（廣州）的比較研究為首的跨領域性共同研究，還有同事籠谷直人教授所組織，關於亞洲地區間經濟關係的共同研究班，在各種場合上，不斷地接受到刺激。若是當初沒有這些共同研究的場合，應該就連這些貧乏的成果都無法獲得吧。

以明清史作為專門研究領域的筆者，會去閱讀將視野擴展至琉球王國、朝鮮、日本乃至於東南亞的史料，也是因為在不同領域的研究者中所受到的砥礪與刺激。

最後，之所以會統整出本書（指日文版），是因為名古屋大學出版會橘宗吾先生的鼓勵所致。儘管筆者拖延了多年，造成了許多麻煩，但橘宗吾先生仍舊毫無怨言，辛苦地完成編輯的作業。若是沒有橘先生的幫忙，這本書也不可能問世。

在此感謝一路走來所獲得的恩情，並就此擱筆。

二〇二〇年正月

著者

西關係》（廣東經濟出版社，二〇〇九年）；Paul A. Van Dyke, *Merchants of Canton and Macao : Politics and Strategies in Eighteenth Century Trade*, Hong Kong University Press, 2011；藤原敬士《商人たちの広州——一七五〇年代の英清貿易》（東京大学出版会，二〇一七年）。

43 近年來，在中國關於朝貢制度的研究十分興盛。這應該是伴隨著中國作為經濟軍事大國重新崛起，試圖對歷史上中華帝國的世界秩序抱持肯定評價，並將這樣的意識展露無遺吧！然而，包含朝貢關係的實質，以及從其他國家出發的觀點在內，站在複眼式視角的這一點上，應該仍有課題需要處理。高偉濃《走向近世的中國與「朝貢」國關係》（廣東高等教育出版社，一九九三年）；何芳川〈「華夷秩序」論〉（《北京大學學報（哲學社會科學版）一九九八年第六期）；萬明《中國融入世界的步履——明與清前期海外政策比較研究》（社會科學文獻出版社，二〇〇〇年）；李云泉《朝貢制度史論——中國古代對外關係體制研究》（新華出版社，二〇〇四年）。另一方面，接受康燦雄（David C. Kang）主張傳統亞洲的秩序，並不是實體性的力量，而是基於文化性結構的共享而形成的說法，Harvard Journal of Asiatic Studies以"The Tributary System"為題，刊行了六名投稿者的特刊號（77-1, 2017）。文化性價值的共享，是朝貢體制的基礎之一，這是毋庸贅言之事；不如說，中國如何贏得擁有不同價值體系和宗教信條的外夷（babarians）前來臣服——在本書提及的懷柔遠夷之策，以及非對稱性的解釋實為關鍵——這個問題，才是更加重要之事。但在投稿者的論說中，未能注意到中國朝貢體制的歷史性變動，以及與通商的關係推移，只停留在概括性且靜態式的分析，甚為可惜。

University Press, 1970.

33 關於梁廷枏等廣州的知識份子，可以參考村尾進〈カントン学海堂の知識人とアヘン弛禁論、厳禁論〉（《東洋史研究》四四—三，一九八五年）以及〈梁廷枏と《海国四說》——魏源と《海国図志》を意識しながら〉（《中国——社会と文化》二，一九八七年）。

34 《粵海關志》卷二，前代事實，第一～二頁。

35 《欽定續通典》卷十六，食貨·互市，第六頁。

36 鶴田啓〈釜山倭館〉（荒野泰典編《江戸幕府と東アジア》日本時代史十四，吉川弘文館，二〇〇三年）；田代和生《倭館——鎖国時代の日本人町》（文春新書，二〇〇二年）等。

37 村尾進〈特に一所を設けて——碣石鎮總兵陳昴の奏摺と長崎·広州〉《中国文化研究》十三，二〇一三年。

38 村尾進前引論文「特に一所を設けて——碣石鎮總兵陳昴の奏摺と長崎·広州」內所引用陳昴〈為聖主遠念海疆等事〉。陳昴的漢文奏摺全文抄寫本，藏於梵蒂岡的Archivio Storico di Propaganda Fide，村尾氏介紹了這篇文章。另外，這份奏摺是接受康熙皇帝發出的「南洋海禁」（一七一六年）命令，為了講求更完備的處置方式而上呈的內容。

39 同本章注38。

40 First Report from *the Select Committee on the Affairs of The East India Company ( China Trade )*, BPP1830-7-8, pp. 132-133.

41 〈廣東巡撫李湖等奏摺〉《粵海關志》卷二十五，第四頁：

向來外番各國夷人載貨來廣，各投各商交易，行商惟與來投本行之夷人親密，每有心存詭譎，為夷人賣貨，則較別行之價加增，為夷人買貨，則較別行之價從減，祇圖夷人多交貨物，以致虧本，遂生借銀換票之弊。臣等雖嚴行示禁，該行商等，因無定例，亦視為故套，非奉明立科條，終難禁遏。

42 關於清代的廣州貿易，雖有梁嘉彬《廣東十三行考》（初版一九三七年，廣東人民出版社，一九九九年）這一部經典名著，不過在近年，有超越這部經典的精緻研究成果，揭開了實際的樣貌。岡本隆司《近代中国と海関》（名古屋大学出版会，一九九九年）；章文欽《廣東十三行與早期中一個注腳）。

24 姜宸英〈論日本貢市入寇始末：大清一統志〉《湛園未定稿》卷一，第十一頁。在此所說的「通貢之一失」，並非是說讓日本通貢是一大失策的意思；姜宸英的主張應該是，從洪武帝時代開始的通貢制度，也就是朝貢體制，說到底就是一大失策。

25 嘉慶《大清會典》卷三十一，禮部，主客清吏司，第二～四頁。

26 濱下武志認為「與朝貢原理相異的互市原理之範疇，就包含在其中」，但是關於兩者的原理差異，並未提出具體的說明（濱下武志《近代中国の国際的契機》東京大学出版会，一九九〇年，第二三頁）。曼考爾在論述朝貢體制的章節之後，將清代的廣東貿易放在「貿易體系」這一個標題之下概述（Mark Mancall, *China at the Center : 300 Years of Foreign Policy*, New York : Free Press, 1984）。然而，這兩者究竟是在何種場域之下論述，筆者未能讀透。濱下先生所說的「原理相異」，雖是不證自明的事情，但是如果不能認識到，互市是在朝貢制度之中站穩腳步，而後跨越出朝貢的歷程，是不可能理解到「原理相異」之含義的。

27 嘉慶《大清會典》卷三十一，第十五頁。

28 《皇朝文獻通考》卷二百九十三，四裔考一。

29 同前書，卷三十三，市糴考・市舶互市，第一～二頁。這篇文章的撰寫人為陳兆崙。在他的文集《紫竹山房詩文集》卷三中，以〈續市糴考市舶門小序〉之標題，刊載了同一篇文章。陳兆崙為錢塘人，於雍正八年（一七三〇年）中進士，從中書舍人經翰林院檢討的職務，而後成為太僕寺卿。擅長詩文，也參與了會典的纂修，在《皇朝文獻通考》編纂之際擔任副總裁。略傳收錄於民國《杭州府志》卷一百四十五（原志為乾隆時代所撰。傳中表示參照了顧光撰的墓誌銘，以及鶴徵後錄，但現今皆未能得見）。

30 《皇朝文獻通考》卷三十三，第七六頁。

31 J. K. Fairbank and S. Y. Têng "On the Tributary System", *Harvard Journal of Asiatic Studies*, 6 : 2, 1941.

32 郭德焱《清代廣州的巴斯商人》（中華書局，二〇〇五年）；Michael Greenberg, *British Trade and the Opening of China, 1800-1842*, Cambridge

文奏摺全譯》（中國社會科學出版社，一九九六年）第一〇七九頁。

16 康熙皇帝在滿保的奏摺上只批下「saha」（「覽」之滿語拼音）的硃批，關於這起事件，並沒有對六部的相關負責機構下達任何指示的痕跡。

17 Mark Mancall, "The Ch'ing Tribute System : An Interpretive Essay", in J. K. Fairbank, ed., *The Chinese World Order : Traditional China's Foreign Relations*, Harvard University Press, 1968, p. 77. 關於曼考爾將清代的通商與外交關係以「朝貢體系」的概念概括之議論，已在本書的序章中詳細檢討。藉由將中國開港後的「條約體制」、「近代世界體系」，與「傳統式儒教的」專制體制、「朝貢體系」的二分法來思考中國史發展的視角，對於這項視角的有效性，一直以來都飽受質疑。再說，背離清代同時期人的言論與觀點的邏輯，牽強附會地使用傳統式、儒教性的世界解釋與規範意識，藉以擴張「朝貢體系」的概念，這樣的作法也必須慎重小心才是。筆者已經指出，文人官僚的文辭是使用經典與古典式史書的語彙來描述現實，從而創造出與現實乖離的景象；將「朝貢體系」這個概念作為前近代東亞國際關係的特質來談論，同樣會造成相似的誤解。

18 清朝確實是將自己視為「天朝」，也就是位於「華夷秩序」的頂點位置。但是，將這種天朝理念與「朝貢體系」概念等同視之的做法並不恰當。另外，若是抓緊將乾隆帝明言「貿易是對各國的恩惠」之事，主張貿易本身就是在「朝貢體系」框架內進行的話，那也是誤解了朝貢這項政治行為的本質。

19 《清聖祖實錄》卷一百六十，康熙三十二年十月丁酉，第十九頁。

20 羽田明〈露清関係の特殊性〉《学海》三一六、三一七（一九四六年）；吉田金一《近代露清関係史》（近藤出版社，一九七四年）。

21 J. L. Hevia, *Cherishing Men from Afar : Qing Guest Ritual and the Macartney Embassy of 1793*, Duke University Press, 1995.

22 李云泉《朝貢制度史論——中國古代對外關係體制研究》（新華出版社，二〇〇四年）。

23 《大清一統志》有乾隆九年本、四庫全書本（乾隆二十九年本）、嘉慶二十五年本三種版本，無論是在哪一個版本中都看不見姜宸英的〈論日本貢市入寇始末〉。這篇文章只有在姜宸英的文集之中可以看見（請參照下

9 雍正《浙江通志》卷八十六，榷稅，第五頁、第七頁：

海關，鎮海縣志。在鎮海縣南薰門外。……定海紅毛館（屬寧波府定海縣，係航海渡船。風汛不定，如遇順潮，二日可到關署。謹按紅毛至中國，水程不要啻數萬里。康熙三十五年（一六九六），監督李雯請設紅毛館，部議未准施行。至康熙三十七年（一六九八），監督張聖詔以定海嶴門寬廣，水勢平緩，堪容外國大船，可通各省貿易，題請捐貲建署，往來巡視。以就商人之便，另設紅毛館一座，安置紅毛。夾板大船人眾，可增稅額。經部議行。奉旨，依議。嗣是海外番舶源源而來，不特紅毛一國輸誠貢市也）。

10 同前注。

11 在清代，曾將葡萄牙、義大利等天主教各國總稱為「西洋」。這應該和耶穌會傳教士基於自身立場，不以出身國度稱呼，而是稱自己「西洋人」有關吧！至於未派遣傳教士的國家之商人等，則是取其外貌上的共通性，總稱為「紅毛」。但是，在派遣使節等場合上，中方當局還是會識別各個國家的國名。只是，基於明代稱呼荷蘭人為「紅毛」的習慣，對於「荷蘭」的別稱，還是會使用「紅毛」這個國名就是了。

12 關於這個問題，Leonard Blussé, “No Boat to China : The Dutch East India Company and the Changing Pattern of the China Sea Trade, 1635-1690”, *Modern Asian Studies*, 30 : 1, 1996，以及張彬村〈十七世紀末荷蘭東印度公司為甚麼不再派船到中國來？〉《中國海洋發展史論文集》第九輯（二〇〇五年）有詳細的分析。

13 關於英國船隻在寧波的來航與貿易，可以參考陳君靜〈略論清代前期寧波口岸的中英貿易〉《寧波大學學報（人文科學版）》十五—一（二〇〇二年）。

14 關於紅毛館的設置，康熙三十五年（一六九六年）的「部議」曾將之駁回。是哪一個部門，雖然在實錄等並沒有記載，但因為是關係到戶部、禮部、兵部的事務，應該是多個部門一起合議的結果。不過，對結果表示不滿的海關監督在兩年後再次題奏，結果獲得裁可。

15 《宮中檔康熙朝奏摺》第九輯，第五〇七頁。這份奏摺並不是滿漢合璧，似乎只有上呈滿文的版本。漢文翻譯在中國第一歷史檔案館編《康熙朝滿〇〇頁）。

2　范金民〈明代萬曆後期通番案述論〉《南京大學學報》二〇〇二年第二期。

3　中砂明德〈荷蘭国の朝貢〉（夫馬進編《中国東アジア外交交流史の研究》京都大学学術出版会，二〇〇七年），詳細論述了這個時期荷蘭東印度公司與清朝的交涉，補足了過往的研究成果。在這塊領域中建構起研究基礎的，可以舉出John E., Wills Jr., *Embassies and Illusions : Dutch and Portuguese envoys to K'ang-hsi, 1666-1687*, Harvard University, 1984等作品。

4　《清世祖實錄》卷一百零二，順治十三年（一六五六年）六月戊申之條，第十五頁。

5　同前注。

6　在中國的學界，傾向將中國歷史上的通商外交政策，放在「閉關」與「開放」這兩個對立概念的軸線之上去理解。關於這個狀況，陳尚勝帶有批判性的見解，值得洗耳恭聽。陳尚勝〈「閉關」或「開放」類型分析的局限性——近二〇年清朝前期海外貿易政策研究述評〉《文史哲》二〇〇二年第六期；陳尚勝《閉關與開放——中國封建晚期對外關係研究》（山東人民出版社，一九九三年）。本書的立場則認為，就通商上的「壟斷」與「自由」這一對立概念來進行分析，是有效的做法。

7　制度與同時代人認知的問題，是無法與貿易和國際關係的現實狀況分開論述的。但是，已經有許多提供史料和數值來闡明實態的研究累積在前，因此除非立論必要的情況，否則本書幾乎不會提及貿易的現實狀況。岸本美緒〈清朝とユーラシア〉（歴史学研究会編《講座世界史２：近代世界への道——変容と摩擦》東京大学出版会，一九九五年）以及《清代中国の物価と経済変動》（研文出版，一九九七年）的第五章，著眼於貿易與國際秩序兩方面的論述，十分出色。在本章未能書寫到、關於通商的路徑和規模，也可以透過岸本的研究成果獲得基本的理解。

8　寧波（鄞縣）的外港鎮海（甬江河口），在十六世紀中葉的時間點已有「水港狹窄」的記載，而位於外洋的舟山群島（定海）各港則是「適合讓遠近的船隻停泊在港灣」。鄭若曾編《籌海圖編》卷五，浙江事宜・海門港，第三九～四〇頁。

必要物資，以及招攬醫師和教師等專業技術人員，大庭先生也有詳述。同書，第四六四～四七七頁。

28 佐伯富〈康熙雍正時代における日清貿易〉（首次發表於一九五八年，《中国史研究：第二》東洋史研究会，一九七一年）第五八三頁。

29 前引李衛〈為覆奏會同辦理東洋商船事宜仰請睿鑒指示遵行事〉第五八頁。

30 關於唐人館的變遷以及在唐人館內中國商人的所有生活，詳細可參考大庭脩編《長崎唐館図集成》（関西大学東西学術研究所資料集刊，九一六，二〇〇三年）所收錄的圖片，以及成澤勝嗣、永井規男、藪田貫等諸位學者的研究考證。

31 前引大庭脩〈享保時代の來航唐人の研究〉第四三九頁。松尾晋一〈幕藩制国家における「唐人」「唐船」問題の推移——「宥和」政策から「強硬」政策への転換過程とその推移〉（《東アジアと日本——交流と変容》創刊號，二〇〇四年）便是在討論這個問題。

32 荒野泰典〈日本型華夷秩序の形成〉《日本の社会史》第一卷（岩波書店，一九八七年）、《近世日本と東アジア》（東京大学出版会，一九八八年）。

33 前引松尾晋一〈幕藩制国家における「唐人」「唐船」問題の推移——「宥和」政策から「強硬」政策への転換過程とその推移〉、〈正徳・享保期不法漂流船問題への大名家の対応〉（九州国立博物館設立準備室共編《東アジア海域における交流の諸相——海賊・漂流・密貿易》二〇〇五年）、〈幕府対外政策における「唐船」打ち払いの意義〉長崎歴史文化博物館《研究紀要》創刊號，二〇〇六年。

34 拙稿〈帝国と互市——十六～十八世紀東アイアの通交〉（籠谷直人、脇村孝平共編《帝国のなかのアジア・ネットワーク——長期の十九世紀アジア》世界思想社，二〇〇九年），以及本書終章。

## 終章

1 《康熙起居注》康熙二十三年七月十一日（第二冊，第一一九九～一二〇〇四年第一期。

16 《崎港商說》卷一（林春勝、林信篤編，浦廉一解說《華夷變態》東洋文庫，一九五八年，第二七四八～二七四九頁）。

17 享保二年（康熙五十六年，一七一七年）八號雅加達船的唐人表示，前一年從寧波渡航雅加達的三艘商船「因為在七月回到寧波，所以便將裝載在那些船上、來自雅加達的貨物搬到我們的船上，並於八月六日從寧波出港」，抵達長崎。即使拿的是給雅加達船隻的信牌，光是往來於寧波——長崎之間，也能夠因應日本方面對南洋物資的需求。《崎港商說》卷一，第二七四八～二七四九頁。

18 閩浙總督高其倬、廣東巡撫楊文乾、福建巡撫常賚〈為覆奏事〉（雍正五年九月九日）《宮中檔雍正朝奏摺》第八輯，第八三六～八三八頁。

19 莫爾森的曾祖父雖然是歸順太宗皇太極的遼陽漢人，但是被編入滿洲牛彔，其子孫也不再使用中國姓氏，而是繼承了帶有滿洲風格的姓氏（《八旗滿洲氏族通譜》卷七十五，滿洲旗分內之尼堪姓氏，第八頁）。

20 《宮中檔雍正朝奏摺》第十一輯，第五六頁，對李衛〈為奏聞事〉（雍正六年八月八日）奏摺所下的硃批。請參照本書第三七〇頁圖。

21 李衛〈為奏聞事〉雍正六年八月八日《宮中檔雍正朝奏摺》第十一輯，第五三～五六頁。

22 張燮《東西洋考》卷三，下港（中華書局，一九八一年）第四八頁。

23 王大海《海島逸誌》卷三，紅毛，第三頁。

24 許雲樵《南洋華語俚語辭典》（星洲世界書局，一九六一年）。

25 陳春聲〈商人廟宇與地方化——樟林火帝廟、天后宮、風伯廟之比較〉《在鄉商人——華南地域社會的研究》（香港華南研究出版社，一九九九年）所引，李紹雄《樟林滄桑錄》。

26 李衛〈為覆奏會同辦理東洋商船事宜仰請睿鑒指示遵行事〉（雍正六年十二月十一日）《宮中檔雍正朝奏摺》第十二輯，第五六頁。

27 《信牌方記錄》享保二丁酉年（大庭脩編著《享保時代の日中関係資料一》）第二五頁。大庭先生已經指出這一件事。大庭脩〈享保時代の來航唐人の研究〉《江戸時代における中国文化受容の研究》（同朋舎，一九八四年）第四五七頁。關於其後日方如何利用信牌給付為誘餌，獲得所造成的影響。

3 岸本美緒《清代中国の物価と経済変動》（研文出版，一九九七年）第一九九～二〇〇頁。

4 柳澤明〈康熙五六年の南洋海禁案の背景——清朝における中国世界と非中国世界の問題に寄せて〉《史観》一四〇，一九九九年。

5 請參考本書第三章。

6 《清聖祖實錄》卷二百七十七，康熙五十七年二月戊戌之條，第二八頁。

7 毛文銓〈為據實奏聞仰祈睿鑒事〉（雍正四年三月十日）《宮中檔雍正朝奏摺》第五輯（故宮博物院，一九七八年）第六八八～六九〇頁。

8 李衛〈為奏聞出洋商船情由事〉（雍正五年二月十七日）《宮中檔雍正朝奏摺》第七輯（故宮博物院，一九七八年）第四九八～四九九頁。

9 南澳是位於福建、廣東兩省交界處南澳島上的兵鎮，有水師總兵駐紮。海壇是福建省福州府南端海壇島上的兵鎮，面對臺灣海峽，同樣有水師總兵駐紮。《大清一統志》卷三百二十四，福建省，第十五頁。浙江巡撫李衛舉出這兩支水師之名，是因為從江蘇、浙江方面南下的船舶，會在此處接受取締之故。過往這些地方是走私貿易與倭寇的根據地。

10 兵部對高其倬題奏的議覆，可以在《清世宗實錄》卷五十四，雍正五年三月辛丑之條，第二八頁中看見。

11 《清聖祖實錄》卷二百九十七，康熙六十一年六月壬戌之條，第三頁。

12 《島原本唐人風說書》（関西大学東西学術研究所資料集刊九，一九七四年），第一一三～一一四年。

13 孔毓珣奏摺（雍正五年八月十九日）《雍正朝漢文奏摺彙編》第十冊，第四〇五頁。

14 阿克敦奏摺（雍正五年九月十三日）《宮中檔雍正朝奏摺》第八輯，第八六七～八六八頁。

15 田中玄経〈コメが結ぶ世界——アユタヤ時代の清暹米穀貿易〉《史学研究》第二百六十四號，二〇〇九年。Sarasin Viraphol, *Tribute and Profit: Sino-Siamese Trade 1652-1853*, Harvard University Press, 1977；李金明〈清代中期中國與東南亞的大米貿易〉《南洋問題研究》一九九〇年第四期；湯開建、田渝〈雍乾時期中國與暹羅的大米貿易〉《中國經濟史研究》二

章。

80 《皇朝文獻通考》卷二百九十七，四裔考五．南．噶喇巴，第二四頁。

81 同前書，第二四～二五頁。

82 〈乾隆朝外洋通商案——慶復摺〉《史料旬刊》第二十二期，第八〇三～八〇五頁。

83 同前，第八〇三頁：

臣慶復於上年蒞任之始，聞有噶喇吧之事，適值粵商林恒泰等四船，在吧回棹，臣即傳詢，……更稱，「此番到彼，竝無熟識漢人，與番交易，各懷疑懼，不能得利。但夷目此舉，伊地賀蘭國王責其太過，欲將鎮守噶喇吧夷目更換。臨行又再三安慰，囑令商船下次再來，照舊生理」等語。

84 同前，第八〇四頁。

85 前引拙稿〈帝国と互市〉第四三頁以後，以及本書終章第六節。

86 在此強調的互市體制以及其所伴隨的「沉默外交」，應該也會有人反駁，既然它是作為「朝貢體系」的反作用而被選擇，那也應該視為「朝貢體系」的衍生物才對。筆者認為，對於將「朝貢體系」、互市體制以及「沉默外交」包含在內的上層概念，應該給予「天朝體制」或是「中華帝國體制」這樣的稱呼。筆者不認為將與朝貢無關的事態、以及帶有相反作用力的互市體制，包含在與朝貢這個具體制度連結在一起的「朝貢體系」概念中，是一種適切的作法。

87 這在《粵海關志》中也是相同的狀況。

## 第六章

1 由於前章詳述的信牌制度引進所產生的糾紛，來航長崎的船主李亦賢，較信牌上指定的來航年晚了兩年。長崎的唐通事按照慣例，向他詢問有關渡航的種種，以及中國國內的動靜。這項記錄收錄在《崎港商說》卷一，享保二年八月十七日的「三番広東船之唐人共申口」當中。

2 郭成康〈康乾之際禁南洋案探析——兼論地方利益對中央決策的影響〉（《中國社會科學》一九九七年第一期）透過南洋海禁案被拔除骨幹、徒具其形的政治過程，闡明了地區利害的展現，對中央政府與朝廷政策決定年）第五二頁。

73 一七一五年三月五日，中國商人被奉行所喚去，在那裡接受當局「宣讀海舶互市的新例」，並且收到了寫有新例的文件。《通航一覽》卷一百六十四，長崎港異國通商總括部二十七，商法・正德御改正，第三六九～三七〇頁。

74 「正德五年正月，將新例交付唐人始末」中規定，「其印總是置放於奉行所收藏，按壓朱印之時，要在奉行的面前蓋印，奉行所交付割符、記帳，帳面上會表明何月何日何處的船，交付給哪位唐人割符之由，通事要在場一同蓋印，比對帳面與割符上面的半印，以避免日後糾紛之事發生。」（《通航一覽》卷一百六十三，長崎異國通商總括部二十六，商法・正德御改正，第三六三頁）。

75 實施正德新令當時，長崎的通事早已代代「土著」（指久居當地），還取了日本風的姓名。讓他們使用原本的中國姓氏，同時假設性地創造出帶有中國官署風格的組織——「譯司」，準備好在表面上與中國商人的關係，全部是由通事參與的結構，便是新井白石所構想的正德新令。

76 希望讀者能夠想起，康熙帝駁斥為了交涉而打算開啟外交管道的徐元夢以及戶部的提案。

77 新井白石「以酊菴事議草」《新井白石全集》第四卷，第七一六頁。

78 請參照本章注32。

79 與信牌問題的發生並行，康熙帝也對中國船隻往南洋方面（包括呂宋）的禁止渡航措施進行檢討。這是他掌握到船舶和穀物外流的徵兆，並對馬尼拉與雅加達等地漢人移居者社會的急遽擴大抱持警戒，而採行的措施。但是，與內務府的財政以及政府鑄造銅錢有密切關係的日本，卻被排除在渡航禁止措施的對象之外。郭成康〈康乾之際禁南洋案探析——兼論地方利益對中央決策的影響〉（《中國社會科學》一九九七年第一期）透過解除禁止渡航南洋命令的政治過程，闡明在貿易問題上，福建等地基於地方利害關係立場發出的言論，對促成這種渡航禁令解除所發揮的作用。關於這件事的來龍去脈，可以參考柳澤明〈康熙五六年の南洋海禁の背景——清朝における中国世界と非中国世界の問題に寄せて〉（《史觀》第一百四十卷，一九九九年，第七二～八四頁）。詳細內容請見本書第六命令寧波海關監督，向商人們展示的諭文。松浦先生從前引《信牌方記錄》中找到這份文書。前引松浦章〈康熙帝と正德新例〉第四二頁。

68 前引松浦章「康熙帝と正德新例」第十六頁。又，《信牌方記錄》被翻刻在前引大庭脩編著《享保時代の日中関係資料一》當中。大庭先生作為參考底本的是長崎縣立圖書館藏古賀文庫本的複本。大庭先生推論，這個複本是古賀十二郎從原本抄寫而來的，並沒有指出原本所在的情報（大庭脩「解題」第三六四頁）。不過，長崎歷史文化博物館藏的福田文庫本《信牌方記錄》，也有人認為就是原本。基於古賀文庫本的翻刻本「准海商領倭票照」（第二五～二六頁），只有一個文字是錯誤的。

69 正如前文所述，日本方面發行的信牌，是仿效中國作為船隻身分保證，由官府發行給船戶和商人的「船照」、「商照」、「信牌」格式形式與文體而製成。山脇悌二郎《長崎の唐人貿易》（吉川弘文館，一九六四年）刊載了享保十八年（一七三三年）二月發行給南京船主費公望的信牌照片（第一四五頁）。又，安政四年（一八五七年）八月發給南京船主楊敦厚信牌的彩色照片，刊載於《長崎奉行所関係文書調查報告書》（長崎　教育委員会，一九九七年）（本書第三四七頁圖）。

70 同注67。

71 《通航一覽》卷一百六十七，長崎港異國通商總括部三十，商法・正德御改正，第四二八～四二九頁。大庭先生認為這是《通航一覽》引用「白石私記」為基礎的記載（請參照次注）。《通航一覽》中，關於新井白石所準備、要給中國商人看的這份公文，是附上「長崎奉行所より、唐通事共へ申渡し書付の案文（來自長崎奉行所，要交給唐通事宣布的公文稿）」這樣的標題。在這個標題下有「按，新井筑後守書寫」之注記，因此應該不是從「白石私記」中採錄出來的內容才對。在一連串文件的末尾，有「華夷變態」的小字注記。翻閱前引林春勝、林信篤編纂的《華夷變態》，在「長崎奉行所より唐通事共へ申渡し書付の案文」下，也可以看見這份公文（下冊，第二七〇一～二七〇三頁）。至於在新井白石的指示下，實際上由長崎奉行向中國商人展示的公文，則收錄在前引《信牌方記錄》第十九～二十頁。

72 大庭脩《漂着船物語——江戸時代の日中交流》（岩波新書，二〇〇一吧。關於這起告發事件，將於後文敘述。

57 所謂在長崎的唐人「風說」，是從入港的中國船船主等人詢問事情，記錄下來之後向奉行等報告的制度。

58 《通航一覽》卷一百六十七，長崎異國通商總括部三十，商法・正德御改正，第四二三、四二九、四三〇、四三一頁。

59 《通航一覽》卷一百六十七，第四二五頁所引「白石私記」。

60 前引《信牌方記錄》第十九～二十頁。其中李韜士所提出的文書以及供述，可以在林春勝、林信篤編《華夷變態》下冊，第二六九二～二六九七頁中看見。另外，告發商人成為問題開端一事，在前引松浦章〈康熙帝と正德新例〉中也有提及。

61 「（享保三年）九番南京船之唐船人共申口」前引林春勝、林信篤編《華夷變態》下冊，第二七九〇～二七九一頁。又，這項資料在前引大庭脩編《唐船進港回棹録・島原本唐人風說書・割符留帳》的「解題」中，也有被大庭先生所引用，第二三頁。

62 海關監督當然是毋庸贅言，即使是對總督巡撫而言，在管轄範圍內發生叛亂事件，想必會想要避免在朝政的場合上議論。另外，相當於皇帝耳目的織造包衣們，也誠如後文將敘述的一般，與長崎貿易有關，因此同樣會想避免讓問題擴大。是故可以認為，基於如此利害關係的一致，才能夠壓下告發「叛逆」發展成為大問題的狀況。

63 前引大庭脩編《唐船進港回棹録・島原本唐人風說書・割符留帳》「解題」第二四頁。

64 《康熙起居注》康熙五十五年九月二日（第三冊，第二三〇三頁）。「戶部覆浙江巡撫徐元夢所題，……以我中國商船受長溪地方牌票，不但有乖大體，相沿日久，大生弊端，亦未可知。應將作何行文倭子之處詳議，將伊初給牌票發回，以我國文票為憑等因。應如所議一疏」。對於這些試圖打開外交管道的提案，松浦先生並沒有重視。

65 請參照本書第三二六～三二七頁以及本章注36、37。

66 找到這份資料的是松浦先生。《康熙起居錄》康熙五十五年九月二十四日，第三冊，第二三一〇頁。

67 「准海商領倭票照，康熙五十六年四月」。這是接受戶部咨文的浙江巡撫寧民族出版社，二〇〇七年）對於「國體」這個詞語，是搭配「gurun i doro」一詞（《滿漢大辭典》第三五七頁）。

50 「ben」為「本」的音譯。這句話的意思是說，徐元夢並沒有貿然用屬於正規上奏文的「題本」提出問題，而是先藉由「奏摺」向皇帝秘密報告。

51 所謂的「不交付衙門……」，意思是藉由私人上奏文的奏摺所傳達的事件，不交由戶部等部局審議，而是透過皇帝在奏摺末尾所寫的「批示」，直接命令上奏者，也就是浙江巡撫徐元夢來處理。不需要經由六部等衙門來處理的輕微事件，或者反倒是重大且需要保持機密，無法經由衙門處理的事件，會採取這樣的措施。將奏摺交付衙門的話，通例是由奏摺的上呈者重新以正式的上奏文「題本」來上奏，對此由相對應的衙門依據題本來覆奏。徐元夢的題本以及戶部覆奏的節略，可以在《康熙起居注》康熙五十五年九月二日（第三冊，第二三〇三頁）中看見。

52 在長崎，將新例展示給中國商人之際，會交付漢譯過後的文件。其實物或是抄本，與奏摺一同送到了康熙帝手上。漢譯正德新令的人物是長崎儒醫向井元成，與通事彭城素軒（劉氏）等人。新令的漢譯，可以在「訳司與唐商款約」，菅俊仍輯《和漢寄文》卷一中看見（前揭大庭脩編著《享保時代の日中関係資料一》第一〇七～一一〇頁）。『通航一覽』卷一百六十四，長崎港異國通商總括部二十七，商法・正德御改正內可以看見的譯文，是從《和漢寄文》中所採錄的內容（『通航一覽』第三七三～三七四頁）。向井元成這號人物「在這個時期是長崎當地的醫師，而後被任命為後聖堂預」（『通航一覽』卷一百六十四，第三七〇頁）。在江戶時代，代代負責「書物改」以及長崎孔廟主祭的便是向井家。附帶一提，以芭蕉弟子身份而名聞遐邇的向井去來，便是向井元成的兄長。

53 「信牌」是作為在長崎的貿易許可書，帶有經濟性的價值。徐元夢主張，作為證據而上呈的「信牌」，若是使用完畢，有必要返還浙江的「信牌」原有主人胡雲客手中，讓胡雲客繼續使用。

54 被命令審議這份奏摺案件的機關是戶部。

55 請參照本章注46。

56 這份奏摺雖然沒有提及，不過從接受信牌的商人，是被其他商人告發「背中國、從外國」之事來看，應該還是有關係到「國之禮」認知的背景存在是浙江和江蘇船隻的「信牌」。從福建以南出航的船隻如同「如期攜帶信牌而來完成生理」文字所示，帶著「信牌」來航，於一七一六年閏二月從長崎踏上歸國的旅程。「白石私記」『通航一覽』卷一百六十七，長崎港異國通商總括部三十，商法・正德御改正，第四二五頁。帶著「信牌」來航的船隻有七艘。前引《信牌方記錄》正德六丙申年中有其一覽（第十九頁）。

47 根據前引《信牌方記錄》正德六丙申年，同年的二月以後，未攜帶「信牌」而來航的中國船隻共計十九艘（第二一～二二頁）。除了一艘之外，其餘是寧波船或南京船。李韜士雖是「廣東船主」，但在前一年領取信牌歸國之際，因風向不順而於四月六日入港寧波，據說在當地養病之時被捲入「信牌」告發的事件，「信牌」遭到沒收。「享保元丙申年二月廣東船主李韜士為報明事」、「廣東船之唐人共申口」、「廣東船頭李韜士物語之覺」『通航一覽』卷一百六十七，長崎港異國通商總括部三十，商法，正德御改正，第四二一～四二三頁。

48 對於「ishunde hūdašambi」一詞，安雙成編《滿漢大辭典》（遼寧人民出版社，一九九三年）的譯詞是「交易」。直譯這個滿洲語的話，即為「互市」。

49 前引《康熙朝滿文奏摺全譯》所收的漢譯，是將gurun i doro譯為「國家之道」。doro的本義是「道」，更為抽象的解釋則是「道理」、「禮」等詞。但是，將商人接受日本信牌之事譯為「即國家之道益甚有碍」（《康熙朝滿文奏摺全譯》第一一一九頁），有些許難以理解的部分。安雙成編《滿漢大辭典》在doro的語譯上，除了「道」、「禮儀」之外，也有「規則」、「政體」的解釋。後兩者可以認為是從禮制、禮典的意義上延伸而來的意思。河內良弘編著《滿洲語詞典》（改訂增補版，松香堂書店，二〇一八年），對doro這一個語詞提出了許多的語譯，作為例子，將manju gurun i doro譯為「在滿洲國的制度」之外，doro也可以譯為「治道」、「政治」、「政」之譯詞（第二八三頁）。在此，作為包含與制度相關的概念，譯為「禮」應該是恰當的譯法。基於注64《康熙起居錄》的內容，引用了徐元夢在關於這件事所上奏題本之一部分。在其中，可以看見領受日本「信牌」之事為「有乖大體」的字句。這一句，與「gurun i doro de inu goicuka babi」所要說的事情是同樣的吧。安雙成主編《滿漢大辭典》（遼

《通航一覽》（国書刊行会，一九一二～一九一三年）採錄的日文相關文件。例如，《通航一覽》卷一百四十九，長崎港異國通商總括部十二，商法・入津改，第一九一～一九二頁；《通航一覽》卷一百六十三，長崎港異國通商總括部二十六，商法・正德御改正，第三六三～三六八頁。

39 《信牌方記錄》正德五乙未年，第十三頁。

40 徐元夢雖有漢人風格的姓名，卻是正白旗的純正滿洲人，出身舒穆祿氏。「徐」字便是舒穆祿的對照音。徐元夢的孫子是大學士舒赫德，「舒」字也是舒穆祿的對照音。徐元夢的傳記，可以在《欽定八旗通志》卷一百六十，人物志四十・大臣傳二十六中看見。正如「舒穆嚕亦滿洲大族，昔徐元夢以翰林兼通清漢文，在皇祖時即為眾所推」（《欽定八旗通志》，卷首五，天章五・皇上御製詩三中可以看見題為「五功臣」的乾隆皇帝詩序）所示，他是精通滿漢文，晉升至大學士職位的有力人物。

41 前引《康熙朝滿文奏摺全譯》所收的〈浙江巡撫徐元夢奏倭子國不准無該國牙帖商人貿易摺〉（第一一一九頁）是檔案館研究者的漢譯版本。雖是正確的翻譯，但是在譯詞上有幾個問題，將於後文敘述。

42 筆者在利用微縮膠卷之際，深受筑波大學楠木賢道先生的照顧。又，在從膠卷中找出這封文件時，也受到楠木先生的幫助。在此誠摯感謝。

43 胡雲客的名字可以在前引《信牌方記錄》的第十六頁中窺見。「一，南京，丙申，午五十寧波，胡雲客」；這段記載的意思是，從南京（從浙江出發的船也包含在南京船內）出航，午歲（一七一四年）入港長崎的第五十號船，其船主便是胡雲客，他領取了獲許在丙申年（一七一六年）來航長崎的信牌。徐元夢特別舉出胡雲客的名字，是因為與這份奏摺一同送交到康熙皇帝手邊的「信牌」，便是胡雲客的名義。

44 徐元夢的奏摺將日本的「信牌」譯為temgetu bithe（印信文件）。temgetu bithe是官府作為證明，所發出附有官印文件的泛稱。前引《康熙朝滿文奏摺全譯》將這個詞譯為「牙帖」，有失妥當。筆者在中譯版奏摺的標題和本文中看到「牙帖」之詞還甚感困惑，但是在看到滿洲文的檔案之後，疑問便煙消雲散。

45 雖是直譯，其意義為「並無大礙」、「不成問題」。

46 在浙江海關蒐集到的，除了下一個注腳所提及的李韜士為例外，其餘全都帳》（関西大学東西学術研究所資料集刊九，一九七四年）所撰寫的「解題」。還有大庭脩《江戸時代における中国文化受容の研究》（同朋舍，一九八四年）、《江戸時代の日中秘話》（東方書店，一九八〇年）、《漂着船物語——江戸時代の日中交流》（岩波新書，二〇〇一年）。

32 馮佐哲〈曹寅與日本〉（《中國史研究》一九九〇年第三期，馮佐哲《清代政治與中外關係》中國社會科學出版社，一九九八年）第一三一～一三二頁；易惠莉〈清康熙朝後期政治與中日長崎貿易〉《社會科學》二〇〇四年第一期，第九六～一〇五頁。

33 黄彰健《明代律例彙纂》（中央研究院歷史語言研究所，一九七九年）公式，第四五三頁。

34 在本書第三四七頁所示長崎「信牌」的末尾，有著「限到，日。繳。」字樣；這是表示接受該信牌的船隻到期限的某日為止，應抵達長崎，抵達後則須將信牌繳還。長崎的「信牌」，在本文內已經有用干支明示，要在某年之內入港，因此並沒有明確規定到期日為何；但是，因為這種「信牌」是直接沿襲中國信牌的樣式，所以仍然保留了書寫到期日的形式。

35 其中一例是所謂的「正堂信牌」（天啓二年十一月休寧縣正堂信牌）。這個「信牌」是向差役命令，拘提官司關係人（原告、被告、證人）的公文。《徽州千年契約文書．宋元明編》卷四，第六六頁。關於明清時代「信牌」的書寫形式，在《新刻大明律例臨民寶鏡》卷中的〈按察司牌面式〉（第十六頁）、〈各府牌式〉（第二二頁）、〈（各縣）牌面式〉（第二七～二八頁）皆有呈現。

36 〈寧波關部牌之寫〉，菅俊仍輯《和漢寄文》卷二（大庭脩編著《享保時代の日中関係資料一》関西大学出版部，一九八六年）第二〇五～二〇六頁。又，關於清代官府對貿易船隻的管理，劉序楓〈清政府對出洋船隻的管理政策（一六八四～一八四二）〉《中國海洋發展史論文集》第九輯（中央研究院人文社會科學研究中心，二〇〇五年）第三三一～三七六頁有詳細的介紹。

37 〈廣東船頭鮑允諒送來候日本人往來手筈之寫〉，菅俊仍輯《和漢寄文》，第二〇三～二〇五頁。

38 參照《信牌方記錄》（大庭脩編著《享保時代の日中関係資料一》）和

团〉《東洋学報》六九—一，一九八八年、澀谷浩一〈キャフタ条約以前のロシアの北京貿易——信側の受入れ体制を中心にして〉《東洋学報》七五—三，一九九四年等論著。

26 乾隆二十一年（一七五六年）閏九月，乾隆帝向兩廣總督以及閩浙總督發下密諭：「洋船赴浙，日久生弊，照廣東省海關則例加稅，至浙商船自歸粵海關貿易」。翌年十一月，兩廣總督李侍堯向洋商傳達上諭：「口岸定于廣東，不得再赴江浙貿易」。這些檔案史料可以在《清宮粵港澳商檔案全集》（中國書店，二〇〇二年）的影印版中看見。關於這項一七五七年的措施，可以參照村尾進〈乾隆己卯——都市広州と澳門がつくる辺疆〉（《東洋史研究》六五—四，二〇〇七年）。

27 朝鮮在太宗皇太極時代因為武力的行使而被迫屈服於清朝，被置於從屬國式的立場，因此將之與其他朝貢國家等同視之，或許會有些問題。關於朝鮮王朝時代的朝貢，全宗海有綜合性的研究。關於朝貢貿易，張存武《清韓宗藩貿易》（中央研究院近代史研究所，一九七八年）有詳細的研究。

28 《朝鮮王朝實錄》宣祖三十年（一五九七年）正月丁未之條；《朝鮮王朝實錄》宣祖三十三年（一六〇〇年）十月戊子之條；《朝鮮王朝實錄》宣祖三十三年十一月丙辰之條等。

29 《清聖祖實錄》卷一百六十，康熙三十二年（一六九三年）十月丁酉，第十九頁。

30 松浦章〈康熙帝と正徳新例〉（箭內健次編《鎖国日本と国際交流》下卷，吉川弘文館，一九八八年）第二九～五三頁。徐元夢奏摺的中譯版，經由中國第一歷史檔案館《康熙朝滿文奏摺全譯》（中國社會科學出版社，一九九六年）發表出來，是在松浦先生的論文發表之後。郭蘊靜〈清前期商船航日貿易與考察〉（朱誠如主編《清史論集——慶賀王鍾翰教授九十華誕》紫禁城出版社，二〇〇二年）也論述了「信牌」問題，但是並未參照徐元夢的奏摺。關於這個問題，過去在矢野仁一〈支那ノ記録カラ見タ長崎貿易〉《東亜経済研究》九—三，一九二五年；佐伯富〈康熙雍正時代における日清貿易〉（首次發表於一九五八年，佐伯富《中国史研究：第二》東洋史研究，一九七一年）中有所論述。

31 參見大庭脩為自己編纂的《唐船進港回棹録・島原本唐人風説書・割符留

16 梁嘉彬《廣東十三行考》（初刊於一九三七年，廣東人民出版社，一九九九年）；章文欽《廣東十三行與早期中西關係》（廣東經濟出版社，二〇〇九年）；譚元亨編《十三行新論》（中國評論學術出版社，二〇〇九年）。

17 モルガ《フィリピン諸島誌》（大航海時代叢書VII，岩波書店，一九六六年）。

18 拙稿〈帝国と互市——十六～十八世紀東アジアの通交〉（籠谷直人、脇村孝平共編《帝国のなかのアジア・ネットワーク——長期の十九世紀アジア》世界思想社，二〇〇九年）。又，在本章筆者所主張之事，特別是關於對tribute system論的批判，請參照本書的序章與終章。

19 乾隆《大清會典則例》卷九十三，禮部，主客清吏司・朝貢上，第十二頁。

20 乾隆《大清會典》卷五十六，禮部，主客清吏司・賓禮・朝貢，第六～七頁。

21 同前書，第四、七～八頁。

22 中砂明德〈荷蘭国の朝貢〉（夫馬進編《中国東アジア外交交流史の研》』京都大学学術出版会，二〇〇七年）詳細地分析了關於荷蘭朝貢的重要資料。在明代，附搭貨物在入港地點買賣之事，只有一部分的國家是以特例的方式受到允許，到了十六世紀，在廣州確立了對附搭貨物的課稅（抽分）制度，而開始廣泛地受到認可，但是清朝為了達成海禁的效果，試圖復甦已經成為死文化的朝貢原本規定。關於這些問題，已在本書的第四章詳述。

23 關於明初的對外政策，已有許多累積的研究成果。對於太祖招攬朝貢使節的來龍去脈與目的，已在本書的第一章論述。

24 關於條約的本文，吉田金一有詳細的檢討。吉田金一《近代露清関係史》（近藤出版社，一九七四年）第九四～一〇〇頁。

25 除了吉田金一《近代露清関係史》之外，尚可參見Mark Mancall, *Russia and China: Their Diplomatic Relations to 1728*, Harvard University Press, 1971, 張維華、孫西《清前期中俄關係》（山東教育出版社，一九九七年）、柳澤明〈キャフタ条約への道程——清の通商停止政策とイズマイロフ使節

兵的高峰期。鄧鐘在卷一福建事宜的「海禁」論説中，認為要防止對日本的「私販」是不可能之事，「不如因勢利導，弛禁重稅」，主張實質上開放對日貿易；但另一方面他也表示，絕對不能應允日本的貢市要求，必定要從中國渡海貿易。

## 第五章

1 林春勝、林信篤編，浦廉一解說《華夷變態》（東洋文庫，一九五八年）卷二，上冊，第六八～六九頁。

2 林春勝、林信篤編，浦廉一解說『華夷變態』第六一頁。

3 劉鳳雲《清代三藩研究》（中國人民大學出版社，一九九四年）。

4 石原道博『明末清初日本乞師の研究』（冨山房，一九四五年）。

5 林春勝、林信篤編，浦廉一解說『華夷變態』卷六，上冊，第二六四～二七二頁。

6 劉家駒《清朝初期的中韓關係》（文史哲出版社，一九八六年）。

7 河宇鳳《朝鮮王朝時代の世界観と日本認識》（明石書店，二〇〇八年）、李成茂《朝鮮王朝史》上（日本評論社，二〇〇六年）。

8 《朝鮮王朝實錄》肅宗，卷十五，康熙二三年三月十四日。

9 安部健夫《清代史の研究》（創文社，一九七九年）；拙作（岩井茂樹）《中国近世財政の研究》（京都大学学術出版会，二〇〇四年）。

10 陳尚勝《閉關與開放——中國封建晚期對外關係研究》（山東人民出版社，一九九三年）。

11 參見本書第四章。

12 岸本美緒《清代中国の物価と経済変動》（研文出版，一九九七年）。

13 祁美琴《清代內務府》（中國人民大學出版社，一九九八年）。

14 岡本隆司《近代中国と海関》（名古屋大学出版会，一九九九年）；松浦章《清代海外貿易史の研究》（朋友書店，二〇〇二年）。

15 彭雨新《清代關稅制度》（湖北人民出版社，一九五六年）；陳國棟〈清代前期粵海關的稅務行政〉《食貨月刊》新十一卷十期，一九八二年；祁美琴〈關於清代榷關額稅的考察〉《清史研究》二〇〇四年第二期。

利孔，使奸人得乘其便。

113 范金民〈明代萬曆後期通番案述論〉《南京大學學報》二〇〇二年第二期，清楚呈現了浙江「通番」的實際狀況。

114 「廣中事例」可以在方才引用王直上疏中看見（請參考本書第二九七頁）。這個「事例」似乎一直持續適用至明朝最末期。崇禎十一年（一六三八年）十月二十日，琉球中山王上奏要求生絲的貿易許可；他一方面提出允許暹羅和柯枝進行生絲貿易的事實，另一方面則懇請「依照廣東事例來施行，每遇進貢之年，互市貿易生絲，並依照數量報稅（依廣東事例施行，每遇進貢之年，互市貿絲，照數報稅）」（〈琉球國中山王尚豐——奏為籲天循例效順輸稅再賜議處事〉《歷代寶案》〇一——一三——一六）。自此之後，琉球在關於入貢地點福州的課稅貿易上，幾度使用了「廣東事例」這個用語。

115 岡本隆司《近代中国と海関》（名古屋大学出版会，一九九九年）第一章中，列舉鄭舜功對於「客綱」的記述，以及十七世紀上半葉「攬頭」的相關資料等，對清初廣東海關成立期的狀況，做了緻密的分析。

116 筆者認為，從官方角度來看，除了外國商人貨物的通關、也就是納稅方面的代理外，獲得保證人也是相當重要的；「客綱」、「客紀」與牙行，便是擔負著如此的機能。

117 前引梁嘉彬《廣東十三行考》第六二頁。周玄暐《涇林續記》第四七頁：

廣屬香山為海舶出入噤喉，每一舶至，常持萬金，併海外珍異諸物，多有至數萬者。先報本縣，申達藩司，令舶提舉同縣官盤驗，各有長例，而額外隱漏，所得不貲。其報官納稅者，不過十之二三而已。繼而三十六行領銀，提舉悉十而取一。蓋安坐而得，無簿書刑杖之勞。

118 面對海道副使汪柏的措施，其上司按察使丁以忠認為這是錯誤的作法而「力爭」，但是汪柏並未屈從。這段逸事可以在郭棐《粵大記》卷九，宦績類的丁以忠傳中看見（頁五二～五三）。

119 《籌海重編》卷十，開互市，第五十～五一頁。在四庫全書提要之中介紹，鄧鐘字道鳴，晉江（泉州）人，「萬曆二十年倭大入朝鮮，海上傳警。總督蕭彥命鐘取崑山鄭若曾《籌海圖編》，刪其繁冗，重輯成書」。萬曆二十年（一五九二年）附上新序的原因，是因為這年正值豐臣秀吉出撫嚴督之，是以激而變生。欲弭之，請考前之無寇者，何謹微以防漸，不必過嚴，不治治之而寇息矣」（王文祿《文昌旅語》）。朱紈破壞舟山的雙嶼是發生在同年四月，而當時就有劉熠這樣，主張「今日（的海寇），不過是漳州之寇，結果朝廷下令巡撫嚴格取締，反而激生事變……不要太過嚴格，以不治治之，海寇自然就會平息」的見解，相當值得注目。

108 王直的上書可以在采九德《倭變事略》附錄中看見（《鹽邑志林》卷四十八，第十七～十八頁）。前引林仁川《明末清初私人海上貿易》第九十～九二頁載錄了全文；除此之外，其他關於倭寇的論著，也多有引用此文。

109 從周鸞這號人物與關於「客綱」、「客紀」的片斷資料，無法全盤窺見他們所執行的業務。倘若鄭若曾的構想與王直的發言是以廣東的互市制度作為樣板而提出，那麼或許就可以反過來窺知周鸞等人究竟扮演著怎樣的角色。又，「客綱」的「綱」，應該是與明代鹽專賣制度中所出現「綱法」的「綱」同義，也就是「統籌管理」，統率角色的意味。

110 《明世宗實錄》卷五百五十，嘉靖四四年九月丙申，第一頁。

111 《明世宗實錄》卷四百八十，嘉靖三九年正月丙子，第一頁：

浙直視師右通政唐順之既陞任淮楊巡撫，乃條上海防善後事宜。（中略）一，復舊制。國初海島近區皆設水寨。今雙嶼、烈港、浯嶼諸島，海賊巢據者，即其故地。沿海衛所，軍伍素整，屯田亦多，及金塘、玉環諸山，膏腴幾萬頃。皆古來居民置鄉之所，悉皆墾種。浙廣福三省原設三市舶司，所以收其利權，操之于上，使奸民不得乘其便。今數者已廢壞，宜令諸路酌時修舉。

112 鄭若曾輯《籌海圖編》卷十二，經略二・開互市，第八五頁：

通政唐順之云，國初浙、福、廣三省設三市舶司，在浙江者專為日本入貢。帶有貨物，許其交易。在廣東者則西洋番船之輳，許其交易而抽分之。若福建既不通貢，又不通舶。而國初設立市舶之意，漫不可考矣。舶之為利也，譬之礦然。封閉礦洞，驅斥礦徒，是為上策。度不能閉，則國收其利權而自操之，是為中策。不閉不收，利孔洩漏，以資奸萌，嘯聚其人，斯無策矣。今海賊據峿嶼、南嶼諸島，公然番船之利，而中土之民交通接濟。殺之而不能止，則利權之在也。宜備查國初設立市舶之意，毋洩者柯喬發兵攻夷船，而販者不止。都御史朱紈獲通販九十餘人，斬之，通都海禁漸肅。顧海濵一帶，田盡斥鹵，耕者無所望，歲只有視淵若陵，久成習慣。富家征貨，固得稛載歸來，貧者為佣，亦博升米自給，一旦戒嚴，不得下水，斷其生活，若輩悉健有力，勢不肯縛手困窮。於是所在連結為亂，潰裂以出其久潛蹤於外者，既觸網不敢歸，又連結遠夷，鄉導以入。彰之民，始歲歲苦兵革矣。

99 張燮《東西洋考》卷七，餉稅考，第一頁。

100 《籌海圖編》卷十二，經略二，第八五頁：

貢舶者王法之所許，市舶之所司，乃貿易之公也。海商者王法之所不許，市舶之所不經，乃貿易之私也。日本原無商舶，商舶乃西洋原貢諸夷，載貨舶廣東之私澳。官稅而貿易之（詳見後附錄廣東海道回文）。

101 本書主要使用的是嘉靖四十一年序刊本，此外也參考了隆慶六年序刊本、天啓四年序刊本、四庫全書本等。李致忠點校《籌海圖編》（中華書局，二〇〇七年）也參照了本書未能利用的康熙年間刊本。

102 《青峰先生存稾》序，汪息聰識語，第三頁：

此則身當其事，心思所竭曲中機宜，異時嗣修海防者，吾言恐不可廢也。緣是雖幸謄寫成帙，又以呈浙大參王公，及廣巡海林公。未及領回而先仲父不幸逝矣。此後無緣取復，而著意留稿之文，又爾散逸。

海道副使的職務原為海防，而當時和外國船隻的對應、以及對交易船的規範，也都屬於海防相關事務，因此這個「著意留稿之文」，應該包含了汪柏在廣州關於互市制度的處理。另外，汪柏也經常被寫成汪栢。

103 《籌海圖編》卷九，大捷考．乍浦之捷，第十二頁。

104 《籌海圖編》卷十二，經略二，第八七頁。

105 同前注。

106 同前注。

107 同前書，第八七～八八頁。當時，為了平息猖獗的海寇，應採取「不治治之」的見解，似乎已在某種程度上擴展開來。嘉靖二十七年（一五四八年）十二月朔日，有十一名地方士人聚集在浙江省海鹽縣的文廟，其中有一位人物名叫劉熠。談到面對「近日海寇」的對應之際，劉熠陳述自己的理論表示：「聞諸洪武、永樂間，倭夷數犯而莫御。今惟漳寇耳，且敕巡

90 龐尚鵬〈陳末議以保海隅萬世治安事〉《百可亭摘稿》卷一，第六四頁。

91 附帶一提，不只是外國來航的商人與定居的外商，與番來往的中國商人也會被稱呼為「番商」。從事防禦倭寇作戰的胡憲成，為了緩和王直等人的攻擊，讓出身蘭谿，名為童華的「番商」與王直等人貿易，而童華這號人物，似乎也接受了胡憲成的要求，參與了促使王直歸順的檯面下活動（姚士粦《見只編》上，第二五頁）。

92 宋代的「綱首」是統率管理搭乘中國出海貿易船隻商人的角色，由市舶司提供相當於刑具的「杖」以及蓋壓在交易帳簿上的「印」。關於北宋末期的廣州，朱彧記錄的《萍洲可談》卷二中有「甲令，海舶大者數百人，小者百餘人，以巨商為綱首、副綱首、雜事，市舶司給朱記，許用笞治其徒，有死亡者籍其財」。但是，在這裡所說廣州的「綱首」，並非是船上的商人，而是居住在廣州、負責管理來航外國商人的人物。

93 《明世宗實錄》卷一百二十二，嘉靖十年二月戊寅，第九頁。

94 《明世宗實錄》卷一百五十四，嘉靖十二年九月辛亥，第四頁。

95 《明世宗實錄》卷二百六十一，嘉靖二十一年五月庚子，第二～三頁。

96 嚴嵩〈琉球國解送通番人犯〉《南宮奏議》卷三十，夷情五，第十二頁：

臣等看得，奏內陳貴等七名，節年故違明禁，下海通番，貨賣得利。今次遇潮陽海船二十一隻，稍水一千三百名，彼此爭利，互相殺傷。蓋禍患所由，起自陳貴，厥罪實深重矣。但該國既知陳貴等違法私駕大貨船到國，只合連人送回，天朝自有昭然憲典，卻乃縱令齎執牌面，招引入港，接賣貨物。據陳貴等所供二十六船貨物，俱被彼國盤起，顯是該國利其所有。因議價不同，彼此互相攻殺，遂從而誣之為賊。夫航海萬里，深入島夷，眾寡之勢，自不相敵而曰為賊，此事理之所必無者也。

97 在前注引用的題本裡，嚴嵩接著又繼續說：「據陳貴等執稱攬載各主貨物，俱有各籍姓名、通商來歷，原非作賊人犯。況國王咨內亦云，連年入境貿易，與陳貴等供招相同」。

98 張燮不但指出浯嶼葡萄牙人與漳州、泉州商人的合作，以及海邊貧瘠之地的貧民，乃是透過走私貿易取得謀生之資，更指出朱紈實施的嚴禁政策，是驅使他們為亂的導火線。《東西洋考》卷七，餉稅考，第一頁：

（嘉靖）二十六年。有佛郎機船載貨泊浯嶼，彰泉賈人往貿易焉。巡海使

82 參照本章注44所引《明武宗實錄》正德十二年五月辛丑之條。

83 關於朱紈的最新研究是山崎岳〈巡撫朱紈の見た海——明代嘉靖年間の沿海衛所と「大倭寇」前夜の人々〉《東洋史研究》六二－一，二〇〇三年。

84 鄭舜功《日本一鑑窮河話海》卷六，海市，第三頁：

明年庚戌，巡按廣東監察御史王紹元以鄉宦族通倭構訟，乃建議曰「海利獨歸於宦豪，莫若屬權於官府」。惟時朝議琉球、朝鮮、爪哇諸族，地隔漲海自古未為邊寇，惟日本一國只宜遵祖訓不許與同。今御史王紹元要開市舶事，亦慎重之至。合行直隸、浙江、福建、廣東撫操巡按三司等官會議，果於地方無損，國課有益，咨覆奏奪。而御史王紹元雖懷富國之謀，未審寇盜之漸，議亦未行。

這篇關於王紹元建議的記錄，無法在《明世宗實錄》等官方編纂物中看到。有可能這項建議並不是以上奏的形式呈現，而是向奉命研討對倭寇政策的總督與巡撫提出的方案。

85 鄭舜功《日本一鑑窮河話海》卷六，海市，第四頁。

86 萬曆《廣東通志》卷七十，外志五・雜番，第四一頁。

87 前引林子昇《十六至十八世紀澳門與中國之關係》第十九頁。這個說法的首倡者似乎是藤田豐八（藤田豐八〈葡萄牙人の澳門占領に至るまでの諸問題〉《東洋学報》八－一，一九一八年；藤田豐八《東西交涉史の研究：南海篇》荻原星文館，一九四三年）。正如徐薩斯（Montalto de Jesus）所言，即使有一五五四年苦於海盜猖獗問題的中國官方與萊奧內爾・德・索札訂立協約，承認葡萄牙船隻轉移至浪白滘從事貿易（Montalto de Jesus, *Historic Macao: International Traits in China, Old and New*, Salesian Printing Press, 1926）之事實存在，但是將周鸞推論為索札的根據依然薄弱。梁嘉彬也批判將周鸞推論為索札的說法。《廣東十三行考》（首刊於一九三七年，廣東人民出版社版本，一九九九年）第六十～六一頁。

88 這些事情在前引張增信《明季東南中國的海上活動》上篇，第二四七～二四九頁中，有詳細的介紹。

89 雖說是「設立」，但並非是由官方主動策畫創設，而是賦予已經從事這項業務的中國商人一個名目，對此進行事實上公認的處置方式。

72 崇禎《東莞縣志》卷六，藝文志，章奏，第六六七頁。《明世宗實錄》卷一百一十八，嘉靖九年十月辛酉之條，第七～八頁。

73 黃訓編《名臣經濟錄》卷四十三，兵部・職方下之下中，將汪鋐的上奏採錄為〈題為重邊防以蘇民命事〉（第十二～十三頁）。

74 《明武宗實錄》卷一百二十八，正德十年八月甲戌，第二頁可以看見汪鋐從廣東按察司僉事升職副使之事，其後經廣東右布政使，轉任成為浙江的布政使，則是嘉靖四年（一五二五年）八月的事情。

75 方才介紹的嘉靖《廣東通志》卷六十六，外志三・夷情之項中「抽分有則例」，其解釋乃是基於總督陳金的奏請，比例為十分之三（自正德三年起）以及十分之二（自正德十二年起）。

76 汪鋐〈題為重邊防以蘇民命事〉黃訓編《名臣經濟錄》卷四十三，兵部，職方下之下，第十四～十五頁。

行令彼處撫按鎮守市舶海道等衙門，務要遵奉節年題准事例，凡安南等國載在祖訓，例應入貢者，果是依期而至，比對硃墨勘合相同，夾帶番貨，照例抽分。應解京者解京，應備用者備用。抽分之外，許良民兩平交易，以順夷情。其餘非應貢之年，及過貢期而不還，或假以國王買辦名色，并奸商勾引搆惹釁端，及逆番冒進，頻年橫入如佛朗機者，通行即時驅逐出境。敢有違例交通者，治以重罪。

77 嚴從簡《殊域周咨錄》卷九，佛朗機，第二三頁。

78 《明史》卷八十二，食貨六・採造，第一九九三～一九九四頁。

79 《明世宗實錄》卷四百五十四，嘉靖三十六年十二月乙未之條，第六頁：

先是遣主事王健等往閩廣採取龍延香。久之無所得。至是健言，宜於海船入澳之時，酌處抽分事宜，凡有龍涎香投進者，方許交商貨買，則價不費而香易獲。不必專官守取。部議以為然。請取回奉差各官，更下廣東撫按官，於沿海番船往來處所，設法尋買。并將海船抽稅事宜議奏。詔從之。

80 黃仲昭〈廣東按察司僉事陳燮列傳〉《未軒文集》補遺卷上，第十二頁。

81 《籌海圖編》卷十二，經略二，開互市，第八四～八五頁。「商舶與寇舶初本二事，中變為一，今復分為二事，混而言之，亦非矣」。又，《籌海圖編》卷十一，經略一・敘寇原，第三頁引用刑部主事唐樞的話「市通則寇轉而為商，市禁則商轉而為寇」。

62 《明世宗實錄》卷十六，嘉靖元年七月丁巳，第五頁。

63 《明世宗實錄》卷五十四，嘉靖四年八月甲辰，第四頁。

64 前引林仁川《明末清初私人海上貿易》第一三三～一三五頁。

65 引用自代筆這份奏疏的黃佐文集。《泰泉集》卷二十，奏疏，第三～五頁。

66 前引李龍潛〈明代對外貿易及其社會經濟的影響〉第三三八頁，以及前引戴裔煊《「明史・佛朗機傳」箋正》第二四頁。另外，這份由黃佐代筆的林富奏疏，收錄在黃佐的文集《泰泉集》卷二十，奏疏〈代巡撫通市舶疏〉；於《廣東通志初稿》卷三十，番舶、嘉靖《廣東通志》卷六十六，外志三・夷情中也幾乎載錄了全文。除此之外，在嚴從簡《殊域周咨錄》卷九，佛朗機中也可以看到這篇疏文。戴裔煊在前引書中，仔細校對了《泰泉集》所收的本文與《殊域周咨錄》所收錄的內容。

67 《泰泉集》卷二十，奏疏，第四頁：

舊規，番舶朝貢之外，抽解俱有則例，足供御用。此其利之大者一也。除抽解外，即充軍餉。今兩廣用兵連年，庫藏日耗，藉此可以充羨而備不虞。此其利之大者二也。廣西一省全仰給於廣東。今小有徵發，即措辦不前，雖折俸椒木，久以缺乏。科擾于民，計所不免。查得舊番舶通時，公私饒給，在庫番貨，旬月可得銀兩數萬，此其為利之大者三也。貿易舊例，有司則其良者，如價給之。其次資民買賣。故小民持一錢之貨，即得握椒，展轉交易，可以自肥。廣東舊稱富庶，良以此耳。此其為利之大者四也。

68 《泰泉集》卷二十，奏疏，第五頁。

69 關於亞三的事件，嚴從簡《殊域周咨錄》卷九，佛郎機，第十七～十八頁有詳細的介紹。同時也可參見《明史》卷三百二十四，佛朗機傳，第八四三〇～八四三一頁。

70 《明世宗實錄》卷一百零六，嘉靖八年十月己巳之條，第五頁。

71 王希文的傳記在崇禎《東莞縣志》卷五，人物傳，廣錄四科，宦達，第五九四～五九六頁。除了在本章注73中提到的汪鋐覆奏中，引用了王希文的奏疏外，崇禎《東莞縣志》卷六，藝文志・章奏，第六六六～六七〇頁中，也載錄了〈重邊方以蘇民命疏〉。

52 《明世宗實錄》卷二，正德十六年五月庚申，第十四頁。

53 當時，支持抽分者高唱的是，對附搭貨物實施的抽分，會毫無例外地充當軍餉。隆慶初年在漳州「解除海禁」，也就是福建巡撫涂澤民上奏，請求官方承認民間商船出海貿易之際，恐怕也是以填補軍費的不足作為藉口，來迴避與祖宗之法的矛盾吧！其後，在漳州對海外貿易的課稅是以「陸餉」、「水餉」之名目施行，為這個推測提供了佐證。

54 幾乎在同一時期，曾任順德知縣的御史丘道隆上奏，表示應該拒絕葡萄牙的朝貢要求。

55 《明武宗實錄》卷一百九十四，正德十五年十二月己丑，第三頁。

56 《廣東通志初稿》卷三十，番舶，第十五頁。這項率直的記錄，在嘉靖《廣東通志》、萬曆《廣東通志》中遭到刪除。之所以如此，應該是被認為暴露了內部實情之故吧！

57 關於海道副使，在《籌海圖編》卷五，第八頁，浙江兵防官考中的說明如下：

巡視海道副使（舊制以侍郎都御史領之。洪武三十年後，始領於按察副使，統理浙海，住箚寧波。近因地方多事，各郡俱設兵備，以分巡兼之。其沿海兵糧，則海道督理如故不分也）。

58 汪鋐〈兵部奏陳愚見以弭邊患事〉黃訓編《名臣經濟錄》卷四十三，兵部，職方之下，第一～二頁。

59 《明武宗實錄》卷一百九十四，正德十五年十二月己丑之條，第二頁。

60 在仿造槍砲上立下大功的巡檢何儒，後來以上元縣主簿的身分在南京從事槍砲的製造（前引戴裔煊《「明史．佛朗機傳」箋正》第二四頁）。另外，汪鋐歷經浙江左布政使、南贛巡撫等職務後，成為都察院都御史。嘉靖九年，汪鋐提出戰略，在和蒙古對峙的宣府以西邊鎮上，以緊密配置搭配葡萄牙槍砲的墩臺以及城堡的方式，阻止騎馬軍團的入侵（汪鋐〈再陳愚見以弭邊患事〉黃訓編《名臣經濟錄》卷四十三，兵部，職方之下，第三～七頁）。之後，汪鋐又升任兵部尚書。《明世宗實錄》卷一百一十八，第十三頁，嘉靖九年十月癸酉之條。

61 嘉靖《廣東通志初稿》卷三十，番舶，第十五頁：

自是海船悉禁止，而應入貢諸番，近亦鮮有至者。

（總督）和「副使」（實際上是右布政使）的名字，實為不自然。因此，實際的情況應該是吳廷舉提案，其他官員贊同，而由總督陳金上奏。吳廷舉的傳記在《明史》卷二百、崔銑〈吳尚書傳〉《洹詞》卷十二，三仕集，第三六～四十頁。根據這些資料，吳廷舉除了輔佐總督陳金，活躍於鎮壓廣東的叛亂之外，也曾經因為與宦官嚴重的對立，而下錦衣衛獄。被評論為「面如削瓜，衣敝帶穿，不事藻飾，言行必自信，人莫能奪」，是位鐵骨錚錚的漢子，也因此常惹來麻煩和衝突。實錄編者加上人身攻擊的言詞在內，應該也是和吳廷舉的個性有所關係吧！

46 《明武宗實錄》卷一百九十四，正德十五年十二月己丑之條，第三頁。

47 嘉靖《廣東通志》卷六十六，外志三・夷情，第五七頁。

48 關於葡萄牙與中國之間的交涉和通商關係，詳細可以參考爬梳許多葡萄牙方面資料的Chang T'ien-tsê（張天澤）, *Sino-Portuguese Trade from 1514 to 1644*, Leiden : E. J. Brill, 1934, Charles Ralph Boxer, *Fidalgos in the Far East, 1550-1770*, The Hague : M. Nijhoff, 1948, Hong Kong : Oxford University Press, 1968, 以及前引張增信《明季東南中國的海上活動》上編、林子昇《十六至十八世紀澳門與中國之關係》（澳門基金會，一九九八年）。

49 於本書第二六一頁提及御史何鰲的上奏，以及本章注44所引用的實錄編者之按語。

50 嚴從簡《殊域周咨錄》中提到「按四夷使臣多非本國之人，皆我華無恥之士，易名竄身，竊其祿位者」，指出從外國前來的朝貢使節團中混雜著許多華人，也提及了具體的例子（嚴從簡《殊域周咨錄》，卷八，暹羅，第二八一～二八二頁）。早從這個時代開始，由華南地區經由南海，擴及東南亞各地區的商業情報路徑中，華人扮演著重要的角色。在葡萄牙的勢力中，也有像知名的火者亞三一般的「漢奸」。張彬村將這樣的狀況，以東南亞水域華人的「散置網」（分散的網路）之用語來表現（張彬村〈十六至十八世紀華人在東亞水域的貿易優勢〉《中國海洋發展史論文集》（三），中央研究院三民主義研究所，一九八八年，第三五五頁以下）。

51 《明武宗實錄》卷一百九十四，正德十五年十二月己丑之條，第三頁：

以後嚴加禁約，夷人留驛者，不許往來私通貿易。番舶非當貢年，驅逐遠去，勿與抽盤。廷舉倡開事端，仍行戶部，查例停革。詔悉如議行之。

裡的「近例」，如果不是用這項復活的禁令來思考，便無法解釋實錄上的記錄。假使如同戴裔煊的主張，從正德九年就開始實施「番舶進貢交易之法」，那麼在正德十二年，應該就沒有必要說出「勿執近例阻遏」。另外，戴裔煊寫道，陳伯獻奏請強化禁令是在葡萄牙來航（正德十二年）之後的事，這是錯誤的。關於陳伯獻奏請的記錄，可以在實錄的正德九年六月丁酉之條中看見（請參照本章注38）。

40 《籌海圖編》卷十二，經略．開互市，第九十頁。鄭曉是博學多聞之人。同時代的人們評論他為「雷禮博古，鄭曉通今」，可以在查繼佐《罪惟錄》列傳卷十三，〈諫議諸臣列傳〉，與尹守衡《皇明史竊》卷六十五，〈曾、楊、羅、王、崔、鄭、雷列傳〉看見。

41 《西斬集》這本文集，在《千頃堂書目》等作中也看不見記錄。

42 在本書第二五七～二五八頁引用陳伯獻的反對論中，可以看見這一句詞語。

43 《明武宗實錄》卷六十七，正德五年九月癸未之條，第十五頁中，正德三年、四年進行抽分的內容中，除去象牙、犀牛角、鶴頂等送到京師的物品，廣東當局奏請將相當於銀一萬一千二百多兩的蘇木等賣出，充當軍餉，戶部認可。前引李龍潛〈明代對外貿易及其社會經濟的影響〉第三二九頁。

44 《明武宗實錄》卷一百四十九，正德十二年五月辛丑之條，第九頁：

命番國進貢并裝貨舶船榷十之二，解京及存留餉軍者，俱如舊例。勿執近例阻遏。先是兩廣姦民私通番貨，勾引外夷，與進貢者混以圖利，招誘亡命，略買子女，出沒縱橫，民受其害。參議陳伯獻請禁治之，其應供番夷，不依年分，亦行阻回。至是右布政使吳廷舉巧辯興利，請立一切之法。撫按官及戶部皆惑而從之。不數年間，遂啓佛朗機之釁。副使汪鋐盡力勦捕，僅能勝之。於是每歲造船鑄銃為守禦，計所費不貲。而應供番夷，皆以佛朗機故一概阻絕，舶貨不通矣。利源一啓，為患無窮，廷舉之罪也。

45 嘉靖《廣東通志》卷六十六，外志三．夷情中可以看見關於抽分制度的記錄。其中記載道：「正德十二年，巡撫兩廣都御史陳金會勘副使吳廷舉奏，欲或倣宋朝十分抽二……」（第十二頁）。正德十二年的上奏，雖然有可能是總督陳金以下，由廣東省諸官的聯名所提出，但是特別舉出巡撫

33 前一注腳中所引用禮部的議覆中表示「弘治元年以來，番舶自廣東入貢者，惟占城、暹羅各一次」，指出來自東南亞各國的朝貢，在這六年間只有兩次的狀況。鄭樑生指出，「兩次」這個數字其實並不正確（鄭樑生《明代中日關係研究——以明史日本傳所見幾個問題為中心》文史哲出版社，一九八五年，第四十頁及表一）。管轄朝貢的禮部，未能正確把握哪一個國家在何時有來朝貢之事，雖然有點難以置信，不過他們確實也清楚認知到，走私貿易的盛行與朝貢船隻來航的減少，是一體兩面的關係。

34 請參照本章注32引用資料中的禮部議覆。

35 在本章注32所引用總督閔珪的奏文中也可以看見「有司供億糜費不貲」。接受朝貢使節，也是強迫性地造成地方官府在經費上的巨大負擔。

36 同本章注33。

37 《明武宗實錄》卷六十五，正德五年七月壬午之條，第八～九頁。這個時候，據說有權勢的宦官劉瑾扭曲先例，成功認可了市舶太監畢真的要求。

38 《明武宗實錄》卷一百一十三，正德九年六月丁酉之條，第二頁。

39 嘉靖《廣東通志》卷六十六，外志三・夷情，第七一頁。另外，戴裔煊認為由吳廷舉所實施的「番舶進貢交易之法」是發生在正德九年（一五一四年）（戴裔煊《「明史・佛朗機傳」箋正》中國社會科學出版社，一九八四年，第十一～十二頁）。其根據是鄭曉《吾學編》卷二十五，名臣記的〈吳尚書傳〉，以及傅維鱗《明書》卷一百二十九，〈吳廷舉傳〉。雖然按照資料，吳廷舉在正德十一年轉為左布政使，正德十二年以副都御史的身份從廣東轉出，不過在注44引用實錄的正德十二年五月辛丑之條中，「至是右布政使吳廷舉……」的記錄，並未明確地表達出時間。因此，戴裔煊主張，認為抽分制在正德十二年擴大實施是錯誤的。不過，嘉靖十四年序刊本《廣東通志初稿》卷七，秩官上・明・布政司左布政使的項目中，有「吳廷舉，本司右布政陞，正德十二年任」（第二三頁）；換言之，他在正德十二年，也有一段期間擔任左布政使。另外，若是自正德九年起實施「番舶進貢交易之法」，那麼便無法說明正德十二年五月辛丑之條中的「命……榷十之二，解京及存留餉軍者，俱如舊例。勿執近例阻遏」。正德九年，基於廣東布政司參議陳伯獻的奏請，下令定期朝貢船以外的船隻所帶來的貨物不實施抽分，也就是不承認貿易之禁令復活。這

28 《明史》卷二百八十七，本傳。

29 顧炎武在《天下郡國利病書》第三冊〈備錄 交阯西南夷〉中，幾乎全文抄錄了嘉靖《廣東通志》卷六十六，外志三·夷情之項目。

30 嘉靖《廣東通志》卷六十六，外志三，夷情，第一頁。

31 嘉靖《廣東通志》卷六十六，外志三，夷情。又，在記錄中表示，這次上奏的時間是正德四年（一五〇九年），不過若是如同李龍潛所指出的一般，這項措施是從前一年就開始的話，那麼上奏也應該發生在正德三年才是。前引李龍潛〈明代對外貿易及其社會經濟的影響〉第三二九頁。另外，李金明主張，正德四年的記錄是關於前一年發生的泰國漂流船貨物抽分，批判李龍潛將朝貢船的抽分與非朝貢船，也就是漂流船的抽分混為一談（李金明《明代海外貿易史》中國社會科學出版社，一九九〇年，第七七頁）。談及奏請要求抽分許可的實錄等記錄，幾乎不曾明確記載是以何者為抽分對象。但是，攻擊抽分制的論者（例如本書第二五七～二五八頁所引用陳伯獻的上奏、第二六一頁所引用禮部的議覆），是以向非朝貢船的貨物實施抽分制之事為前提，而要求禁止。十六世紀在廣東成為問題的抽分制度，就是超過了原本的適用範圍，將非朝貢船也視為抽分的對象。故此，筆者認為這種在正德三年或是正德四年開始的抽分制度，並非是將對象限定在漂流船。

32 《明孝宗實錄》卷七十三，弘治六年三月三日丁丑之條，第三頁：

兩廣總督都御史閔珪奏，廣東沿海地方多私通番船，絡繹不絕，不待比號，先行貨賣。備倭官軍為張勢越次申報，有司供億糜費不貲，事宜禁止。況夷情譎詐，恐有意外之虞，宜照原定各番來貢年限事例，揭榜懷遠驛，令其依期來貢。凡番船抵岸，備倭官軍押赴布政司，比對勘合相同，貢期不違，方與轉呈提督市舶太監及巡按等官，具奏起送。如有違礙，捕獲送問。下禮部議。據珪所奏，則病番船之多，為有司供頓之苦。據本部所見，則自弘治元年以來，番船自廣東入貢者，惟占城、暹羅各一次。意者私船以禁弛而轉多，番船以禁嚴而不至。今欲揭榜禁約，無乃益沮向化之心，而反資私船之利。今後番船至廣，審無違礙，即以禮館待，速與聞奏。如有違礙，即阻回，而治交通者罪。送迎有節，則諸番咸有所勸而偕來，私船復有所懲而不敢至。柔遠足國之道，於是乎在。從之。

略）正貢外，附帶貨物，俱給價」。「蘇門荅剌（中略）正貢外，使臣人等自進物，俱給價」。

23 同本章注18。「滿剌加國（中略）正貢外，附來貨物皆給價，其餘貨物，許令貿易」。

24 《明孝宗實錄》卷一百七十六，弘治十四年七月甲戌之條，第十七頁：
詔福建守臣。今後琉球國進貢方物，除胡椒、蘇木每一百斤，准令加五十斤以備折耗。番錫不必加增外，其餘附帶物資召商變賣者，不許勸借客商銀兩，及夷商私出牙錢。其布政司等衙門市舶太監等官，俱不許巧取以困夷人。違者罪之。著為令。以琉球國使臣奏守臣虐削故也。
這篇記錄也收錄在《禮部志稿》之中，卷九十二，朝貢備考・貢禁，第六七頁。

25 同本章注2。

26 李龍潛〈明代對外貿易及其社會經濟的影響〉（首次發表於一九八二年，《明清經濟探微初編》聯經出版社，二〇〇一年）、〈明代廣東三十六行〉（《明清經濟探微初編》）。林仁川《明末清初私人海上貿易》（華東師範大學出版社，一九八七年），特別是第二八三～二八七頁。戴裔煊《「明史・佛郎機傳」箋正》（中國社會科學出版社，一九八四年）、《明代嘉隆間的倭寇海盜與中國資本主義的萌芽》（中國社會科學出版社，一九八二年）。張增信《明季東南中國的海上活動》上編（中國學術著作獎著委員會，一九八八年）。劉偉鏗〈明代兩廣總督對澳門商埠的設置與管治〉《學術研究》一九九七年第二期。

27 李龍潛的見解是，正德三年（一五〇八年）實施抽分制，朝貢之際的附搭貨物貿易制度是從這一年開始轉換（同前引李龍潛〈明代對外貿易及其社會經濟的影響〉第三三二頁）。對於他的見解，筆者認為有重新檢視的必要。李龍潛並未參照先前介紹、正德九年（一五一四年）布政司參議陳伯獻要求撤回抽分制度的上奏，以及明廷對這份上奏的裁可，另外也未參照嘉靖九年（一五三〇年）汪鋐的上奏內容。相當於「祖宗舊制」的附搭貨物收購制，與在一五二〇年代被認為已經成為定制的抽分制，關於這兩者的關係，在正德三年或是十二年等特定的年份，因為朝廷的裁可而從前者轉移至後者的單純見解，果然還是難以成立。

物，以十分為率，五分抽分入官，五分給還價值。必以錢鈔相兼……（下略）」。在《禮部志稿》卷三十八，第三二頁中所言的弘治年間定例，則是沿襲萬曆《大明會典》的記載。又，洪武二年訂定朝貢船的優惠措施，是官方取得附搭貨物的六成並支付對價，其餘則免稅（請參照本書第七六頁）。與此相較之下，《大明會典》對附搭貨物的規定，對朝貢國明顯不利。

17 《福建市舶提舉司志》屬役之項，第十四頁。由於當地民間商人與朝貢使節團進行交易，原本就不是制度中預期會發生的狀況，因此這裡的牙行，應該是官府藉由抽分和收購獲得貨物後，為了將其中一部分在當地直接賣掉而設置的機構。關於這件事，將在本書第二四九頁論述。《禮部志稿》卷九十二，朝貢備考．貢禁，第六七頁，弘治十四年，在福州的市舶司進行「其餘附帶貨物，召商變賣」；關於這件事，可以看見禮部所下的指示：「不許勸借客商銀兩，及夷商私出牙錢」。這份資料，也證明了在買賣之間有官方介入。

18 正德《大明會典》卷一百零二，禮部．給賜一，諸番四夷土官人等一，事例。萬曆《大明會典》卷一百一十一，以及《禮部志稿》卷三十七也有同樣的文章。「正貢例不給價，正副使自進，并官收買。附來物貨，俱給價。不堪者令自貿易」。

19 「不堪者令自貿易」，應該是市舶司有決定權。《明英宗實錄》卷二百三十六，景泰四年十二月甲申之條中有「日本國王有附進物及使臣自進附進物，俱例應給直」，可以看見在宣德八年（一四三三年）訂定每項商品收購的價格一覽（第五一九三～四一頁）。景泰四年（一四五三年）因為價格過於優惠而負擔沉重，決定大幅調降收購的價格。結果翌年，從日本前來朝貢的正使允澎等人表示附搭貨物的價格過低，堅持要求加給。禮部甚至劾奏允澎等人「貪得無厭」。假如能夠擴大「不堪者」在市場上自行販賣的比例，應該也不會要到去爭取收購價格。由這項事實可以得知，對日本而言，「不堪者令自貿易」這項特例，幾乎是沒有意義的。

20 同本章注18。「正貢例不給價。附來貨物，官抽五分，買五分」。

21 同本章注18。「使臣人等進到貨物，例不抽分，給與價鈔」。

22 同本章注18。「蘇祿國（中略）貨物例給價，免抽分」。「浡泥國（中文館，一九九二年）第十三頁。

8 朝貢使節在北京會同館的三天或五天期間內，朝鮮與琉球被允許無期限展開互市（萬曆《大明會典》卷一百零八，禮部・朝貢通例，第二九頁）。但是，從這類互市是在「朝貢領賞之後」展開這點之中，我們可以察覺，它的目的是專為購買回國之際帶回去的中國商品。也可以參照嚴從簡《殊域周咨錄》卷八，暹羅，第二八一頁所引永樂二年的記錄。

9 關於王希文的上奏，請參照本書第二七四頁。這種法律方面的認知固然是一回事，但另一方面，自十六世紀初葉起，在廣東地區不只是附搭貨物，就連關於朝貢船以外的外國商船所帶來的貨物，也開始採取抽分課稅後認可交易的措施。關於箇中來龍去脈，將於下一節詳細敘述。

10 指示《大學衍義補》刊刻的上諭，收錄在《明孝宗實錄》卷七，成化二十三年十一月丙辰之條，第十～十一頁。丘濬的傳記收錄在《明史》卷一百八十。

11 丘濬《大學衍義補》卷二十五，治國平天下之要・制國用，第十五頁。

12 《明孝宗實錄》卷五十八，弘治四年十二月甲子之條，第三～四頁。

13 關於丘濬與朱子家禮之復興，在佐々木愛〈明代における朱子学的宗法復活の挫折——丘濬《家礼儀節》を中心に〉（《社会文化論集》五，二〇〇九年）中有詳盡的論述。

14 丘濬〈進大學衍義補表〉《大學衍義補》序，第三頁。

15 牙行、牙人、經紀等是傳統的仲介商人。在賣方與買方之間進行斡旋，提示商品評價與交易價格之餘，也會自己進行商品買賣。另外，為了徵稅，官府也會將牙人置於管理之下——大多是委託牙人負責徵稅的工作。雖然在這裡筆者就不多列舉相關的研究，不過宮澤知之《宋代中国の国家と経済——財政・市場・貨幣》（創文社，一九九八年）第四章「宋元時代の牙人と国家の市場政策」、斯波義信《宋代商業史研究》（風間書房，一九六八年）詳細論述了牙人的實際狀況與類型，對這個項目的研究史，也做了鉅細靡遺的介紹。

16 前引佐久間重男《日明関係史の研究》第十三頁。順帶一提，在正德《大明會典》卷一百零二，禮部・番貨價值、第十三頁中，有一段並未明確記載發生在何時的事例：「凡番國進貢內，國王、王妃及使臣人等附至貨

88 依照岸本美緒的說法，「總體來說，當十六世紀下半葉起至十七世紀上半葉這段過熱期間消逝後，對中國政治、經濟性統合之離心力轉弱，野心勃勃的冒險者們率領之自立勢力，也消失了蹤跡。一六八〇年代的清朝統治者所看見的，是與世紀初完全相反的，平靜的海洋」（岸本美緒〈清朝とユーラシア〉《講座世界史2：近代世界への道——変容と摩擦》東京大学出版会，一九九五年，第二三頁）。

## 第四章

1 關於海禁與朝貢制度的研究，可說多不勝數。對這種「海禁—朝貢制度」，檀上寬先生解釋說，它在擁有國家壟斷貿易這一面的同時，也具有透過治安維持與禮治秩序，達成統御管制目的的意義在。檀上寬〈明初の海禁と朝貢——明朝専制支配の理解に寄せて〉，收錄於森正夫編《明清時代史の基本問題》（汲古書院，一九九七年）（之後納入檀上寬《明代海禁＝朝貢システムと華夷秩序》京都大学出版会，二〇一三年，第一章）。

2 《籌海圖編》卷十二，經略二・開互市，第八四～八六頁。蒐集鄭若曾文章的《江南經略》卷八上，雜著中的「開互市辨」，也記載了這個按語。

3 同前注。

4 《籌海圖編》卷十二，經略二・開互市，第八五頁。

5 使節團帶到北京會同館（朝貢使節的宿舍）的商品，會在那裡進行買賣。從朝鮮王國前來的朝貢使節所進行的貿易，幾乎都是在北京展開。但是，對從廣東、福建、浙江入貢的各國而言，要將所有的附搭貨物都帶到北京去是有困難的。

6 丘濬《大學衍義補》卷二十五，治國平天下之要，制國用，第十五頁：

本朝市舶司之名，雖沿其舊，而無抽分之法。惟於浙閩廣三處置司，以待海外諸蕃之進貢者。蓋用以懷柔遠人、實無所利其入也。

7 內田直作〈明代朝貢貿易制度〉（《支那研究》三七號，一九三五年）第九七～九八頁；佐久間重男〈明代の外国貿易——貢舶貿易の推移〉（最初發表於一九五一年，後收錄於佐久間重男《日明関係史の研究》吉川弘鮮和遼東的商品。《清代檔案史料叢編》第十四輯（中華書局，一九九〇年）第二八～二九頁。毛文龍的經濟命脈是山東—遼東之間的商業路徑，從崇禎元年（一六二八年），面對袁崇煥提議禁止登萊商船航行之事，毛文龍表示強烈反對的態度便可得知。彭孫貽《山中聞見錄》建州，崇禎元年三月（刁書仁等校訂本《先清史料》長白叢書四集，吉林文史出版社，一九九〇年）第五三頁：

三月，崇煥請設東江餉司于寧遠，自覺華島轉餉東江，禁登萊商船入海。毛文龍累奏不便，崇煥不聽，又奏請自往旅順議之。

85 陳仁錫《無夢園集》海一，紀奴奸細，第三八頁：

夫均遼人也，惟撫順、清河之人，始而與彼接兄弟，既而與彼通婚媾。故撫順一失，清河旋陷。二城之人，至今為奴用事，殘酷狡黠甚於奴。揆厥所由，因關市年久，夷夏防疎。故其人陷于犬羊而恬不知恥，奴亦熟稔情好而任用無疑，若此輩約有二三千。鑑此則張家口、潘家口之款，又不可不嚴其防也。

86 熊廷弼〈酌東西情勢疏〉（萬曆三十七年三月二二日）《按遼疏稿》卷二，第五八頁。這篇疏文以〈題為狡酋近狀叵測乞酌東西情勢審進止以伐虜謀事〉之題收錄於程開祜《籌遼碩畫》卷一，第十九頁：

東虜城郭、田廬、飲食、性情與遼同。所志在我土地也。西虜與我，界限頗嚴，尚不知內地虛實。而東虜舊規，講事止在關上，關吏為之轉達。自舊撫鎮玩寇以來，給銀牌數面與干骨里等，任其出入，且戒驛遞毋阻。阻者，輒聽夷稟而加之罪。以此往來月無虛日，每住廣寧，輒數月如家庭然。凡兵馬之虛弱、錢糧之匱乏、城堡之虛塌、地形之險易與夫民窮思亂而欲投虜之狀，無不周知而習熟也。

87 按照唯物史觀的公式，清朝的興起是伴隨著女真社會生產力的發展，從原始社會往奴隸制，接著朝向封建制發展完成的結果，此為周遠廉等人評價的立場。周遠廉《清朝開國史研究》（遼寧人民出版社，一九八一年）、《清朝興起史》（吉林文史出版社，一九八六年）等。這種基於單一國家的單線發展史，一味從女真民族結集而成的滿洲國（後金）之成立來看事情，並用異民族成為中國征服者之歷程來做歷史解釋的方法，筆者基本上無法同意。

《金銀貿易史の研究》法政大学出版局，一九七六年）。

80 百瀬弘〈明代の銀產と外国銀に就いて〉《青丘論叢》第十九號，一九三五年。

81 前引和田正広〈李成梁権力における財政的基盤（一）（二）〉。

82 金指南等《通文館志》卷三，開市，第六二～六三頁。《朝鮮文獻中的中國東北史料》長白叢書四集（吉林文史出版社，一九九一年）第一九二～一九三頁：

先是，關東土曠民稀，而民不樂業，鳳城之內人戶蕭條，只居八旗兵丁食錢糧者而已。地皆拋荒，無異於柵外。近自十餘年買賣漸盛以來，生理益勝，人居益繁，為一巨鎮。柵下又成大村，而自柵至城皆成隴畝，雞犬相聞。每當市期，金、復、海、蓋之載棉花者，瀋陽、山東之載大布三升者，中後所、遼東之運販帽子者，車馬輻輳，南方商船直泊于牛莊海口。近有北京之人，又以絲貨載到柵門。而城中所開店舖幾如關內大處，閭閻櫛比，商人等衣服車騎之盛擬于公侯。而我民則松都及關西至義州，凡以商為業者皆折本負債，甚至于子孫敗絕。而管運餉不虞之儲，并作虛簿鬼錄。既曰互市，則其為利病彼此宜均，而今若此。蓋以我民之齎以赴市者，非人參禁物則必銀子也。銀非國產，而公私之蓄皆有其限數。且民俗貪其子貸之利，不肯經歲閑積，而每市必傾儲送去，一入而無還。

83 關於管餉庫和運餉庫，張存武《清韓宗藩貿易》（中央研究院近代史研究所專刊（三九），一九八五年）第九十～九一頁有詳盡的介紹。這兩個倉庫管理中江的互市，負責處理朝貢使節的經費，同時也填補出資貿易的財政資金之不足。

84 毛文龍占據皮島等地，藉由對後金的游擊式攻擊而戰果豐碩。另一方面，他「務廣招商賈，販易禁物，名濟朝鮮，實闌出塞。無事則鬻參販布為業，有事亦罕得其用」（《明史》卷二百五十九，袁崇煥傳，中華書局本，第六七一五頁），其藉由走私貿易獲利的商人軍閥一面，也廣為人所知。近年來，發現了總稱為「盛京滿文清軍戰報」的檔案史料，其中「紙寫檔案」中的「克皮島俘獲數目」（推定是一六三七年的記錄）中，記錄清軍的擄獲項目有銀三萬一千兩、蟒素緞約四萬三千匹、毛青布約十八萬七千匹等。這些大量的絹、棉製品並不是軍需物資，很明顯地是要賣給朝丁銀及商稅。

73 《明史》卷二百二十二，方逢時傳，中華書局本，第五八四六頁。

74 《明神宗實錄》卷三百五十，萬曆二八年八月甲戌，第三頁。

75 關於張家口民市的發展，總督宣大山西軍務的梅國楨〈請罷榷稅疏〉（收錄於《皇明經世文編》卷四百五十二）中有詳細的介紹。

76 瞿九思《萬曆武功錄》卷九，哈喇慎著力兔把都兒、銀定把都兒列傳，第三頁：

是時九塞獨上谷稱強，以青把都、永邵卜及打剌明安三部部落眾也。頗聞市馬至三萬有餘。孫御史愈賢請損之，不可得。然豈一朝一夕之故哉。所由來者漸矣。

瞿九思《萬曆武功錄》卷九，青把都列傳，第二一頁：

明年六月（萬曆十五年，一五八七年），御史孫愈賢以青（青把都）永（永邵卜）等市馬無定數，請著為令。令上谷毋得踰二萬匹，雲中一萬匹。制置使洛（鄭洛）恐青永及打剌明安部落至繁衍，不可以倉卒議損，遂寢。是歲也，貢市如初。

77 記述張家口繁榮盛況的同時代記錄，請參考注75總督宣大山西軍務的梅國楨〈請罷榷稅疏〉。

78 關於明末人參的價格，請參見前引三田村泰助《清朝前史の研究》第二七一頁，以及和田正広〈李成梁権力における財政的基盤（二）〉第一二〇頁。又，在梁章鉅《浪跡叢談》卷八，中華書局本，第一四三頁中，可以看見滿清入關前與朝鮮的人參交易價格，以及論及康熙乾隆年間在中國販賣價格的記錄：

嘗讀趙雲崧先生詩序云「曩閱國史，我朝初以參貿高麗，定價十兩一斤，麗人詭稱明朝不售，以九折給價，而我朝捕獲偷掘參者，皆明人，以是知麗人之詐，起兵征服之。迨定鼎中原，售者多，其價稍貴。然攷查悔餘壬申甲午兩歲俱有謝揆愷功惠參詩，一云「一兩黃參直五千」，一云「十金易一兩」，皆康熙五十年後事也。乾隆十五年，應京兆試，恐精力不支，以白金一兩六錢易參一錢。廿八年，因病服參，高者三十二換，次亦僅二十五換，時已苦難買，今更增十餘倍矣」。

79 小葉田淳〈近世初頭における銀輸出の問題〉（首次發表於一九六二年，

胯，羊羔子妻我張氏，唱小厮妻我小厮兒，薛目妻我吳氏。且役使我把漢，黃天祿。百戶趙思景，為買屋以居之。名為守貢，而一歲之間，僅以半載往胡中，他皆居漢室，妻漢婦，偃然忘其為胡虜也者。嗟而土室之人，攜我塞上歌兒舞女，喋喋呫呫，陋固何當乎。曩者張斷事壽朋論之。始知江充徙戎，原非過計。弟以戰守和三議，時出而互用焉。虜在我掌中矣。

70 王忬的奏請，是直接面對遼東歉收導致糧食不足，從而提出的對策。方孔炤《全邊略記》卷十，遼東略，第三六～三七頁：

（嘉靖）三十七年六月，總督王忬奏。遼今歲大祲，議賑議蠲，別無良策。臣謹按山東遼東，舊為一省，近雖隔絕海道，然金州登萊南北兩岸，魚販往來，動以千艘，官吏不能盡詰。莫若其勢而導之，明開海禁，使山東之粟，可以方舟而下，此亦救荒一奇。又言，宣大遼，乞照例乞運通倉米給軍，上皆從之。既而給事中許從龍，因請就海道以行乞運，或將天津倉糧，從黑洋河，抵昌黎，登岸達山海關，或將登萊起運，量發近海民船，從沙門島抵金州，達遼陽，此可省陸輓之勞，官民兩便，下戶部議行，命遼東苑馬寺卿，住劄金州，給放各島商船，不得抽稅，從都御史王忬及御史周斯盛疏通海禁議也。

71 方孔炤《全邊略記》卷十，遼東略，第三八頁：

（嘉靖）四十年，山東巡撫朱衡奏……日者遼左告饑，暫議弛登禁，其青州迤西之路，未許通行。今富民猾商，逐海道赴臨清，抵蘇杭淮楊，興販貨物。海島亡命，陰相結搆，俾二百年慎固之防，一旦盡撤。頃者浙直倭毒，非敗事之鏡也。宜申明禁止為便。報可。

72 瞿九思《萬曆武功錄》卷八，俺答列傳下，第三二～三三頁：

我市本，暫請借客餉四萬，不足則請雲中庫出年例客餉金三千。官遣指揮一人，偕行賈，往臨清，而以一千三百治段，一千二百治紬，五百治布。段必二兩以上，紬亦欲堅厚闊機，布用藍紅諸色。不足，則借朋合一萬一千兩，班科七千兩，發四道。道各五千兩。分往張家灣、河西務，治金繒諸貨。西市則預入左衛，東市則預入天城。令儈人定物價，毋欺慢虜。市既畢，則筵宴酋長，犒勞諸夷酋。人日牛肉一斤、粟米五合、麥面一斤、時酒一瓶、小菜油鹽醬醋及馬草七分二釐、飯柴炭銀二分。皆取給尖

66 薊遼總督張國彥，對入市的蒙古與邊軍指揮官利益一致的狀況，有如下的見解。《明神宗實錄》卷二百零三，萬曆十六年九月戊寅，第六頁：

三衛屬夷入貢，先之要挾，索路將之賄，後之驕横，滋驛遞之擾。蓋入貢愆期，路將必獲重譴，方及秋期，先行招誘。故每一入關，百計求索，市易滿載，薄來厚往。又或身為貢使，別令所愛部落，倏忽乘邊，今日進貢，明日行搶，辭悖氣慢，狡詐百官。且如討表裏，進馬三匹，討職級，進馬四匹。每虜一人，歲費百金，年復一年，何時得息。……向有沿邊夷眾忠順不為寇盜者，進功勞馬，陞職級，關表裏為諸夷觀望。乃今無不進功勞馬者，要皆邊將利其來，以脫罪，飽其去，而不為長久之思，相踵之弊，至于如此。乞敕嚴諭各邊路將，不出傳箭出關，招虜入貢，即虜市違期，亦不深罪，但勤修守備，令虜自奪氣，可耳。部覆如議行。

67 王士琦輯《三雲籌俎考》卷二，封貢考，〈俺答初受順義王封立下規矩條約〉。這些規矩以及條約並未被實錄或是會典所採錄。因為會暴露出裡外不一、「封貢」只是表面上名目的情況。

68 以長昂或專難之名而為人所知的這位都督，是昆都倫汗（老把都）次男青把都（俺答汗之姪）的女婿（《萬曆武功錄》卷九，青把都列傳，第十七頁），雖然繼承了朵顏衛之名，但事實上似乎是與右翼蒙古一同行動。另外，到過著漢化生活的萬曆三十年代前期為止，這群人對明朝是叛服無常的狀態，保持著遊牧軍團的武力之事，是確實無誤的。瞿九思《萬曆武功錄》卷十三，長昂列傳，第三二頁：

明年己卯（萬曆七），青把都同長昂、引只克等五十一家部夷，相攜款喜峰口者，亡虜萬眾。昂言，累世受恩隆重，自稱奴婢，曩與東虜相攻，豈敢奸太師旂鼓哉。頃以生齒日煩，嘗賚止及酋長，請增又不見許，歲時衣食不給。惟太師哀憐，為我開市，永修貢職。於是大將軍戚繼光、副將軍史宸，坐城上，傳謂昂，……昂叩頭死罪，然志在增賞，我猶猶豫不決，是時長昂漸習華風，多食穀，飲酪食肉必以鹽。至夏則服布衣，與漢亡異。大抵昂部多竄西鎮，親戚舊故，貸馬得利，而其甚者猶得假托冒賞，故無缺乏，我無以制其命。

69 瞿九思《萬曆武功錄》卷九，青把都列傳，第二二頁：

甚至部夷，若虎兒合氣妻我希含兒，小小四娶我歌兒，腮汗妻我頂子尖長技反為虜用。不有嚴懲，將釀大患。

61 大市是一年召開數次的互市，小市是每月召開數次的互市。各自訂有日期與開市的期間。

62 瞿九思《萬曆武功錄》卷八，俺答列傳下，第十六頁。又，《明穆宗實錄》卷五十四，隆慶五年二月庚子，第一三三三頁也有收錄同篇文章：

虜使云，所請市，非復請馬市。但許貢後，容令貿易，如遼東開原、廣寧互市之規。此國制待諸夷之常典，非昔馬市比。臣等以為，使先帝在，亦必俯從無拒也。

63 瞿九思《萬曆武功錄》卷八，俺答列傳下，第三四頁，作為隆慶五年（一五七一年）之事，記錄如下：

久之。冬至，崇古（王崇古）使使者頒大統曆。而眾乃復求贖（續？）市。以為，富者以馬易段帛，貧者亦各以牛羊氈裘易布疋鍼線，不謂無利。顧一歲市數日，焉能遍及。崇古請比開原海西月市事，月令巡邊夷，同欲市夷，各以牛羊皮張，具告參將，聽赴暗門外，軍民得布貨變易。漢因稅其物以充撫賞，間不過一二日而止，而必以參將臨之。然時吉能亦先請行延綏矣。

64 《明神宗實錄》卷二百二十六，萬曆十八年八月庚午，第一頁。張貞觀以這些蒙古的實際狀況為基礎，提倡強硬的路線，停止市賞，整備明朝方面的戰備力量：

兵科給事中張貞觀疏言。市賞必不可不罷，戰守必不可不決。言，虜啖漢物已二十年。我一旦罷市賞，則虜惟恃搶掠。搶掠之利，多歸部落，市賞之利，多歸酋長。市賞之利逸而倍，搶掠之利勞而半。故非但中國慮失虜之懽，即虜亦失中國之懽。夫誠有所利之也。為今日計，宜毅然罷市賞，加意戰守……計虜懾威貪利，必且叩關請罪。我因之與之更始。

65 在一五七一年的和議中，規定蒙古方面的入市者，是由各部的酋長管理，中國方面的商人，則是由「關吏」也就是邊軍當局者管理。瞿九思《萬曆武功錄》卷八，俺答列傳下，第三二頁：

皆遵臺御史劉應箕議。先期俺答傳箭，必貢事甫畢，然後召入市。及入亦必以俺答約，約某部為某日。而又各以酋長監之，虜騎皆毋得闌入塞。而商民有積貨，欲與虜易者，必以名籍告關吏。

書《將略類編》二十四卷。《明史》卷九十八，藝文三，兵書類，第二四三七頁。

56 馮瑗《開原圖說》卷上，開原控制外夷圖說，第六～七頁：

高折枝曰，開原地方蕭條，大舉尚少，所慮鼠竊狗盜耳。此正趙充國所謂「虜小寇盜，時殺人民，其原未可卒禁」。議者遂謂地方不可為。不知犬羊雖眾，各自為部，不相統一，又皆利我市賞，便我市易。我若閉關不與通，我布帛、鍋口、田器等項，皆彼夷日用所需，彼何從得。彼之牛馬羊及參貂榛松等貨，又何所售。以此論之，彈丸開原，實諸虜所資以為生，不但開原不當輕與虜絕，即虜亦不敢輕與開原絕，此事機也。……年來夷虜之敢肆欺負，儻以我之交接不得其情乎。先正論遼東馭夷，惟在隨勢安輯，處置得宜，俘斬論功，乃第二義，誠確論也。

57 又，可以在東部的建州女真看見與朝鮮交易的繁盛，這一點也是不容忽略的。關於此事，請參照前引河內良弘《明代女真史の研究》第五九二頁以後。

58 前引三田村泰助《清朝前史の研究》、和田正広〈李成梁権力における財政的基盤（一）（二）〉《西南学院大学文理論集》二五一一，一九八四年、一九八五年；和田正広〈李成梁一族の軍事的擡頭〉《社会文化研究所紀要》十九，一九八六年；和田正広〈李成梁一門の戦績の実態分析〉《社会文化研究所紀要》二〇，一九八七年；和田正広〈李成梁の戦功をめぐる欺瞞性〉《社会文化研究所紀要》二一，一九八七年。也請參照努爾哈赤的傳記式研究。若松寛《奴児哈赤》（人物往來社，一九六七年）、滕紹箴《努爾哈赤評傳》（遼寧人民出版社，一九八五年）、松浦茂《清の太祖ヌルハチ》（白帝社，一九九五年）。

59 茅瑞徵《東夷考略》女直，第五頁；方孔炤《全邊略記》卷十，遼東略，第五七頁；王在晉《三朝遼事實錄》總略，建夷，第十四頁；黃道周《博物典彙》卷二十，四夷，奴酋；孤憤生《遼海丹忠錄》第一回〈斬叛夷奴酋濫爵，急備禦群賢伐謀〉第二～三頁等。

60 《明神宗實錄》卷四百七十二，萬曆三十八年六月辛巳，第三頁：

一、革私市。西鎮大小二市自有額期。近將官苟圖貿易牛馬之利，有非市期及以違禁等者擅自通市。使漢虜情熟，則奸宄或以交通。利器示人，則

（萬曆元年）七月，總兵李成梁築寬奠等六堡，其地北界王杲，東鄰兀堂，去靉陽二百里。巡撫張學顏按視之，數十酋環跪，願質子，所在易鹽布，學顏疏請聽市，自是開原而南撫順、清河、靉陽、寬奠竝有市，諸夷亦利互易，屬海西者王台制之，屬建州者兀堂制之，頗遵約束。

同樣的記述，可以在茅瑞徵《東夷考略》建州，第十五頁、查繼佐《罪惟錄》帝紀卷十四，浙江古籍出版社本，第二九〇頁看見。

51 前引三田村泰助『清朝前史の研究』第一五六～一五七頁。三田村先生一語道破，王忠就是「在女真社會中出現的商業資本家先驅」。

52 馮瑗《開原圖說》卷下，海西夷北關枝派圖說。另外，關於貂皮流入開原的途徑以及扈倫（海西）的流通控制，在《萬曆武功錄》卷十一，卜寨，那林孛羅列傳，第三一頁，可以看見如下的記述：

初緘（王緘）就吏時，言屬夷稱貂皮人參稅盡，而上不得一佳好者。後驗問，貂皮自開原東北數千里而遠，江上之夷販之東北天山間，歲以秋七八月，一入中國，必取道海西，行夷遮道分其利，然後入中國。是年海西相仇殺，江夷時有至者，罕而稀矣。於是貂亦不可得，頗鮮。

53 馮瑗《開原圖說》卷上，靖安堡圖說：

高折枝曰，往夷長王忠，初建築於廣順關外，東夷諸種無不受其約束者，無論近邊衛站，歲修贄貢，惟忠為政。即野人女直，僻在江上，有來市易，靡不依忠為居停主人。當是時，廣順關外夷絡繹不絕，而開原舉城爭和戎之利者，熙熙囔囔，至今長老猶能言之。今王氏遺壘猶存，而子孫部曲已灰飛煙滅，廣順關頭闃無人迹，開原市上落寞不堪，原地方之盛衰不能不致慨於廢興云。

54 《明神宗實錄》卷三，隆慶六年七月辛丑，第十九頁：

遼東撫臣張學顏奏報，……又言，（王）杲與王台，土蠻連和益密，少俟秋冬，必圖大逞。宜行宣諭，令送還掠去人口，准其入市通貢，仍厚加撫賞。如執迷不順，則閉關絕市，調集重兵，相機剿殺。大概海西、建州諸夷，衣食皆易諸內地，撫順剿逆，自足以服其心，挫其勢。若懼塞貢路，任其侵陵，姑息日深，厝火忽熾。於時區處其難有百倍今日者。

55 高折枝擔任按察史僉事一事，可以從熊廷弼〈修邊舉劾疏〉（萬曆三十七年十二月三日奉聖旨，《按遼疏稿》卷四）當中得知。高折枝似乎有著乃盡發其前後交通納賄諸亂政狀。帝大怒，令諸司會鞫之。下制暴鸞罪惡，剖棺戮其屍。父母妻子及時義、侯榮等皆斬、籍其家，下詔布告天下。

50 哈達（南關）之祖速黑忒在嘉靖十年（一五三一年）左右，可以看到他的根據地還位在距離開原四百里的松花江處。雖然速黑忒是以壟斷賣出內地物產的批發商人聞名，但是在這個時間點，尚未在廣順關外建築居城。方孔炤《全邊略記》卷十，遼東略，第三二頁。又，在《明世宗實錄》卷一百二十三，嘉靖十年三月甲辰之條中也收錄了幾乎同樣的文章：

（嘉靖）十年三月，女直左都督速黑忒，自稱有殺猛克功，乞蟒衣玉帶等物，詔賜獅子彩幣一襲，全帶大帽各一。猛克者開原城外山賊也，常邀各夷歸路，奪其賞，速黑忒殺之。速黑居松花江，離開原四百餘里，迤北江上諸夷，必繇之路，人馬強盛，諸部畏之。往年各夷疑阻，速黑忒獨至，頃又有功朝廷，因而撫之，示特賚之意，且偏諭在館諸夷，即萬里外，有功必知，知無不賚云。

接近關口建築居城，鞏固互市的控制，應該是在王台的時代。又或者是，在本章注53中援引馮瑗《開原圖說》所說的一般，或許是在伯父王忠時代就已經建築了居城也說不定，但是應該不會上溯到隆慶年間（一五六七～一五七二年）（《開原圖說》有未能區分王忠和王台而記述的狀況）。瞿九思將遠及建州部的王台之霸權描寫如下。《萬曆武功錄》卷十一，王台列傳，第一頁：

迺延引至王台，海西益繁衍，盡服從台，共推戴台以為君長，以故台得居靜安堡外邊，頗有室屋耕田之業，絕不與匈奴逐水草相類。當是時，建州有王杲之茜、鸞頭之茜、忙子勝之茜、兀堂之茜、李奴才之茜。毛憐有李碗刀之酋，與逞加奴、仰加奴，并皆號為桀黠，台召致麾下，於是控弦之夷凡萬餘人，往往散居哈塔、台柱、野黑、土木川、廈底鍋兒間。

另外，關於哈達的系譜以及其活動，在三田村泰助《清朝前史の研究》（東洋史研究会，一九六五年）第一四六頁以下有詳細的論述。建州部王兀堂嶄露頭角之時，也大約是同一個時期。萬曆初年的狀況，則如下所言。

方孔炤《全邊略記》卷十，遼東略，第四三～四四頁：

州）、昌（昌平）以北，吉囊、俺答主土蠻居之，皆強盛。……邊將士率賄寇求和，或反為用，諸陷寇自拔歸者，輒殺之以冒功賞，敵情不可得，而軍中動靜敵輒知。（隆慶）四年（一五七〇年）正月詔崇古總督宣（宣府）大（大同）山西軍務。崇古禁邊卒闌出，而縱其素通寇者深入為間。又檄勞番漢陷寇軍民，率眾降及自拔者，悉存撫之。歸者接踵。西番、瓦剌、黃毛諸種一歲中降者踰二千人。

46 瞿九思記錄，在嘉靖十九年（一五四〇年）俺答汗與大同之間成立了密約。《萬曆武功錄》卷七，俺答列傳上，第二九～三十頁：

十九年八月吉囊、俺答分道入上谷，略蔚州……雲中軍顧與虜約，若無我略，我無若虞。虜嚙指折箭誓而去。遂越雲中度雁門，入寧武嵐靜交城，殺略亡算。

47 關於仇鸞以及短命的嘉靖三十年之互市，前揭城地孝《長城と北京の朝政——明代內閣政治の展開と変容》一書有詳細的介紹。

48 瞿九思《萬曆武功錄》卷七，俺答列傳上，第四二～四三頁：

於是（仇）鸞上書，請復遼東、甘肅、薊州、喜峰口關市。大略言，俺答、脫脫、辛愛、兀慎割據我大邊墩臺，虜代軍瞭望，軍代虜牧馬。而故大帥周尚文又私使其部與虜市，而叛將王臣及亡命沈繼榮，虜輒撫而用之。以故虜窺我虛實，而邊益不可為矣。臣竊以為胡中生齒浩繁，事事仰給中國，若或缺乏，則必需求。需求不得，則必搶略。彼聚而眾強，我散而寡弱。彼知我動靜，我昧彼之事機。是以歲每深入，無不得利而返。往時虜曾請貢，廷議未從，尚文懼虜眾缺望必將肆毒，乃乘其效順之機，投以貨賄之利。虜既如願，邊亦少寧。尚文非得已而為之也。然與其使邊臣違禁交通利歸于下，孰若朝廷大開賞格恩出于上。詔曰，此疏所言利害，不但一時一鎮可行，兵部詳議奏聞，毋得推避。居亡何，道路有言，虜微遣人潛居長安，謀焚各城芻茭者……

49 嘉靖三十一年（一五五二年）七月仇鸞病逝。谷應泰《明史記事本末》卷六十，俺答封貢，中華書局本，第九二一頁：

會時義，侯榮、姚江皆冒功授錦衣衛指揮等官，知鸞死，事必敗，遂以八月十一日出奔居庸關、鞏華城諸處，欲叛出塞。炳（都督陸炳：嘉靖皇帝命令查找仇鸞奸逆的間諜）知之，使關吏及邏者執之，以聞，詔下獄。炳死於兵刃，作斷頭鬼，而無寧隨虜去，猶可得一活命也。不祥之語，以為常談，而近益甚洶洶皇皇，莫保旦夕。

41 關於隆慶和議的前後經過，城地孝《長城と北京の朝政——明代內閣政治の展開と変容》（京都大学学術出版会，二〇一二年）、小野和子《明季党社考——東林党と復社》（同朋舎出版，一九九六年）等有詳細的介紹。

42 謝肇淛《五雜組》卷四，地部二，第三八頁：

九邊如大同，其繁華富庶，不下江南。而婦女之美麗，什物之精好皆邊塞之所無者，市款既久，未經兵火之故也。諺稱，薊鎮城牆，宣府之教場，大同婆孃為三絕云。迤西榆林慶陽漸有夷風。至洮鞏昌苦寒之極。其土人亦與戎狄無別耳。

43 關於明朝前半葉在長城線上的走私問題，雖已有川越泰博的研究（川越泰博〈明蒙交涉下の密貿易〉《明代史研究》創刊號，一九七四年），但是直到關於隆慶和議確立互市為止，走私貿易的發展，應該是往後研究的課題。又，作為點出明朝在與蒙古交涉上經濟問題的重要性之研究成果，Sechin Jagchid and Van Jay Symons, *Peace, War and Trade along the Great Wall Nomadic-Chinese Interaction through Two Millennia*, Indiana University Press, 1989（札奇斯欽《北亞遊牧民族與中原農業民族間的和平戰爭與貿易之關係》正中書局，一九七二年）的第三章「Frontier Markets」非常重要。嘉靖二十三年（一五四三年），明軍在甘肅方面擄獲俺答汗軍隊的軍裝，驚訝地報告道：「皆異常，與漢同」。其中可能也包含從明朝軍隊掠奪來的物品，不過在邊軍參與之下的走私，向蒙古方面流出這一類物資的可能性很高。瞿九思《萬曆武功錄》卷七，俺答列傳上，第三四頁：

於是大將軍仇鸞驗夷器，坐纛纓皆用五色，頂用銅鐵，喇叭用木，帽用紅毽毽，靴用粉皮，袋用金，甲上用明柳葉，下用鎖子，圍肩綠閃色，襖黃段，邊臂手用皮吊線，褲用皮，佩香繫絲，皆異常，與漢同。大驚。

44 請參照本章注64。

45 《明史》卷二百二十二，王崇古傳，中華書局本，第五八三八～五八三九頁：

自河套以東宣府、大同邊外，吉囊弟俺答、昆都力駐牧地也。又東薊（薊馬，招納我畔亡，我不能禁也。微弱北關一不救，非折而入於建夷，則畔而連和西虜，其為開原害更大。

37 鄭曉〈會議大同巡按欒尚約題兵餉疏〉《鄭端簡公奏議》卷十一，第二十頁（《皇朝經世文編》卷二百一十七，第二一頁收錄同篇文章）：

一則官吏貪殘，軍民困苦，忍棄鄉土，甘從醜類。亟宜嚴設文武官員，用心撫綏軍民，多方設法招回在虜人口，免其糧差，加意安輯。一則有名逆賊，多在虜中勾引逋逃，且歸且叛，反復無常。須要密謀曲計，或購賞以擒渠魁，或遣間以離黨與。務使互相疑貳，莫敢近邊。

38 瞿九思《萬曆武功錄》卷七，俺答列傳中，第二四頁：

至于逃亡之故，皆由邊垣工役，卒歲不休，轉石顛崖，伐樹深澗，力辦不及，貨錢賠貱。各關夷人，旬撫月費，悉出軍資。將領乾沒，文吏漁擾。兼石塘、古北，地既虜衝，土尤磽确，誰能終日攖以徽纆，使其不亡乎。

39 謝肇淛《五雜組》卷四，地部二，第三八頁：

臨邊幸民往往逃入虜地。蓋其飲食語言既已相通，而中國賦役之繁，文罔之密，不及虜中簡便也。虜法雖有君臣上下，然勞逸起居甘苦與共。每遇徙落移帳，則胡王與妻妾子女皆親力作。故其人亦自合心勇往，敢死不顧。干戈之暇，任其逐水草畜牧自便耳。真有上古結繩之意。一入中國，里胥執策而侵漁之矣。王荊公所謂漢恩自淺胡自深者，此類是也。

他同時也說，在夷狄之地「農商者無追呼科派之擾，無征榷詐騙之困」（第五一頁）。

40 熊廷弼前引〈論遼左危急疏〉第五二頁（程開祜《籌遼碩畫》卷一也載錄了這篇疏文。〈題為遼左情勢危急乞敕當事諸臣務求戰守長策以存孤鎮事〉第十一～十二頁）。這篇疏文是在萬曆三十七年二月上奏，當時努爾哈赤方面開始在海西女真的舊有統治地區哈達（南關）耕作，拉高與明朝之間的緊張關係：

顧臣所尤慮者，不獨在強虜，而又在餓軍。何也。遼軍自東征騷擾以來，復遭高淮毒虐，離心離德為日已久，今又驅饑寒之眾，置之鋒鏑之下，憤怨之極，勢且離叛。嘗密聞外間人言，向特怕虜殺我耳。今聞虜築板升以居我，推我衣食以養我，歲種地不過粟一囊、草數束，別無差役以擾我，而又舊時虜去人口，有親戚朋友，以看顧我。我與死於饑餓，作枵腹鬼，遼東西……，地饒魚鹽穀馬，馬給吏士，或市之葆塞奚夷。彼遂挾以邀，我亦以官市縻之。而奸闌出入，亦不能盡禁。

34 何爾健〈直陳困憊〉（萬曆三十年十一月七日）《按遼御璫疏稿》（何茲全、郭良玉校編本，中州書畫社，一九八二年）第三七頁：

建州彝地有千家莊，東西南北周回千餘里，其地寬且肥。往年遼瀋以東，清河、寬奠等處，與彝壤相接，其間苦為傜役所逼者，往往竄入其中，任力開墾，不差不役，視為樂業。彝人利其薄獲，陽謂為天朝民也，相與安之，而陰實有招徠之意。然礦稅未行，人重故土，去者有禁，就者有限，即官司有事勾攝，猶未敢公然為敵也。乃今公私之差，日增月異，已自不支，而礦稅之徵，朝加夕添，其何能任。況在此為苦海，在彼為樂地。彼方為淵為叢，民方為魚為雀，而我為獺為獐。以故年來相率逃趨者，無慮十萬有餘。

萬曆三十四年（一六〇六年）「棄地啗虜」之際，評估該地住戶高達六萬四千戶的人物，就是彈劾李成梁的宋一韓。方孔炤《全邊略記》卷十，遼東略，第五九頁。這一年，也有史料表示，明朝方面以數千兵丁試圖將寬奠方面的漢人驅逐至內地，但是「強壯之人大半逃入建州，僅得老幼孤貧六七萬人」。逸名《建州私志》上卷（《清入關前史料選輯》（一）所收本，中國人民大學出版社，一九八五年）第二六六頁。移居人口之多，也可從此窺見。

35 張濤（遼東巡撫）〈題為建夷懾服天威謹修質子曠典乞敕朝議處置以慰遠忱以息邊患事〉（萬曆四十一年）程開祜輯《籌遼碩畫》卷二，第三六頁；姚若水（刑科給事中）〈題為剿酋決不可已治內必不可疎懇祈聖明亟用人才併採輿論以圖全勝以雪大恥事〉（萬曆四十六年）《籌遼碩畫》卷四，第二五頁；何宗彥（禮部署部事左侍郎）等〈題風霾屢作可懼時事孔棘堪憂懇乞聖明亟渙大號以安人心以杜釁萌以固根本以保萬全事〉（萬曆四十六年）《籌遼碩畫》卷四，第六三頁；官應震（戶部給事中）〈題為敬陳援遼一得以備聖裁事〉（萬曆四十六年）《籌遼碩畫》卷四，第三六頁。

36 馮瑗《開原圖說》卷上，開原控制外夷圖說之按語：

而奴酋以救北關之故，目眈眈側目于開原。處（虔）劉我人民，擄掠我牛得三百七十六人。八月，……頃請曰，將軍第還我質夷五人，我即以臺軍還。於是與之九人。居八九日，又與四人，所不遣者厘三人矣。速把亥竟誘鎮遠臺通事李世勳、王海，及臺軍一人而去。是時虜中多漢人，幸為我邊吏言，此中計欲大舉，遲質夷還歸舉矣。

26 《明史》卷二百二十二，張學顏傳，中華書局本，第五八五四頁。

27 馮瑗《開原圖說》卷下中有「虜營帳多在樓子傍，其左右前後三四十里，即其板升，板升者夷人之佃戶也」之文字。

28 萬曆三十七年（一六〇九年）左右，熊廷弼表示，遼東的人們會投向努爾哈赤方面的原因之一，是「頃今聞虜築板升以居我，推我衣食以養我，歲種地不過粟一囊草數束，別無差役以擾我」，指出努爾哈赤方面提供聚落與家屋給越境者居住，向板升的農民課徵的貢賦少，也沒有惱人的差役。熊廷弼〈論遼左危急疏〉《按遼疏稿》卷二，第五二頁。

29 熊廷弼同前文，第四三頁：

往虜故窮餒，又馬於冬春草枯時，瘦如柴立，故我猶得一間。近所掠人口，築板升居之，大酋以數千計，次千計，又次數百計，皆令種地納糧料，人馬得食，無日不可圖我。

30 陳仁錫〈紀板升〉《無夢園集》海二，第二三頁：

板升云者，被擄之漢人，久住虜中，沿邊耘種，名為護邊，其實虜之細作，皆是。此人虜搶財物，十與其三，謂之坐地分贓。夫此板升者，內食我撫賞看邊之物，外分達子搶掠漢人之財，彼居中而兩利之如是。

31 女真社會農業發展的重要契機，是透過與中國內地以及朝鮮的貂皮貿易獲得耕牛、農具。關於這個問題，河內良弘有精細縝密的研究。河內良弘《明代女真史の研究》（同朋舎出版，一九九二年），第六二五頁以後。

32 馮瑗《開原圖說》卷上，松山堡圖說：

是堡（松山堡）開原材木所從出也。往年華夷雜處，有無相濟，頗享安堵之福。自奴酋與北關相構以來，恨我兵之戍北關也，蓄怒宿怨待我堡民。屯民猶貪山澤小利，往往遭虜（虔）劉之害，豈以空言宣諭能止。議者欲驗復廣順關之貢，稍示羈縻之術，亦救弊一策也。

33 〈書遼東鎮圖後〉《端簡鄭公文集》卷八，志論，第八頁（《皇明經世文編》卷二百一十七，第二十頁收錄了同樣的文章）：

入秋採禾，既採舂米。是漸知粒食也。

又其始掠婦女，遇男子多褫其衣縱之。繼則嬰稚必掠，丁壯必戮。今乃婦女老醜者亦戮，丁壯有藝者亦掠。是漸知集眾也。

又其始掠布帛。繼則取刃器取釜。今乃接戰奪甲，得車焚輪。是漸知貴鐵也。

又其始獲丁口重役之。故不堪役者，多謀歸正。繼則妻之，妻遺之畜。今乃拔盡力者，授之部曲使將。是漸知用長也。

又其始恃馬力，聞炮聲奔，見燃鎗避。繼則以數騎誘我矢石，俟乏乃進。今乃肩門闔，抵木牌，突來薄陣矣。是漸知避火器也。

又其始以攻墩，恐墩卒，求緩烽。繼則有交餽。今乃易買櫛具。是漸知廣奸細也。

又其始未嘗用步兵。今則步騎雜至。未嘗用我人戰。今則驅破堡之丁，攻不下之堡。或約開門，則大有變易也。而其重者則始也志邊塞。庚子（一五四〇年）、辛丑（一五四一年）志山西。甲辰（一五四四年）志真、保定。今則每每聲京師諸關廂。故虜之為害，屢遷變易而不一也。

23 **方孔炤《全邊略記》卷十，遼東略，第十一頁：**

（正統）八年四月，錦衣衛指揮吳良奏，臣奉命使海西，見女直野人家，多中國人，驅使耕作。詢之有為擄去者，有避差操罪犯逃竄者。久陷胡地，無不懷鄉，為其關防嚴密，不得出，或畏罪責，不敢還，情深可憫。今海西各衛，累受陞賞，皆知感激，請給榜開原及境外，於野人女直，則諭以理，使無拘禁。於逃叛，則宥其罪，俾之來歸。

24 **方孔炤《全邊略記》卷十，遼東略，第十九～二十頁：**

馬文升申誡守關之詬辱科策者，失貢夷之心，請治參同周俊罪。劉八當哈者東寧人，天順間，因盜馬奔建州，導入寇，乃冒酋名入貢，為親知所識。撫臣請梟示之，乃敕卜阿曰，爾等所遣使中乃有中國叛人，冒名希賞，已依法處之矣，自後乃須審實。

25 **瞿九思《萬曆武功錄》卷十二，速把亥列傳，第四～五頁：**

（隆慶元年）四月，朵顏夷卜萬等千餘人，傳箭請入市。於是臺御史魏學曾、御史李叔和、使遊擊郭承恩，詣關市下撫賞。而速把亥所部阿某赤等，亦多闕匿於其間，為通事陳紹先覺，微告承恩。承恩乃使使者捕之，

18 《明史》卷二百二十二，王崇古傳，中華書局本，第五八三八頁：

俺答又納叛人趙全等據古豐州地，招亡命數萬，屋居佃作，號曰板升。全等尊俺答為帝，為治城郭宮殿，亦自治第，制度如王者，署其門曰開化府。又日夜教俺答為兵。

19 張彥文原本是從蒙古逃亡出來，擔任明朝當局的通事並晉升為試百戶，但是因為厭倦俸祿微薄，因而內通蒙古，提供明朝的軍事情報。瞿九思《萬曆武功錄》卷七，俺答列傳中，第十三頁。

20 瞿九思《萬曆武功錄》卷七，俺答列傳中，第二五頁：

張彥文從雲中帥劉漢馳平虜，湯西河，遂棄旗鼓，亡抵俺答營，易夷名曰羊忽祿。以囊時鬻陳功，轉為酋長。先是營將軍李應祿兵劉四，又名天麒。頋應祿嚴，又漁獵餽稟，欲亡。遂與陳世賢、王麒謀殺祿。即攜其家室一百三十餘人，從羊角山亡抵俺答，亦易名劉參將。於是全與李自馨、趙龍、王廷輔導引虜騎萬餘，從左營黑龍王墩入，破雲陽諸堡凡五十餘座，殺略一千六百餘人，略馬牛羊凡七千八百餘頭。俺答即以所略及漢人亡命二千餘人屬四。四亟使漢人築土堡一座，可二里，有馬牛五千，糗糒五千餘石。

21 請參照本章注18。

22 尹畊《塞語》虜情，第一～三頁：

近年以來，虜我丁口，生養日滋，登我叛人，虛實盡諳。吉囊、俺答號稱梟雄，把都、青台盡領部落，每一入寇，動稱十萬，揚塵亘塞，聲弦鳴雷，視前為何如也。故曰虜勢強弱之不同。

然其初為寇也，有乘驏馬持木兵者矣。伺隙則進，兵出則走矣。過堡砦戒備，遇大鄉落，疑畏不敢入矣。而繼也則振轡直前，不避兵陣，精騎約戰，餘眾摽掠。此一變易也。

然尚未攻堡也，邊人曰堡斯免矣。又其繼也，則分道直前，蔑視我眾。殿數百以羈全營。紛千萬以震零堡。此又一變易矣。

然所破者百之一二耳。邊人曰堡稍嚴整斯免矣。而今也則盛兵入塞，自結長圍，方數十里。莫測音耗，鐵騎外馳，侵軼營壘，步兵內集，肉薄陴垷，所過無不盡之鄉，所攻無不破之堡。則又一變易也。

又其始掠騎畜，得粟不知炊而食也。繼則入鄉必劚窖，得粟必囊往。今乃嚴重性，不是前一世紀也先的入侵可以比擬。關於這點，鄭曉同時代的人應該都有相同的認知。

10 戴裔煊《明代嘉隆間的倭寇海盜與中國資本主義的萌芽》（中國社會科學出版社，一九八二年）、林仁川《明末清初私人海上貿易》（華東師範大學出版社，一九八七年）、李金明《明代海外貿易史》（中國社會科學出版社，一九九〇年）。

11 小葉田淳《中世南東通交貿易史の研究》（原著一九三九年，刀江書院增補版一九六八年）、前引佐久間重男《日明関係史の研究》。另外，筆者也從村井章介的研究中，獲得很大的啟發；村井章介《中世倭人伝》（岩波新書，一九九三年）。

12 鄭曉《今言》卷三，中華書局本，第一三六頁：

近日東南倭寇類多中國之人，間有膂力膽氣謀略可用者，往往為賊。……倭奴藉華人為耳目，華人藉倭奴為爪牙，彼此依附，出沒海島，倏忽千里，莫可蹤跡。況華夷之貢，往來相易，其有無之間，貴賤頓異。行者逾旬而操倍蓰之贏，居者倚門而獲牙儈之利。今欲一切斷絕，竟致百計交通，利孔既塞，亂源遂開，驅煽誘引，徒眾日增。

這篇文章，是鄭曉從嘉靖三十三年（一五五四年）五月上奏的「乞收武勇亟議招撫以消賊黨疏」中親自採錄的內容。在《鄭端簡公奏議》卷二，淮陽類所收的本文中，「獲牙儈之利」記為「獲牙行之利」。

13 屠仲律〈禦倭五事疏〉《皇明經世文選》卷二百八十二，第四頁：

一絕亂源。夫海賊稱亂，起於負海奸民通番互市。夷人十一，流人十二，寧紹十五，漳泉福十九，雖稱倭夷，其實多編戶之齊民也。

14 萩原淳平『明代蒙古史研究』（同朋舎出版，一九八〇年），請參照第二一六頁以後的部分。

15 關於呼和浩特的發展，戴學稷在《呼和浩特簡史》（中華書局，一九八一年）中已有概述。

16 瞿九思《萬曆武功錄》卷七，俺答列傳上，第二五頁。繼承濟農位置的拜桑固爾台吉在隆慶期間，以一位來自明朝的逃亡者馬天祿作為心腹，向甘肅方面發動攻勢。《萬曆武功錄》卷十四，吉能列傳，第一頁。

17 瞿九思《萬曆武功錄》卷八，俺答列傳下，第九～十頁。

頁）。

6 田小兒是與喜寧等齊的也先心腹，同時也是逃亡邊塞外的人物。嚴從簡《殊域周咨錄》卷十八，韃靼，第五八一頁有這樣的記述：

叛賊小田伏誅。田，邊人降虜。也先信用之視喜寧。侍郎偉既至邊，受少保謙密計圖之。至是田隨虜入貢，偉親至陽和城納之，因其行獨後，伏勇士于道執斬之。紿曰「彼思其親亡去」。虜不疑，邊擾大息。

7 宋素卿是隨行日本朝貢使節的明朝寧波人，請參考佐久間重男《日明関係史の研究》（吉川弘文館，一九九二年）第一五八頁。宋素卿自正德七年（一五一二年）以「綱司」（譯注：交易船長）身分，搭乘細川氏自行派遣、經南海路（從堺經四國海域、薩摩至五島，接著前往寧波）的遣明船後，便在細川氏的遣明任務上負有重責大任。他的本名為朱縞，也稱為朱二官。嘉靖二年（一五二三年），大內氏以宗設謙道為正使，派遣明船前往寧波，細川氏則是以鸞岡瑞佐為正使，派出遣明船與之對抗。雙方在寧波爆發衝突，引發騷亂。關於這起事件，在《明世宗實錄》卷二十八，嘉靖二年六月甲寅、戊辰等條項中有記錄。宋素卿在此時被捕，而後遭到處死。山崎岳在〈朝貢と海禁の論理と現実——明代中期の「奸細」宋素卿を題材として〉（夫馬進編《中国東アジア外交交流史の研究》京都大学学術出版会，二〇〇七年）中，詳細檢討了關於宋素卿的資料。透過分析在寧波爭貢事件發生的前後經過，山崎先生得出了這樣的結論：明朝的朝貢—海禁體制「結果只能夠仰賴鑽禁令漏洞前往外國，逸脫體制的人物來運行」（第二五五頁）。

8 一五二七年，在安南（越南），莫登庸篡奪黎朝，自稱皇帝。三年後，他將帝位讓給皇太子莫登瀛，自稱太上皇。明朝的嘉靖皇帝以「安南不朝貢」為理由下令征討，對其施加壓力。嘉靖十六年（一五三七年），莫登庸、莫方瀛父子遣使奉表乞降，十九年奉明正朔，被允許三年一貢。登庸於嘉靖二十二年逝世。《明史》卷三百二十一，安南傳，第八三三〇～八三三四頁。《明史》將莫登瀛記為莫方瀛。

9 鄭曉所提及的喜寧、田小兒、宋素卿、莫登瀛等人引起的紛爭，都已是過去式。相對地，鄭曉表示，山西等北方邊境的「北虜」與以浙江、福建為中心的「南倭」之紛亂，在著書的時間點仍未獲得解決。「北虜南倭」的嘉靖元年舉鄉試第一。明年成進士，授職方主事。日披故牘，盡知天下阨塞，士馬虛實強弱之數。尚書金獻民屬撰《九邊圖志》，人爭傳寫之。

協助《吾學編》編纂的兒子鄭履準表示：「關於地理、夷官與北虜，先君最早便是在兵部的職方清吏司述職，因此對這些方面最為用心，絕非過去史書的輿地志所能相比（先君初官職方，最所究心，非昔志輿地比也）」。《吾學編》序略，第五～六頁。

3　鄭曉《皇明四夷考》序，文殿閣書莊本，第二頁：

嗚呼，均覆載者天德也，辨華夷者王道也。昔也外夷入中華。今也華人入外夷也。喜寧、田小兒、宋素卿、莫登瀛皆我華人，雲中、閩、浙憂未艾也。是故慎封守者非直禦外侮，亦以固內防也。池魚故淵，飛鳥舊林，人情獨不然乎。彼其忍於捐墳墓、父母、妻子、鄉井而從異類者，必有大不得已也（後略）

嘉靖甲子三月朔日，鄭曉識。

鄭曉也將這篇著作，收錄在自己晚年的作品《吾學編》之中。在他辭世之前不久發行的這部作品中，〈皇明四夷考序〉是收錄在卷六六的第二頁。《吾學編》共六十九卷，為私人撰寫的紀傳體明代史；〈天文述〉、〈地理述〉、〈三禮述〉、〈百官述〉、〈四夷考〉、〈北虜考〉等各卷，相當於紀傳體史書的「志」。紀傳體史書對外國的記述，按照通例是置於「列傳」的末尾。鄭曉將〈四夷考〉、〈北虜考〉從「列傳」（《吾學篇》的列傳，是由諸王、諸侯傳記以及〈名臣記〉、〈遜國臣記〉所共同構成）中抽出，放入「志」的範圍內。「四夷」與「北虜」對明而言屬於外國，與在皇帝統治下的個人和集團，不應等同視之。鄭曉似乎是認為，應該要區別內與外，將中國與外國的關係以對外關係史的形式，順應現實記錄下來。

4　所謂「覆載」，指的是「天覆、地載」，也就是華夷均受天地之恩惠。其語源來自《中庸》的「天之所覆，地之所載」。

5　喜寧是英宗的宦官，據說曾經依附也先，擔任入寇的嚮導。景泰元年（一四五〇年）二月壬辰遭誅殺。《明史》中表示喜寧是「也先的心腹」（卷一百六十七，袁彬傳，第四五〇九頁）。在嚴從簡《殊域周咨錄》卷十八，韃靼中，也可以看見關於喜寧的詳細記述（第五七三～五七四知，琉球方面曾試圖不向朝廷報告該件事故，自行處理。

122 同前注。

123 〈琉球國中山王臣尚巴志謹奏為謝恩事〉（宣德六年四月六日）校訂本《歷代寶案》一—一二—〇九。

124 〈敕諭〉（宣德七年正月二六日）校訂本《歷代寶案》一—〇一——二頁。

皇帝敕諭琉球國中山王尚巴志。比者，內官柴山等回，備言王能敬順天道，恭事朝廷，具見王之誠意，良用嘉悦。今復遣內官柴山、內使阮漸，給賜王與王妃綵幣，并將帶軍（軍為衍字）銅錢貳千貫前來，收買洒金果合、彩色屏風、彩色扇、五樣磨刀石、腰刀、袞刀、硫黃、生漆、細沙魚皮。王可用心收辦齎（齊）備，交付內官柴山等齎來。尤見王之勤誠，其先次海洋遭風失去銅錢一千七百餘貫，今皆不問。特諭王知之。故諭。

125 同前注。

126 〈琉球國中山王臣尚巴志謹奏為謝啓恩事〉（宣德九年五月一日）校訂本《歷代寶案》一—一二—一〇。

127 《明太宗實錄》卷七十，永樂五年八月庚戌，第九八四頁。

128 〈琉球國中山王臣尚巴志謹奏為謝啓恩事〉（宣德九年五月一日）校訂本《歷代寶案》一—一二—一〇。

129 同前注。

130 這次出海的日期，是在報告上奏日期的十九天後。或許是哪一個日期出錯了，又或是上奏的日期並非報告書寫的日期，而是準備上奏的日期，應該是這兩個狀況的其中一個。

131 〈琉球國中山王尚巴志謹啓為奏開讀事〉（宣德九年）校訂本《歷代寶案》一—一二—一一。

## 第三章

1 關於鄭曉的經歷，請見戚元佐〈刑部尚書端簡公曉傳〉，《國朝獻徵錄》卷四十五；《明史》卷一百九十九，本傳等。

2 《明史》卷一百九十九，鄭曉傳，第五二七一頁：

逸事。嚴從簡也認為這是值得記錄的事實，而將之收錄下來，因此應該是有確切的資料來源才對。

114 《明太宗實錄》卷一百一十三，永樂九年二月甲寅之條中，雖有「遣使齎敕，賜日本國王源義持金織文豈紗羅、綾絹百疋、錢五千緡。嘉其屢獲倭寇也」的內容，但是並未提及宦官王進的名字，以及購買日本商品之事。

115 對於派遣宦官王進事件的來龍去脈，雖然嚴從簡和鄭若曾是從野史類書籍中採擷資料，但刊載在基於朝廷記錄編纂的實錄中的，也未必就是不偏不倚的事實。關於這件事，明代的論者也有所意識。《皇明馭倭錄》的作者王士騏便敘述如下。「騏按錄（實錄），永樂元年遣使而二年無鄭和。三年遣使有鴻臚寺少卿潘賜、內官王進等，而九年無王進。日本國王獻所獲倭寇嘗為邊害者，乃三年中事，而野史誤以為二年。四年遣使封其國之山，曰壽安鎮國之山。立碑其地。而野史亦誤以為二年。凡稱歷朝遣使入貢者，考之實錄，十無一合，野史之不足據若此。然實錄于遣使姓名，或載或不載，所謂楚既失之，齊亦未為得也。又按，日本不待遣使，首先納款。然後遣使與圭密同往，事在元年十月。國史雖不載使臣姓名，似即通政趙居任。蓋歸自高麗，仍遣之耳。太監鄭和之下海，既在日本通貢之後，和亦未嘗至日本。詳見《星槎勝覽》及《太倉州志》」（《皇明馭倭錄》，卷二）。

116 關於前後經過，請參考田中健夫編《訳注日本史料：善隣国宝記、新訂続善隣国宝記》（集英社，一九九五年）的補注13。

117 呂淵在第一次派遣的時候，不被允許上京，從兵庫踏上歸途。當時，他帶著號稱是足利義持派遣的使者性雲，以及以義持名義寫成的謝罪表文回國，但後來發覺是偽文。

118 〈琉球國中山王臣尚巴志謹奏為開讀事〉（宣德三年二月二十一日）校訂本《歷代寶案》一—一二—〇六。

119 根據這個時期《歷代寶案》所收錄的文件，奏聞的內容，也會向禮部以咨文的方式傳達。文章並不全然相同，咨文的內容會較為詳細。

120 宣德三年十月十三日「敕諭」校訂本《歷代寶案》一—〇一—〇八。

121 〈琉球國中山王臣尚巴志謹奏為開讀事〉（宣德六年）校訂本《歷代寶案》一—一二—〇八。「為此一節係于朝廷官物，未經奏聞」，由此可六十五，南漢世家。藤田豊八在〈南漢劉氏の祖先につきて〉（《東洋学報》六一二，一九一六年）中主張，南漢劉氏是出身阿拉伯裔。自唐代起，廣州就被說是「有蠻舶之利，珍貨輻輳。前任州刺史、節度使訂定制度取得利益，累積財富。凡是前往南海（廣東）經營者，沒有人不滿載而歸。（南海有蠻舶之利，珍貨輻湊。舊帥作法興利以致富。凡為南海者，靡不梱載而還）」（《舊唐書》卷一百七十七，盧鈞傳，中華書局本，第四五九一頁）

107 為紀念鄭和展開大航海六百週年，在二〇〇五年前後的中國歷史學界主流論調是，高度評價永樂帝往海洋發展的先進性。

108 馬歡《瀛涯勝覽》滿剌加國之條。

109 茅元儀《武備志》卷二百四十，第十六、十七頁。蘇門答臘島的官廠，似乎就是鄭和艦隊所造訪的「蘇門答臘」。蘇門答臘是蘇木都剌國的王都，該國的穆斯林國王接受永樂帝冊封，頻繁入貢。

110 宋端儀《立齋間錄》（《國朝典故》卷四十）、袁褧《奉天刑賞錄》。過去，筆者曾經介紹過這些書籍的敘述。拙稿〈殺人マニア・永楽帝〉《月刊しにか》十二一八，二〇〇一年。

111 關於永樂皇帝所處的立場，以及為了演出自己是正統天子角色而表現出的許多作為，陳尚勝有切中核心的論述。陳尚勝〈中國傳統文化與鄭和下西洋〉（首次發表於二〇〇五年，陳尚勝《中國傳統對外關係研究》中華書局，二〇一五年）第六九～七五頁。

112 嚴從簡《使職文獻通編》外篇卷二，第九頁。佐久間重男以《明史稿》日本傳以及嚴從簡《殊域周咨錄》為基礎，引用了其中的記載，並認為「這些後世的記錄是根據何者，難以判斷」。又，他雖然將明廷派遣王進與其後的遭拒，放在日本對明衝突的脈絡下加以討論，但並沒有特別注意到其中「收買奇貨」這句話。前引佐久間重男《日明関係史の研究》第一一七頁。

113 鄭若曾《籌海圖編》卷二，王官使倭事畧，天啓年間刊本，第五頁。這篇「王官使倭事畧」，其筆觸近似於以鄭和為主角的通俗小說《三寶太監西洋記》。但是，《三寶太監西洋記》的成書年代是十六世紀末，一五六〇年代編纂的《籌海圖編》，不可能會從冒險小說之類的書籍中抽出王進的

97 《明太祖實錄》卷二百五十四，洪武三十年八月丙午，第三六七一～三六七三頁。

于是禮部咨暹羅國王曰，「自有天地以來，即有君臣上下之分，且有中國、四夷之禮，自古皆然。我朝混一之初，海外諸番，莫不來庭，豈意胡惟庸造亂，三佛齊乃生間諜，紿我信使，肆行巧詐，彼豈不知大琉球王與其宰臣皆遣子弟入我中國受學，皇上錫寒暑之衣，有疾則命醫診之，皇上之心，仁義兼盡矣。皇上一以仁義待諸番國，何三佛齊諸國背大恩而失君臣之禮，據有一蕞之土欲與中國抗衡。倘皇上震怒，使一偏將將十萬眾越海問罪，如覆手耳，何不思之慎乎？皇上嘗曰，安南、占城、真臘、暹羅、大琉球皆修臣職，惟三佛齊梗我聲教。夫智者憂未然，勇者能徙義，彼三佛齊以蕞爾之國，而持奸于諸國之中，可謂不畏禍者矣。爾暹羅王獨守臣節，我皇上眷愛如此，可轉達爪哇，俾其以大義，告于三佛齊，三佛齊系爪哇統屬，其言彼必信，或能改過從善，則與諸國咸禮遇之如初，勿自疑也」。

98 瑞溪周鳳輯《善隣國寶記》卷中，第一～二頁。

99 在洪武七年遞交書信給中書省的「國臣」，如果真的是足利義滿的話，那或許應該是從洪武七年以來的一貫態度。

100 關於冊封所使用的國王印、冠服、詔敕等，村井章介在〈明代「冊封」の古文書学的検討——日中関係史の画期はいつか〉（《史学雑誌》一二七編二號，二〇一八年）中有詳細的檢討。

101 關於永樂帝的事蹟，請參照檀上寬《永楽帝——華夷秩序の完成》（講談社学術文庫，二〇一二年）。

102 關於永樂帝時期的日明貿易實際狀況，請參考中島楽章詳細的論述。中島楽章〈永楽年間の日明朝貢貿易〉《史淵》一四〇輯，二〇〇三年。

103 關於這件事，請參照本書第二五〇頁。在十六世紀三十年代以後的廣州，追加認可附搭貨物可以在市場上自由買賣；因為這項措施的擴大適用，也擴大了外國商船的課稅貿易。

104 《宋會要輯稿》補編．市舶之項，以及職官四十四。

105 《宋史》卷四，太宗本紀，雍熙二年九月己巳，中華書局本，第七六頁。

106 南漢的建國者劉隱，是出身於從福建移往廣東的商家。《五代史記》卷城、真臘和琉球；而在這當中，又只有琉球不是勘合制度的適用對象。其理由雖不明確，不過或許是琉球派出的使節誠信不欺瞞，且讓琉球子弟在國子監學習，是誠實的朝貢國家，所以被認為沒有必要配發勘合紙和簿冊吧。

87 《明太祖實錄》卷一百四十一，洪武十五年正月甲申，第二二二二頁。

88 對朝廷而言，危害甚大的是政府內的不滿分子發下虛偽政令。從當時的狀況來看，防止由京師樞要官府名義所發出的虛假文件，是最重要之事；至於地方官府上達的虛假文件，或許會認為並無導入勘合制度的必要。另外，由於府、州、縣的官府並不會直接送達公文至京師官府，所以單方向的勘合制度，應該不會有什麼窒礙才是。

89 《明太祖實錄》卷一百五十三，洪武十六年四月乙未，第二三九九頁。「遣使齎勘合文冊，賜暹羅、占城、真臘諸國。凡中國使至，必驗勘合相同，否則為偽者，許擒之以聞」。對於海外各國，明廷也將「勘合文冊」送至他們手上，明朝使節帶來的公文，一定要寫在勘合用紙上。但是，在足利義滿接受冊封後，適用於日本的制度也是一樣，除了簿冊外，還送來附有半印、半字的用紙一百張；由此可見，勘合應該是適用於雙向文件往來才對。

90 在浙江方面，對於從日本渡航而來有利的東北季風時期，定有所謂的「大汛」（自冬季至初夏）和「小汛」（九月、十月），是水師巡守的期間。請參照本章注82。

91 前引檀上寬《明代海禁＝朝貢システムと華夷秩序》第八二～八七頁。

92 《明太祖實錄》卷二百三十一，洪武二十七年正月甲寅，第三三七三～三三七四頁。

93 《明太祖實錄》卷二百五十二，洪武三十年四月乙酉，第三六四〇頁。

94 《本朝通鑑提要》第一卷，嘉慶二年記錄的文末。第二四頁（国書刊行会本，第四四九頁）。

95 順帶一提，這篇文章並未見於《本朝通鑑》。《本朝通鑑》的文章會明確記錄出處，但是《本朝通鑑提要》卻省略了出處的記載。

96 《明太祖實錄》卷二百五十四，洪武三十年八月丙午，第三六七一～三六七三頁。

78 嚴從簡《使職文獻通編》外篇卷二，第七頁。

79 檀上先生認為，明廷在洪武十六年開始強化海防體制的根據，是萬曆《大明會典》卷一百零五，禮部六十三·朝貢一·日本國的內容，但在《明史》日本傳等「其他的史料中，幾乎都是採取十七年的說法，從這一點來看，說是十七年以後說不定會比較恰當」，因此對確切的紀年持保留態度。前引檀上寬《明代海禁＝朝貢システムと華夷秩序》第九八頁，注41。

80 《明太祖實錄》卷一百五十九，洪武十七年正月壬戌，第二四六〇頁。

81 羅濬《（寶慶）四明志》卷六，郡志六·敘賦下·市舶之項，第八頁。

82 謝廷傑《兩浙海防類考》卷四，風雨占候中：「大抵倭船之來，恆在清明之後。前乎此風候不常，屆期方有東北風作，且多日而不變也。過五月有風自南，倭不利於來，而便於歸矣。重陽後，亦有東北者，彼亦可來。過十月風自西北，亦非倭所利矣。故防海者，以二、三、四、五月為大汛，九、十月為小汛」。

83 前引佐久間重男《日明関係史の研究》第八七頁、檀上寬《明代海禁＝朝貢システムと華夷秩序》第八八、一一二～一一九頁。又，透過沿海衛所演變而來的軍營配置和指揮系統等，從軍政觀點來分析明朝海防體制的研究，有川越泰博《明代中国の軍制と政治》（国書刊行会，二〇〇一年）前編，第一章「海防活動」。

84 蘇勇軍《明代浙東海防研究》（浙江大學出版社，二〇一四年）、宋烜《明代浙江海防研究》（社會科學文獻出版社，二〇一三年）、何孟興《閩海峰煙——明代福建海防之探索》（蘭臺出版社，二〇一五年）、何孟興《防海固圉——明代澎湖臺灣兵防之探索》（蘭臺出版社，二〇一七年）。

85 《皇明祖訓》是改訂洪武六年的《祖訓錄》而成。是洪武皇帝著述，留給後世子孫、也就是繼任皇帝的訓示之書。在「祖訓首章」中，作為對外政策的一環，將許多國家列舉在「不征諸夷國名」之中。成為行使武力對象的是當時西北邊境的各集團，至於海外諸國則是全數被列為「不征」之國。

86 當時經由海路前來朝貢的國家，如本章注89所引用的資料，只有暹羅、占

70 前引檀上寛《明代海禁＝朝貢システムと華夷秩序》第六章。

71 佐久間重男〈明初の日中関係をめぐる二、三の問題——洪武期の対外政策を中心として〉（最初發表於一九六六年，後收錄於佐久間重男《日明関係史の研究》第一編第一章）的第七四頁中指出，江戶幕府編纂的《續本朝通鑑》卷一百四十九中有引用這份文件。《續本朝通鑑》中的這份文件是由徐禎卿《翦勝野聞》轉錄而來。

72 與徐禎卿《翦勝野聞》採錄的內容相較，嚴從簡輯《使職文獻通編》所收錄的內容，有許多字句上的相異。

73 前引佐久間重男〈明初の日中関係をめぐる二、三の問題〉第七十～七五頁。

74 這份表文的紀年以及將之視為是良懷的上書，完全是武英殿版《明史》日本傳的獨自判斷。卷三百三十二，日本傳，中華書局本，第八三四四頁。「（洪武）十二年來貢。十三年復貢，無表，但持其征夷將軍源義滿奉丞相書，書辭又倨。乃卻其貢，遣使齎詔譙讓。十四年復來貢，帝再卻之，命禮官移書責其王，并責其征夷將軍，示以欲征之意。良懷上言……（下略）」。

75 嚴從簡《使職文獻通編》外篇卷二，第五～六頁。

76 實錄記載了這兩封文件。《明太祖實錄》卷一百三十八，洪武十四年七月戊戌，第二一七三～二一七七頁。又，洪武帝的文集中也有收錄，與實錄的本文相較，可知經過了大幅度的修改。〈設禮部問日本國王〉《高皇帝御製文集》卷十六，第二八～二九頁。〈設禮部問日本國將軍〉《高皇帝御製文集》卷十六，第二九～三二頁。前引佐久間重男〈明初の日中関係をめぐる二、三の問題〉第六九、七一～七二頁中記有禮部書簡的概要。另外，雖然佐久間先生將僧人如瑤認定為懷良親王派遣的使節，但如瑤應該是北朝的使節。

77 《明太祖實錄》卷一百零五，洪武九年四月甲申，第一七五五～一七五六頁。表文雖是日本國王良懷的名義，但村井章介先生推論，這是北朝天皇所派遣而來的使者。使者似乎是僧侶廷用文珪。〈初期日明関係史年表〉村井章介等編《日明関係史研究入門——アジアのなかの遣明船》（勉誠出版，二〇一五年）第三十頁。

親序〉（《宋學士文集》卷第二十七，翰苑續集卷七）中「先是，日本王統州六十有六，良懷以其近屬竊據其九，都于大宰府。至是被其王所逐，大興兵爭。及無逸等至，良懷已出奔，新設守土臣，疑祖來乞師中國，欲拘辱之。無逸力爭得免，然終疑勿釋」。據此，良懷被說是「竊據」九州，這是明朝朝廷根據仲猷祖闡和無逸克勤的報告，而認識到良懷不過是偽日本國王。但是，之後他們又接受「日本國王良懷」的朝貢使節，恐怕是因為在真正的日本國王未前來朝貢的狀況之下，不得不將曾經暫時認定為日本國王的良懷，選為往來的對象。

63 《明太祖實錄》卷八十九，洪武七年六月乙未，第一五八二～一五八三頁。

64 《明太祖實錄》卷八十九，洪武七年六月乙未，第一五八二～一五八三頁。禮部發送給島津氏久的「符文」內容如下：「夷狄奉中國，禮之常經。以小事大，古今一理。今志布志島津越後守臣氏久，以日本之號紀年，棄陪臣之職，奉表入貢，越分行禮，難以受納。氏久等當堅節以事君，推仁心以牧民，則不為禍首，享福無窮，如或不然，亂爾國，凶爾家，天災有莫能逃者。其表文、貢物付通事尤虔齎領還國」。

65 《明太祖實錄》卷八十九，洪武七年六月乙未，第一五八二～一五八三頁。

66 同前注。

67 佐久間重男《日明関係史の研究》（吉川弘文館，一九九二年）、鄭樑生《明代中日關係研究——以明史日本傳所見幾個問題為中心》（文史哲出版社，一九八五年）等有詳細的說明。

68 《明太祖實錄》卷一百三十三，洪武十三年九月甲午，第二一一二頁。

69 在實錄中，看不見洪武十五年有日本朝貢的記錄。林賢的事件，在《大誥三編》第九，指揮林賢胡黨中有詳細的記錄，但應該是不實之編造。萬斯同《明史》卷四百一十六，日本傳：「（洪武）十五年，歸廷用又來貢。於是有林賢之獄。曰，故丞相胡惟庸通日本。祖所謂日本雖朝實詐，暗通奸臣胡惟庸，謀為不軌，故絕之也。時惟庸死且三年矣」。這是參考鄭曉《吾學編》皇明四夷考·日本的記錄。嚴從簡《使職文獻通編》中記錄了歸廷用的朝貢，但並未紀年。

載》卷二十，大宰府・「附異国大宋商客事」所引「公憑」。發現這份資料的是森克己（〈日宋貿易の端緒的形態〉《新訂：日宋貿易の研究》新編，森克己著作集1，国書刊行会，一九七五年，第二章，第二節「来朝外国人の身分査照」）。引用方面，是參照森先生以及山崎覚士校訂（〈宋代両浙地域における市舶司行政〉《東洋史研究》六九一一，二〇一〇年），以及大和文華館藏《朝野群載》鈔本，重新編寫文字。

57 《大元聖政國朝典章》卷二十二，戶部・課程・「市舶則法二十三條」中，「一，舶商請給公驗，依舊例召保舶牙人，保明牙人（《通制條格》的延祐元年「市舶法則二十二條」中將「牙人」作為「某人」）招集到人伴幾名，下船收買物貨，往某處經紀。（中略）公驗後空紙八張，泉府司用訖印信，於上先行開寫販去物貨各各名件，斤重若干，仰綱首某人親行填寫。如到彼國博易物貨，亦仰綱首於空紙內，就地頭即時日逐批寫所博到物貨名件、色數、斤重，至舶司，以憑照數點秤抽分。如曾停泊他處，將販到物貨轉變滲泄作弊，及抄填不盡，或因事發露到官，即從漏舶法斷沒。保明人能自首告，將犯人名下物貨以三分之一給與充賞……（下略）」。又，在《通制條格》卷十八，關市・市舶中，延祐元年改訂的「市舶法則二十二條」，也有類似內容。

58 檀上先生在做出本書第一四二頁所提出的見解之前，曾經這樣說：「在全面海禁的狀況下，洪武三十年時的《明律》中，有『舶商匿貨』的條文，只能說非常奇妙。（中略）就實際情況來說，應該可以認為是建國初期階段所訂定的條文，原封不動地以『具文』的方式殘留下來吧！」（前引《明代海禁＝朝貢システムと華夷秩序》第九五～九六頁，注20。）關於這項舊見解，筆者也無法同意。

59 明太祖實錄》卷九十三，洪武七年九月辛未，第一六二〇～一六二一頁。「罷福建泉州、浙江明州、廣東廣州三市舶司」。不過，關於廢止的過程和目的，實錄的記錄中並無述及。

60 前引《明代海禁＝朝貢システムと華夷秩序》第八二～八三頁。

61 《明太祖實錄》卷八十八，洪武七年三月癸巳，第一五六五頁。

62 《明太祖實錄》卷八十九，洪武七年五月甲午，第一五七八～一五七九頁。同年六月乙未，第一五八一頁。另外，宋濂〈送無逸勤公出使還鄉省解」、「抽分」之外，市舶司收購部分的進口貨物，稱為「博買」、「和買」。在這篇實錄記錄中所看見的「抽分」，應該解釋為「博買」、「和買」。

46 《明太祖實錄》卷二十八下，吳元年十二月採取「置市舶提舉司，以浙東按察使陳寧等為提舉」（第十八頁）。

47 在這個時期所定遣使朝貢與蕃王來朝的儀制，開頭就寫著「先王修文德以來遠人，而夷狄朝覲，其來尚矣」，列舉了自上古殷周至蒙古世祖忽必烈為止的事例。關於依據的出處，請參照序章注8和9。

48 檀上寬依據沈德符《萬曆野獲編》的說法，將黃渡市舶司的廢止，解釋為是為了治安上的問題所致。前引檀上寬《明代海禁＝朝貢システムと華夷秩序》第七八頁以及第八三頁。

49 《明太祖實錄》卷四十九，洪武三年二月甲戌，第九六九頁。

50 在南京並未設置市舶司。因此，明廷在首都對番船施行的抽分與博買，應該是打算由朝廷派遣宦官執行，或是由中書省（政府）的戶部直接施行。

51 《明太祖實錄》卷六十七，洪武四年秋七月乙亥，第一二六一頁。「并諭福建行省，占城海舶貨物，皆免其征，以示懷柔之意」。

52 黃彰健《明代律例彙編》卷八，戶律五・課程，第五六九頁。

53 前引檀上寬《明代海禁＝朝貢システムと華夷秩序》第一二七頁。

54 《明太祖實錄》卷二百三十一，同年同月甲寅，第三三七三～三三七四頁。

55 在明代的論者中，也有提出這樣解釋的人；關於這點，請參照本書第二八五頁。

56 宋徽宗崇寧四年（一一〇五年）六月，來航大宰府的宋商李充所攜帶的「公憑」（明州市舶司所發行的貿易許可證）中，列舉了當時的現行關係法例。其中有這樣的條項：「諸商賈販蕃間（販海南州人及海南州人販到同），應抽買，輒隱避者（謂回避詐匿，沌故易名，前期傳送，私自貨易之類），綱首、雜事、部領、梢工（令親戚管押同），各徒貳年，配本城。（中略）綱首、部領、梢工、同保人不覺者，杖壹佰以上，船物（不分綱首餘人及蕃國人，壹人有犯，同住人雖不知情，及餘人知情竝准此）給賞外，竝沒官（不知情者，以已物參分沒官）」。三善為康輯《朝野群併引由契本等項課程，已有定額。其辦課衙門所辦錢、鈔、金、銀、布、絹等物，不動原封，年終具印信文解，明白分豁存留、起解數目，解赴所管州縣。其州縣轉解於府，府解布政司，布政司通類委官起解，於次年三月以裏到京。戶部將解到金、銀、錢、鈔、布絹等物，不動原封，照依來文分豁明白，箚付該庫交收。出給印信長單及具手本，關領勘合回部，照數填寫，責付原解官收執。將所解物件，同原領長單併勘合，於內府各門照進。且如銅錢、布疋，赴甲字庫交納。鈔錠，廣惠庫交納。金、銀、絹疋，承運庫交納。其勘合，既於各門照進。該庫收訖，就於長單後批寫實收數目，用印鈐蓋，仍付原解官齎赴戶部，告繳立案，附卷備照。仍令該部主事廳於原解官差批內，將實收過數目批迴。候進課畢日，將已解併存用課數，通行比對原額。如有虧兌，照依所虧數目，具本奏聞，類行各司府州縣著落。辦課衙門經該官吏人等，追理足備，差人解赴京庫交納。凡十三布政司併直隸府州，遇有起解稅糧、折收金銀錢鈔，併贓罰物件，應進內府收納者，其行移次第皆倣此。

42 在前注引用的規定末尾，可以看見「折收」這個用語。將商稅系統課稅的一部分，以「金、銀、錢、鈔」折收（換算徵收）之事，早於洪武十八年（一三八五年）便已訂定。萬曆《大明會典》卷三十五，戶部二十二．商稅中「（洪武）十八年，令酒、醋課、諸色課，若有布帛米穀等項，俱折收金、銀、錢、鈔，除量存各司府州縣祭祀所用，餘令各該司局等官，親齎具奏。有司帶辦者，差吏管解，俱次年正月起程，直隸府州，限正月以裏，各布政司限三月以裏到京」。

43 《明太祖實錄》卷二十八下，吳元年十二月，第四七四頁。

44 《明太祖實錄》卷八十八，洪武七年三月壬辰，第一五六〇～一五六四頁。歸順朱元璋後，得到廣西行中書省左丞地位的方國珍，就在當天逝世。順道一提，在實錄中也載錄了方國珍的略傳。在此所述有關方國珍的活動，皆是依據該略傳之內容。

45 《明太祖實錄》卷四十五，洪武二年九月壬子之條，第四～五頁。通常，所謂的「抽分」，指的是市舶司與國內的稅關，徵收一部分的貨物作為稅收。在宋代使用的用語是「抽解」。但是，在此處所說的「抽分」，是伴隨著代價的支付，而非課稅，也就是收購之意。在宋元時代，除了「抽時性的倒退，在以自然經濟為前提的狀況上，實施民眾統治的重新編組。明朝害怕貨幣經濟的急遽普及，會為疲弊不堪的農民帶來生活上的破壞，因此在那之後也採取維持自給自足自然經濟的立場，望能維持農民生活的安定」。晁中辰《明代海禁與海外貿易》（人民出版社，二〇〇五年）則是主張，「明王朝頑固地推進重農抑商政策，用盡所有手段保護傳統的自然經濟，其結果便是明初的商品經濟水準十分低下」（第二五頁）。

30 前引檀上寛《明代海禁＝朝貢システムと華夷秩序》第八三頁。

31 同前書。

32 黃彰健編《明代律例彙編》（中央研究院歷史語言研究所，一九七九年）卷十，第五七七頁。

33 《明太祖實錄》卷一百一十，洪武九年十月乙亥，第一八二三頁。

34 《明太祖實錄》卷一百一十一，洪武十年三月甲申，第一八四八頁。這是基於戶部的提案所實施。

35 明太祖《大誥續編》第五十一條，諸司進商稅，第四三～四四頁。洪武十三年（一三八〇年）在全國的稅課司、局中，決定廢止每年徵收米額未滿五百石的三百六十四處，改由府、州、縣衙門徵收。即使是在商業流通並不繁盛的地區，仍舊一貫施行徵收商稅的政策。

36 《明太祖實錄》卷九十八，洪武八年三月辛酉，第一六六九頁。

37 《明太祖實錄》卷二百一十一，洪武二十四年八月辛未，第三一三七頁。

38 前引檀上寛《明代海禁＝朝貢システムと華夷秩序》第八五頁。檀上寛〈初期明王朝の通貨政策〉（首次發表於一九八〇年，檀上寛《明朝專制支配の史的構造》汲古書院，一九九五年）。

39 《明太祖實錄》卷二百五十一，洪武三十年三月甲子，第三六三二頁。

40 洪武三十年（一三九七年）十月，也就是禁止金銀交易起約半年後，頒布上諭，因應各地區的實情，以布、絹、棉花、金、銀等物品，換算徵收（折納）全國滯納的稅糧，也各自訂定了米穀的換算比例（《明太祖實錄》卷二百五十五，洪武三十年十月癸未，第三六八二頁。）這代表禁止金銀交易成為空有的禁令，以及不得不承認實物貨幣的使用。

41 萬曆《大明會典》卷三十，戶部十七，第五七二頁。

凡解納。洪武二十六年定。凡府州縣稅課司局、河泊所，歲辦商稅、魚課般，仍舊禁止民間出海貿易的行為。因此，中國的民間貿易船隻在歸帆之際，無法適用於這項抽分的規定。但是，乘上由官方派遣貿易船的商人們，用自己資本從事私人貿易之事——也就是所謂的「夾帶貨物」——應是被允許的，此外也有讓帶著商品的外國人乘船歸帆的例子。抽分，應該就是以這些商品為對象而適用的規則吧！另外，對於從外國來的貿易船隻，應該也適用於這項抽分規定。

24 《通制條格》卷十八，關市・市舶之條。

25 至元十七年（一二八〇年），斡脫總管府改稱泉府司，在各行省也設置了行泉府司，三年後再次設置斡脫總管府，運用稱為「斡脫錢」的官方資本。廖大珂前引〈元代官營航海貿易制度述略〉第九九～一〇〇頁。從前述至元三十年（一二九三年）的「市舶則法二十三條」中可以見到「行泉府司」、「泉府司」的名稱，可知在這個時間點，兩者皆存在。暫時被廢止的時期則是不得而知。

26 愛宕松男〈斡脫銭とその背景——十三世紀モンゴル＝元朝における銀の動向〉（首次發表於一九七三年，《愛宕松男東洋史学論集》第五卷，三一書房，一九八九年）。

27 根據廖大珂所發掘出的資料，對於朝廷和官府出資的金額，斡脫約定的利息是月息百分之零點八，相較於民間借貸月息百分之三，明顯地是以低利息的方式運用，斡脫便是用這些錢作為海上貿易的資金（廖大珂前揭〈元代官營航海貿易制度述略〉第一〇〇頁，引用姚燧〈高昌忠惠王神道碑銘〉《牧庵集》卷十三）。泉府院和行泉府司若是直接投資海外貿易，雖然要承擔風險，但是與借貸給斡脫相較，應該可以獲得更豐厚的利潤才是。

28 隨著南宋的平定，至元十五年（一二七八年）設置福建行省，翌年分出泉州行省，但隔年又加以合併；在大德三年（一二九九年）歸屬江浙行省的同時，設置了福建宣慰使司都元帥府。

29 前引檀上寛《明代海禁＝朝貢システムと華夷秩序》第八五頁。檀上氏主張，元末的動亂導致經濟往自然經濟的方向後退，不只明初的統治體制是配合如此狀況加以設計，其後也是站在維持自然經濟的立場上，實施包含海禁在內的諸多政策。「宋元時代以來呈現飛躍性發展的貨幣經濟出現暫都省今將合行逐項事理，開坐前去，咨請欽依禁治施行。

18 關於這些事情，陳高華〈元代的海外貿易〉（《歷史研究》一九七八年第三期）、廖大珂〈元代官營航海貿易制度述略》（《中國經濟史研究》一九九八年第二期）等有詳細的論述。

19 《元史》卷九十四，食貨志二·市舶，中華書局本，第二四〇二頁。

20 《元史》卷九十四，食貨志二·市舶，第二四〇二～二四〇三頁。

元貞元年，以舶船至岸，隱漏物貨者多，命就海中逆而閱之。二年，禁海商以細貨於馬八兒、唄喃、梵答剌亦納三蕃國交易，別出鈔五萬錠，令沙不丁等議規運之法。……二年，併澉浦、上海入慶元市舶提舉司，直隸中書省。……七年，以禁商下海罷之。至大元年，復立泉府院，整治市舶司事。二年，罷行泉府院，以市舶提舉司隸行省。四年，又罷之。延祐元年，復立市舶提舉司，仍禁人下蕃，官自發船貿易。迴帆之日，細物十分抽二，粗物十五分抽二。七年，以下蕃之人將絲銀細物易于外國，又併提舉司罷之。至治二年，復立泉州、慶元、廣東三處提舉司，申嚴市舶之禁。三年，聽海商貿易，歸徵其稅。泰定元年，諸海舶至者，止令行省抽分。其大略如此。

21 沙不丁，似乎曾是連接江南、福建與大都方面的海運負責人。《元史》卷十四，世祖本紀十四，至元二四年（一二八七年）五月壬寅之條：「用桑哥言，置上海、福州兩萬戶府，以維制、沙不丁、烏馬兒等海運船」。又，《元史》卷十五，世祖本紀十五，至元二六年（一二八九年）四月丁丑之條：「尚書省臣言，乃顏以反誅，其人戶月給米萬七千五百二十三石，父母、妻子，俱在北方，恐生他志。請徙置江南，充沙不丁所請海船水軍。從之」。

22 高栄盛〈シハーブッディーンと元代の行泉府司〉（森川哲雄、佐伯弘次編《內陸圏·海域圏交流ネットワークとイスラム》櫂歌書房，二〇〇六年）。請參照本章注25。

23 這項抽分的規則，與《通制條格》卷十八，「關市」項目中所示，延祐元年「市舶法則二十二條」中的第二條「抽分則例。粗貨拾伍分中抽貳分，細貨拾分中抽貳分」相符。儘管制定了「市舶法則二十二條」，但是如同《元史》食貨志的記錄「復立市舶提舉司，仍禁人下蕃，官自發船貿易」

每船隻做買賣來呵，他每根底，客人一般敬重看呵，咱每這田地裏無用的傘、摩合羅、磁器、家事、簾子這般與了，博換他每中用的物件來。近來，忙兀臺、沙不丁等自己根尋利息上頭，船每來呵，教軍每看守著，將他每的船封了，好細財物選揀要了。為這般奈何上頭，那壁的船隻不出來有，咱每這裏入去來的每些小來。為那上頭，市舶司的勾當壞了有。如今，亡宋時分理會的市舶司勾當的人每有，也委付著那的每市的（改為「舶」）司勾當，教整治呵，得濟有」。

留狀元也說來，

「市舶司的勾當，亡宋時分哏大得濟來，如今壞了有。那時分理會的市舶司勾當，那箇根底問著行呵，大得濟有」。

麼道，說有。

奏呵，

「是那般也者，那人每根底說話者。是呵，行者」麼道，聖旨了也。欽此。

訪聞得，留狀元稱，舊知市舶人員李晞顏。移准江浙行省咨，

「根訪到前行大司農司丞李晞顏，報到亡宋抽分市舶則例，合設司存關防情節備細，令行泉府司比照目今抽分則例，逐一議擬于後。及令知會市舶人李晞顏前去，咨請照驗事」。准此。

令李晞顏報到亡宋市舶則例，會集到各處行省官，行泉府司官并留狀元，及知會市舶人李晞顏，圓議擬到下項事理，於至元三十年四月十三日，奏過事內，

「為江南地面裏有的市舶司上頭，去年，賽因、囊加歹、狀元等題說，在先亡宋時分，市舶司的錢物多出辦來。自歸附之後，權豪富戶每壞了市舶司的勾當，出辦的錢物，入官哏少有。道是呵，亡宋時分市舶司勾當裏行來的蠻子李晞顏小名的人，他根底教來商量呵，怎生」。

奏呵，

「那般者」。聖旨了來。

那人根底教來了，眾人與理會得的每，一處商量來。如今，合整治市舶司勾當的有二十三件勾當商量來。奏呵，

「那般者，行者」。聖旨了也。欽此。

禁；請參照本書第一一七頁以後。

2　前引書，第七三頁。

3　前引書，第七八頁。

4　前引書，第八二～八七頁。

5　前引書，第八七～八八頁。

6　檀上寬《明代海禁＝朝貢システムと華夷秩序》第九一頁。

7　《明太祖實錄》卷二百四十九，洪武三十年正月丁丑，第三六一一～三六一二頁。

8　《元史》卷九十四，食貨志二・市舶，中華書局本，第二四〇一頁。

9　同前書。

10　《元史》卷十三，世祖本紀十，中華書局本，第二四〇一頁。

11　關於蒲壽庚，桑原隲藏〈蒲壽庚の事蹟〉（原著是《宋末の提舉市舶西域人蒲壽庚の事蹟》東亜攻究会，一九二三年。《桑原隲藏全集》第五卷，岩波書店，一九六八年）等作中有詳細記述。

12　《元史》卷九十四，食貨志二・市舶，中華書局本，第二四〇二頁。

13　朱彧《萍洲可談》卷二中提到：「福建路泉州、兩浙路明州、杭州，皆傍海，亦有市舶司。崇寧初，三路各置提舉市舶官，三方唯廣最盛」。在北宋晚期的認知，海外貿易的中心為廣州。

14　至元十四年（一二七七年）十一月廣州陷落，翌年正月，元軍「平廣州城」，也就是實施屠殺和都市的破壞。《宋史》卷四十七，瀛國公本紀，中華書局本，第九四四頁。

15　《元史》卷九十四，食貨志二・市舶，中華書局本，第二四〇二頁。

16　《大元聖政國朝典章》卷二十二，戶部八・市舶，第四七頁。

17　《大元聖政國朝典章》卷二十二，戶部八・「市舶則法二十三條」。關於這項資料，小野裕子〈《元典章》市舶則法前文訳注〉（《東アジアと日本》三，二〇〇六年）提供了有益的情報。原文如下：

至元三十年八月二十五日，福建行省准中書省咨，

至元二十八年八月二十六日奏過事內一件。

南人燕參政說有，

「市舶司的勾當，哏是國家大得濟的勾當有。在先亡宋時分，海裏的百姓

判之為事也，兩國交際主管之職，而不可無其人焉者也。匪啻盡忠於本國而已，所以著信於善隣也」。其後，雨森芳洲也被任命為「裁判」。

69 關於事件的過程，請參照拙稿〈清朝・朝鮮・対馬——一九三九年前後東北亜細亜形勢〉（《明清史研究》第二十輯，二〇〇四年）第九七～九八頁。

70 在使節們回國後向朝廷提出的記錄中，皆表示是因觀光而造訪日光山。

71 由幕府所編纂的《通航一覽》中，關於日光參拜的內容中，頻繁可見「肅拜」之詞語。

72 《增正交鄰志》卷五，日光山致祭儀，第二六～二七頁。

73 在明朝向足利將軍冊封日本國王之際，也舉行過致祭。前引田中健夫〈足利将軍と日本国王号〉第五一頁。

74 請參照本書序章第六三頁。

75 關於清代的朝貢制度，馬克・曼考爾指出，對於中國方面的理念，甚至可以在外國賦予相反的解釋。Mark Mancall, “The Ch’ing Tribute System: An Interpretive Essay”, in Fairbanks, ed. *The Chinese World Order*, pp. 63-72.

76 吉田順一《「アルターン＝ハーン伝」訳注》（風間書房，一九九九年）第一四一～一四二頁。

77 王士琦《三雲籌俎考》卷二，對於封貢有詳細的文章記錄。告知筆者這份資料存在的，是望月直人先生。

78 在俺答汗朝貢之際，雖然上呈了蒙古文的表文以及作為貢品的馬匹，但是這些是在邊境的關口處交給明朝，使節並未進入北京。明朝的實錄以及政書等記錄，亦完全沒有提及明與俺答汗以下歷代的順義王之間所訂定的約定，因為與表示進行冊封的明之立場相互矛盾。

## 第二章

1 檀上寛〈明代海禁概念の成立とその背景—— 違禁下海から下海通番〉（最初發表於二〇〇四年，後收錄於檀上寛《明代海禁＝朝貢システムと華夷秩序》京都大学出版会，二〇一三年，第四章）。在蒙古統治下，也有以壟斷貿易為目的而禁止民間貿易的時期，也有人將此稱為元代的海

60 關於在「強硬」或「和平」政策之間搖擺的明朝政治外交過程，三木聰在〈万暦封倭考（その一）——万暦二十二年五月の「封貢」中止をめぐって〉（《北海道大学文学研究科紀要》第一〇九號，二〇〇三年）、〈万暦封倭考（その二）——万暦二十四年五月の九卿・科道会議をめぐって〉（《北海道大学文学研究科紀要》第一一三號，二〇〇四年）中有詳細的介紹（再次收錄於三木聰《伝統中国と福建社会》汲古書院，二〇一五年）。

61 前引三宅英利〈寛永十三年朝鮮信使考〉第十二頁。

62 對馬在偽造日本國書之際刪除了寬永年號，這是因為他們理解朝鮮的立場和主張所致。同前文，第十三頁。

63 同前文，第十三頁。任侊《丙子日本日記》丙子（一六三六年）十二月二十九日之條，《海行摠載》二，第三五二～三五三頁。

64 同前文，第十三頁。

65 同前文。

66 托比關於日光參拜問題的論述，以及描繪該問題的繪畫資料皆十分出色。Ronald P. Toby, *State and Diplomacy in Early Modern Japan: Asia in the Development of the Tokugawa Bakufu*, Princeton University Press, 1984, Stanford University Press, 1991, pp. 203-208.

67 《交隣考略》（京都，相国寺蔵鈔本。這部抄本有後跋，可以知道是延享四年（一七四七年）在對馬的以酊庵所書寫），「日光山参詣事状」第十九頁。此外，德川幕府所編纂的《通航一覽》卷八十八，朝鮮國部六四的「日光山詣拜並献備物」（第二三～二四頁）與《交隣考略》的「日光山参詣事状」為同一文章。《通航一覽》中明確記載，這篇文章採錄自「韓錄」。在《通航一覽》的其他地方也常引用「韓錄」，而這些內容在《交隣考略》中也都得見。因此，儘管「韓錄」這本書並非現存作品，但似乎可以將它認為是對馬藩所編纂《交隣考略》的別名。又，《國書總目錄》將《交隣考略》視為是擔任豐臣秀吉與德川家康外交顧問的相國寺僧人西笑承兌之作品，是錯誤的解釋。

68 「裁判」這個職務，在對馬—朝鮮之間的貿易以及外交事務上，扮演著極為重要的角色。《交隣考略》的「裁判事考」中，有著這樣的總結：「裁易をめぐる日本観〉（《茨城大学文理学部紀要》人文科学五），是將《皇明祖訓》中有關不征諸夷的條文，作為窺探明代對日關係以及日本觀的主要資料加以分析。中村栄孝則是著眼於洪武帝時代的整體對外關係，認為「太祖的態度極為消極」，且「為了不讓侵略性戰爭反過來導致內政出現危機，因此極力抑制，以不可對外興兵的論調作為祖訓」（前引中村栄孝《日鮮関係史の研究》中，第六五頁）。

52 嚴從簡的理解是「日本復連歲寇浙東西邊。上欲討之，懲元軍覆溺之患，乃包容不較，姑絕其貢，著於祖訓」。《殊域周咨錄》卷二，東夷・日本國，第五七頁。嚴從簡也記載了洪武四年（一三七一年）明朝派遣的趙秩，向日本南朝陣營的懷良親王恫嚇之語（「我朝之兵天兵也，無不一當百。我朝之戰艦，雖蒙古戈船，百不當其一。況天命所在，人孰能違」），以及面對洪武帝自身所頒的敕諭「欲徵之意」，倭王做出「不遜之語」的回覆文件（請參照本書第一五二頁以下）。儘管是在如此關係緊張的狀況下，明朝最後還是沒有實行征討日本的行動。嚴從簡將其原因歸結於元朝征討日本失敗的歷史經驗上，這項洞察十分有說服力。

53 若是將琉球自十四世紀下半葉起包含進「儒教一漢字文化圈」之內的話，可以說是唯一的擴大地區。

54 正如眾人所周知，在《歷代寶案》中，保留了這些文件的一部分。

55 在明代，政府機構之間公文的體例，被認知為屬於禮制的一部分。《元典章》雖然將關於「行移」和「案牘」的規定以及先例編入吏部部分，但是在《大明會典》之中，則是將這些規定編制在禮部的部分。

56 這項事件的始末，在田代和生《書き換えられた国書》（中公新書，一九八三年）有詳細的記述。

57 中村栄孝《日鮮関係史の研究》下（吉川弘文館，一九六九年）、第八章「外交史上の徳川政権」。田中健夫〈鎖国成立期日朝関係の性格〉《朝鮮学報》第三十四輯，一九六五年。三宅英利〈寛永十三年朝鮮信使考〉《北九州大学文学部紀要（B系列）》第六卷，一九七四年。

58 前引田代和生《書き換えられた国書》第二三、四十頁。

59 有關足利將軍在與中國、朝鮮交換外交文件時，究竟使用何種稱號的問題，田中健夫在前引〈足利将軍と日本国王号〉中有詳細的分析。

君王的受封，主要不同之處在於，前者是使用金冊，宣讀刻在冊子上的文章，後者則是使用誥命。另外，在送出冊子之前，由皇帝進行「預告臨軒之禮」，這一點也是不同之處。請參考佐藤文俊《明代王府の研究》（研文出版，一九九九年）。

44 關於足利義滿冊封的實際狀況，在石田実洋、橋本雄〈壬生家旧蔵本《宋朝僧捧返牒記》の基礎的考察——足利義満の受封儀礼をめぐって〉（《古文書研究》六十九號，二〇一〇年）之中有詳細的敘述。另外，關於義滿冊封的歷史意義，可參照前揭村井章介〈明代「冊封」の古文書学的検討——日明関係史の画期はいつか〉一文。

45 田中前引〈足利将軍と日本国王号〉。

46 自陳侃《使琉球錄》以降，明清時代的冊封使記錄必定會收錄「諭祭文」。胡靖《崇禎六年杜天使冊封琉球奇觀》（《琉球記》）雖為例外，但該書不是冊封使，而是屬於隨客筆下的遊記文體，在性質上有些許的差異。

47 「諭祭文」（嘉靖十一年，向琉球國王尚真致祭之時的文章），陳侃《使琉球錄》卷首，第七頁。

48 《大明集禮》卷六，第六～七頁中，可以看見在王府宗廟舉行「時享」（譯注：指太廟的四時祭祀）之際的禮物一覽。陳侃《使琉球錄》卷首「諭祭文」第九頁。結尾列舉了十五品以及下賜的祭品。

49 關於《祖訓錄》以及擴充後的《皇明祖訓》的成書，可以參照黃彰健〈論皇明祖訓錄頒行年代並論明初封建諸王制度〉（《中央研究院歷史語言研究所集刊》第三十二本，一九六二年）、石原道博〈皇明祖訓の成立〉（《清水博士追悼記念　明代史論叢》大安，一九六二年）、中村栄孝〈明太祖の祖訓に見える対外関係条文〉（同《日鮮関係史の研究》中，吉川弘文館，一九六九年）。

50 《皇明祖訓》（《四庫全書存目叢書》影印洪武年間禮部刻本）第五～六頁。

51 《皇明祖訓》，第六頁。前引石原道博的研究〈皇明祖訓の成立〉，以及〈不征国日本について〉（《史学雑誌》）、〈日明交渉の開始と不征国日本の成立〉（《茨城大学文理学部紀要》人文科学四）、〈日明通交貿

件中，也沒有使用「冊封」這個用語。在詔令和奏議中看見「冊封」一詞，依筆者管見，最早是在嘉靖四十年（一五六一年）以正使身份前往琉球的郭汝霖，於復命（回報）的上奏中記下「為渡海冊封復命事」。郭汝霖《重編使琉球錄》卷下，題奏，第五三頁。又，同書，卷下，在「使職要務」中附上郭汝霖的按語，列舉了宣德三年以來的正使、副使以及國王的名字；在這裡，郭汝霖也追溯過往，像是「欽差正使柴山副使阮，忘其名，及給事中，行人、冊封國王尚巴志」這般，在記載中使用「冊封」兩字（第十五～十六頁）。然而，萬曆年間的蕭崇業《使琉球錄》（萬曆七年序刊本）、夏子陽《使琉球錄》（萬曆三十一年序抄本），以及清代徐葆光《中山傳信錄》等，在列舉過往正使、副使以及國王名字之際，使用的是「敕封」一詞。

41 《明孝宗實錄》卷一百九十四，弘治十五年（一五〇二年）十二月庚戌之條記錄，命令太監金輔等人將朝鮮國王的長子「冊封為世子」（第三頁）。另，於弘治年間開始編纂的正德《大明會典》中，在關於琉球的記述上可以看見：「永樂以來，國王嗣立，皆請命冊封。自後惟中山王來，每二年計朝貢一次，每船一百人，多不過一百五十人」（卷九十七，禮部五十六・朝貢二・事例，第四頁）。

42 《大明集禮》卷二十，嘉禮四・冊皇太子・冊，第四頁；同書卷二十一，嘉禮五・冊親王・冊，第三頁。

43 據《禮部志稿》的記述，在儀制司職掌內，與被分封親王王府相關的禮制是「王國禮」（卷十五～十六），其次便是「蕃國禮」（卷十七）。在「王國禮」中有「封爵」一項，其中詳細記錄了「世子」的立定與冊封儀制的內容。這些可以在《大明集禮》卷二十一，嘉禮五・「冊親王」底下的「冊拜親王儀注」（第十～十七頁）、「迎親王冊寶安奉親王殿儀」（第十七～十八頁）、「親王年幼內宮行冊禮儀注」（第十八～十九頁）中看見。在《禮部志稿》中相當於這些的是，卷十一，儀制司職掌・「冊立」中的「親王冊立儀」（第二一～二四頁）、「親王年幼受冊寶儀」（第二四～二五頁）等。「蕃國禮」則是有「蕃國迎詔儀」（洪武十八年定；將洪武三年定「蕃國受印物」加以更詳細說明的儀制），訂定王印拜領，以及受封之際的禮儀。比較檢討這些史料之後，親王的受封與外國帝親自祭祀的對象；與此同時，還將國外的山川也放入同等的範疇之內。如此的行為，並未存在於過去的傳統之中，王先生忽略了這一點。此外，派遣到高麗的是朝天宮的道士，可以在《大明集禮》卷十四，吉禮十四．專祀嶽鎮海瀆天下山川城隍．「代祀外夷山川碑文」中看見（第二十～二一頁）。也可以認為是在南京揭開山川的圖繪，由皇帝親自祭祀。接著對入貢的各國，也是採取相同的措施。洪武六年（一三七三年），國內各地山川的祭祀，雖然改為由各省的地方官員執行，但是京師的山川以及四夷的山川，還是繼續由皇帝親自祭祀。《明太祖實錄》卷八十一，洪武六年四月癸未之條。《禮部志稿》卷八十四，神祀備考．神祇祀．「祭封內山川」將這件事記為洪武五年，為紀年上的錯誤（第八～九頁）。

36 《大明集禮》卷十四，吉禮十四．專祀嶽鎮海瀆天下山川城隍．「代祀外夷山川碑文」第二十頁。另外，實錄中並未記載洪武皇帝所說的這段話。所謂的「職方」，是在《周禮》夏官中主掌天下地圖與四方職貢之官，唐宋時代置於兵部的職方員外郎，明清時代則是置於兵部的職方清吏司。

37 《明太祖實錄》卷九十七，洪武八年二月癸巳之條，第一頁。《禮部志稿》卷八十四，神祀備考．神祇祀．「四夷山川祭法」第九頁。

38 洪武帝表示：「考諸古典，天子望祭，雖無不通，然未聞行實禮達其境者。今當具牲幣，遣朝天宮道士某人前往，用答神靈」，指出天子的祭祀無所不通，但迄今為止從未實行過這樣的儀式，表明自己創建原本應有儀式的意志。《大明集禮》卷十四，吉禮十四．專祀嶽鎮海瀆天下山川城隍．「代祀外夷山川碑文」，第二十頁。

39 有關明朝的冊封，請參照村井章介〈明代「冊封」の古文書学的検討——日明関係史の画期はいつか〉（《史学雑誌》第一二七編第二號，二〇一七年）。

40 明朝初年，禮官正在整頓與改進其所主導的禮制。站在重視名分的道學立場上，未在冊卻使用「冊封」之語，是不恰當的用法；這種由形式主義占優勢的狀態，也並非不可思議。洪武初年封高麗國王與安南國王之際，未使用冊封一詞，而是表現為「封王顓為國王」（請參照本章注24之實錄內容）。嘉靖十一年（一五三二年）帶著襲封琉球國王命令渡海的陳侃，在《使琉球錄》中網羅了相關的詔敕與上奏。收錄在同書中的奏文等官方文廣示無外」（永樂元年九月諭禮部臣《禮部志稿》卷二，聖諭．「懷遠人之訓」第二十四頁），正好表現出這個概念。

30 《周禮》在這個部分特別提到，與諸侯必須實施每年的「小聘」和每三年的「大聘」相比，遠方的蕃國是「世一見」。

31 禮官的上奏中，列舉了殷周以來蕃王來朝的事例。其中，在宋代雖然沒有蕃王來朝，但是在禮書中規定了接見之禮，以及元世祖忽必烈向高麗國王要求「世見之禮」，指出至元元年六月，國王王稙前來上都朝覲之事，都受到注目。《明太祖實錄》卷四五，洪武二年九月壬子之條。宋代的禮書，指的是《政和五禮新儀》，其卷一百四十九、卷一百五十中可以看見「蕃國主來朝儀」。

32 嚴從簡輯《殊域周咨錄》卷一，東夷．朝鮮，第九頁。

33 《明太祖實錄》卷一〇〇，洪武八年六月甲午之條，第二～三頁；嚴從簡輯《殊域周咨錄》卷五，南蠻．安南，第一七四頁。

34 《明太宗實錄》卷八十二，永樂六年八月乙未之條，第七～八頁；嚴從簡輯，《殊域周咨錄》卷八．浡泥，第三〇三頁。除此之外，永樂十五年蘇祿的東國王、西國王、別洞王帶著妻與子來朝（《明太宗實錄》卷一百九十二，永樂十五年八月甲申之條，第一頁；同月辛卯之條，第二頁；嚴從簡輯《殊域周咨錄》卷九，蘇祿，第三一四頁）。永樂九年，麻六甲國王來朝（《明太宗實錄》卷四十六，永樂三年九月癸卯之條，第二頁；嚴從簡輯，卷八，滿剌加，第二八七頁）；另外可以在實錄中看見，永樂十八年，古麻剌朗國的國王來朝，接受王印與誥命，重新封王（《明太宗實錄》卷二百三十，永樂十八年十月乙巳、丙辰）。國王在回國途中，於福州逝世（嚴從簡輯《殊域周咨錄》卷九．麻剌，第三一六頁）。

35 《明太祖實錄》卷四十八，洪武三年正月庚子之條，第四頁。當時，關於已經前來朝貢過的安南、高麗、占城三國，派遣使節，使之祭祀山川的同時，也命令各國讓使節帶回山川的圖繪。關於祭祀之事，Wang Gungwu, “Early Ming Relations with Southeast Asia: A Background Essay”, in Fairbanks, ed., *The Chinese World Order*, p. 55 中有提及。不過，王先生將這種對外國山川的祭祀，解釋為洪武皇帝遵從長期以來所確立的帝國政治常規。但是，關於國內的山川，洪武皇帝並沒有讓行省官僚祭祀，而是成為位於京師皇同小異。洪武二年（一三六九年）正月，給倭國、爪哇、西洋、占城的詔書，收錄在《大明集禮》卷三二，賓禮三・遣使。引文為其中之一節，第七頁。

20 《明太祖實錄》卷四十三，洪武二年六月壬午之條，第三頁。

21 《明太祖實錄》卷四十三，洪武二年六月壬午之條，第三頁。

22 宋濂〈勃尼國入貢記〉《宋學士文集》卷五十五，第一～二頁。

23 洪武五年頒給琉球的詔諭中表示：「每當派遣使者到外夷，傳播朕的旨意，使者所到之處，蕃夷酋長皆稱臣入貢。不過，汝琉球位於中國東南遠方海外，未能報知。因此，朕特別派遣使者前往曉諭；汝應該知道該怎麼做。」直接了當地述說各國接二連三成為朝貢國，且「稱臣入貢」是蕃夷酋長所應實施的作為。因為入貢國家的增加，相較於以前，明朝開始用更為明白且強硬的用語，要求臣服。嚴從簡《殊域周咨錄》卷四，東夷・琉球、第一二五～一二六頁。

24 《明太祖實錄》卷四十五，洪武二年九月壬子之條，第四～十四頁。《大明集禮》卷三十，賓禮一・「蕃王朝貢」項目下，幾乎原文收錄了在《實錄》記載中關於禮官上奏以及制定的儀注。《禮部志稿》則是將之收錄在卷十七・儀制司職掌・蕃國禮・「蕃王來朝儀，蕃國遣使進表朝貢儀附」底下。

25 在這個時間點，除了高麗、安南和占城之外，各國的使節尚未來朝。

26 《明太祖實錄》卷四十五，洪武二年九月壬子之條，第十三頁。在《大明集禮》卷三十，「蕃國正旦冬至聖壽率眾官望闕行儀禮注」，第三十五～三十七頁。《禮部志稿》卷十七，「聖節正旦冬至望闕慶祝儀」，第十～十一頁。

27 同前注。

28 《大元聖政國朝典章》卷二十八，禮部・朝賀・「慶賀」之項，第一頁，以及同書同卷，「迎接合行禮數」第八頁。

29 中國是否於正統王朝的統治之下，與皇帝權威是否廣及外夷有直接的聯繫。例如，在洪武三年派遣到汶萊的使節表示：「皇帝統領四海，日月所映、霜露所落之處，皆上表稱臣」，喝斥汶萊君主使之屈服（宋濂前引〈勃尼國入貢記〉第一頁）；以及永樂皇帝的發言：「今四海一家，正當

14 這項附屬在洪武二年九月對外禮制制定的記錄中，有關朝貢船附搭貨物（附至貨物）之處理規定，只見於《明太祖實錄》之中。《大明集禮》中，雖然幾乎全文收錄了《明太祖實錄》中可見的儀制記錄，但是卻刪除了附搭貨物的規定。其後的《大明會典》等行政文書彙編中也不曾得見。根據洪武二年九月的規定，關於附搭貨物的四成，是認可商業交易。然而，在關於明代附搭貨物處理的議論中，卻沒有研究提及這項規定。正如本書第四章所呈現的，附搭貨物的通則是全數抽分和收購，委託官府（市舶司）進行處置。關於特定國家使節團所帶來附搭貨物的一部分，雖然也有允許自由販賣的例子，但那是屬於例外性的恩典。收購附搭貨物的原則，一直維持到一五三〇年（嘉靖九年）。可以推論，認可附搭貨物商業交易的洪武二年九月這項規定，因為並未成為定制，所以並未收錄在《大明會典》中。

15 陳高華〈元代的海外貿易〉《歷史研究》一九七八年第三期（後收錄在《元代研究論稿》中華書局，一九九一年）；高榮盛《元代海外貿易研究》（四川人民出版社，一九九八年）；陳高華、史衛民《中國經濟通史・元代經濟史》（經濟日報出版社，二〇〇〇年）第四七三～五〇四頁；《泉州港與古代海外交通》編纂組《泉州港與古代海外交通》（文物出版社，一九八二年）第六十三～六十七頁。

16 嚴從簡輯《殊域周咨錄》卷八，暹羅，第二八一～二八二頁。

17 正如前述，也有國家會期待明朝的保護及調停紛爭等政治上的利益。但是，若是將派遣鄭和的艦隊，以及入侵越南的永樂時期視為例外，明朝的對外政策並未伴隨軍事力量的示威與行使，因此無法符合這樣的期待。

18 張彬村〈十六至十八世紀華人在東亞水域的貿易優勢〉（張炎憲編《中國海洋發展史論文集》第三輯，中央研究院三民主義研究所，一九八八年）指出，華人的散置網早在十六世紀初葉就已存在，並在同一世紀達到顯著的發展。早在十二至十三世紀以前，日本博多和爪哇島等地的「唐人」居留地就已成為貿易的據點。明朝前半期的海禁政策，究竟對海外華人的活動帶來了何種影響，雖然還很難說已經十分明瞭，但應該就如同張彬村所強調的一般，在十六世紀以降已達到顯著的擴張狀況。

19 告知各國有關明朝樹立的詔書，雖然因國家之別而有字句不同，但仍屬大帝視為天子尊崇的人們，也包含曾在元朝朝廷當官的人士在內。對這些人而言，成吉思汗雖然不是支配中國的君主，但是既然作為祖宗、被祭祀在宗廟之內，那還是能歸類進天下（中華）的主宰者範疇之內。

8 被當成「日本國王」的歷代足利將軍，在和明朝的外交往來上，一方面抱持著拒絕在形式上臣服皇帝的心理，另一方面又在朝貢的利益間搖擺不定。第八代足利義政（將軍在位期間為一四四九～一四七三年）以降的將軍，無論是誰都沒有向明朝要求繼續襲封，冊封關係也終止，但是朝貢船的派遣卻持續至十六世紀中葉為止。詳細內容可參照田中健夫〈足利将軍と日本国王号〉（田中健夫編《日本前近代の国家と対外関係》吉川弘文館，一九七八年；而後再次收錄於田中健夫《前近代の国際交流と外交文書》吉川弘文館，一九九八年）。

9 曹永和在〈試論明太祖的海洋交通政策〉《中國海洋發展史論文集》（中央研究院三民主義研究所，一九八四年）一文中提出，民間商人在海外從事貿易之事，在洪武年間是被認可的行為。李金明則是論述道：「明朝政府實施朝貢貿易的主要目的，是保障海禁的實行，將海外貿易置於官方嚴格的控制之中」。前述李金明《明代海外貿易史》，第二十八頁。檀上寬徹底檢討關於明代海禁的資料，藉由推察各時期政策的意圖，批判向來的觀點。他認為，明朝以洪武七年（一三八四年）廢止市舶司為契機，形成了「朝貢制度、朝貢貿易、海禁三位一體化的朝貢—海禁體制」。檀上先生批判明代的海禁是以壟斷貿易為目的之說法，認為其目的是要以「儒教式的階層秩序」徹底控制國內外。檀上寬《明代海禁＝朝貢システムと華夷秩序》（京都大学学術出版会，二〇一三年）第一部「明朝と海禁＝朝貢システム」。關於檀上先生的議論，將於本書第二章詳細介紹。

10 《明太祖實錄》卷八十八，洪武七年三月癸巳之條，第五頁。

11 原文為「西洋瑣里」。根據校注黃省曾《西洋朝貢典錄》的謝方所言，該國是指印度東岸的Soli國。黃省曾《西洋朝貢典錄》（謝方校注本，中華書局，一九八二年）第二十六頁。

12 當時是以蘇門答臘島中部的占碑為中心的小國，在入貢明朝之際使用的國號是三佛齊。

13 《明太祖實錄》卷四十五，洪武二年九月壬子之條，第十四頁。

王朝與朝鮮半島關係型態論》（人民大學出版社，一九九四年）、《朝鮮的儒化情境構造——朝鮮王朝與滿清王朝的關係型態論》（人民大學出版社，一九九五年）；陳尚勝《閉關與開放——中國封建晚期對外關係研究》（山東人民出版社，一九九三年）；何芳川〈「華夷秩序」論〉，《北京大學學報（哲學社會科學版）》一九九八年第六期，一九九八年；中島楽章〈永楽年間の日明貿易〉《史淵》第一四〇輯，二〇〇二年。另外，岡本隆司《近代中国と海関》（名古屋大学出版会，一九九九年）第一章「市舶司から海関へ」（從市舶司到海關）中，關於朝貢貿易的論述十分出色。關於琉球與明清帝國的外交、通商關係的研究，都有提及朝貢與冊封關係，相關文獻可說是不勝枚舉。近年的研究可以參照夫馬進編《使琉球録解題および研究》（榕樹書林，一九九九年）；赤嶺守《琉球王国》（講談社，二〇〇四年）；村井章介《古琉球：海洋アジアの輝ける王国》（角川選書，二〇一九年）等。

6 《明太祖實錄》卷四十五，洪武二年九月壬子條目，第四～五頁：

先王修文德以來遠人，而夷狄朝覲，其來尚矣。殷湯之時，氐羌遠夷來享來王。太戊之時，重譯來朝者七十六國。周武王克商，大會諸侯及四夷，作王會。《周禮》秋官，「象胥氏掌蠻夷，閩貊，戎狄之國，使而諭說焉」。漢設典客及譯官令丞以領四夷朝貢，及設典屬國及九譯令。武帝元鼎六年，夜郎入朝，自後外夷朝貢不絕。甘露元年，呼韓邪單于來朝。三年，呼韓邪單于稽居狦來朝，併見于甘泉宮。河平元年，四夷來朝，領于大鴻臚。四年，匈奴單于朝正月，引見于白虎殿。元壽二年，單于來朝，舍之上林苑蒲萄宮。順帝永和元年，倭奴王來朝，皆有宴享、賜予之制。唐設主客郎中掌諸蕃來朝，其接待之事有四，曰「迎勞」、曰「戒見」、曰「蕃王奉見」、曰「燕蕃國主」，其儀為詳。貞觀三年，東蠻酋長謝元深等及突厥突利可汗來朝，皆宴飨以樂之。宋朝奉貢者四十餘國，皆止遣使入貢，雖蕃王未嘗親入朝見，而接見之禮見于禮書者與唐略同。元太祖五年，畏吾兒國王奕都護朝。世祖至元元年，敕高麗國王禃令修世見之禮。六月，禃來朝上都。其後，蕃國來朝，俟正旦、聖節、大朝會之日而行禮焉。今定其儀。

7 明初的「禮官」，是在被當成正統王朝看待的元朝麾下，曾將蒙古人之皇是按照《周禮》與《大唐開元禮》框架設計出來的內容，此事將於本章第二節詳述。

2 安部健夫《中国人の天下観念——政治思想史的試論》（ハーバード・燕京・同志社東方文化講座第六輯，一九五六年，後再次收錄於《元代史の研究》創文社，一九七二年）。

3 J. K. Fairbanks, ed., *The Chinese World Order: Traditional China's Foreign Relations*, Harvard University Press, 1968.

4 Mark Mancall, *Russia and China: Their Diplomatic Relations to 1728*, Harvard University Press, 1971; Wang Gungwu, *The Nathaniel Trade: the Early History of Chinese Trade in the South China Sea*, New edition, Times Academic Press, 1998; John E. Wills, Jr., *Embassies and Illusions: Dutch and Portuguese envoys to K'ang-his, 1666-1687*, Harvard University, 1984; Jonathan D. Spence and John E. Wills, Jr., *From Ming to Ching: Conquest, Religion and Continuity in Seventeenth-century China*, Yale University Press, 1997. 又，吳漢泉（Sarasin Viraphol）關於泰國的對清貿易著作，也為朝貢的實際狀況提供了有益的情報。Sarasin Viraphol, *Tribute and Profit: Sino-Siamese Trade, 1652-1853*, Harvard University Press, 1977.

5 內田直也〈明代朝貢貿易制度〉《支那研究》三十七號，一九三五年；佐久間重男〈明代の外国貿易——貢船貿易の推移〉（初出一九五一年，同《日明関係史の研究》吉川弘文館，一九九二年）；張存武《清韓宗藩貿易——一六三七～一八九四》（中央研究院近代史研究所，一九七八年）；鄭樑生《明代中日關係研究——以明史日本傳所見幾個問題為中心》（文史哲出版社，一九八五年）；大隅晶子〈明初洪武期における朝貢について〉《ミュージアム》三七一，一九八二年、〈明代永楽期における朝貢について〉《ミュージアム》三九八，一九八四年、〈明代宣德～天順期の朝貢について〉《ミュージアム》四三六，一九八七年、〈一六・一七世紀における中・日・葡貿易〉《東京国立博物館紀要》二三，一九八八年；李金明《明代海外貿易史》（中國社會科學出版社，一九九〇年）；黃枝連《亞洲的華夏秩序——中國與亞洲國家間關係型態論》（人民大學出版社，一九九二年）、《東亞的禮儀世界——中國封建

で》（東京大学出版会，一九七三年），第八十頁。

55 同前書，第七八頁。

56 同前書，第七八頁。

57 同前書，第八二頁。

58 濱下武志《近代中国の国際的契機》（東京大学出版会，一九九〇年）第一章。

59 濱下武志《朝貢システムと近代アジア》（岩波書店，一九九七年）第六頁。

60 同前書，第九頁。

61 同前書，第二六頁。

62 濱下武志《近代中国の国際的契機》，第十一頁。

63 同前書，第二三頁。

## 第一章

1 《周禮》秋官，司寇下，在關於「大行人」執掌的記述中，從邦畿起距離每五百里，被區分為侯服、甸服、男服、衛服、要服，並各自訂定分封諸侯朝見的頻率和貢納的內容。至要服為止，也就是國內（九州）範圍以內，按照《周禮》，朝與貢是封建制度下的諸侯要向王表達臣從的禮儀。至於國外（九州之外）的蕃國君主，不要求朝貢，只要「世一見」，也就是每當國君交替後來朝一次，貢納方物。這種原本是「封建諸侯對國王表達臣服之禮」的朝貢，在唐代變成中華帝國對外禮制的一環，被加以公式化。唐朝在《大唐開元禮》卷七九．賓禮部分中，將《周禮》的記述巧妙轉換，詳細訂定「迎勞」、「戒見」、「受蕃使表及幣」、「皇帝宴蕃國使」等儀注。饒富興味的是，魏晉南北朝以來頻繁使用的「遣使朝貢」之用語，並未出現在《大唐開元禮》中。開元禮抽出源自《周禮》的「賓禮」這一用語，表現出試圖用經典的概念再次定義後代衍生事物的意志。將作為典範的周代封建秩序，嵌合在中華帝國擴大的現實中，並將之擴大到虛擬的外夷「蕃國」，這便是朝貢制度。授與「蕃國」王印、實行冊封之事，便是將封建範圍擴張至蕃國的象徵性政治行為。明代的朝貢制度，有榷場，有酒庫，有軍隘。官署、儒塾、佛仙、宮館、甿廛、賈肆鱗次而櫛比。實華亭東北一巨鎮也」（弘治《上海志》卷五，建設志）。

41 例如，王圻《續文獻通考》卷三一・市糴考，便沿襲馬端臨，立下「市舶・互市」的項目，記載了從宋代至明代期間，關於內陸國境貿易與海上貿易的記錄。

42 梁廷枏《粵海關志》卷二・前代事實，頁二。

43 《元史》卷十七，本紀・世祖十四・至元二九年十月戊子，中華書局本，第三六七頁。《元史》的編纂是在明代洪武年間，但是「本紀」可以說是立基於元代的實錄。日本船隻來航慶元（寧波），是因為在當地設置有市舶司，接受外國的貿易船隻。當時，日本船隻並未採取走私貿易，而是要求元朝政府，讓他們適用於市舶司管理下的互市制度。

44 李心傳《建炎以來繫年要錄》卷一一六，紹興七年（一一三七年）閏十月辛酉。又，《宋會要輯稿》職官四四・市舶司，同年同月三日亦收錄同文。

45 Fairbanks, “A Preliminary Framework”, p. 2.

46 在京師，會在使節團的宿舍「會同館」召喚中國商人，給予使節團購買中國商品的機會。

47 Mark Mancall, “The Ch’ing Tribute System : An Interpretive Essay”, in Fairbanks, ed., *The Chinese World Order*, pp. 75-76.

48 Mancall, ibid., pp.79-80.

49 Karl Polansyi, “Ports of Trade in Early Societies”, *The Journal of Economic History*, Vol.23, No. 1, 1963.

50 Mancall, “The Ch’ing Tribute System”, p. 77.

51 《宋會要輯稿》職官四四・市舶司。

52 此時的宋代朝廷雖然以未攜帶表文為由，拒絕日本國大宰府進奉使周良史的朝貢，但也向明州當局作出指示，可向周良史提案，以市舶司買下該船隻所承載貨物的形式進行交易。「所進奉物色，如肯留下，即約度價例迴答。如不肯留下，即却給付曉示令迴。從之」。

53 Mancall, “The Ch’ing Tribute System”, p.81.

54 坂野正高《近代中国政治外交史――ヴァスコ・ダ・ガマから五四運動ま

將被處以絞刑（死罪）。此外，在「私出外境及違禁下海」的法條中，並未區分偷渡出邊塞關隘與海外的差異。

32 在與遼、西夏劃定邊界的宋代，當他們談及禁止越境的措施時，曾使用過「邊禁」兩字。舉例來說，在《宋會要輯稿》兵二八、備邊二中，治平三年（一〇六六年）七月，記載著阻止投靠西夏的「奸細」與「亡背」之詔令，其末尾附有「英宗以邊禁不嚴，故降是詔」之注解。然而，將「邊禁」當成法例集與會典的項目名來使用，則是出現在清代的會典之中。乾隆《大清會典則例》卷二四、吏部．考功清吏司中，記載了許多基於「邊禁」主題的事例。順帶一提，在「邊禁」之後，則是「海防」的各種法令。

33 《大明律》兵律、關津，「私出外境及違禁下海」律。

34 蘇軾〈乞禁商旅過外國狀〉（元祐五年，一〇九〇年，《東坡全集》卷五八，奏議），列舉了限定適用朝鮮半島、渤海灣沿岸至山東半島之間海域的宋代法令。

35 請參照前述檀上寬《明代海禁＝朝貢システムと華夷秩序》的第一章「明朝と海禁＝朝貢システム」所收錄的諸多議論。

36 《宋會要輯稿》兵二三，買馬下。

37 又，南宋紹興年間（一一三一～一一六二年），宋高宗在發給主管四川、陝西茶馬貿易的賈思誠之敕令中說：「朕惟，川陝互市之法，實祖宗之宏規，外通有無，內蕃牧圉」（張擴《東窗集》卷十三、制）。

38 馬端臨《文獻通考》卷二十．市糴考．市舶互市。又，宋代的《三朝國史》已經佚失：

互市者，自漢初與南粵通關市，其後匈奴和親，亦與通市。後漢與烏桓北單于，鮮卑通交易。後魏之宅中夏，亦於南陲立互市。隋唐之際，常交戎夷通其貿易。開元定令，載其條目。後唐復通北戎互市。此外，高麗、回鶻、黑水諸國，亦以風土所產與中國交易。

39 《宋會要輯稿》食貨三六～三七，以及《宋會要輯稿》補編，在互市項目中列舉了有關榷場的記錄。

40 設置在港灣都市內的管理市場，也會被稱為「榷場」。宋元交替之際的上海人唐時措曾如此記錄：「上海縣，襟海帶江，舟車輳集，故昔有市舶。

為「表文」。清朝不得不將要求覲見皇帝的馬戛爾尼視為朝貢使節對待，因為在皇家禮儀中，只安排了立基在君臣關係的覲見之禮。英國並未與中國建立朝貢關係，清朝對他們是以「互市諸國」相待，也就是只進行貿易，沒有外交往來關係；但是當他們派遣全權代表、要求正式建交與外交交涉之際，便不得不將對方以朝貢國的立場來對待。從皇帝（天子）讓外夷君長「賓服」的天下觀來看，這其實也是理所當然的行為。

27 西嶋定生先生認為，關於「無令歲貢」之句，這種豁免歲貢的處置方式，是以倭國有義務向唐朝繳交歲貢為前提，因此其中並沒有委婉拒絕朝貢的意圖（《日本歴史の国際環境》東京大学出版会，一九八五年，第一〇二頁以後）。但是，《舊唐書》在這項記事之後，又記載了高表仁的派遣與發生的糾紛，表示倭國的遣使在禮儀上有所缺失。倭國的遣使，與遣隋使的情況相同，因為並未帶來表示臣屬的表文，所以很明顯地未能符合朝貢禮儀的標準。

28 《全唐文》卷七百，李德裕，五，〈與黠戛斯可汗書〉的本文，是以「皇帝敬問紇扢斯可汗」起始。在這封國書的結尾為「又自古外蕃，皆須因中國冊命，然後可彈壓一方。今欲冊命可汗，特加美號。緣未知可汗之意，且遣諭懷。待趙蕃回日，別命使展禮，以申和好」。這是皇帝向黠戛斯可汗試探冊封之事。假如接受冊封，可被封為王乃至於可汗，成為皇帝的臣子，不過，在這封國書被送出之時，黠戛斯可汗尚未臣服於皇帝之下，因此皇帝承認對方是與自己立場對等的君主。這就是之所以要使用「敬問」一詞的緣故。即使未曾接受冊封，只要向皇帝奉上表文，就能自稱為臣。由此可窺見，倭國雖然派遣了使節，但是並未奉呈表文，也沒有行朝貢之禮。

29 橋本雄《「日本国王」と勘合貿易──なぜ、足利将軍家は中華皇帝に「朝貢」したのか》（NHK出版、二〇一三年）。

30 檀上寛〈明代海禁概念の成立とその背景──違禁下海から下海通番へ〉（初出二〇〇四年，同《明代海禁＝朝貢システムと華夷秩序》京都大学学術出版会，二〇一三年，第四章）。

31 在《大明律》的兵律、關津條目中，有「私越冒度關津」之法條。越過邊境關門要塞者，將被處以杖刑一百、徒刑三年，未經許可而前往外境者，

21 關於永樂年間的對外政策，在檀上寬《明代海禁＝朝貢システムと華夷秩序》（京都大学学術出版会、二〇一三年）第一四九頁以後有詳細的論述。

22 新井白石〈以酊庵事議草〉（《新井白石全集》第四卷，国書刊行会，一九〇六年），第七一六頁。

23 這種概念的基礎，是《周禮》在記敘「大行人」職掌內容時所寫到的狀況：「九州之外，謂之蕃國，世一見。各以其所貴寶為摯」（鄭玄注，賈公彥疏《周禮注疏》卷三七）。「九州之外」意指周王統治的九州領域之外，也就是夷狄的領域。附帶一提，在《周禮》中的「朝貢」，是關於國內諸侯朝見周王的制度。依照距離周直轄地（邦畿）的遠近，決定每年朝見的次數以及貢納的種類。這原本是周王與國內諸侯之間的禮儀，後來被重新設計成為中國皇帝與外國君長之間的儀式，這即是後世的「朝貢」。

24 根據《異國出契》的內文。《續善隣國寶記》中，記載了足利義晴的表文。眾所周知的足利義滿表文（《善隣國寶記》）在開頭和結尾都使用「日本國王臣源」；至於「道義」（出家後義滿的法號）之名則是以空格表示。這是編者或是刻版者避免直稱尊貴人物名諱所致；以「表文」的體例來說，不可能會不記載名字。

25 《隋書》卷八一，東夷傳，倭國之條，中華書局本第一八二七～一八二八頁。

26 齊會君〈唐のキルギス宛国書の発給順と撰文過程——ウイグル・キルギス交替期を中心に〉（《東洋学報》一〇〇—一、二〇一八年）指出，黠戛斯（Qïrqïz）可汗用突厥語書寫並送出的文件，或是使者口頭傳達、再由唐朝方面翻譯為漢文上呈給皇帝的內容，一律會被皇帝視為「上表」。原本是出於對等立場、當作國書被送出的文書，在遞交給皇帝之際，卻被當成「表文」來看待；此與沒有朝貢意圖的使節來朝，卻被表現為朝貢的狀況是相同的。因此，若無視這種經過修飾的狀況，只是一味依循作為二手資料的史書中「朝貢」、「表文」的稱呼，來斷定某國與中國之間維持有朝貢關係，這是非常危險的。一七九三年，為了貿易交涉而被派遣到中國的馬戛爾尼（George Macartney）使節團，提出了國王喬治三世（George III）的親筆書信；清朝方面在將之從英文譯為漢文之際，也將其體例修改上的宋代（中略），中華古代四大發明多在此時外傳。唐代比較完備地建立起來的華夷秩序，只是到了宋朝方得到認真地充實。明清兩代，迎來了『華夷』秩序的全盛與頂峰時期。在這一時期，這一古代東方國際關係體系終於具備了自己清晰的外緣與日臻完善的內涵。」（何芳川〈「華夷秩序」論〉，《北京大學學報（哲學社會科學版）》一九九八年第六期，頁三二～三五）。論語的「文德」被置換為「文明」和「中華四大發明」，「慕其德化而來」被置換為「影響和吸引力」。如此，華夷秩序經過時代的推進而邁向完成；這是一種宛若理念在現實歷史過程中確實獲得實踐的敘述。隨著中國以強國姿態再次崛起，沉浸在自戀與自尊中的歷史意象，藉由「華夷秩序」和「朝貢體制」而被提出。這樣的論調，是近年許多中國朝貢制度研究的共通之處。

13 關於俺答封貢的政治過程，詳情可參考小野和子《明季党社考——東林党と復社》（同朋舎出版、一九九六年）、城地孝《長城と北京の朝政——明代內閣政治の展開と変容》（京都大学学術出版会、二〇一二年）等。

14 反之，也出現了揭露和議條件中下嫁之事，試圖阻礙和議成功的官僚。三木聰「福建巡撫許孚遠の謀略——豊臣秀吉の「征明」をめぐって」（同《伝統中国と福建社会》汲古書院、二〇一五年、第二章）。

15 正如前述，派出遣隋使、遣唐使的倭國朝廷，因為並未上呈「表文」，因此這種遣使並非朝貢，亦即倭國的大王並非以臣屬於皇帝之立場作為前提，謀求關係上的往來。但是，中國方面卻可以自由地將之解釋或是表現為「遣使朝貢」。這就是對同一件外交行為，做出非對稱解釋的例子之一。

16 請參考本書第一章，第一〇二～一〇三頁。

17 明廷未讓順義王的使節進入北京，而是在長城沿線的關口領取作為貢品的馬匹。此外，相較於琉球國王的冊封是完美地依照明朝訂定的儀式實行，順義王冊封的禮儀，恐怕是以近似於會盟、而非冊封的型態進行。

18 《明太祖實録》卷七六，洪武五年九月甲午之條，第一四〇〇頁。

19 《明太祖實録》卷八八，洪武七年三月癸巳之條，第五頁。詳細請參考本書第一章，第七四頁以後。

20 《明太祖實録》卷二五四，洪武三十年八月丙午之條，第三六七一頁。

ち』山川出版社、二〇〇〇年），岡本隆司的『属国と自主のあいだ——近代清韓関係と東アジアの命運』（名古屋大学出版会、二〇〇四年）等。

7 岡本隆司『属国と自主のあいだ——近代清韓関係と東アジアの命運』。

8 朝貢禮儀的內容以及其所附屬的意義將於後文敘述。「朝貢體制論」強調，「朝貢」的主軸是presentation of tribute（貢品的進獻）行為。換句話說，在「朝」與「貢」之中，後者被視為是禮儀的本質性要素。這也展現在文字表述上，將「朝貢體制論」的關鍵概念——「朝貢」翻譯為tribute（進貢），「朝貢貿易」翻譯為tributary trade。

9 John King Fairbanks, "A Preliminary Framework", in Fairbang, ed., *The Chinese World Order : Tradition China's Foreign Relations*, Harvard University Press, pp. 2-3.

10 現今的中國，也不得不面臨作為「帝國」的同樣問題。列寧、史達林、毛澤東主義、「無產階級專政」、「社會主義市場經濟」、「團結與安定」、「三個代表」、「社會主義的現代化強國」等共產黨理論與政策，無法讓過去位於邊疆外、不信仰共產黨的「主義」、擁有其他價值觀和文化的各民族順服。歷史上的中國，是經過在文化上長期同化異族的過程而逐漸擴大；在新疆和西藏民族問題上，共產黨政權所仰賴的也是「武威」和「同化」。

11 《尚書》周書，在文侯之命中有「柔遠能邇，惠康小民，無荒寧」之句，在孔安國的傳中有「懷柔遠人，必以文德。能柔遠者，必能柔近，然後國安。安小人之道，必以順無荒廢，人事而自安」。

12 對於《論語》季氏的「遠人不服，則修文德」之句，邢昺的疏中釋義道：「故遠方之人有不服者，則當修文德，使遠人慕其德化而來」。在中國的研究者中，傾向將外國崇慕中國而自發性來朝之事，視為現實華夷秩序和朝貢制度發展的要因。舉例來說，何芳川的主張如下：「唐代的中國，雄強一世，氣宇恢宏，貞觀大治，開元全盛，高度發達的中華文明，璀璨輝煌，流光四溢，對周邊以及遠方的國家和民族，有著強大的影響和吸引力。正是在隋唐時代，『華夷』秩序躍上了一個新的台階，從某種意義上講，『華夷』秩序正是在這一時期，在比較正規意義上形成了。我國歷史

# 注釋

## 序章

1 在中國，近年對於「朝貢體制」的關注程度也有所提高，出現了許多研究成果。其中，明清時代對外關係與貿易研究的第一把交椅——陳尚勝先生的〈中國傳統對外關係研究芻議〉，是陳氏論文集《中國傳統對外關係研究》（中華書局，二〇一五年）的長篇序文；在這篇文章中蒐集了國內外關於這一課題，值得矚目的研究與論述，望能參照。

2 「兀良哈」（烏梁海）是對分布在從東北地區到朝鮮半島北部的女真裔族群所使用的蔑稱。順道一提，雖然它的漢字寫成「兀良哈」，但和同樣被寫作「兀良哈」的蒙古裔烏梁海族並無關係。

3 從東漢光武帝獲得金印紫綬的「委奴國」、以及從三世紀邪馬臺國女王卑彌呼到五世紀的「倭五王」，（譯注：贊、珍、濟、興、武五王）都接受過中國皇帝的冊封。推古天皇以後，遑論接受冊封之事，日本就連上表臣服的行為也表示拒絕。

4 關於「廣州事例」的形成過程及其代表意義，將於本書第四章詳述。

5 筆者認為，明的朝貢一元體制，就是在皇帝與蕃夷各國君長之間建立一種協約，承認彼此有虛擬的君臣關係，並在這種協約下，由雙方共同壟斷貿易結構。關於這些內容，將於本書第二章詳細論述。

6 請參考茂木敏夫的「中華世界の「近代」的変容——清末の辺境支配」（溝口雄三他編『アジアから考える2：地域システム』東京大学出版会、一九九三年）、「東アジアにおける地域秩序形成の論理——朝貢・冊封体制の成立と変容」（辛島昇・高山博編『地域の世界史3：地域の成り立

University Press, 1971.

Montalto de Jesus, *Historic Macao : International Traits in China, Old and New*, Salesian Printing Press, 1926.

Polanyi, Karl, "Ports of Trade in Early Societies", *The Journal of Economic History*, 23 : 1, 1963.

Sarasin Viraphol, *Tribute and Profit : Sino-Siamese Trade, 1652-1853*, Harvard University Press, 1977.

Sechin Jagchid, and Van Jay Symons, *Peace, War and Trade along the Great Wall Nomadic-Chinese Interaction through Two Millennia*, Indiana University Press, 1989.

"Special Issue : The Tributary System", *Harvard Journal of Asiatic Studies*, 77 : 1, 2017

Spence, Jonathan D., and John E. Wills, Jr., *From Ming to Ching : Conquest, Religion and Continuity in Seventeenth-century China*, Yale University Press, 1997.

Toby, Ronald P., *State and Diplomacy in Early Modern Japan : Asia in the Development of the Tokugawa Bakufu*, Princeton University Press, 1984 ; Stanford University Press, 1991.

Van Dyke, Paul A., *Merchants of Canton and Macao : Politics and Strategies in Eighteenth Century Trade*, Hong Kong University Press, 2011.

Wang Gungwu, *The Nanhai Trade : The Early History of Chinese Trade in the South China Sea*, New edition, Times Academic Press, 1998.

Wills Jr., John E., *Embassies and Illusions : Dutch and Portuguese Envoys to K'ang-hsi, 1666-1687*, Harvard University, 1984.

梁嘉彬，《廣東十三行考》原刊一九三七年，廣東人民出版社版，一九九九年
廖大珂，〈元代官營航海貿易制度述略〉，《中國經濟史研究》一九九八年第二期
林仁川，《明末清初私人海上貿易》，華東師範大學出版社，一九八七年
若松寛，《奴児哈赤》，人物往来社，一九六七年
和田正広，〈李成梁の戦功をめぐる欺瞞性〉，《社会文化研究所紀要》二二，一九八七年
和田正広，〈李成梁一族の軍事的擡頭〉，《社会文化研究所紀要》十九，一九八六年
和田正広，〈李成梁一門の戦績の実態分析〉，《社会文化研究所紀要》二〇，一九八七年
和田正広，〈李成梁権力における財政的基盤〉（一）（二），《西南学院大学文理論集》二五一一，一九八四，一九八五年
Blussé, Leonard, "No Boat to China : The Dutch East India Company and the Changing Pattern of the China Sea Trade. 1635-1690", *Modern Asian Studies*, 30 : 1, 1996.
Boxer, Charles Ralph, *Fidalgos in the Far East, 1550-1770*, The Hague : M. Nijhoff, 1948 ; Hong Kong : Oxford University Press, 1968.
Chang T'ien-tsê（張天澤）, *Sino-Portuguese Trade from 1514 to 1644*, Leiden E. J. Brill, 1934.
Fairbank, John King, "A Preliminary Framework", in Fairbank, ed., *The Chinese World Order : Traditional China's Foreign Relations*, Harvard University Press, 1968.
Fairbank, John King, and S. Y. Têng, "On the Ch'ing Tributary System", *Harvard Journal of Asiatic Stuties*, 6 : 2, 1941.
Greenberg, Michael, *British Trade and the Opening of China, 1800-1842*, Cambridge University Press, 1970.
Mancall, Mark, "The Ch'ing Tribute System : An Interpretive Essay", in Fairbank, ed., *The Chinese World Order*.
Mancall, Mark, *Russia and China : Their Diplomatic Relations to 1728*. Harvard

团〉，《東洋学報》六九－一，一九八八年
矢野仁一，〈支那ノ記録カラ見タ長崎貿易〉，《東亜経済研究》九－三，一九二五年
山崎覚士，〈宋代兩浙地域における市舶司行政〉，《東洋史研究》六九－一，二〇一〇年
山崎岳，〈巡撫朱紈の見た海——明代嘉靖年間の沿海衛所と「大倭寇」前夜の人々〉，《東洋史研究》六二－一，二〇〇三年
山崎岳，〈朝貢と海禁の論理と現実——明代中期の「奸細」宋素卿を題材として〉夫馬進編，《中国東アジア外交交流史の研究》，京都大学学術出版会，二〇〇七年
山脇悌二郎，《長崎の唐人貿易》，吉川弘文館，一九六四年
吉田金一，《近代露清関係史》，近藤出版社，一九七四年
吉田順一，《「アルターン＝ハーン伝」訳注》，風間書房，一九九九年
李云泉，《朝貢制度史論——中國古代對外關係體制研究》，新華出版社，二〇〇四年
李金明，〈清代中期中國與東南亞的大米貿易〉，《南洋問題研究》一九九〇年第四期
李金明，《明代海外貿易史》，中國社會科學出版社，一九九〇年
李成茂，《朝鮮王朝史（上）》，日本評論社，二〇〇六年
李龍潛，〈明代對外貿易及其社會經濟的影響〉初出一九八二年，《明清經濟探微初編》，聯經出版社，二〇〇一年
李龍潛，〈明代廣東三十六行〉，《明清經濟探微初編》，聯經出版社，二〇〇一年
劉偉鏗，〈明代兩廣總督對澳門商埠的設置與管治〉，《學術研究》一九九七年第二期
劉家駒，《清朝初期的中韓關係》，文史哲出版社，一九八六年
劉序楓，〈清政府對出洋船隻的管理政策（一六八四～一八四二）〉，《中國海洋發展史論文集》第九輯，中央研究院人文社會科學研究中心，二〇〇五年
劉鳳雲，《清代三藩研究》，中國人民大學出版社，一九九四年

宮澤知之，《宋代中国の国家と経済——財政・市場・貨幣》，創文社，一九九八年
村井章介，《中世倭人伝》，岩波新書，一九九三年
村井章介，〈明代「冊封」の古文書学的検討——日明関係史の画期はいつか〉，《史学雑誌》一二七—二，二〇一七年
村井章介，《古琉球：海洋アジアの輝ける王国》，角川選書，二〇一九年
村井章介他編，《日明関係史研究入門——アジアのなかの遣明船》，勉誠出版，二〇一五年
村尾進，〈カントン学海堂の知識人とアヘン弛禁論，厳禁論〉，《東洋史研究》四四—三，一九八五年
村尾進，〈乾隆己卯——都市広州と澳門がつくる辺疆〉，《東洋史研究》六五—四，二〇〇七年
村尾進，〈特に一所を設けて——碣石鎮総兵陳昴の奏摺と長崎・広州〉，《中国文化研究》十三，二〇一三年
村尾進，〈梁廷枏と，《海国四説》——魏源と，《海国図志》を意識しながら〉，《中国——社会と文化》二，一九八七年
茂木敏夫，〈中華世界の「近代」的変容——清末の辺境支配〉溝口雄三他編，《アジアから考える２：地域システム》，東京大学出版会，一九九三年
茂木敏夫，〈東アジアにおける地域秩序形成の論理——朝貢・冊封体制の成立と変容〉辛島昇・高山博編，《地域の世界史３：地域の成り立ち》，山川出版社，二〇〇〇年
百瀬弘，〈明代の銀産と外国銀に就いて〉，《青丘論叢》第十九号，一九三五年
森克己，《新訂：日宋貿易の研究》新編森克己著作集１，勉誠出版，二〇〇九年
森正夫編，《明清時代史の基本問題》，汲古書院，一九九七年
柳澤明，〈康熙五六年の南洋海禁の背景——清朝における中国世界と非中国世界の問題に寄せて〉，《史観》第一四〇巻，一九九九年
柳澤明，〈キャフタ条約への道程——清の通商停止政策とイズマイロフ使節

萬明，《中國融入世界的步履——明與清前期海外政策比較研究》，社會科學文獻出版社，二〇〇〇年
馮佐哲，〈曹寅與日本〉，《中國史研究》一九九〇年第三期
馮佐哲，《清代政治與中外關係》，中國社會科學出版社，一九九八年
藤田豊八，〈南漢劉氏の祖先につきて〉，《東洋学報》六─二，一九一六年，藤田豊八，《東西交涉史の研究：南海篇》，荻原星文館，一九四三年
藤田豊八，〈葡萄牙人の澳門占領に至るまでの諸問題〉，《東洋学報》八─一，一九一八年，同前書
藤原敬士，《商人たちの広州——一七五〇年代の英清貿易》，東京大学出版会，二〇一七年
夫馬進編，《使琉球録解題および研究》，榕樹書林，一九九九年
彭雨新，《清代關稅制度》，湖北人民出版社，一九五六年
松浦章，《清代海外貿易史の研究》，朋友書店，二〇〇二年
松浦章，〈康熙帝と正徳新例〉，箭内健次編，《鎖国日本と国際交流》下巻，吉川弘文館，一九八八年
松浦茂，《清の太祖ヌルハチ》，白帝社，一九九五年
松尾晋一，〈正德・享保期不法漂流唐船問題への大名家の対応〉，九州国立博物館設立準備室共編，《東アジア海域における交流の諸相——海賊・漂流・密貿易》，二〇〇五年
松尾晋一，〈幕藩制国家における「唐人」「唐船」問題の推移——「宥和」政策から「強梗」政策への転換過程とその推移〉，《東アジアと日本——交流と変容》創刊号，二〇〇四年
松尾晋一，〈幕府対外政策における「唐船」打ち払いの意義〉，長崎歴史文化博物館，《研究紀要》創刊号，二〇〇六年
三木聰，〈福建巡撫許孚遠の謀略——豊臣秀吉の「征明」をめぐって〉三木聰，《伝統中国と福建社会》第二章，汲古書院，二〇一五年
三木聰，《伝統中国と福建社会》第二章，汲古書院，二〇一五年
三田村泰助，《清朝前史の研究》，東洋史研究会，一九六五年
三宅英利，〈寛永十三年朝鮮信使考〉，《北九州大学文学部紀要（B系列）》第六巻，一九七四年

《在鄉商人——華南地域社會的研究》，香港華南研究出版社，一九九九年
陳尚勝，〈「閉關」或「開放」類型分析的局限性——近二〇年清朝前期海外貿易政策研究述評〉，《文史哲》二〇〇二年第六期
陳尚勝，《中國傳統對外關係研究》，中華書局，二〇一五年
陳尚勝，《閉關與開放——中國封建晚期對外關係研究》，山東人民出版社，一九九三年
鶴田啓，〈釜山倭館〉荒野泰典編，《江戸幕府と東アジア》日本の時代史十四，吉川弘文館，二〇〇三年
鄭樑生，《明代中日關係研究——以明史日本傳所見幾個問題為中心》，文史哲出版社，一九八五年
湯開建、田渝，〈雍乾時期中國與暹羅的大米貿易〉，《中國經濟史研究》二〇〇四年第一期
滕紹箴，《努爾哈赤評傳》，遼寧人民出版社，一九八五年
長崎県教育委員会，《長崎奉行所関係文書調查報告書》，長崎県教育委員会，一九九七年
中島楽章，〈永楽年間の日明貿易〉，《史淵》第一四〇輯，二〇〇二年
中砂明徳，〈荷蘭国の朝貢〉夫馬進編，《中国東アジア外交交流史の研究》，京都大学学術出版会，二〇〇七年
中村栄孝，《日鮮関係史の研究》下，吉川弘文館，一九六九年
中村栄孝，《日鮮関係史の研究》中，吉川弘文館，一九六九年
西嶋定生，《日本歴史の国際環境》，東京大学出版会，一九八五年
萩原淳平，《明代蒙古史研究》，同朋舎出版，一九八〇年
橋本雄，《「日本国王」と勘合貿易——なぜ，足利将軍家は中華皇帝に「朝貢」したのか》，NHK出版，二〇一三年
羽田明，〈露清関係の特殊性〉，《学海》三一六，三一七，一九四六年
濱下武志，《近代中国の国際的契機》，東京大学出版会，一九九〇年
濱下武志，《朝貢システムと近代アジア》，岩波書店，一九九七年
范金民，〈明代萬曆後期通番案述論〉，《南京大學學報》二〇〇二年第二期
坂野正高，《近代中国政治外交史——ヴァスコ・ダ・ガマから五四運動まで》，東京大学出版会，一九七三年

一九六五年
田中健夫，《前近代の国際交流と外交文書》，吉川弘文館，一九九八年
田中健夫編，《日本前近代の国家と対外関係》，吉川弘文館，一九七八年
田中健夫編，《訳注日本史料：善隣国宝記、新訂続善隣国宝記》，集英社，一九九五年
田中玄経，〈コメが結ぶ世界——アユタヤ時代の清暹米穀貿易〉，《史学研究》第二六四号，二〇〇九年
譚元亨編，《十三行新論》，中國評論學術出版社，二〇〇九年
檀上寛，《永楽帝——華夷秩序の完成》，講談社学術文庫，二〇一二年
檀上寛，《明代海禁＝朝貢システムと華夷秩序》，京都大学学術出版会，二〇一三年
張存武，《清韓宗藩貿易》，中央研究院近代史研究所專刊（三九），一九八五年
張彬村，〈十七世紀末荷蘭東印度公司為甚麼不再派船到中國來？〉，《中國海洋發展史論文集》第九輯，二〇〇五年
張維華，孫西，《清前期中俄關係》，山東教育出版社，一九九七年
張增信，《明季東南中國的海上活動》上編，中國學術著作獎助委員會，一九八八年
晁中辰，《明代海禁與海外貿易》，人民出版社，二〇〇五年
張彬村，〈十六至十八世紀華人在東亞水域的貿易優勢〉，《中國海洋發展史論文集》（三），中央研究院三民主義研究所，一九八八年
陳君靜，〈略論清代前期寧波口岸的中英貿易〉，《寧波大學學報（人文科學版）》十五一一，二〇〇二年
陳高華，〈元代的海外貿易〉，《歷史研究》一九七八年第三期
陳高華，《元代研究論稿》，中華書局，一九九一年
陳高華、史衛民，《中國經濟通史・元代經濟史》，經濟日報出版社，二〇〇〇年
陳國棟，〈清代前期粵海關的稅務行政〉，《食貨月刊》新十一卷十期，一九八二年
陳春聲，〈商人廟宇與地方化——樟林火帝廟，天后宮，風伯廟之比較〉，

一九六八年
佐伯富，〈康煕雍正時代における日清貿易〉初出一九五八年，《中国史研究：第二》，東洋史研究会，一九七一年
佐久間重男，《日明関係史の研究》，吉川弘文館，一九九二年
札奇斯欽，《北亞遊牧民族與中原農業民族間的和平戰爭與貿易之關係》，正中書局，一九七二年
佐々木愛，〈明代における朱子学的宗法復活の挫折——丘濬《家礼儀節》を中心に〉，《社会文化論集》第五号，二〇〇九年
佐藤文俊，《明代王府の研究》，研文出版，一九九九年
斯波義信，《宋代商業史研究》，風間書房，一九六八年
澀谷浩一，〈キャフタ条約以前のロシアの北京貿易——信側の受入れ体制を中心にして〉，《東洋学法》七五—三，一九九四年
城地孝，《長城と北京の朝政——明代內閣政治の展開と変容》，京都大学学術出版会，二〇一二年
章文欽，《廣東十三行與早期中西關係》，廣東經濟出版社，二〇〇九年
齊會君，〈唐のキルギス宛国書の発給順と撰文過程——ウイグル・キルギス交替期を中心に〉，《東洋学報》一〇〇—一，二〇一八年
《泉州港與古代海外交通》編寫組，《泉州港與古代海外交通》，文物出版社，一九八二年
宋烜，《明代浙江海防研究》，社會科學文獻出版社，二〇一三年
曹永和，〈試論明太祖的海洋交通政策〉，《中國海洋發展史論文集》，中央研究院三民主義研究所，一九八四年
蘇勇軍，《明代浙東海防研究》，浙江大學出版社，二〇一四年
戴裔煊，《「明史・佛郎機傳」箋正》，中國社會科學出版社，一九八四年
戴裔煊，《明代嘉隆間的倭寇海盜與中國資本主義的萌芽》，中國社會科學出版社，一九八二年
戴學稷，《呼和浩特簡史》，中華書局，一九八一年
田代和生，《書き換えられた国書》，中公新書，一九八三年
田代和生，《倭館——鎖国時代の日本人町》，文春新書，二〇〇二年
田中健夫，〈鎖国成立期日朝関係の性格〉，《朝鮮学報》第三四輯，

何孟興，《閩海烽煙——明代福建海防之探索》，蘭臺出版社，二〇一五年
川越泰博，〈明蒙交涉下の密貿易〉，《明代史研究》創刊号，一九七四年
川越泰博，《明代中国の軍制と政治》，国書刊行会，二〇〇一年
河内良弘，《明代女真史の研究》，同朋舍出版，一九九二年
河内良弘編，《滿洲語辞典》改訂增補版，松香堂書店，二〇一八年
岸本美緒，〈清朝とユーラシア〉歴史学研究会編，《講座世界史2：近代世界への道——変容と摩擦》，東京大学出版会，一九九五年
岸本美緒，《清代中国の物価と経済変動》，研文出版，一九九七年
祁美琴，〈關於清代榷關額稅的考察〉，《清史研究》二〇〇四年第二期
祁美琴，《清代內務府》，中國人民大學出版社，一九九八年
許雲樵，《南洋華語俚語辭典》，星洲世界書局，一九六一年
桑原隲藏，《桑原隲藏全集》第五卷，岩波書店，一九六八年
高偉濃，《走向近世的中國與「朝貢」國關係》，廣東高等教育出版社，一九九三年
高榮盛，〈シハーブッディーンと元代の行泉府司〉，森川哲雄、佐伯弘次編，《內陸圈・海域圈交流ネットワークとイスラム》，櫂歌書房，二〇〇六年
高榮盛，《元代海外貿易研究》，四川人民出版社，一九九八年
黃枝連，《亞洲的華夏秩序——中國與亞洲國家關係形態論》，人民大學出版社，一九九二年
黃枝連，《朝鮮的儒化情境構造——朝鮮王朝與滿清王朝的關係形態論》，人民大學出版社，一九九五年
黃枝連，《東亞的禮儀世界——中國封建王朝與朝鮮半島關係形態論》，人民大學出版社，一九九四年
黃彰健，〈論皇明祖訓錄頒行年代並論明初封建諸王制度〉，《中央研究院歷史語言研究所集刊》第三二本，一九六二年
黃彰健編，《明代律例彙編》，中央研究院歷史語言研究所，一九七九年
小葉田淳，〈近世初頭における銀輸出の問題〉初出一九六二年，後收錄於，《金銀貿易史の研究》，法政大学出版局，一九七六年
小葉田淳，《中世南東通交貿易史の研究》原刊一九三九年，刀江書院增補版

大隅晶子，〈一六・一七世紀における中・日・葡貿易〉，《東京国立博物館紀要》二三，一九八八年
大隅晶子，〈明代永楽期における朝貢について〉，《ミュージアム》三九八，一九八四年
大隅晶子，〈明代宣徳～天順期の朝貢について〉，《ミュージアム》四三六，一九八七年
大庭脩，《江戸時代における中国文化受容の研究》，同朋舍，一九八四年
大庭脩，《江戸時代の日中秘話》，東方書店，一九八〇年
大庭脩，《漂着船物語——江戸時代の日中交流》，岩波新書，二〇〇一年
大庭脩編，《長崎唐館図集成》，関西大学東西学術研究所資料集刊九一六，二〇〇三年
大庭脩編，《唐船進港回棹録・島原本唐人風說書・割符留帳》，関西大学東西学術研究所資料集刊九，一九七四年
大庭脩編，《享保時代の日中関係資料一》，関西大学出版部，一九八六年
岡本隆司，《近代中国と海関》，名古屋大学出版会，一九九六年
岡本隆司，《属国と自主のあいだ——近代清韓関係と東アジアの命運》，名古屋大学出版会，二〇〇四年
愛宕松男，《愛宕松男東洋史学論集》第五巻，三一書房，一九八九年
小野和子，《明季党社考——東林党と復社》，同朋舍出版，一九九六年
小野裕子，〈「元典章」市舶則法前文訳注〉，《東アジアと日本》三，二〇〇六年
河宇鳳，《朝鮮王朝時代の世界観と日本認識》，明石書店，二〇〇八年
郭蘊靜，〈清前期商船航日貿易與考察〉朱誠如主編，《清史論集——慶賀王鍾翰教授九十華誕》，紫禁城出版社，二〇〇二年
郭成康，〈康乾之際禁南洋案探析——兼論地方利益對中央決策的影響〉，《中國社會科學》一九九七年第一期
郭德焱，《清代廣州的巴斯商人》，中華書局，二〇〇五年
何芳川，〈「華夷秩序」論〉，《北京大學學報（哲學社會科學版）》一九九八年第六期
何孟興，《防海固圉——明代澎湖臺灣兵防之探索》，蘭臺出版社，二〇一七年

〇四年
岩井茂樹，〈明代中国の礼制覇権主義と東アジアの秩序〉，《東洋文化》第八五号，二〇〇五年
岩井茂樹，〈十六・十七世紀の中国辺境社会〉小野和子編，《明末清初の社会と文化》，京都大学人文科学研究所，一九九六年
岩井茂樹，〈十六世紀中国における交易秩序の模索——互市の現実とその認識〉岩井茂樹編，《中国近世社会の秩序形成》，京都大学人文科学研究所，二〇〇四年
岩井茂樹，〈清代の互市と「沈黙外交」〉夫馬進編，《中国東アジア外交交流史の研究》，京都大学学術出版会，二〇〇七年
岩井茂樹，〈清代中期の国際交易と海防——信牌問題と南洋海禁案から〉井上徹編，《海域交流と政治権力の対応》東アジア海域叢書２，汲古書院，二〇一一年
岩井茂樹，〈帝国と互市——十六～十八世紀東アジアの通交〉籠谷直人、脇村孝平共編，《帝国とアジア・ネットワーク——長期の一九世紀》，世界思想社，二〇〇九年
岩井茂樹，〈朝貢と互市〉，《岩波講座東アジア近現代通史１：東アジア世界の近代——一九世紀》，岩波書店，二〇一〇年
岩井茂樹，〈「華夷変態」後の国際関係〉荒野泰、石井正敏、村井章介共編，《日本の対外関係６：近世的世界の成熟》，吉川弘文館，二〇一〇年
岩井茂樹，〈午門廷杖考〉，冨谷至編《東アジアにおける儀礼と刑罰》「東アジアにおける儀礼と刑罰」研究組織，二〇一一年
岩井茂樹，〈宋代以降の死刑の諸相と法文化〉，冨谷至編《東アジアの死刑》，京都大学学術出版会，二〇〇八年
岩波書店編，《国書総目録》，岩波書店，一九六九～一九七六年
內田直作，〈明代朝貢貿易制度〉，《支那研究》三七号，一九三五年
易惠莉，〈清康熙朝後期政治與中日長崎貿易〉，《社會科学》二〇〇四年第一期
大隅晶子，〈明初洪武期における朝貢について〉，《ミュージアム》三七一，一九八二年

印書館，一九八六年
梁章鉅，《浪跡叢談》十一卷，陳鐵民點校，中華書局，一九八一年
梁廷枏等輯，《粵海關志》三十卷，業文堂刊本，近代中國史料叢刊續編第十九輯影印本，文海出版社，一九七四～一九八三年
《論語》宋本十三經注疏本，儀徵阮氏文選樓刊本，嘉慶十一年
First Report from the Select Committee on the Affairs of The East India Company (China Trade), BPP 1830-7-8.

## 研究論著

赤嶺守，《琉球王国》，講談社，二〇〇四年
安倍健夫，《清代史の研究》，創文社，一九七九年
安倍健夫，《中国人の天下観念——政治思想史的試論》，原刊一九五六年
安倍健夫，《元代史の研究》，創文社，一九七二年
荒野泰典，〈日本型華夷秩序の形成〉，《日本の社会史》第一巻，岩波書店，一九八七年
荒野泰典，《近世日本と東アジア》，東京大学出版会，一九八八年
荒野泰典，《「鎖国」を見直す》，岩波書店，二〇一九年
安雙成編，《漢滿大辭典》，遼寧民族出版社，二〇〇七年
安雙成編，《漢滿大辭典》，遼寧民族出版社，二〇〇七年
石田実洋、橋本雄，〈壬生家旧蔵本「宋朝僧捧返牒記」の基礎的考察——足利義満の受封儀礼にめぐって〉，《古文書研究》六九号，二〇一〇年
石原道博，〈皇明祖訓の成立〉，《清水博士追悼記念明代史論叢》，大安，一九六二年
石原道博，《明末清初日本乞師の研究》，冨山房，一九四五年
岩井茂樹，〈殺人マニア・永楽帝〉，《月刊しにか》十二—八，二〇〇一年
岩井茂樹，〈清朝・朝鮮・対馬——一九三九年前後東北亜細亜形勢〉，《明清史研究》第二十輯，二〇〇四年
岩井茂樹，《中国近世財政史の研究》，京都大学学術出版会，二〇〇四年
岩井茂樹編，《中国近世社会の秩序形成》，京都大学人文科学研究所，二〇

三善為康輯，《朝野群載》二三卷，大和文華館藏鈔本
明・官輯，《（萬曆）大明會典》二二八卷，東南書報社處內府刊本影印，一九六四年
明・官輯，《大明集禮》五三卷，嘉靖九年序刊本
明・官輯，《大明律》三十卷，四庫全書存目叢書處嘉靖永鑾刻本影印，莊嚴文化事業有限公司，一九九七年
明・官輯，《明實錄坿校勘記》中央研究院歷史語言研究所，一九六二～一九六八年
明・太祖，《高皇帝御製文集》二十卷，嘉靖十四年刊本
明・太祖，《大誥三編》一卷，明朝開國文獻十三種處洪武中刊本影印，臺灣學生書局，一九六六年
明・太祖，《大誥續編》一卷，明朝開國文獻十三種處洪武中刊本影印，臺灣學生書局，一九六六年
明・太祖，《皇明祖訓》一卷，四庫全書存目叢書處洪武中禮部刻本影印，莊嚴文化事業有限公司,一九九七年
民國，《杭州府志》一七八卷，原刊一九二七年，中國地方志集成浙江府縣志輯影印本，上海書店出版社，二〇〇〇年
モルガ，《フィリピン諸島誌》大航海時代叢書VII，岩波書店，一九六六年
熊廷弼，《按遼疏稿》六卷，四庫禁燬書叢刊處明刊本影印，北京出版社，一九九八年
俞汝楫輯，《禮部志稿》一〇〇卷，景印文淵閣四庫全書本，臺灣商務印書館，一九八六年
姚士粦，《見只編》三卷，鹽邑志林所收，天啓三年
雍正，《浙江通志》二八〇卷，李衛等修，刊本，乾隆元年
《禮記》宋本十三經注疏本，儀徵阮氏文選樓刊本，嘉慶十一年
羅懋登，《三寶太監西洋記》一〇〇回，陸樹崙，竺少華點校本，上海古籍出版社，一九八五年
李言恭、郝杰，《日本考》五卷，汪向榮、嚴大中校注，中華書局，一九八三年
李心傳，《建炎以来繫年要錄》二〇〇卷，景印文淵閣四庫全書本，臺灣商務

鄭若曾輯，《籌海圖編》十三卷，隆慶六年序刊本
鄭舜功，《日本一鑑窮河話海》十卷，據舊鈔本影印，一九三九年
唐・官輯，《隋書》八五卷，坿校勘記，中華書局，一九七三年
鄧鐘重編，《籌海重編》十二卷，萬曆年間刻本
《唐船進港回棹錄》，大庭脩編，《唐船進港回棹録、島原本唐人風說書、割符留帳》所收本，関西大学東西学術研究所資料集刊九，一九七四年
馬歡，《瀛涯勝覽》一卷，紀錄彙編所收本，萬曆四五年刊本
馬端臨，《文獻通考》三四八卷，景印文淵閣四庫全書本，臺灣商務印書館，一九八六年
林春勝、林信篤編，浦廉一解説，《華夷變態》三冊，東洋文庫，一九五八年
林恕輯，《本朝通鑑提要》三十卷，國立公文書館藏鈔本
林恕輯，《續本朝通鑑》二三〇卷，國立公文書館藏鈔本
林復斎等編，《通航一覽》三五〇卷，國書刊行會，一九一二～一九一三年
班固，《漢書》一百卷，坿校勘記，中華書局，一九六二年
萬斯同，《明史》四一六卷，續修四庫全書處北京圖書館藏清鈔本影印，上海古籍出版社，一九九五～二〇〇三年
《廣東通志》七二卷，萬曆三十年序刊本
傅維鱗，《明書》一七一卷，四庫全書存目叢書處康熙三四年本誠堂刻本影印，莊嚴文化事業有限公司，一九九七年
馮瑗，《開原圖說》二卷，玄覽堂叢書處萬曆中刊本影印，精華印刷公司，一九四一年
茅元儀，《武備志》天啓元年序刊本
方孔炤，《全邊略記》十二卷，四庫禁燬書叢刊處崇禎中刊本影印，北京出版社，一九九八年
龐尚鵬，《百可亭摘稿》七卷，四庫全書存目叢書處萬曆二七年龐英山刻本影印，莊嚴文化事業有限公司，一九九七年
茅瑞徵，《東夷考略》一卷，謝國楨輯清初史料四種處羅氏傳鈔本影印，國立北平圖書館，一九三三年
《四明志》二一卷，續修四庫全書處宋刻本影印，上海古籍出版社，一九九五～二〇〇三年

中國第一歷史檔案館編，《康熙朝滿文奏摺全譯》中國社會科學出版社，一九九六年
中國第一歷史檔案館編，《雍正朝漢文奏摺彙編》全十冊，江蘇古籍出版社江，一九八九～一九九一年
中國第一歷史檔案館編，《清宮粵港澳商檔案全集》十冊，中國書店，二〇〇二年
中國第一歷史檔案館輯，《康熙起居注》全三冊，中華書局，一九八四年
張擴，《東窗集》十六卷，景印文淵閣四庫全書本，臺灣商務印書館，一九八六年
張燮，《東西洋考》十二卷，萬曆四六年王起宗校刊本
朝鮮・官輯，《朝鮮王朝實錄》四八冊，國史編纂委員會，一九七一年
陳侃，《使琉球錄》一卷，國立北平圖書館善本叢書第一集處嘉靖中刊本影印，商務印書館，一九三七年
陳仁錫，《無夢園集》三五卷，張叔籟刊本，崇禎六年
陳兆崙，《紫竹山房詩文集》三三卷，四庫未收書輯刊影印本，北京出版社，一九九八年
《通航一覽》八冊，國書刊行會，一九一二年
程開祜輯，《籌遼碩畫》四六卷，國立北平圖書館善本叢書處萬曆中刊本影印，商務印書館，一九三七年
鄭曉，《吾學編》六九卷，隆慶元年
鄭曉，《皇明四夷考》二卷，文殿閣書莊，一九三三年
鄭曉，《端簡鄭公文集》十二卷，北京圖書館古籍珍本叢刊處萬曆二十八年序刊本影印，書目文獻出版社，一九八八年
鄭曉，《今言》四卷，李致忠校本，中華書局，一九八四年
鄭曉，《鄭端簡公奏議》十四卷，續修四庫全書處隆慶中項氏萬卷堂刊本影印，上海古籍出版社，一九九五年
鄭若曾，《江南經略》八卷，嘉靖四五年序刊本
鄭若曾輯，《籌海圖編》十三卷，嘉靖四十一年序刊本
鄭若曾輯，《籌海圖編》十三卷，天啓四年序，胡維極重校刊本
鄭若曾輯，《籌海圖編》十三卷，李致忠點校本，中華書局，二〇〇七年

陳子龍等輯，《皇明經世文編》五〇四卷，處國立中央圖書館藏崇禎中平露堂刊本影印，國風出版社，一九六四年
清．官輯，《清實錄》六十冊，中國第一歷史檔案館輯，中華書局，一九八六～一九八七年
《信牌方記録》，大庭脩編著，《享保時代の日中関係資料一》所収本，関西大学東西学術研究所資料集刊九一二，一九八六年
《信牌方記録》，長崎歴史文化博物館藏福田文庫鈔本
慎懋賞，《四夷廣記》一卷，國立國家圖書館鈔本
瑞溪周鳳輯，《善隣國寶記》，田中健夫編，《訳注日本史料：善隣国宝記、新訂続善隣国宝記》所収本，集英社，一九九五年
崇禎，《東莞縣志》楊寶霖點校，東莞市人民政府辦公室，一九九五年
菅俊仍輯，《和漢寄文》四卷，大庭脩編著，《享保時代の日中関係資料一》関西大学出版部，一九八六年
《全唐文》一〇〇〇卷，景印文淵閣四庫全書本，臺灣商務印書館，一九八六年
宋．官輯，《政和五禮新儀》二二〇卷，景印文淵閣四庫全書本，臺灣商務印書館，一九八六年
《增正交隣志》奎章閣叢書所收本，京城帝國大學法文學部，一九四〇年
宋端儀，《立齋間錄》四卷，許大齡等點標，《國朝典故》北京大學出版社，一九九三年
宋濂，《宋學士文集》七五卷，四部叢刊集部處正德中刊本影印，商務印書館，一九二九年
《續善隣國寶記》，田中健夫編，《訳注日本史料：善隣国宝記、新訂続善隣国宝記》所收本，集英社，一九九五年
蘇軾，《東坡全集》一五〇卷，景印文淵閣四庫全書本，臺灣商務印書館，一九八六年
《大元聖政國朝典章》六十卷，國立故宮博物院處元刊本影印，一九七二年
《大唐開元禮》一五〇卷，景印文淵閣四庫全書本，臺灣商務印書館，一九八六年
中國第一歷史檔案館編，《康熙朝滿文奏摺》微卷版

灣學生書局
蕭崇業，《使琉球錄》二卷，明代史籍彙刊處萬曆中刊本影印，臺灣學生書局，一九六九年
《大明會典》一八〇卷，正德四年序刊本
徐松輯，《宋會要輯稿》國立北平圖書館影印本，一九三六年
徐禎卿，《翦勝野聞》一卷，四庫全書存目叢書處明刻本影印，莊嚴文化事業有限公司，一九九七年
徐葆光，《中山傳信錄》六卷，徐氏二友齋刊本，康熙六十年
清・官輯，《皇朝文獻通考》三百卷，景印文淵閣四庫全書本，臺灣商務印書館，一九八六年
清・官輯，《明史》三三二卷，百衲本二十四史，處武英殿本影印，商務印書館，一九三〇～一九三七年
清・官輯，《明史》三三二卷，坿校勘記，中華書局，一九七四年
清・官輯，嘉慶，《大清會典》八十卷，內府刊本，嘉慶二三年
清・官輯，乾隆，《大清會典則例》一八〇卷，內府刊本，乾隆二九年
清・官輯，《欽定八旗通志》三四二卷，景印文淵閣四庫全書本，臺灣商務印書館，一九八六年
清・官輯，《欽定續通典》一五〇卷，景印文淵閣四庫全書本，臺灣商務印書館，一九八六年
清・官輯，《皇朝文獻通考》三〇〇卷，景印文淵閣四庫全書本，臺灣商務印書館，一九八六年
清・官輯，《大清一統志》三五六卷，武英殿刊本，乾隆九年
清・官輯，《大清一統志》五六〇卷，清史館嘉慶二十五年鈔本景印，臺北臺灣商務印書館，一九六六年
清・官輯，《大清一統志》四二四卷，景印文淵閣四庫全書本，臺灣商務印書館，一九八六年
清・官輯，《八旗滿洲氏族通譜》瀋陽遼瀋書社，武英殿刊本影印，一九八九年
任侊，《丙子日本日記》，《海行摠載》所收本，朝鮮古書刊行会，一九一四年

黃省曾，《西洋朝貢典録》，謝方校注，中華書局，一九八二年
後晉・官輯，《舊唐書》二百卷，坿校勘記，中華書局，一九七五年
《上海志》八卷，弘治十七年序刊本，天一閣藏明代方志選刊續編影印本，第七冊，上海書店，一九九〇年
黃仲昭，《未軒文集》十二卷，景印文淵閣四庫全書本，臺灣商務印書館，一九八六年
《交隣考略》相国寺蔵鈔本
谷應泰，《明史紀事本末》八十卷，上海古籍出版社，一九九四年
故宮博物院文獻館輯，《史料旬刊》故宮博物院，一九三〇～一九三一年
國立故宮博物院編輯，《宮中檔雍正朝奏摺》全二七冊，國立故宮博物院，一九七七～一九八〇年
胡靖，《崇禎六年杜天使册封琉球奇觀》（《琉球記》）一卷，國家圖書館藏琉球資料匯編處萬曆中刊本影印，二〇〇〇年
孤憤生（陸雲龍），《遼海丹忠錄》八卷，古本小說叢刊處崇禎中自序刊本影印，中華書局，一九八七年
采九德，《倭變事略》四卷，鹽邑志林所收本，天啓三年
崔銑，《洹詞》十二卷，景印文淵閣四庫全書本，臺灣商務印書館，一九八二年
查繼佐，《罪惟錄》九十卷，浙江古籍出版社，一九八六年
《島原本唐人風説書》，大庭脩編，《唐船進港回棹録、島原本唐人風説書、割符留帳》所収本，関西大学東西学術研究所資料集刊九，一九七四年
謝肇淛，《五雜組》十六卷，四庫禁燬書叢刊處明刊本影印，北京出版社，一九九八年
謝廷傑，《兩浙海防類考》四卷，萬曆三年刊本
朱彧，《萍洲可談》三卷，景印文淵閣四庫全書本，臺灣商務印書館，一九八六年
周玄暐，《涇林續記》一卷，功順堂叢書所收本，潘氏光緒中刊本
《周禮》宋本十三經注疏本，儀徵阮氏文選樓刊本，嘉慶十一年
《尚書》宋本十三經注疏本，儀徵阮氏文選樓刊本，嘉慶十一年
焦竑輯，《國朝獻徵錄》一二〇卷，中國史學叢書處萬曆十四年刊本影印，臺

海濱野史，《建州私志》三卷，《清入関前史料選輯》（一）所收本，中国人民大学出版社，一九八五年
郭汝霖，《重編使琉球録》二卷，原田禹雄處合眾國國會圖書館藏嘉靖中刊本校訂，榕樹書林，二〇〇〇年
郭棐，《粵大記》三二卷，明刊本
何爾健，《按遼御璫疏稿》，何茲全、郭良玉校編，處萬曆三六年鈔本影印，中州書畫社，一九八二年
夏子陽、王士楨，《使琉球録》二卷，國家圖書館藏琉球資料匯編處夏氏宗譜本影印，二〇〇〇年
《廣東通志初稾》四十卷，北京圖書館古籍珍本叢刊處嘉靖中刊本影印，書目文獻出版社，一九八八年
《崎港商說》三卷，《華夷變態》東洋文庫叢刊所收本，一九五八年
丘濬，《大學衍義補》一六〇卷，景印文淵閣四庫全書本，臺湾商務印書館，一九八六年
姜宸英，《湛園未定稿》十卷，馮氏毋自欺齋刊，光緒十五年
金指南等，《通文館志》長白叢書四集所收本，長春吉林文史出版社，一九九〇年
瞿九思，《萬曆武功錄》十四卷，四庫禁燬書叢刊處萬曆中刊本影印，北京出版社，一九九八年
元・官輯，《宋史》四九六卷，坿校勘記，中華書局，一九八五年
元・官輯，《通制條格》方齡貴校注，中華書局，二〇〇一年
嚴從簡，《使職文獻通編》二二卷，嘉靖四四年序刊本，國家國書館（臺北）善本微縮膠片卷
嚴從簡，《殊域周咨錄》二四卷，萬曆中刊本
嚴嵩，《南宮奏議》三十卷，續修四庫全書處嘉靖二四年嚴氏鈐山堂刊本影印，上海古籍出版社，一九九五年
高岐輯，《福建市舶提擧司志》一卷，一九三九年
黃虞稷，《千頃堂書目》三二卷，上海古籍出版社，一九九〇年
黃訓編，《名臣經濟錄》五三卷，嘉靖三十年序刊本
黃佐，《泰泉集》六十卷，重刊本，康熙二一年

# 參考書目

## 歷史文獻

新井白石，〈以酊庵事議草〉，《新井白石全集》第四巻所収，国書刊行会，一九〇六年

《異國出契》京都大学文学研究科藏鈔本

尹畊，《塞語》一卷，高氏刊本，隆慶六年

袁褧，《奉天刑賞録》一卷，四庫全書存目叢書拠嘉靖中袁氏嘉趣堂刻金聲玉振集本影印，莊嚴文化事業有限公司，一九九七年

王鈺欣，周紹泉主編，《徽州千年契約文書——宋元明編》二十卷，花山文藝出版社，一九九一年

王士騏，《皇明馭倭録》九卷，北京圖書館古籍珍本叢刊處萬曆中刻本影印，書目文獻出版社，一九八八年

王士琦輯，《三雲籌俎考》四卷，國立北平圖書館善本叢書處萬曆中刊本影印，商務印書館，一九三七年

王大海，《海島逸誌》六卷，漳園刊本，嘉慶十一年

王文祿，《文昌旅語》一卷，百陵學山所收本，商務印書館處隆慶中刊本影印，一九三八年

汪柏，《青峰先生存稾》八卷，四庫全書存目叢書處康熙三六年汪逢源等刻本影印，莊嚴文化事業有限公司，一九九七年

歐陽修，《五代史》七四卷，坿校勘記，中華書局，一九七四年

沖縄県立図書館史料編集室編，和田久徳校訂，《歴代寶案》十四冊，沖縄県教育委員会。一九九二～二〇〇六年

# 朝貢、海禁、互市

近世東亞五百年的跨國貿易真相

朝貢．海禁．互市：近世東アジアの貿易と秩序

作者：岩井茂樹（いわい しげき）｜譯者：廖怡錚｜校訂：鄭天恩｜主編：洪源鴻｜責任編輯：涂育誠、穆通安｜行銷企劃總監：蔡慧華｜封面設計：許紘維｜內頁排版：宸遠彩藝｜出版：八旗文化／遠足文化事業股份有限公司｜發行：遠足文化事業股份有限公司（讀書共和國出版集團）｜地址：231新北市新店區民權路108-2號9樓｜電話：02-2218-1417｜傳真：02-2218-8057｜客服專線：0800-221-029｜E-mail：gusa0601@gmail.com｜Facebook: facebook.com/gusapublishing｜Blog: gusapublishing.blogspot.com｜法律顧問：華洋法律事務所／蘇文生律師｜印刷：成陽印刷股份有限公司｜ISBN：9789860763980（平裝）、9786267129005（EPUB）、9789860763997（PDF）｜出版日期：2022年3月初版一刷／2023年12月初版二刷｜定價：700元

國家圖書館出版品預行編目(CIP)資料

朝貢、海禁、互市：
近世東亞五百年的跨國貿易真相
岩井茂樹著／廖怡錚譯／初版／新北市／八旗文化出版／遠足文化發行／二〇二二年三月
譯自：朝貢．海禁．互市：近世東アジアの貿易と秩序
ISBN: 978-986-0763-98-0 (平裝)

一、商業史　二、經濟史　三、東亞

490.9　　111001540

by IWAI Shigeki
Copyright © 2020 IWAI Shigeki
All rights reserved.
Originally published in Japan by THE UNIVERSITY OF NAGOYA PRESS, Aichi.
Chinese (in complex character only) translation rights arranged with
THE UNIVERSITY OF NAGOYA PRESS, Japan
through THE SAKAI AGENCY and BARDON-CHINESE MEDIA AGENCY.

◎版權所有，翻印必究。本書如有缺頁、破損、裝訂錯誤，請寄回更換
◎歡迎團體訂購，另有優惠。請電洽業務部（02）22181417分機1124、1135
◎本書言論內容，不代表本公司／出版集團之立場或意見，文責由作者自行承擔